エルンスト・カッシーラー

現代物理学における決定論と非決定論

因果問題についての歴史的・体系的研究

改訂新版

山本義隆訳

JN130590

みすず書房

DETERMINISMUS UND INDETERMINISMUS IN DER MODERNEN PHYSIK

Historische und systematische Studien zum Kausalproblem

by

Ernst Cassirer

First published by Elanders Boktryckeri Aktiebolag, Göteborg, 1937

GÖTEBORGS HÖGSKOLAS ÅRSSKRIFT XLII
1936: 3.

DETERMINISMUS UND INDETERMINISMUS IN DER MODERNEN PHYSIK

HISTORISCHE UND SYSTEMATISCHE
STUDIEN ZUM KAUSALPROBLEM

VON

ERNST CASSIRER

"Renouveler la notion de cause, c'est transformer la pensée humaine".
Taine.

GÖTEBORG 1937
ELANDERS BOKTRYCKERI AKTIEBOLAG

1937年にスエーデン，イエーテボリの出版社 Elanders Boktryckeri Aktiebolag から刊行された本書の初版扉ページ．

下の印はイエーテボリ市立図書館（Göteborgs Stadsbibliotek）の印

現代物理学における決定論と非決定論　目次

まえがき　i

第1部　歴史的・予備的考察

第一章　「ラプラスの魔」　7

第二章　形而上学的決定論と批判的決定論　17

第2部　古典物理学の因果原理

第一章　物理学的命題の基本型――測定命題　37

第二章　法則命題　47

第三章　原理命題　56

第四章　普遍的因果律　70

第3部　因果性と確率

第一章　力学的な法則性と統計的な法則性　87

第二章　統計的命題の論理学的性格　107

第4部　量子論の因果問題
第一章　量子論の基礎と不確定性関係　129
第二章　原子概念の歴史と認識論によせて　166
第5部　因果性と連続性
第一章　古典物理学における連続性原理　185
第二章　「質点」の問題によせて　209
最終的考察と倫理学的結論　237
英訳版の序文　261
訳者あとがきと解説　278
英語版の序文／訳者あとがきと解説・注　*49*
訳　注　*40*
原　注　*18*
事項索引　*5*
人名索引　*1*

まえがき

著書のまえがきというものは、内容にかかわる問題に触れるだけではなく、個人的な言明を含めても差し支えないし、またそうすべきでもあろう。それゆえ私は、私が最初に本書を書き始めたきっかけは個人的な動機であったという告白でもって筆を起したいと思う。最近私は、私の哲学上の仕事の元々の出発点になった諸問題をあらためて取りあげたいという願望と義務感とをますます痛切に感じるようになった。私が二五年以上も昔に公にした最初の体系だった著書は、『実体概念と関数概念』という標題のもとで数学と自然科学の概念形成の問題を扱っていた。同書は、これらの概念形成の体系的内容に即し、そしてまたその歴史のなかに、ひとつの統一的・方法的傾向性のあることを明らかにし、その認識批判上の意義を確定しようとしたものである。そのさい「科学の事実」は、今世紀初めにあった形式のものが基礎に置かれていた。当時、古典物理学の体系はいまだ確かなものと認められていた。相対論も量子論も揺籃期に入ったばかりであり、これらの端緒を純粋に認識論的な分析の糸口に採るのはかなりの冒険であっただろう。そういう気持ちがあったので私は、相対論や量子論を論ずることを差し控え、私の認識批判上の基本的テーゼを相対論や量子論とは無関係に展開し基礎づけようとしたのである。

1 とはいえ、そこで自身に課した制限をいつまでも守り続けることはできなかった。というのも、理論物理学が遂げた新たなる発展とともに、その認識論上の重心の移動もまたいよいよ明瞭になっていったからである。

哲学上の考察もまた、ここであらゆる側面から押し寄せている問いを、たとえそこから引き出されるであろうある種の性急な「思弁的」結論は退けられねばならないにしても、敷居の外に締めだすことはできないのだということが、ますます明らかになっていった。このような問題状況から、『アインシュタインの相対性理論――その認識論的考察』の標題で一九二〇年に私が公にした研究が生まれたのである。とはいえその研究もまた、現代物理学がこの時代に特殊相対性理論と一般相対性理論をとおして被った変形や更新にたいしてしかかかわらなかった。量子論という、プランクのかつての言葉を借りるならば強力で危険な「爆薬」* は、この研究においてはまだ考慮されていなかった。しかし今日では、その爆薬の威力はますます明瞭になり、かつまた物理学の全域を覆うまでになってきたので、その歴史的な起源と体系のよって立つ基礎を探究することがいよいよのっぴきならない急務になってきている。こうした要請を満たしたいという願望が、本書が生まれる最初のきっかけであった。当初、本書は公表を意図していなかった。それは、もっぱら私自身の学習のためのものであり、かつて私が出発点に採った一般的な認識論上の基本見解の批判的検証のために試みられたのである。

本書の公表のための時期がすでに熟しているかどうかについては、たしかにいまなお疑問が呈されるであろうし、有力な根拠にもとづいて異議が唱えられることもあるであろう。このことは、私自身認めるところである。今日の問題状況にたいしてもまた、かつてシラーが一八世紀末に自然科学と超越論的哲学の関係に関して語った「汝らのあいだには敵対関係こそが然るべきである。手を組むのはまだ早すぎる。汝らが袂を分かって追究するならば、そのとき初めて真理は認識されよう」* という言葉を投げかけるのは、それなりに妥当であろう。この分離は、他のいつの時点にもまして、新しい物理学が理論的観点からして言うならばいまだ発生の状態に（*in statu nascendi*）ある時点、つまり、物理学がその固有の基本概念の確保とその意義の確定をめぐって日夜奮闘している時点においてこそ、申しつけられるべきであるように思われる。かつてエディントンは、その有名な著書『物理学的世界の本質（1928）』において、本来、新しい物理学への入り口には「改造工事中――

関係者以外立入り厳禁」と明記した札を立てておくべきであり、門番には「詮索好きな哲学者」はいかなる場合にも入れるべからずと、とりわけ厳重に言い渡しておかねばならない、と語っている。* たしかに今日においても、このような注意や警告に賛同する物理学者は多いであろう。とはいえこのような警告をいずれそのうちに無視するのが、つまるところ哲学の課題でもあれば本質に属することでもある。哲学が、個別科学の仕切りや縄張りの内側で生じている事態にそのつど気を揉むように強いられるのは、単なる好奇心のなせるわざではない。このようなまなざしを欠いては、哲学はその本来の目標、つまり方法的分析と認識批判的基礎づけという目標を達成することができないのである。という次第であるから、哲学は、個別科学のあいだに築かれた境界を、たとえその境界設定が認識実践の観点からは、すなわち適切で健全な分業の観点からは不可欠ではあれ、不断に越境しなければならないということになる。哲学の理論それ自身にとっては、この境界が足止めになる制約であってはならない。その理論は、このような越境のために摩擦や軋轢が生じるという危険を犯してでも、かかる境界を乗り越えてゆかねばならないのである。私は、本書の著述もまたこの意味において理解され受けとめられたいと願うものである。物理学を外から考察することや、あるいは「上から」教示することは、私の意図する処ではない。私がまずもって努めたのは、とにかく共通の研究作業のための基盤を設《しつら》えることであった。というのも、このような共通の作業と不断の相互的で事実に即した批判においてのみ、現在のところではその最終的な解決がいまだにはるか彼方にあると一般に意識され了解されているところの、新しい物理学のある種の基本的諸問題にたいする最終的解答が得られるであろうからである。

　私自身がこうした諸問題を検討するさいの基本的観点について言うならば、それは拙著『実体概念と関数概念（1910）』と本質的な傾向においては変わるところはない。この〔かつての〕観点は、今日においてもなお維持し得るものと私は信じている。実際、私はそれが、現代物理学の発展にもとづいて、以前そうであった以上により精密に定式化され、より良く基礎づけられ得るものと信じている。とはいえ、私がこの現代物理学の発展に対抗して私の固有の「立脚点」をいかなる状況においてもかたくなに守ろうという意図に導かれているのではないということは、本書の論述から読みとっていただけるものと期待している。私は、新しい物理学に対抗して〔かつての観点の〕無条件の「正当化」を図るつもりは毛頭ない。というのも私には、科学の発展に即してつねに新しく自己を方向づけねばならない認識批判にとっては、そのような「正当化」はきわめていかがわしく見えるからである。現代の理論物理学は、その基本概念を新しくより厳密に把握することでより豊かになり深められたが、そのことにたいして認識論は、眼をつむることはできないし、またすべきでもない。認識論は、みずからの前提の修正変更にたいして不断に心の準備をしつつ、現代物理学の豊富化・深化に向きあわなければならないのである。実際、以前の研究のなかには、今日ではもはやおなじ意味で主張することもできなければ、あるいは少なくとも別様に基礎づけられねばならないものが、少なからず存在している。ただ、以前の研究の個別の解答においてよりも、むしろその一般的な問題設定のなかに表現されている基本的傾向だけは、今日においても堅持し得る、と私は信じている。

　このようにして私は、〔それまでのものとは〕異なるひとつの地点に到達したのであり、〔それについて〕提起されるであろう反論や生じるであろう誤解をあらかじめ封じておくために、その点にも簡単に触れておこう。私が拙著『アインシュタインの相対性理論』を世に問うたとき、私が新しい物理学の発展から引き出した結論については私に賛同したものの、しかしその同意に、私が「新カント学派」としてそのような結論を引き出すことが許されるのだろうかという問いを抱きあわせた批評家が少なからずいた。おそらく本書は、その手の詰問や疑念にはるかに厳しく曝されることであろう。とはいえ私は、このような異論は、「マールブルク学派」の創始者であるヘルマン・コーヘンやパウル・ナトルプによって理解されていた「新カント主義」の本質やその歴史的傾向性を誤解したものであると信じている。ナトルプは論文「カントとマールブルク学派」(『カント研究』XVII, 1910) において、「マールブルク学派」の意図はカントの教義に無条件に固執しようとするものでは決してなかったし、そう欲したこともなかったと、きっぱり言明している。「正統派カント主義の言説は――と、彼は強調している――どのようにも根拠づけられない。それは学派の発展とともに、どのようなものであれ正当性のもっとも間接的な見せ掛けすら失っていった。……人がカントに遡及しようとするのは、もっぱら哲学の永遠の問いを、カントによって哲学が失われることなく手にした根本的認識の方向性において、またカントによって達成された深化の首尾一貫性において、より深く追究しようとするためにである。……それ以外の理解をするのは、できの悪いカント学徒である。」ここでのカントにたいするナトルプの立場は、ちょうど、ガリレイやニュートンやマックスウェルやヘルムホルツにたいする現代の物理学者の立場に相当することが、見てとれよう。ナトルプは、哲学においてはいかなる「大家」もあり得ないということを口酸っぱく主張しているカント自身に依拠して、一切の教条を拒否しているのである。そういうわけであるから、本書の研究の結果として、私が現代自然科学の基本概念の認識批判上の解釈において、コーヘンの『純粋認識の論理学(1902)』やナトルプの著作『精密科学の論理学的基礎(1910)』において提起されたるものと本質的に異なる結論に到達することになったとしても、だからといって「マールブルク学派」の創始者たちと私との絆が弛んだわけではないし、また彼等にたいする私の恩義が減少するわけでもないのである。

なお、本書を世に出すにあたって最後に一言、個人的な謝辞をつけ加えないわけにはゆかない。マルテ・ヤコブソンにたいする献辞でもって、私は、かねてから私の哲学上の仕事にたいして示していただいた彼の関心と、昨年私が新しい職場と新しい研究環境に入りこむにあたって、迎え入れ助言していただいた彼の心のこもった親切にたいして、私の感謝の意を表明したい。さらに私は、私をイエーテボリ大学に招請してくださったイエーテボリ大学の措置と、そのときの学長である教授ベンハード・カールグレーン博士および評議会がそのさいに私に示してくださった高い敬意とそのとき私に与えられた個人的な信頼の証にたいしても、心から感謝している。とはいえ本書は、その他にも、その名前をここで一人一人挙げることのできないより多くの人たちに負っている。というのも、私が新しい職場に快く受け容れられることがなかったならば、そしてまた各方面から激励されることがなかったならば、本書を書きあげようとする心のゆとりや意欲は湧いてこなかったであろうからである。

また私は、私のすべての要求にたいしてつねに快く必要な文献を提供してくださったイエーテボリ市図書館の主任司書と職員の方々にたいして感謝している。ちなみに私は、本書の原稿を一九三六年の四月に書きあげたので、その後に現れた文献はもはや体系的に利用することができず、ただ折りに触れて参照するさいに顧慮できたにすぎないことを付言させて頂きたい。校正刷に眼を通してくださったマンフリード・モーリッツ博士の好意あふれる助力にも、心から感謝している。

エルンスト・カッシーラー

イエーテボリ　一九三六年一二月

第1部　歴史的・予備的考察

第一章　「ラプラスの魔」

「静まれ、静まれ、いらだつ亡霊よ！（Rest, rest, perturbed spirit !）」

——シェークスピア『ハムレット』I－5

『確率の解析的理論』の導入部でラプラスは、ある与えられた瞬間の世界の状態についての完全な知識を有し、それゆえそれにとっては同時にその世界の全体の現にある在り様と今後の成りゆきの一部始終が完全に決定されているであろうような、一切合財を把握せる魔（Geist）という周知の描像を描き出した。自然界に作用しているすべての力と、世界を構成しているすべての個々の事物の正確な状態を知悉しているこの魔は、世界にある最大の天体から最小の原子にいたるまでの運動を同時に包摂する世界公式に到達するためには、これらのデータを単に数学的解析の処理に委ねるだけでよい。その魔にとっては何ひとつとして不確かなものはなく、未来と過去は等しく明瞭に見通し得るであろう。人間の悟性は、それが天文学で達成することのできた完全さにおいては、かかる魔の覚束ないコピーだと見なしてもよいが、もちろんそれは元のものの完璧さには到達すべくもなく、元のものの完璧さに近づこうとどれだけ努力しても、つねに無限に遠く及ばない。

私がラプラスの魔のこの描像から筆を起こしたのは、この糸口が論理的に剴切だとか、あるいはただ単に心理的にとくに好都合だと見なしたからではなく、むしろまったく逆の理由からである。原子物理学の現状をとおして提起されている一般的な因果問題をめぐるどの議論においても、ラプラスによって描き出されたこの描像はたしかに重要な、それどころか決定的な役割を果たしてきた。「古典物理学」の因果原理を擁護する者も攻撃する者も、ともに、このラプラスの描像がその問題の旨い表現として役に立つということ、つまりこの描像から出発するのが世界の出来事の厳密に「決定論的な」見解の特性を際立たせるにはうってつけであるということ、少なくともこの点については異存はないようである。私はそのような見方に与することはできない。そのわけは以下の議論で逐一示してゆく心積りである。しかしその議論に踏み込むに先だって、その問題の〈歴史〉をざっと見ておくのが有用なように思われる。というのも、そのような歴史的な回顧によってのみ、ラプラスの「世界公式」が因果概念をめぐる昨今の認識論上のそして自然哲学上の議論において有するに至った意義を解き明かすことができるからである。実はラプラス自身にとっては、このような世界公式という観念は、蓋然性という概念と確実性という概念の区別をわかりやすく説明するための気の利いた譬喩以上のものではほとんどなかったのである。この譬喩がもっと広汎な妥当性を有するべしという要求、つまりそれが一般的な認識論上の〈原理〉の表現たるべしという要求は、私の見るかぎりでは、ラプラスには依然としてまったく無縁のものであった。この転換はずっと後になって初めて生じたのであり、その転換の時点は正確に特定できる。ラプラスの公式を初めてその永かった忘却の淵から救い出し、それを認識論上のそして自然哲学上の考察に固有の焦点に据えたのは、エミール・デュ・ボア゠レーモンの有名な講演『自然認識の限界について（1872）』であった。この講演はそこここで大きな反響を呼び起こし、強烈な作用を及ぼした。半世紀も後になってさえ、W・ネルンストは論文「自然法則の妥当領域について」において、デュ・ボア゠レーモンがラプラスの世界公式の実際的能力を活写した「魅力ある雄弁」を称賛している。[1] とはいえこの雄弁は、もちろん非常な危険性と背中合わせであった。その雄弁の軽やかで蠱惑的な外面の裏では、哲学的・自然科学的認識のある種の基本的諸問題が、分析的に解明されることもなく、性急で断定的な、しかしもちろん一貫して独断論的な結論に導かれるような形で処理されていたのである。

その結論は、同時に肯定的でもあれば否定的でもある意味において下されていた。それはすべての自然科学的認識の永続的で変わることもなければ覆しようもない形を最後決定的に確立することができると信じたが、同時に他方では、他ならぬその形を乗り越え不可能な限界と見なしたのである。デュ・ボア＝レーモンは、自然認識を偶然的でもっぱら経験的な一切の制約の上位に置いた。つまり彼は自然認識に、その固有の範囲内である種の万有知を付与したのである。しかしながらこのような騰貴は、ただその深い下落の前触れにすぎない。自然認識は、もっとも厳密でもっとも正確な知という絶頂から無知――暫定的で相対的なものではなく、最後的で絶対的であるがためにいかなる救助も不可能な無知――という奈落へと墜落する。人間の認識がラプラスの魔という理想の高みにまで到達したとするならば、世界の来し方・行く末は、その枝葉末節にいたるまで細大漏らさず見通すことができるようになるであろう。「このような魔には、私たちの頭の毛髪をも数えられるであろうし、また一羽の雀もその魔に知られることなく地面に落ちることはない。それは過去と未来の双方を向いた双頭の予言者であり、その魔にとっては全世界は単一の事実であり単一の大きな真理にすぎない。」にもかかわらずこの単一の真理は、真の「現実」たる全体としての存在の、限られた偏頗な部分的側面を与えるにすぎないであろう。というのも、真の現実というものには、ここで描かれた自然科学的認識の形には原理的にかつ永遠に到達不可能な重要で広大な領域が含まれているからである。この形の認識をどれほど向上させ精緻なものにしても、私たちは存在の本当の謎に一歩でさえも近づくことはできない。物質的原子の世界から「精神」の世界・意識の世界へと踏みだすや否や、私たちの知はたちまち無に帰してしまう。ここで私たちの理解は終息する。というのも、私たちの脳をも含む世界のすべての物質系の完全な「天文学的に正確な」認識をもってしても、いかにして物質的存在がみずからの内から謎に満ちた意識という現象を産み出し得るのか、このことは私たちには理解できないからである。それゆえこの点の「解明」の要求は満たされないばかりか、厳密に言うならば、設定することすら叶わない。自然科学が意識の本質と起源にたいする問いについて与えることの可能な唯一の回答は「知ることができないであろう（*Ignorabimus*）」ということになる。*

デュ・ボア゠レーモンのこの問題設定は、一九世紀の最後の数十年間の哲学と自然科学の原理論におなじように強烈な作用を及ぼした。もちろん、そこで導き出された極端な結論をなんとか逃れようとする試みはあった。デュ・ボア゠レーモンの講演の有無を言わさない独断論的（apodiktisch-dogmatisch）な結論を受け容れるにはためらいがあった。しかしここに、その解決のためには認識論と自然科学が全力を傾注して取り組むべき重要で剴切な〈問い〉が設定されているということ、このことにはさしあたって疑問の余地はないように見えた。〔一八〕七〇年代の初め、デュ・ボア゠レーモンの講演とほとんど同時期に始まった新カント学派の運動でさえも、当初、この点においては原理的にまったく異存はなかったのである。「カントに還れ」と要求した最初の人たちの一人であるオットー・リープマンは、因果問題の分析のさいにまったくおなじ路を歩んだ。彼にとってもまた、ラプラスの公式は、彼が好んで「事実の論理」と言い表していた事柄の完全で十分な表現となった。「もしも絶対的な世界叡知を仮定するならば——と、彼は説明する——私たちにとっては無限の空間内にてんでんばらばらに繰り広げられている世界の全過程が、その叡知にとっては、そのもっとも細部にいたるまで、〈時間を超越した世界論理〉として〈永遠の相の下に（sub specie aeternitatis）〉、与えられているであろう。それゆえこれは〈客観的世界の理解における完成された事実の論理〉であり、スピノザは、ニュートンの『自然哲学の数学的諸原理〔プリンキピア〕』出版に十年早くまたラプラスの『天体力学』刊行に一世紀先んじて死亡したがゆえに、もちろん完全に明晰ではあり得なかったにせよ、ある意味において正しかったのである。(2)」

ここからは「ラプラスの公式」が、自然科学的な解釈を許容したのとまったくおなじように、純然たる形而上学的な解釈をも許容したのだということが見てとれる。そしてそれが及ぼした強烈な作用は、ほかならぬこの二重の性格にもとづいていた。その作用は、デュ・ボア＝レーモンの講演が登場した時点の精神史上の〈全体状況〉を考察したとき初めて完全に理解される。当時は唯物論論争（Materialismus-Streit）の時代であった。すなわち、哲学が自然科学的思惟の指導性に身を任せ、挙句にその避け難い帰結として厳密に機械論的〈力学的〉*な自然把握に導かれてしまってよいのか、それとも、自然科学に抗して哲学に固有の陣地を守護し堅持する、つまり「精神的なるもの」に特殊で例外的な地位を認めるべきなのか、その決定を迫られていた時代であった。デュ・ボア＝レーモンの講演はまさにこの点を衝いたのであり、それは、その逡巡を解消してそのジレンマから脱出せしめるものと受け止められたのである。というのもそれは、その双方の主張を公正に評価しているように見えたからである。つまり、それはある意味で、唯物論の要求とまったく同様に唯心論の要求をも満たしているように見えたのである。唯物論と機械論〈力学論〉はともにデュ・ボア＝レーモンの自然認識の定義に満足することができた。というのも、自然認識の範囲内では機械論の基本的原則が承認されているばかりか、唯一絶対の基準にまで祭りあげられているからである。「機械論的な認識が――と、デュ・ボア＝レーモンは強調している――真の認識のいかに貧弱な代用品であったとしても、我々にとってはそれ以外の認識は存在しない。それゆえ〈唯一の〉真に科学的な思惟の形式は、数学的・物理学的な思惟の形式である。」とはいえ、他方でこの思惟の形式は、「本来の超越的な（transzendent）」問題を扱うときには退けられる。自然科学者はこの超越的な問題を金輪際断念しなければならないのだが、この断念が、他のすべての純粋「思弁的な」解決の試みに途を拓くことになる。それゆえ唯物論の熱烈な擁護者からそのもっとも尖鋭な批判者までが、まったくおなじ権利でデュ・ボア＝レーモンの基本テーゼを援用することができるように見えた。というのも、前者の人たちは、そのなかに科学的思惟と唯物論的・機械論的思惟の同一性が主張されているのを見たからであり、後者の人たちにとっては、原理的にいかなる自然科学的認識も許さないどこまでいっても不明瞭で不可視の剰余であり続ける〈実在（Realität）〉が、科学的で唯物論的な思惟の外側に仮定されていたからである。

とはいえこのことによって、私たちは同時に、もともとのデュ・ボア゠レーモンの講演の出発点となった特殊な問題状況が有していた意味をはるかに越える問いに誘われているのがわかる。すでにここには、私たちの研究がこの先進むにつれて、そのつどその正しさが立証されることになるひとつの体系的連関が示されている。自然科学上の認識理論が私たちに与える〈因果問題〉の回答は、それ単独で成り立っているのでは決してなく、つねに自然科学上の〈対象概念（Objektbegriff）〉についての特定の仮定に依拠している。その両契機はたがいに直接に干渉しあい制約しあっている。私たちは、この点を踏まえないことには、つまりそのさいに前提とされている物理学的な「実在」の概念にまで遡って問うことがなければ、ある時点での、ないしある自然科学的思惟傾向における因果概念の意義や根拠を理解することはできないのである。後で私は、この関係が現代の量子力学にたいしてもまた妥当すること、つまり量子力学を特徴づけているように見える「因果概念の危機」においても、〈対象概念〉の批判的な捉え直し、すなわち新たな把握がそれだけ一層強く求められていることを示す心積りである。さしあたってここでは、この関係をデュ・ボア゠レーモンの自然科学的認識の理論によってもたらされた文脈に即して解きあかすことで満足しよう。その理論においては、因果性の要求が経験的適用可能性の一切の限界を越えて押し広げられていることにより、また因果性の要求がその表現および定義において「無限の精神（unendlicher Geist）」なる前提に結びつけられていることにより、実在もまた手の届かない遠方に押し遣られている。実在は、あらゆる現実的理解可能性（Begreiflichkeit）の及ばないところにまで、私たちの認識の基本的な理論の手だてによってはどうしても捉えられないところにまで遠ざけられている。私たちのどのような概念的把握（Begreifen）によっても、私たちの物理学的認識手段をどのように洗練し鋭利にしても、私たちは一歩も前進できない。そのことによってむしろ私たちは、私たち自身の概念の網の目にますますきつく巻き込まれるだけである。というのも、デュ・ボア゠レーモンによれば、認識不可能性は、私たちが精神の領域、意識の領域に踏み込んだときに初めて生じるのでは決してないからである。意識にたいしてであれ、物質的世界とその基本要素としての原子にたいしてであれ、私たちがその本質についての問いを発するならば、そのかぎりで両者は、認識不可能であるという点において原理的に違いはない。すべての質点とその位置および速度を完全に掌握しているラプラスの魔といえども、その知識をもってしても、質量や力の「本質（Wesen）」を理解するにはまったく無力であろう。「いくらかでも深く思索した者ならば誰一人として――と、デュ・ボア゠レーモンは説明している――その障害の乗り越え難さを否定することはできない。〔……〕自然科学のどのような進歩も、それにたいしてはこれまで何ひとつ為しえなかったし、将来もそうであろう。〔……〕物質の存在するこの点で〝空間に出没する〟ものの正体が何であるのかについては、今日我々が知っている以上の知識を得ることは今後も決してないであろう。というのもラプラスの魔でさえも、この点では我々以上に賢くはないからである。(3)」

ここにはデュ・ボア゠レーモンがその演繹のさいにいつも使っている論法が、際立ってあからさまに顕れている。一見したところそれは奇妙で、実際ほとんど理解不可能なように見える。というのも、ほかならぬ科学的認識の原質や要素を認識不可能なものと決めつける――つまり、質量とか力のような自然把握の〈道具〉以外のなにものでもない諸概念を「空間に出没する」謎めいた幽霊や幻影のようなものに変えてしまう――考察方法以上に奇妙なことがあり得るだろうか？　にもかかわらず自然科学は、この奇妙な論法のもとでは、シンボル的認識のすべての形式に共有されている宿命に陥らざるを得ない。そこでは高度に進歩した知の段階において、実際その真の頂点のひとつにおいて、世界の理解の最初の一歩へと私たちを引き戻しかねない過程がくりかえされているのである。それによって――自然のであれ「精神的現実」のであれ――世界のひとつの「理解（Begreifen）」を可能にするさまざまなシンボルを分析しようとするときには、私たちはいつでも、この理解が依拠している基本的手段の意味の二元性に行きあたるのである。〈言語（Sprache）〉や〈像（Bild）〉はこの理解のために人間精神が創り出した最初の手段である。それらによってのみ人間精神は、「絶え間なく流れ去って行く」出来事を分節化し、区別し、支配することができるのである。しかしながら、他ならない支配のこの〈手段〉が、ただちに固有の存在に転化する、つまり人間精神に反作用し人間精神をそのもとに屈伏せしめる固有の現実性と重要性とを獲得するに至る。言うならば道具が固有の生命を身に帯び始め、基体化され、この基体（Hypostase）において人間を呪縛する自存した特有の頑固な力になるのである。言語や神話の起源をより遡って追究するならば、それだけ一層明瞭に、言語シンボル（Sprachsymbole）や像シンボル（Bildsymbole）のこの根源的な性格が浮き彫りにされてゆく。シンボル的なるもの（das Symbolische）は魔術的なるもの（das Magische）に転化し、現実にたいするすべての魔術的認識と魔術的支配を根本で支えているのは、言語の魔力や像の魔力なのである。[4] それがいかに奇妙で逆説的に見えても、「もっとも抽象的な」シンボル形成でさえもが、この直接に具象的なるものへ向かわせる圧力、それゆえ物化（Verdinglichung）への強制を免れてはいない。もっとも抽象的なシンボル形成でさえも、実体化や基体化（Substantialisierung u. Hypostasierung）の危険性にたいして不断に抗っていなければならないのである。そしてそれらがこの危険性に冒された瞬間に、認識過程はある特異な反動を被る。認識の原質たるもの、認識の「最初のもの」が、「最後のもの」に、つまりそれを捕捉しようとするならばいわばますます認識から遠ざかり、ついには手の届かない先に遠のいてしまう危険のあるものに転化する。シンボルは、その直接的に「魔術的な」性格を剝ぎとられたとしても、それでも、つねに秘密に満ちたもの、「理解不可能なもの」の性格が付きまとっているのである。エミール・デュ・ボア゠レーモンの講演以上に尖鋭であけすけな結論が、彼の弟である数学者ポール・デュ・ボア゠レーモンの著書『精密科学における認識の基礎について』において導き出されている。そこでは、現実を捉え記述しようとする物理学のいかなる試みも、いかに初めから破綻を運命づけられているかを示すことが意図されている。そのような試みはすべからく、「我々を諸現象のあいだに閉じ込めている壁がいかに堅固なものか」をあらためて私たちに教えることにしかならない。「一様にたちこめる霧の中を突き進むことに疲れ果てた我々の思惟は、麻痺したかのように一歩も前に進むことができなくなる。我々は我々の知覚の殻の中に閉じ込められ、その外にたいしては、生まれつき盲目であるかのようである。その外にたいしては、薄明すら得られないのである。というのも薄明といえどもすでに光であるが、現実世界においてはいったい何が光に対応しているのかがわからないではないか？[5]」

現代物理学は久しい以前から、そしてますます強く、このような基本的見解が物理学を縛るものでもなければ、もはや可能でもないということ、またなぜそうなのかということを、強調してきた。現代物理学は、そのもとにラプラスの魔という認識理想が案出されたところの前提をすでに放棄している。つまりそれは、すべての物理現象が単純な質点の運動に還元されることによって理解されるという可能性を否定しているのである。あまつさえ現代物理学は、デュ・ボア＝レーモンがラプラスの世界公式に結びつけた過剰な結論を、それ以上にきっぱりと退けている。「彼の言う〝知ることができないであろう〟は——と、ある現代の研究者は語っている——我々にとっては、円積問題の不可能性やその他の類似の問題のようなつまらない認識が数学者にとって持つのと同程度の意義しか持たない。それらは、正しく設定されたならばたちどころに片づき、意味をなくす類のものである。[6]」この純粋に〈認識批判的な〉見解に達するためには、なにもことさら量子力学の新しい概念形成を必要とはしない。それはすでに古典物理学の土俵上で獲得でき、その前提のもとで示すことができる。[7]一般的に次のように言ってもよい。ラプラスの魔という描像は、物理学的経験の立場からはもちろんのこと、すでに論理学や認識論での分析の立場からも、はなはだ疑わしいことがわかる。この描像を仔細に検討するならば、それが相反する要素から成り立っていることがわかる。というのも、ラプラスの魔による未来の洞察にとって必要な要件はいったいいかにすれば満たされたと考えられるのか、そもそもラプラスの魔は、すべての質点の最初の位置と速度についての完全な知識なるものをどのようにして得るのか？　ラプラスの魔は、これらの知識を人間的な方法でつまり経験的な方法で得るのか、それとも「超人的な（übermenschlich）」方法でつまり「超越的な（transzendent）」方法で得るのか？　前者の場合ならば、ラプラスの魔といえども、私たちの経験的認識に課せられた制約を免れることはできないであろう。つまり、測定が実行されなければならないし、そのためには特定の物理的な測定装置を使わなければならないであろう。しかし〈このような〉やり方で到達でき獲得できるのは、せいぜいのところ相対的な知識でしかないことは、すぐに見てとれる。測定精度はある一定の限界を決して超えられないし、同様に、物理的な装置を使用すれば、その結果はこの装置の性能に左右され、絶対的にではなくその装置との関係においてしか決定され得ないであろう。このような困難は、ラプラスの叡知が、初期条件についての間接的な知識だけではなく、直接的で「直観的な」知識をも有しているのだと認めるならば、その場合にのみ回避できる。とはいえ〈そのような〉解決は、ここに設定された問題全体を、いわばひそかに消滅させ、結局は無化することになるであろう。というのも、そのような直観的な認識を備えた叡知なるものがあるとすれば、それはそのことによって同時に、もってまわった推論や前もっての計算の労力からはことごとく解放されていることになるからである。その叡知は、現在から過去や未来を「順を追って推論する」までもなく、たった一度の一瞬の働きで完全な知識を、つまり無限にわたる全時間経過の直接的直観を獲得することになるであろう。そんなわけで「ラプラスの魔」という描像には、異質でたがいに両立し得ない二つの規定が結びつけられ、込められているのである。カントの概念で表現するならば、この描像には「論証的（diskursiv）」悟性という表象と「直観的（intuitiv）」悟性という表象が同時に含まれている。ここに、論証的悟性は間接的把握の形式つまり「計算」の形式に束縛されているが、他方、直観的悟性は、「綜合的・普遍的なるもの（Synthetisch-Allgemeines）」（全体の全体としての直観）から特殊的なるものへと進む、つまり全体から部分へと進むがゆえに、一切の計算から解放されている。それゆえに、ラプラスが描き出しデュ・ボア＝レーモンがさらに増幅し尾鰭を付けた、如上の自然科学的認識の〈理想（Ideal）〉なるものは、より注意深く認識批判上の分析を加えるならば、ひとつの〈幻影（Idol）〉に解消されてしまう。発展してゆく自然認識において人間精神が不断に接近してゆくべき極限なるものは、〈極限でさえない〉ことがわかる。厳密に言うならば、その単なる仮説的な措定でさえ、実行不可能な思想に、つまり矛盾に導かれるということが明らかとなる。私たちは自然科学的認識の理想や原理を――もしもその原理が論理的に首尾一貫しかつ経験的に使用可能である、つまり「現実の」物理学の手続きや概念形成に適用可能であるべきだとするのであれば――これとは別の新しい側面から定式化しなければならないのである。

第二章　形而上学的決定論と批判的決定論

ここまでの論究によっても、私たちはいまもって、ラプラスの世界公式という着想の根底にある問題の真の核心に手が届くまでには至っていない。ラプラス自身にとっては、この公式は、たまたま浮かんだ気の利いたスケッチ、つまり大雑把に描かれその結論が説かれてはいるものの、その真の〈根拠〉は曖昧なままに残されているひとつの思考実験にすぎなかった。そうではあったとしても、ラプラスの公式は、そのような脈絡において現れている以上のものなのである。それは一七世紀の偉大な哲学体系、すなわち古典合理論の体系がそこから産み出されていった件《くだん》の世界観の集約的表現であり、簡勁な総括だといっても過言ではない。私たちは、ラプラスの公式を現実に真摯に理解しようとするならば、つまりその内容とその思想上の主題《モチーフ》を十分公平に評価しようと欲するならば、その根拠にまで遡求しなければならないのである。実はラプラスよりずっと以前にライプニッツが、その推論の基礎にある思想を完全に厳格に定式化していた——実際、ライプニッツはこの思想にふさわしい固有のシンボルさえも、すでに創り出していたのである。「万物がきっちりと定められた宿命によって産み出されるということは——と、ライプニッツはある論文で語っている——3掛ける3が9に等しいのと同様に確かな事実である。というのも、宿命というものは、万物があたかも鎖のようにたがいに繫がりあい、それが生じたときには間違いなく生じているのだが、それとまったく同様に、生じる以前にも間違いなく生じるはずであるということだからである。……すなわち、どの原因も、それだけが単独に在るときにはそれによってもたらされるであろう確実な結果を産む。しかし原因が単独でないときには……諸力の大きさに応じた協同作用から、ある確実で間違いのない結果が生じる。そしてこのことは、二個や十個や千個の事物のときだけではなく、実際に世界のなかで起きている場合のように、無限に多くの事物が協同して作用しているときでも正しい。数学は……このような事柄をじつに見事に説明することができる。というのもすべてのものは、自然においては、いうならば数や度や重さないし力により規制されているからである。たとえばひとつの球が空中でいまひとつの球と衝突するとき、衝突以前の球の大きさと径路と方向とを知っていれば、それらがどのように跳ね返り、衝突後にどの方向をとるのかを計算し予言することができる。同様の優れた法則があるならば、球の数がいくらでも、あるいは球以外の形でも、まったく同様に扱うことができる。このことからいまや、この広い世界全体においてはすべてのものは数学的に、すなわち間違いなく生じているということ、のみならず、事物の内部を十分正確に見通すことができ、そのうえすべての事情を把握し考慮するのに十分なだけの記憶力と理解力とを持ち合わせている者は、予言者となり、現在のなかにあたかも鏡のなかを見るように未来を見るであろう、ということがわかる。(8)」

ここには、ライプニッツの与えた因果法則と決定論の定式化が、彼の〈実在概念（Realitätsbegriff）〉ときわめて緊密に関わっていること、実際、それは他でもないこの実在概念それ自体の書き直しに他ならないことが、きわめて明瞭に浮き彫りにされている。ライプニッツの実在概念は、異なった二つの、しかし彼自身にとっては完全に相互に混和し不可分な統一を成している基本的前提にもとづいている。それは数学的でもあれば形而上学的でもある自然であり、それはその一方であるがゆえに他方でもある。ライプニッツの決定論は形而上学的数学主義（metaphysischer Mathematizismus）なのである。自然には、数学的な思惟と推論の規則のなかに表現されているのと同等の「絶対確実性（Unfehlbarkeit）」が与えられなければならない。というのも、もしも自然がこの絶対確実性を有していないとすれば、自然にたいして数学的思惟を行渡らせ得なくなるからである。この結論のなかに、古典合理論の最初の定礎者や先駆者を鼓舞したあの特有の主観的「情熱《パトス》」が表現されている。この情熱のなかでは、哲学と自然科学は一体と感じられている。ここでケプラーやガリレイは、デカルトやライプニッツと同一の言語を口にしている。この言語を鋳造したのは、新しく基礎づけられ新しく獲得された数学的認識の最初の過剰な熱狂であり、さながら陶酔であった。ケプラーやガリレイによる、そしてまたデカルトやライプニッツによる因果性の要請が表現しているのは、数学と自然の同一性の確信以外のなにものでもない。数学的に考え推論する者は、単なる頭の体操をしているのではない。その者は他とかかわりなしに作られた概念の狭い世界を動いているのではなく、現実そのものの基底に触れているのである。ここにおいて私たちは、思惟と存在が直接触れ合っている地点に、したがってまた「有限なる」悟性と「無限なる」悟性の区別が消失する地点に立っている。というのも、無限なる神の悟性の優越性は、神の悟性が事物を認識するのはそれを外から観察し考察することによってではなく、神の悟性が事物の固有の〈根拠〉であるがゆえであるという点にある。神の悟性が存在を考えるのは神の悟性が存在を〈創造した〉がゆえにであり、またそのかぎりにおいてである。そしてまさにこの最初の創造行為そのものが、数学の基本的観念によって、すなわち量、数、度によって規定されている。したがって量とか数とか度といったこれらの概念は、現実の単なる模写（Abbild）では決してなくて、存在の真の原像（Urbild）、永遠不変の「原型（Archetyp）」なのである。ケプラーの、彼にとっての天文学思想の全体つまり彼の経験的にして数学的な研究の衝動でもあれば推進原理でもあった「世界の調和（Weltharmonie）」の教説は、他ならぬこの前提にもとづいている。ケプラーにとって数学と天文学は「哲学の両翼」である。それらの力によって人間精神は、初めて真に神的なるものを会得する領域へと上昇してゆく。というのも、そこでは神の創造思想の跡を辿ることが可能となるからである。「造物主たる神は、物質的な側面において考察される量そのものからさえ得られる数学的なるものを、久遠の昔からきわめて単純で神的な抽象における自分自身の原型として有してきた。[9]〔原文ラテン語〕」同様の思想は、ガリレイによるコペルニクスの体系の叙述と弁護をも貫いている。ガリレイは、彼の二大世界体系についての対話〔『天文対話』〕において、数学的認識という点では人間の精神と神の精神のあいだにはいかなる基本的な差も質的な違いもないことを強調している。知の〈広がり〉という点ではもちろん前者は後者の足許にも及ばない。しかし数学的認識においては、その確実さの〈度合い〉では、神と人間で差はない。というのも、私たちが厳密な数学的証明で到達し得る知の最大の確実さをさらに上まわるということは考えようがないからである。[10]

　とはいえライプニッツの場合には、近代の数学的自然科学の定礎者たちのこのような見解にたいして、いまひとつの異なる主題《モチーフ》が加えられているが、それが彼の「決定論」に初めて固有の特徴的な刻印を与えている。かつてライプニッツは彼の全形而上学は数学的であると語ったが、*それは逆もまた可ということで、ライプニッツの数学思想もまた形而上学的根拠にもとづいている。というのも、私たちが〈現象〉のなかに認め、精密自然認識が確定しようとしている如上の厳密に数学的な連関なるものは、ライプニッツ自身にとっては派生的な結果にすぎないからである。その連関を正当に理解するためには、私たちは存在の究極の根拠、つまり単純〈実体〉にまで遡らねばならない。私たちが自然現象の決定性の本来の意味と起源を体得するのは、そこにおいてなのである。数学と力学は、物体世界の内部における、つまり時間的・空間的秩序の内部における原因と結果の連関を跡づけることによって満足することができる。とはいえこの時間的・空間的宇宙は、私たちにはただ「派生的な力（abgeleitete Kraft）」をしか示さず、私たちが本当に原因と結果の連関を理解するためには、そこからさらにその究極の起源、すなわち「始原的な力（primitive Kraft）」にまで遡らねばならない。この始原的な力はもはや現象世界には属さず、単純実体つまりモナドの世界に属している。自然科学が語ってきた、それにたいして延長とか運動とか力とか質量等の自然科学の諸概念を鋳造してきた世界は、絶対的な世界ではなく相対的な世界である。それは現象である。しかしその現象は中身のない見せ掛けの現象ではなく、「モナドにおいて根拠づけられ」それゆえ「十分に根拠づけられた現象（*phaenomenon bene fundatum*）」である。このようにライプニッツによって、本来の決定論はいまひとつのより深い地層に置き移された。あらゆる単純実体は根源的表象能力を付与されている、つまりそれは、その現象のすべてをみずからの内から産出し繰り広げてゆく力を有している。この産出と展開をつらぬいて厳密な必然性が支配している。ライプニッツにとって実体とは、自己発展のこの必然的法則以外のなにものでもない〈のであり〉、因果性の厳密な概念はこの点のみに限定されなければならない。因果性は個々の実体間の関連を表現するものではない——というのも、モナドからモナドへの直接的な影響、「物理的な影響（influxus physicus）」はライプニッツの体系においては排除されているからである。因果性は、もっぱら単純実体それ自体のなかにおけるその始原的な力とその結果や効果のあいだに仮定されるべき関係のみを語っている。そしてそこには隙はまったくない、つまり原因と結果の連鎖が途切れることはあり得ない、というのももしもそのような断絶があったとすれば、実体の〈同一性（Identität）〉もまた同時に破壊されるであろうからである。実体のこの同一性を保証しているもの、そもそも同一性を初めて定義したものは、因果的連鎖の強靱さである。実体の存在は、決して静的で不動のものではなく、内的に運動する動力学的なものである。実体は、それが変化するということをとおしてのみ、ある状態から他の状態に不断に移行することによってのみ、存在している。そのさい変わることなく存続するものは、この発展の全経過を支配し、かつみずからは一貫して同一に留まるその移行の法則の内にのみある。そういうわけで、ライプニッツによれば「始原的な力」としての実体は、ある特定の代数的数列のひとつの項から次の項への移行の規則を指示しているこの数列の「一般項」に準《なぞら》えられるべきものであり、これにたいして「派生的な」力は数列の個別の項に相当する。「ある〈法則〉が維持され、私たちが同一のものと見なしている主語の未来のすべての状態がその法則の内に含まれているということ、他でもないこのことが、実体の同一性を構成しているのである。」[11] 出来事の厳密で途切れることのない決定論がライプニッツにとって不可避な結論であり無条件の要請であるということ、およびそのわけは、いまや明らかである。もしも因果性の連鎖が世界の出来事のどこかで断ち切られたとしたならば、実在性や実体性もまたそこで崩壊してしまうであろう。もはや系列の法則をとおして規定することもできず、そこから導き出すこともかなわない出来事は、また系列に置くこともできない――その出来事はもはやいかなる特定の主語にも割り振ることができず、それゆえいわば空虚のなかに揺らめくしかない。だがこの空虚はまた、一切の認識の死を意味するであろう。「充足理由律」はいつでも完全に厳密に適用可能でなければならない。というのも、〈単一性（Einheit）〉の形において以外には真の存在はなく、客観的実在はないからである。「真に〈一個の（Ein）〉存在でないものは、真の一個の〈存在（Wesen）〉でもない。」[12] というわけであるから、ライプニッツにとって、決定論はすべての形而上学的認識の究極の手放し得ない根拠となる。作用連関についての陳述だけではなく、存在と実在一般についてのすべての陳述もまた、決定論に根拠づけられているのである。

しかしながら、存在と出来事についてのこの確固たる独断論的教義のなかに、ヒュームの懐疑論が前ぶれもなくだしぬけに踏み込んでいったのである。ここでもまた、因果概念の変化を条件づけ引き起こしたのは、実在概念の変化であった。ヒュームはその懐疑の矛先を、なにはさておき「〔充足〕理由律（Satz von Grunde）」の合理論的な捉え方に向けた。とはいえヒュームは、理由律から存在論上の根拠を剝奪することによって初めて、理由律を動揺させることができたのである。ヒュームにとっては、ライプニッツがその普遍的な決定論の主張を根拠づけた件《くだん》の「存在」なるものは、ない。ヒュームは、諸現象がそこから生ぜしめられ、それゆえ諸現象の解明のための究極の原質と見なされるべき「単純実体」の世界なるものを認めない。ヒュームにとっては、現実的なるものは単純な知覚に帰着する。それゆえ私たちは、因果原理の正当化を、もしそういうものをどこかに求めるとすれば、この知覚にこそ求めるべきことになる。しかし、私たちがその訊問をこの唯一権限のある法廷に発したとしても、そこからはいかなる返答も得られないし、また決して期待できないことがわかる。そこに因果性のなんらかの「原像（Urbild）」を探し求めても始まらないし、「必然的結合」という観念に照応する「印象」を求めても詮無いことである。それゆえこれらの言われているところの観念は幻影に、単なる「想像力（Einbildungskraft）」の産物に解消される。なるほど私たちは、想像力がこの奇異な産物を作り出す過程を追跡することはできよう。しかしその過程を知ったからといって、本来の問題、つまり因果概念の客観的意義とその妥当性についての問いに一歩でも近づいたことにはならない。したがって、ガリレイやケプラーの物理学およびデカルトやライプニッツの哲学が説いているようなあの機械論的な自然把握もまた、一切の客観的な拠り所を失なってしまうのである。数学がつねに観念の関係（*relations of ideas*）のみに携わり、原因と結果というような実在の関係、事実（*matter of fact*）の関係についてはまったくのところ何事をもなし得ないのだとすれば、数学がそのような自然把握にたいしていかにしてその拠り所を保証し得るのかは皆目わからないではないか。したがって実在における必然性や実在についての必然性等は、私たちには理解できないのである。自然の機械論的「説明」を作りあげるさいに拠り所としている基本的現象を分析してみるならば、ほかでもないその現象には現実にたいする説明の影さえ含まれていないことがわかる。確実性の唯一の源泉と言われるもの、つまり弾性衝突の過程についての知覚と言われるものは、二個の質量が接近し、たがいに出合ってのち、跳ね返り、反対の方向に進んで行くということこれだけのことである。しかし、いかにして一方「から（*aus*）」他方が結果したのかを示すことは誰にもできない。もしも二つのビリヤードの球が衝突の瞬間にその運動方向を変えるかわりにその色をたがいに交換したとしても、理解可能という点では五十歩百歩であろう。私たちにとって前者の場合のほうが後者の場合にくらべてより納得しやすく見えるのは、ただもっぱら反復された経験のしからしめるところにすぎない。つまり、私たちが判断のあるひとつの形式を優先させるのは、ただ単に習慣による強制にすぎないのである。私たちはこの強制から免れることはできない。私たちは因果性についての「信念」を放棄することは決してできない。というのも、その信念なくしては、方向づけの理論的可能性はもとより実践的可能性すら失なわれるからである。しかしながら、この信念自体になにがしかの客観的基礎を与えようとするならば、私たちは、人間の認識にたいして設けられている境界を逸脱することになる。それゆえ、因果という表象の、その心理学的発生の記述ではないと意図するなんらかの「根拠づけ」なるものは、いずれの場合にも単なる思い込みの域を出ない。私たちは、主観性の領域から踏み出すことはできないのである。つまるところ客観的推論と称されるものは、すべからく、それにたいしてはそれ以上の「根拠」を与えることのできない単なる感情に由来する。「我々が我々の嗜好や感情に従わねばならないということは、なにも詩や音楽においてだけではなく、哲学においてもやはりそうなのである。私がなんらかの原理を確信しているとするならば、それはただある観念がより強く私の心を打つからにすぎない。……諸対象相互間には、発見できるような〈必然的〉結合は少しもない。そしてまた、我々がひとつの対象の出現から他の対象の実在を推論できるのは、何等かの原理によるのではなく、ただもっぱら想像力に働きかける習慣によるのである。[13]〔原文英語〕」

ここからカントの批判的転換は始まった。それは、ヒュームの分析が因果原理のどのような合理論的・形而上学的基礎づけをも拒否するかぎりにおいて、因果原理の「単なる概念」からのどのような導出をも拒否するというかぎりにおいて、ヒュームの分析の有効性を十全に認めた。そのようなやり方では、少なくとも〈個別の〉因果関係にたいしては、それを導き出すことや、それが必然的なものであると示すことはできない。個別の因果関係を知るためにとどのつまり私たちが依拠しているのは、つねに経験的所与のみであり、この経験的所与が私たちに教示しているのは、いつの場合も何が生じたのかについてだけであって、「なぜ」それが生じたのか、ないし生じ「なければならなかったのか」についてではない。しかしカントは、その結論においてさらに踏み込んだ。カントはその結論を一般的な因果概念にまで押し拡げたのである。「いったい何かあるものが変化を受けるということはどのようにしてあり得るのか」――と、カントは語っている――「つまりある時点におけるある状態に、そのあとのある時点における反対の状態が継起するということはどのようにして可能なのか。我々は、これらのことをアプリオリにはまったく理解できないのである。それには実際に働く力に関する知識を必要とする、ところがかかる知識は、経験的にしか与えられ得ない。たとえば、物を動かす力（動力）に関する知識とか、あるいはまた、結局おなじことになるが、かかる力を表示するような〈運動としての〉ある種の継時的現象の知識のようなものである。[14]」したがって、因果性の可能性、つまりある物の現実的存在（Dasein）が、その物によって必然的に定立された他のなんらかの物の現実的存在に関係することの可能性は、とうてい理性の洞察し得るところではない、というヒュームの主張は、まことにもっともである。*

とはいえ一旦それだけのことを認めてしまったならば、いわゆる「先験性（Apriorität）」に関していったい何が残るのか、因果概念の普遍性と必然性についていったい何が残るのだろうか。「事物一般」にたいしては因果概念を証明できないのだとすれば、因果概念はいかにして「普遍的」であり得るのか。そしてまた、私たちがその概念にある決まった具体的内容を与えるために、いつまでたっても「偶然的」なものでしかない経験からその内容を得なければならないのだとすれば、いかにしてその概念は「必然的」たり得るのか。ヒュームの結論を、その前提をすべて認めたうえでなおかつ回避するということは可能なのだろうか――それとも私たちが因果原理に認めている必然性は「単なる仮構」であるということ、つまり長いあいだの習慣によって信じ込まされた見せ掛けであるということ、このことを認めざるを得ないのだろうか。[15]このような一切の異議にたいしては、〈問いの糸口〉を根本的に取り替えないかぎり、実際いかなる答えも見出し得ない。ある〈事物〉

がいかにして他の事物の原因であり得るのかと問うかぎり、あらためてヒュームの懐疑論に陥ってしまうのは避けられない。実際カントによれば、事物一般がいかにして変化し得るのかとか、いわんや、それが他の事物にいかに作用するのかをアプリオリに識ることは、まったくもって不可能である。しかしカントの最初の出発点と最初の要請の眼目は、その批判的問いを、直接事物にではなくむしろ〈認識〉にたいして向けることにあった。カントがその「超越論的なるもの（das Transzendentale）」という根本概念において表現し確立しようとしたものは、他でもないこの方向転換と方法上の転回なのである。「私は、対象に関する認識ではなく、一般に我々が対象を認識する仕方がアプリオリに可能であるかぎりにおいて、かかる一切の認識を〈超越論的〉と名づける」[16]――と、カントは説明している。というわけで、カントがヒュームの心理学的分析に対置した因果概念の超越論的分析は、事物の存在とその相互依存性に直接かかわるものではなく、それはただ事物の認識の形、対象的な知の形にのみかかわることができる。問いを「自然の内的なもの」に向けるならば、つまり、たとえばライプニッツに倣って「単純実体」がいかにして一連の異なる状態を産出してゆくのかと問うならば、そのとき因果原理は、私たちがそれを「超越論的」な意味に解するならば、私たちにとって何の役にも立たなくなる。因果原理は、絶対的実体の内部で個々の状態がいかに相互に結びつき、またどのような仕方でたがいに条件づけ合っているのかについては、何ひとつ教えてくれない。因果律は、「事物一般」にたいして、つまり合理論的形而上学や存在論が扱う存在にたいして妥当するのではなく、「可能的経験の対象」にたいしてのみ妥当するのである。それは「諸現象を経験として読み取り得るように綴る（buchstabieren）*」のに役立つある決まった指図以外のものではない。「それだから私は、原因という概念を、経験の単なる形式に必然的に属する概念としてなら十分よく理解する。……しかし原因としての事物一般の可能性ということになると、私にはまったく理解できないのである。というのも、原因という概念が示唆しているのは、事物に属する規定ではなく、経験のみに属する規定にすぎないからである。」それゆえカントによれば、因果法則が「自然」に妥当するのは、私たちが自然を質料的に（*materialiter*）考察するさいには、自然を経験の一切の対象の総括として定義するときだけであり、形式的に（*formal*）考察するさいには、自然を普遍的法則にしたがって規定されているかぎりでの諸事物の現実的存在として定義するときだけである（『プロレゴメナ』§14-16, §29〔『純粋理性批判』B. 446n.〕）。しかし、因果律のこの演繹は、とどのつまり単なる循環論に陥ってしまうのではないのだろうか。つまり、因果性を前提することによってのみ諸現象が〈法則〉のもとに秩序づけられ、そしてそのことによって諸現象が一個の体系に、一個の「綜合的統一」に総括され得るということが示されたならば、そのとき初めて因果性が理解される、ということにならないか。実際、循環論というこの非難は、「理解（Verstehen）」という概念をいまだに形而上学の独断論的体系において用いられてきた意味で解するならば、あながち的外れではない。しかしながら他でもない「概念的把握（Begreifen）」ということのこの手の〈範型（Ideal）〉こそ、カントが退け、他のもので取り替えようとしたものなのである。カントの学説においては、「法則性」の概念と「対象性」の概念は、なるほど緊密に相関しあってはいるが、たがいに循環的に結びついているのではない。というのも、それらは分析的に等価なのではなく、一方〔法則性〕が他方〔対象性〕の前提、つまり対象の綜合的な「可能性の条件」だからである。諸現象を一個の法則的秩序にはめ込むことが可能なかぎりでのみ、それらを一個の「対象」に関連づけることが可能になるのである。経験判断が客観的妥当性を得るのは、決して対象の直接的認識からではなく、もっぱら経験的判断の普遍妥当性〔の条件〕からである（『プロレゴメナ』§19）。「我々がこれらの超越論的自然法則について用いた証明方法については」――と、カントはその「経験の類推」についての演繹に関連して語っている――「ひとつ注意しておかなければならない。この注意は、知性的であると同時に綜合的でもあるところのアプリオリな命題を証明しようとするどんな試みにとっても、その試みを実施するための規矩《きく》としてきわめて重要であるにちがいない。これらの類推を独断論的に、つまり概念から証明しようとするならば、……一切の労苦は水泡に帰するであろう。というのも、ある対象とその現実的存在から他の対象の現実的存在ないしその存在の仕方へ、かかる物の単なる概念だけによって達することは、この概念をどれだけ分析してみたところでまったく不可能だからである。それでは我々のとるべき道としていったいなにが残されているのだろうか。それは認識としての経験の可能性であり、すべての対象は、その表象が我々にたいして客観的実在性を有するものとすれば、つまるところかかる認識においてのみ我々に与えられることが可能でなければならないからである。……かかる方法を欠いていたために、また悟性の経験的使用が*その原理として推奨する綜合的命題を独断論的に証明しようとする妄想に陥ったがゆえに、これまで充足理由律による証明がじつにしばしば試みられ、しかもそのつど失敗に終わったのである。[17]」

ここにカントが唯一主張し弁護しようとした件《くだん》の新しい「批判的決定論」の核心的命題が表明されている。この決定論は「事物の根拠」についてはなにも語らない。実際それは、経験的〈事物〉そのものについてさえ、直接にはかかわらない。むしろそれは経験的な〈概念形成〉の原理なのである。すなわちそれは、経験的概念をしてその課題つまり現象の「客観化」という課題を遂行せしめるためには、私たちはどのように経験的概念を捕捉し形成するべきなのかについての主張であり処方なのである。私たちの因果概念がこの要求を満たしているのであれば、それにたいして他の形の正当化や謂うところのそれ以上の尊厳なるものを求めるのは詮無いことである。というのも、私たちが事物の「実在」と名づけるものは——この概念を「批判的」な意味で解釈するならば——すべての経験に先立ち、経験の条件と無関係に存立する存在では決してないからである。それは、可能な経験を絶対的な完全性において把握し考察したものにほかならない[18]。このことによって、私たちが因果律に与えることのできる「客観的真理」の在り方は厳密に規定されるが、同時にまた厳密に制限されることにもなる。ヒュームにたいしてカントは、因果律の〈単なる〉主観的な導出は因果律の意味を決して正しく評価できないという点を譲らなかった。因果性は自然の出来事についての主張であり、単なる表象の移りゆき(Vorstellungsablauf) についての主張ではないのである。うわべは単に心理学的に見えるヒュームのテーゼは、より厳密に分析するならば、その内部に「超越論的な」テーゼを含み、それなくしては理解できないということが暴露される。それゆえに、因果性を表象の移りゆきに還元することは不可能である。ヒュームは、自然力のなかにではないにしても、少なくとも私たちの〈認識力〉の働きのなかに、ある客観的規則性を前提せざるを得なかったのである。彼によれば、慣習と習練、記憶力と想像力が、因果性の真の源泉である。しかしそれらすべては、ヒュームが物理学的普遍概念に対置したところの〈心理学的〉普遍概念以外のなにものでもない。これらの普遍概念を形成することができるためには、心のなかの出来事に〈恒常性〉が存在しなければならない。因果という表象の発生が理解可能であるべきものとすれば、記憶力や想像力は規則にのっとって振舞わなければならない、つまり記憶力や想像力は行き当たりばったりに働くのではなく、ある決まった変わることのない仕方で働かなければならないのである。「連想のメカニズム（Mechanismus der Assoziation）」は、この見地からすれば、自然科学が前提としている件《くだん》の機械論（Mechanismus）にくらべてより些細な問題でもなければより簡単に解ける問題でもない。しかるにヒュームの行き方では、少なくとも〈ここには〉厳密な決定論が支配していることになり、想像力や悟性は連想の強制や慣習による牽引を逃れることはできないのである。しかしカントはさらに一歩進めた。ヒュームにたいしてカントが指摘したのは、この心理学的決定は客観的決定の根拠たり得ない、それというのも、前者はすでに後者を前提としているからである、ということであった。一般に「外的な」出来事に不変性がないとすれば、ヒュームが固執しているような「内的な」出来事のそのような不変性がいかにして生じ得るのかは、理解できないことになる。「辰砂があるときは赤くあるときは黒く、あるいはまたあるときは軽くあるときは重いとすれば、……私の経験的な構想力*は赤い色彩の表象にともなって重い辰砂を思い浮かべるという機会すら得られないであろう。[19]」ここから、ヒュームの懐疑論が結局は循環論に陥っているということ、つまりそれは、その証明のために、それが表向きは否定しなければならなかった事態に暗黙のうちに依拠しているということ、このことが見て取れるのである。

ここで以上の考察を総括するならば、以下の研究にとって重要な二つの結論が導かれる。[20] 一方では、因果問題の分析においてヒュームとカントによってなしとげられた決定的な前進ののちには、因果関係を単に〈いくつもの事物〉のあいだの関係と捉え、〈その〉意味において証明したり反証したりしようとすることは不可能となったことが示される。そのような問題の立て方は、ヒュームとカントによって時代遅れにされた。少なくともそれは、因果概念の〈科学的な〉意味と使用を適切に表現する資格があるとは主張できなくなったのである。にもかかわらずそのような問題設定が、物理学上の議論はもとより哲学上の議論においてさえも、完全に克服されるどころか再三にわたって蒸し返されているということ、このことは、因果概念の通常の使用、つまり日常生活における使用がほとんどもっぱらその〈前科学的な〉土俵上でなされていることを考えれば、驚くにはあたらない。自然との私たちの実践的なすべての交通において、私たちのすべての営為において、私たちがなしているのは、つねに事物の世界に一定の変化を加える——つまり事物のある状態を他の状態に変化させるという〈その〉意味で自然に働きかけることにある。そういうわけだから、私たちは、すべての理論的な研究において、すべての純粋「認識批判的」研究においてさえも、くりかえし心ならずもそのような観点に陥ってしまうのである。だがそのような観点は、仔細に吟味すればわかるように、因果概念の正確な定義にも真正の科学的な資格認定にも役立たない初歩的で不十分な公式しか与えない。私たちが深く考えることなく軽々に「原因」と見なしている「常識 (common sense)」の事物、日常的経験の事物は、厳密な科学的認識を適用し〈その〉根本概念の相のもとに (sub specie) 考察するならば、たいがいはたちまちそのような権利主張を失なってしまう。少なくとも、そうした日常的経験が通常〈一個の〉事物と見なしているもの、つまり独立して存立する分割されない全体と常々見なしているものが、本当は「いくつもの事物」のというよりはむしろ「いくつもの条件」のそれ自身さまざまで幾重にも重なりあったきわめて錯綜した集まりであることが示される。真に科学的に使用可能な因果的判断に到達しようとするならば、この条件をひとつひとつ追跡しその要素にまで解きほぐさなければならないのである。ヒュームとカントは、事態がそうだということは十分に承知していた。とはいえ彼等でさえも、相変わらず日常生活の用語を使い続けていたことは、いうまでもない。そのことは、因果関係を具体〈例〉に即して検討しようとするときには、とりわけ顕著であった。そこではヒュームは、彼の一般的な方法上の態度にのっとり、直接的な確信の持てる範囲、つまり感性的知覚によって「与えられたもの」の範囲内にできるかぎり踏み止まろうと努力している。彼は、「原因」と「結果」のあいだには直接的な、いわば可視的で可捉的な連関があるはずである、つまり両者は空間における直接的な近接性と時間における直接的な継起性によってたがいに結びつけられていなければならない、という原則を立てている。このような「近接性（Kontiguität）」によってのみ、因果概念の形成が依拠している連想の過程が効力を持つというのである。「原因ないし結果と考えられる対象は、すべからく近接している（*contiguous*）。そしていかなる実在も、それが存在する時間や場所からいくらかでも隔たった時間や場所には作用できない。〔……〕それゆえ近接（Contiguity）という関係は因果の関係にとって本質的であると考えてよかろう。[21]〔原文英語〕」カントもまた、因果的連鎖を定義するためには、一個同一の事物の異なる状態をもっぱらその時間的順序において考察することで十分であり、このような考察により、先行する状態を後続する状態の直接の「原因」と考えることができるかのように、しばしば語っている。たとえば船が流れを下るのを見たとすると、私たちはそれについてさまざまな時点で得る知覚を好き勝手に取りかえることはできない。川の流れの下流での船の位置の知覚はつねに上流での知覚の後に来る。* そして、単なる主観的な理解とは区別されるべきこの「客観的」な順序は、一方の状態が「原因」として他方の状態が「結果」として措定されることによってのみ確定可能となる。しかし簡単にわかることだが、この例は因果性の科学的な説明の観点からはおよそ認め難い単純化である。上流と下流の二地点をたがいに結びつけるためには、それらを単に時間的に跡づけるだけでは不十分であり、むしろここで関与しているはずの「力」を問わなければならない。そしてこの「力」の表象から一切の事物的・実体的な副次的表象を剥ぎ取るならば、最終的には、船の運動を決定していると考えられるある一般的〈法則〉――重力法則および流体静力学や流体動力学等の法則――に導かれることがわかる。これらの法則こそが、想定されている因果関係の本来の構成要素なのである。しかしそれらを正確に定式化しようとするならば、物理学は、「事物」の言語からは相当に懸け隔たったそれに固有のシンボル的言語を用いなければならなくなる。

これまでの考察から私たちが引き出すべきいまひとつの結論は、私たちが出発点に採った問題、「ラプラスの世界公式」の問題に関するものである。いまではこの公式は新しい連関のなかに移し変えられている。もはやそれは単なる個別事例ではなく、それに即しても私たちが形而上学的な概念形成の性格や成り立ちを一般的に研究することのできる典型的事例としてある。ラプラスの公式は、ある概念の経験的使用を確定するというよりは、経験に恒常的に課せられている限界を越境させ、ついには経験的知識（Empirie）にまつわる一切の制約を解き放つことによって、その使用を「無限定に」拡大するものに他ならない。しかしながらこのことによって、まさに批判的分析がその権利を否定し退けてきた「極限移行（Übergang zur Grenze）」の件《くだん》の形式が特徴的に描き出されている。『純粋理性批判』の主要なる一節である超越論的弁証論は、理性がこのような極限移行の過程で陥る矛盾や「すりかえ（Subreption）」の指摘にあてられている。〔そこでは〕この手の矛盾が宇宙の概念あるいは霊魂の概念や神の概念の側から考察されている。しかしカントによれば、この極限移行においては、単なる思惟や推論の欠陥が問題なのではなく、むしろ、ほとんど避け難い錯覚が問題なのである。この錯覚ゆえに、私たちは、真理の論理学としての「超越論的論理学」と並んで「仮象の論理学」を論じなければならないのである。後者は「悟性および理性をその超自然的使用に関して批判する」ことに向けられねばならない。[22]見掛け上は純粋に自然的で物理学的（physisch u. physikalisch）な内容を有する原則のこのような「超自然的（hyperphysisch）使用」こそが、ラプラスの公式の真の特徴であるということは、たちどころに見てとれる。ラプラスの公式の提唱は、カントがすでに『純粋理性批判』の最初のページに書き記した独断論的概念形成の道を一貫して歩むものである。〔すなわち〕理性は、経験の経過においては使用せざるを得ないと同時にまたその使用が経験によって十分に保障されている、そのような原則から出発する。このような原則によって理性はより高くより遠く離れた条件へと不断に昇ってゆき、ついにはあらゆる可能な経験的使用を越え、それにもかかわらず通常の人間理性〔常識〕にさえ一致するくらいに確実なように見える原則に到達する。とはいえこのことによって理性は昏迷と矛盾に陥る。じっさいこのとき理性は、「経験という試金石」をももはやまったく認めようとしない結論へと押し遣られるのである。「この果てしない争いをする闘技場が、形而上学と呼ばれているところのものである。」[*] この解き難い問いと希望なき争いを避けたいのであれば、問いをあらためてその元々の領域に引き戻し、それを厳格にその内部に閉じ込める以外に打つ手はない。因果問題は「直観的〈intuitiv〉」悟性の問題としてではなく「論証的〈diskursiv〉」悟性の問題として、つまり無限の知性ではなく有限の知性の問題として、捉えられなければならないのである。たとえこの有限の知性が「限られている〈begrenzt〉」としても、その限界づけはただ単に否定的なものでは決してなく、むしろ肯定的なメルクマールを意味している。その限界づけは、単にその知性における偶然的で外的な制約を表しているのではなく、その有効性と豊饒さの必要条件なのである。その制約は、できるかぎり速かにかつ遠くに逃れなければならない単なる障害と考えるべきものではない。それどころかその制約は、そこにおいてのみ私たちの思惟と認識が〈成就〉される、つまり具体的な〈意義〉を獲得する、そのような領域を画定するものである。

したがって、可能な経験の限界とその諸条件の枠内への悟性の「制限」は、同時にその唯一の「現実化」なのである。この観点からするならば、つまり「批判的決定論」の立場からするならば、ラプラスの公式の欠陥をいまでは的確に指摘することができる。この公式は因果的認識の「制限」を取り払ってしまうが、そのことによってその「現実化」、その唯一可能な経験的現実化をも見失なうのである。[23] それゆえ「ラプラスの魔」のような概念は、直接的な内部矛盾を含まないというかぎりでは、たしかに〈論理的〉には異議をさしはさむ余地はないけれども、にもかかわらずそれは、「空虚な概念」、つまりいかなる経験的対象にも照応せず、そしてまた模範としては、私たちの認識の方法上の準則や指針としては用いることもできない概念でしかないのである。それは純粋思想物としては、可想的存在（Noumenon）としては認められる。しかしそれは——『純粋理性批判』の言葉で表現すれば——積極的な悟性のではなく消極的な悟性の可想的存在である。私たちは、私たちの因果的推論の手間のかかる形式に依拠してひとつの現象から他の現象へと進みゆくかわりに、諸現象の全体、世界のすべての可能な状態の全体を一瞥のもとに見通す一個の叡知を、考えることができる。しかしそれを考えたからといって、一歩も前進したことにはならない。私たちはそのことによって何ひとつとして特別な「可想的対象」を得たことにならない。むしろ「かかる対象を認識し得るような悟性*も、それ自体またひとつの蓋然的なるもの（ein Problema）なのである。つまりそのような悟性は、対象をカテゴリーによって論証的に認識するのではなく、非感覚的な直観により直観的に認識するのだが、そのような悟性については私たちは、その可能性をほんのわずかでも思い浮かべることはできないのである。[24]」こうしてライプニッツの言うところの、世界の出来事が一貫して数学的かつ形而上学的に決定されているという「宿命」なる観念は、いまやその意義およびその適用可能性を喪失する。それは純粋理性のある理想の許されない基体化であることがわかる。かかる基体化は、それでもって私たちはあたかも認識の目標、つまり認識の「完成」に到達できるかのように見えるために、はなはだ蠱惑的ではあるが、しかし他ならぬここに言う完成なるものは結局は幻想に帰するのである。ラプラスの公式のような公式は、私たちの経験的・因果的認識の発散する光線のすべてをひとつの焦点に収束させてゆくもののように見えるけれども、しかしその焦点は、より緻密に考察すれば単なる「虚焦点（*focus imaginarius*）[25]」にすぎないことが明らかになる。形而上学的決定論が、手っ取り早い極限移行によって「諸条件」の世界から「無条件」の世界へと到達するために採って歩むことができると信じている件《くだん》の単純な径路は、それゆえ「理性の誤った自己満足」にもとづいている。「というのも、悟性が何かあるものを必然的と見なすためにつねに必要とするすべての条件を、「〈無条件的〉」という言葉で一掃してしまえば……そのとき私は、〔そのような無条件的に必然的という〕概念によってまだ何か考えているのか、それとも、そうなったらもう何も考えていないのではないのか、そのことがもはや私には理解できなくなるからである。(26)」

本節〔第1部〕における歴史的考察は、それ自体が目的なのではなく、以下の体系的研究のための〈指針〉を得る目的でなされたのであり、これでもって私は歴史的考察を打ち切ることにする。本書の研究は因果問題を〈全体〉として扱うものではなく、〈物理学的〉な因果問題を論ずるものである。そのためには、「形而上学的」決定論ではなく、「批判的」決定論のみが糸口や手掛かりを与えることができる。形而上学的決定論が物理学の外で独立した意義を有するか否か、こういった問いかけは、本書ではさしあたり問うところではない。以下では因果問題は、もっぱらその認識批判上の意義に限定される、つまり物理学の〈方法論〉の問いとして理解されなければならない。この考察のためには、ヒュームとカントの批判的研究において因果原理に与えられた件《くだん》の解釈の背後にまで遡るには及ばない。とはいえ私たちは、他方では、このような抽象的で一般的な捉え方で満足できるものではなく、因果概念を、つねにその特定の応用にいたるまで、およびそれによって因果概念が被る特殊化にいたるまで追跡しなければならない。この特殊化に即して初めて、因果概念の固有の使用法と固有の限界づけが、すなわち、恣意的なものではなく、物理学的認識の課題によって、その経験的・客観的知の理想によってあらかじめ示されている使用法と限界づけが、浮き彫りにされてゆくのである。

第2部　古典物理学の因果原理

第一章　物理学的命題の基本型――測定命題

私たちが因果概念を、〔一方では〕ヒュームの分析の帰結にしたがって、「所与」の状態に直接に帰属し単純な「印象」や「知覚」の直接的模写として示し得るという意味での経験的な概念であると見なすことを止め、他方ではまた、「すべての対象一般」についての無条件に確実で必然的な命題を含むという意味でのアプリオリな概念であると理解することもできないのだとすれば、因果概念を、事物にではなく経験のみに付せられる条件と考える以外には手はなくなる。そのとき因果性の原則は、事物の形而上学的な「本質」について、言い換えれば「自然の実体的に内的なもの」について何かを語るものではなく、それはもっぱら「生起するものに関してある規定された経験概念がどのようにして獲得されるのか*」を指示するものとなる〔前述 p. 24ff. 参照〕。とはいえもちろん、このような一般的指針だけではまったく不十分である。ここで初めて、その一般的指針がどのように具体的に（*in concreto*）効力を発揮するのか、物理学の研究が形づくられ進歩してゆくなかでどのように自立した生命を獲得してゆくのかを跡づける課題が提起されるのである。生じている事柄を日常的経験の概念でもって、通常言語の概念でもってただ単に漫然と記述するだけではなく、真に規定的で厳密な経験概念を獲得するためには、物理学はどのような途を採り、いかなる方法上の指針に従うのか？　そしてこの手続きにおいて因果律にいかなる役割が与えられるのか？　一見したところこれらの問いは、物理学の歴史のなかに示されているその実際の手続きを分析するだけで、簡単に回答が得られそうに思われる。つまり物理学の基礎に置かれている方法上の原理について知るためには、物理学の学的「事実」を問うだけで十分なように思われる。しかしもちろん、ここで新しい困難が出現する。それというのも、古典物理学の建設に参画し不断の協同作業によってそれをなしとげた一連の偉大な自然研究者たちを一人一人見てゆくならば、私たちのこの問いに関して、彼等のあいだにほとんど一致点がないことが判明するからである。彼等はいずれも、実験家や理論家として物理学としての業績を挙げただけでは満足せず、同時にその成果を認識批判的に理解し理由づけようとしてきた。しかし認識理論家としては、たいがいの場合、彼等はその共通の地盤を忘れ去り見棄ててしまったようである。彼等はさまざまな「傾向」や「学派」に分裂し、もはや共通の課題という絆によって団結するというようなことがほとんどあり得ないように見える。ガリレイとケプラー、ホイヘンスとニュートン、ロベルト・マイヤーとヘルムホルツ、キルヒホッフとマッハ、彼等の誰もが物理学における「説明」の特性を省察し、その説明の基礎にある原理を見出し定義しようと試みている。しかしそれらのいくつもの定義は〈単一の〉公分母で通分することができない。それらは重要で本質的な部分においてたがいに相容れないのである。とはいえ物理学は、このような異同や齟齬にもかかわらず、科学に向かう「恒常的な歩み（stetiger Gang）」を妨げられなかったし、その目標から逸らされることもなかった。物理学の営為は、たとえその営為についての〈判断〉がたがいに大きく喰い違っているところにおいても、固有の内的連続性を、絶えることなく貫徹しているその内的な方法上の首尾一貫性を、示しているのである。したがって私たちもまた、この営為から始め、この営為に直接問いかけなければならない。物理学〈についての〉理論ではなく、むしろ物理学の概念形成それ自体の過程を追跡するならば、おそらくはそこに、準拠する認識論の体系をどのように取り替えても変わることのない基本的規定を見出すことが期待できるであろう。

とはいえ私たちは、この考察にとりかかるに先立って、いまひとつのより一般的な事情を考慮しておく必要がある。物理学の因果問題をめぐって闘わされている昨今の議論に付きまとう困難の少なからざる部分は、私の確信するところでは、一般的な認識理論がこれまで〈物理学上の命題のさまざまなタイプ〉を厳密に截然とは区別してこなかったということに起因しているようである。ここには、しばしば感じられる不備、物理学の体系の「階層化」つまりその方法的分節化の見通しを困難にしている不備がある。この〔ラッセルが提唱した〕「タイプ理論的」考察が認識の種々様々の領域においていかに必要とされているかは、現代における数学と数理論理学の発展が示しているところである。よく知られているように、数学が陥った「原理的危機」なるものは、集合論の概念形成に端を発したのであり、その概念形成の本質的欠陥のひとつは、後になってわかったことだが、集合の具体的な定義にとって不可欠なある条件が集合形成のさいに考慮されていなかったことにある。ここに生じ集合論のパラドックスをもたらした欠陥を、ラッセルは「タイプ理論（Typentheorie）」を提唱することによって矯正しようと試みた。タイプ理論においては、任意の要素を集合（Klasse）に総括することは許されず、要素を総括する妥当性はある定められた〈基準〉にのっとって判定されねばならないということが、強く主張されている。とりわけ、〔集合の〕要素と集合〔それ自体〕を同一レベルの対象として扱うことは許されないということ、むしろその二つはたがいに異質で「異なる層に属する」ということが指摘されている。あるひとつの集合の要素が異なるタイプ〔論理型〕に属するものであってはならないという指示、および「タイプの階層構造」の完全な構築をとおしてのみ、つまり、一方での個別の要素の区別とともに、他方での第一階の集合、第二階の集合等の区別をとおしてのみ、集合論の背理は避けられるのである。[1] 私はここではこの理論の発展の跡を辿ることはしない。その事実を引き合いに出したのは、ただもっぱら、物理学の諸命題もまた同様の問題に導かれるということを指摘するためにである。というのも、認識批判的に考察し分析するならば、物理学の諸命題もまた、そのすべてが知の同一平面に属しているわけでは決してないことが示されるからである。それどころかそこにおいても、厳然たる区別が存在している。実際、そこにはある種の「異質性」が存在しているのである。しかしその異質性は、通常私たちが、もっぱらすべての物理学上の判断を、それ以上こまかく区別せず、ある共通の上位概念に、つまり「経験判断」という概念に下属させ、そのもとに包摂することに慣れてしまっているために、しばしば見過ごされてきたし、あるいはほとんど注目されなかったのである。このような包摂の正当性に異論があるのではない。というのも、物理学のすべての命題の経験への〈関連づけ〉は、実際、それらすべてにとっての本質的な共通の要素だからである。しかしながら、他ならぬこの関連づけは、個別的所与の単なる寄せ集めによっては獲得できないのであり、そのためには、知の異なるタイプと序列に属しそれゆえ注意深く識別されなければならないさまざまな要素の相互的な連関（Ineinandergreifen）を必要とするのである。

物理学での判断の最初の形式として私たちが出会うのは、一般に「〈測定命題（Mass-Aussagen）〉」と名づけることのできる命題である。それは「所与」の世界から自然科学的認識の世界へ、「感覚の世界」から「物理学的世界」へと私たちを導く決定的な飛躍の最初の一歩を表している。直接的な知覚所与からそこに数や度の概念が入り込む規定への転換は、あらゆる物理学的判断の条件である。この転換こそが、そこにおいてこの判断が受け取られるべき、かつそれにのっとってこの判断が解釈され理解されるべき「意味」にとって本質的である。この最初の意味の定義がすでに、論理学上のかつ方法論上の多くの問題をその内に孕んでいることは、論を俟たない。物理学の命題とは感覚的所与の直接的再現にすぎず、特定の「印象」の「コピー」と解釈できると信じている経験論にたいしては、いまさら立ち入った反論を必要とはしないであろう。他ならぬ物理学がこの数十年間になしとげた発展こそが、何にもまして明快に、このような単純な「再現」説がいかに不満足なものであるかを示している。物理学の最初の一歩としての測定命題と、簡単な観測において与えられ、その観測の言葉で記述され得るものとのあいだにさえ、すでに大きな隔たりがある。この隔たりを踏破しその対立を橋渡しするためには、きわめて込み入った思考上の過程を必要とし、その思考過程の「形」を確定することは、いずれにしても固有の独立した認識批判の課題なのである。しかし、以下の研究ではこの課題を度外視することができる。その解決は物理学の〈概念形成〉の問題に属するが、[2]これに反して、以下において私たちが論じなければならないのは、本質的には物理学における〈判断形成〉の問題だからである。そしてそこにおいて解決に達するためには、私たちは物理学的測定命題の背後にまで遡るには及ばない。というのも、この測定命題は、言うならば物理学がその世界を作りあげるための素材であり、物理学がその判断において特徴づけ規定しようと努めている「現実」の単純要素だからである。

直接的・感覚的な把握から実験的観測とその方法的・体系的評価への移行は、純粋に〈外延的に〉考察するならば、私たちの知の格段の豊富化を表している。この移行によって私たちは、私たちの身体的器官における制約、つまり個々の感覚器官に付きまとう偶然的な制約から解放される。この拡張こそが物理学研究の本質的な前進であり本来の意味だと、説明することもできる。ハーバート・スペンサーはその『心理学原理』において、すべての梃子やネジやくさびや旋盤が私たちの四肢の人為的拡張であるのと同様に、すべての物理学上の装置とは「我々の感覚器官の人為的な拡張」以外のなにものでもないというテーゼを展開している。「鉄梃《かなてこ》が手や腕からなる一連の梃子にいまひとつの梃子を付け加えるものであるのと同様に、拡大鏡は我々の眼にすでに備わっているレンズにいまひとつのレンズを付け加えるものである。この第一歩においてきわめて顕著で明白なこの類似性は、まったく一般的に妥当する。[3]」それゆえ物理学の測定装置のもっとも重要な効果は、それをとおして私たちが、私たちの器官の仕組みによって、私たちの感覚器官の様式や構造によって課せられている制約を克服することができるということにあるだろう。心理的・身体的過程としての知覚は、心理的・身体的法則、なかでも刺激閾と弁別閾に関するフェヒナー－ウエーバーの法則に服している。物理学的観測への発展は、私たちをこの制約から解放するように見える。私たちの感覚の「敏感さ」は物理学的〔観測〕装置の敏感さにとって代わられ、後者の敏感さはほとんど無制限に高めることが可能なように思われる。肉眼は10cmの距離から1/40mm間隔の二本の線を識別できるが、顕微鏡を使えば1/7000mmの間隔まで識別できるようになる。耳は二個の電気火花の一秒の五百分の一の時間差を判別するが、回転鏡を用いた光学的な観測では一秒の一億分の一までの時間測定が可能である。(4) にもかかわらず知覚のこのような鋭敏化と、それをとおして与えられる私たちにとっての現実全体の〈地平〉の拡大・拡張は、物理学における思考や研究の過程を推進する〈ひとつの〉動因にすぎず、決して唯一の決定的な動因ではない。一見したところこの動因に真っ向から対立するように見えるいまひとつの誘因が、それに劣らず重要で本質的である。というのも、物理学において遂行されている世界像のこの〈拡張〉に、他方では、きわめて重要な〈集中〉がともなっているからである。いまやあらゆる側面から押し寄せてくる新しい素材が、それにもかかわらず形式の弛緩をもたらすことは決してなく、それどころかむしろより精緻でより緊密な形式化をもたらすのである。知の〈外への〉拡大にはそれ以上に強力な知の〈内への〉浸透と支配がともなっている。この二つの契機が均衡を保っていることによるのみならず、後者が前者をうわまわることにより、つまり後者が組織化原理として個々の観測の多様に分け入りそれらを整形することによって、物理学の認識の基本形式が確立されてゆくのである。多様化へのどの歩みも、同時にまた新しい統一形成を促すものでもあり、かかる統一形成への途を指し示している。このことによって「物理学的」世界は「感覚の世界」から、当初考えられていたのとはまったく逆の向きに自己を際だたせてゆく。物理学での思考過程が進めば進むほど、感覚の世界はますます色あせてゆくように見える。つまり感覚の世界は、当初の豊富さと元々の「多様さ」をことごとく失なってゆくように見える。元々の感覚の世界のこの多様さや豊富さと比べるならば、物理学の世界、つまり物理学の測定概念や法則概念の世界はあたかも「影の世界」(5) でしかないように見える。とはいえ、物理学の概念や法則の確かさやその特殊な能力は、他ならぬこの純粋にシンボル的な性格に依存しているのである。感性的記述が一般に対象のさまざまな「徴表」をただ単に〈並列的〉に置くことだけにとどまっているのにたいして、物理学的記述はそのような並置には決して満足しない。それは「寄せ集め」から「システム」へと進みゆき、おびただしい数の個別的現象や個別的「性質」をわずかな数の基本的規定に還元し、その基本的規定から導き出そうとするのである。

この還元、この特異なほとんど暴力的なまでの「濃縮」は、物理学におけるあらゆる概念形成や判断形成に典型的な特徴である。ニュートンによって最初に雄大な見取り図が描かれ、その後にすべての自然説明の論理的な模範ないし雛形にまで持ちあげられた「世界力学」の体系において、この過程はすでにその最終的な結末のすぐ手前にまで達したように思われた。そこでは記述は、考えられるもっとも単純な形をとっていた。ニュートンが自身の『自然哲学の数学的諸原理〔プリンキピア〕』で提唱した「定義」と「公理」とを基礎に採ることによって、自然認識のあらゆる構成にたいする基本的な枠組が得られたのである。というのも、自然に存在する「力」はそこでは個々の質点に与えられる加速度によって測定され、そしてこの加速度は質点間の距離と相対速度の関数と見なされるからである。わずかな数の数値が与えられたならば、それだけで、ある物理系の現在の状態のみならずその過去も未来も、つまりその「存在」およびその「運命」が決定されるのである。物理学が力学現象の記述から電磁気学現象の記述へと転じるに応じて、新しい問題が発生した。そこでは新しい物理学的実在、その状態がもはや単純に質点の運動に還元されることのない「場」という実在が登場した。クーロンが静電引力と静電斥力にたいして提起し（1785）、形式的にはニュートンの重力法則にそっくり倣って作られた基本法則において、すでにひとつの新しい特徴的な量が登場している。その $K=f\frac{e_1e_2}{r^2}$ というクーロンの公式は、二つの電荷がたがいに引きあうないし反発しあう力の計算の仕方を教えている。この新しい量が考察のより中心に据えられるに応じて、そしてそれがより厳密に分析されるに応じて、物理学は、最終的には物質の旧来の実体論的理論から現代の場の理論にまで至ることになる道程をそれだけ明瞭に見てとることになった。そのさい、当初は、「物質」と「場」はなるほどたがいに恒常的に相互作用をしてはいるものの、しかしそのそれぞれはその固有の法則に従う、という二元的表象が依然として支配的であった。その後の把握はこの二元論をも克服しようと努めることになる。それは、物質をもはや自存的な存在とは見ず、その存在のすべての特徴を場の法則から導き出し、*そのことで物質を「場の所産」として理解しようと努めるものである[6]。そしてそこにおいても物理学の記述と物理学の理論は、濃縮という件《くだん》の驚嘆すべき特性を今いちど示すことになった。というのも、場の状態を定めその伝播を決定するためには、単純な値についてのごくわずかな知識、つまり電場と磁場の強さの値だけで十分だからである。これらにさらに重力場の値を付け加えることで、比較的わずかな数の要素でもって、つまりわずかな数の特性値の知識によって、自然現象の全体を理解し、しかもそのもっとも細部にいたる特徴まで規定するという見通しが開けたのである。

この意味で物理学の測定命題を「第一階の命題」と言い表し、そのことによって他のすべての物理学上の判断がそれに依拠し、そこにおいて確かめられるべきだということを表明したとしても、誤解を避けるためには、なおかつひとつの重要な制限を同時に加えなければならない。つまりこの「第一階の」命題と「より高階の」命題の関係は、〔一階と高階というような〕純然たる空間的な描像が示唆するようなものと理解されてはならないのである。物理学のあらゆる命題は、どちらかというとたがいに規定しあっている。つまりそれらは相互に条件づけあい支えあっているのであり、その特殊な「正しさ」は他ならぬこの相互的な条件づけの内にある。物理学の体系の根本的特徴のひとつは、まさにこの相互的な関係性ないし相互的な規定性にあり、したがって本来の実体的な担い手なるもの、「それ自身で在りそれ自身で捉えられる（*per se est et per se concipitur*）」あるものがその関係性の内にあるわけではない。ただ、物理学的真理のすべての要素、すべての規定成素がおしなべて対等に関与するある関数的対応づけのみが存在するのである。したがって、「下位の」階層は「上位の」階層をすでに含意し、ある意味において前提としている。物理学のこの構造にたいする空間的類似物を求めるならば、この構造を、直接に与えられそれ自身で存立する「事実」という広い土台の上にあって、そこから次第に上に登ってゆき、ついには頂点において単一の「世界公式」に到達して終わるであろうピラミッドのようなものと考えるべきではない。というのも、もしもそうだとすれば、他ならぬ件《くだん》の相互的な「規定性」が見失なわれてしまう、つまり「あらゆる事実がすでに理論である」*という事態が見失なわれてしまうからである。もしもピラミッドのようなものであるならばそのときには、基底層を破壊することなく、あるいは少なくとも本質的な点では変更することなく、上位の階層を取り壊すことを考える可能性が生じてくるであろう。しかし私たちは、このような仮定が物理学的認識の全体にとって許容されないしまた実行もできないということ、またなにゆえにそうであるのかということを、後に詳細に示す心積りである。それゆえ物理学上の存在というものは、それにたいして一般に空間的シンボルが適切でかつ許容されると見なし得るかぎりで、ピラミッドというよりはむしろ、パルメニデスがその「世界」を表すのに用いた「充実した球体」、中心よりあらゆる方向に均衡を得ているまんまるき球の塊（εὐκύκλον σφαίρης ἐναλίγκιον ὄγκῳ μέσσοθεν ἰσοπαλὲς πάντῃ）*に準《なぞら》えられるべきであろう。だからといってもちろん、それにある特定の構造を与えること、要素の上位と下位の秩序を割り振ることは妨げられないし、妨げられてはならない。しかし要素がこのように論理的に区別されるということを、要素の事実として分離が可能であり、要素の一人立ちが可能であると解釈してはならないのである。

しかし、この方法上の留保をともなうかぎりで、測定命題こそが、実際、物理学のアルファにしてオメガであると、その始めにして終わりであると言い表すことができる。物理学のすべての判断はそこから始まり、あらためてそこに引き戻されねばならない。もちろん、物理学の〈システム〉をこのような命題の単なる並置、単なる寄せ集めと理解してはならない。そのシステムは固有の形式に根拠づけられていて、その形式の顕わな析出と明確化は論理学的分析の独立した課題を形成している。とはいえこの形式もまた、測定命題が保証する具体的な測定において初めて本来的に「充当」されるのである。測定命題という媒介をとおしてのみ、物理学上の概念や判断は「対象に関連づけられ」、客観的な意義と妥当性を有するに至るのである。物理学がなんらかの「対象」と名づけるものは、つまるところ固有の数値の集積に解消される。いかなる「存在」もいかなる「性質」も、このような固有の数値を述べることによって以外では、規定しようがないのである。ある気体の圧力、体積、温度を、ある系のポテンシャル・エネルギーや運動エネルギーを、あるいは電場や磁場の強さを、このようなやり方で規定し、それらの規定に即して私たちは、物理学がそのあれやこれやの対象として理解するところのものを〈持つ〉のであって、その対象を、それらの規定の〈背後に〉孤立してあるもの、それ自体で存立しているものとして前提するにはおよばない。そのさい「第一階の」命題を特徴づけ、それを他のすべての階層と峻別しているものは、それに固有の〈個別性〉という特徴である。第一階の命題はすべからく、ある決まった今と此処《ここ》にかかわっている。それらは特定の時間・空間点に関連づけられ、いわば付着している。場の理論においては、世界の記述は、ヒルベルトの言葉を借りるならば、「ここで（Hier）、このように（So）という関係」よりなる。「ここで」は時間・空間座標によって、「このように」は状態量によって、表される。[7] しかし、そのことによって私たちは、即座に一歩前に導かれるのがわかる。というのも、単なる個別的なものは、なるほどある決まった知識の内容を成すことはできるが、しかしそれは、私たちが「物理学的認識」と理解するものの意味を汲み尽くすにはほど遠いからである。「認識」というものは、〈いかなる〉領域においても、いわんや物理学の領域においては、個別的に測定されたものの単なる総和、今と此処《ここ》についての陳述の単なる総和に解消されるものでは決してない。それは、それらの測定がたがいにどのように条件づけあっているのか、たがいにいかに結合され、いかに統合されるのか、その仕方にかかわっているのである。そしてこの関連にたいしては、新しいかつ固有の手段が必要とされるのであり、ここで、私たちはそのことの考察に眼を転じることにしよう。

第二章　法則命題

これまでの私たちの考察が示そうとしてきたように、「感覚の世界」から物理学的世界へと移行するさいの本質的な契機と本質的な論理学上の成果は、知の外への拡大にその内への集中の強化がともなうことにある。この補償作用によって初めて、知は、そのほとんど無制限な拡張にさいしてその確かな形態と規定性とを堅持することができるのである。同様の特徴的な二重の過程は、物理学的思惟の内部において行なわれているその先の展開のどの局面においても見てとれる。観測データの不断の増加や測定装置の改良によって達成される知識のどのような拡大にも、他方では、それに特有の単純化がともなっているのである。経験的素材が豊富になればなるだけ、少数の基本形式への適合がそれだけいっそう容易かつ自由になる。豊富であるということは不一致を意味するのではない。それは新しい統一形成を要請するのであり、また、そのような統一形成を初めて可能ならしめるのである。知覚の世界が私たちに提供するおびただしい「性質」が、ある特定の測定値や計数値に関連づけられ、そしてそれらの値がある集合に配列され、そのことによって包括的に見渡され得るようになるのと同様に、これらの数値自身についてもまた、さらなる濃縮の可能性が示される。というのも、それらの数値はそれぞれが単独であるのではないからである。つまりそれらは、たがいに孤立したないし実体的に切り離された現実の諸要素ではないからである。すでに古代の自然哲学においても、宇宙（Kosmos）を構成しているいくつもの基本的要素がたがいにばらばらで、いわば「斧で切断されている」と考えるべきではないという主張が見られる。むしろ、物理的現実においては「凡てのものは凡てのものの内に」ある（ἐν παντὶ πάντα）、〔それら凡てのものが〕離れてあるということはできない、凡てのものは凡てのものの部分を分かち持っている

（οὐδὲ χωρὶς ἔστιν εἶναι, ἀλλὰ πάντα παντὸς μοῖραν μετέχει）と主張されているのである。このような思想を自然説明の基本原理としたアナクサゴラスは、[8] そのさい、存在は厳密に定性的で実体的なものであると考えていた。したがってこの普遍的な「分かち持つ」という主張は、彼にとっては、見掛け上は別々のいかなる個別存在のなかにも、すべての存在要素が実在的に含まれ、いわばその部分としてあるという表象に総括されなければならなかった。いわゆる個別事物のすべては「凡てのものの種子（Panspermie）」であり、そこから全体としての宇宙が構成されてゆくところの一切の芽をその内に含んでいる。という次第で、肉は単なる肉ではなく同時に血でもあれば骨でもあり、そして血や骨は同時に肉でもあるのだ。[9] 存在要素相互のこの融合は、科学が素朴な事物図式や実体図式から自由になると同時に、それとは異なる捉え方に道を譲らなければならなかった。「凡てのものは凡てのものの内にある」という要請は、いまではもはや事物や根源的質相互のあいだにというあり方でではなく、諸法則相互のあいだというあり方においてのみ充たされる。いまでは法則命題が、個別を全体に纏めあげ全体を個別に結びつけ、そのことによって、すべての自然認識の本来の目標をなしている件《くだん》の「調和（Harmonie）」をそれらのあいだに樹立する唯一の可能で許されるあり方なのである。

　ルネサンス以降、そしてケプラーやガリレイ、デカルトやライプニッツ以来、科学的・哲学的思惟は、この要求を満たすための理想的な手段を、数学的関数概念において創り出していった。数学的関数概念によってひとつの普遍的な形式が、そのなかに絶えず新しい内容が流れ込むことができ、なおかつそのことによっても壊れることのない、実際その本質的な特徴を変えることすらない、形式が与えられたのである。この数学的関数の形式において捉えられ、その相互的関連が規定されているのは、ガリレイの場合には〔地上物体の〕落下距離と落下時間であり、ケプラーでは〔惑星の太陽からの〕距離と速度であり、ホイヘンスでは振り子の長さと振動周期であり、ボイルやマリオットやゲイ＝リュサックでは理想気体の体積と圧力と温度である。しかしながら、まったく新しい現象群への移行のさいにも、あるいは、自然記述の理論的前提の全面的転換にさいしても、物理学の命題のこの普遍的・根本的〈様式〉が変わることはなかった。マックスウェルが電磁場の状態とその相互依存性を記述した偏微分方程式は、その構造においては、古典力学の土台をなすラグランジュの運動方程式と本質的には違いがない。自然現象は、ひとたびこの形式に入り込むや否や、「永続的観念」に、つまりその特定の形式が提唱される最初の〈きっかけ〉となったものをしばしばはるかに超えて維持される観念に固定されるのである。実際、たとえばフーリエはその『熱の解析的理論（1822）』において熱伝導のひとつの理論を提唱したが、それは熱が異なる物体間を流れる流体と見なし得るという理解に全面的に依拠して作られたものである。[10] しかし彼が熱伝導の事実についてこのような観点にもとづいて与えた数学的記述様式は、その〔熱流体という〕特殊な仮説的前提とはまったく独立であることが示された。それは現象を純粋幾何学的関係の結果として捉えているのであり、それゆえ熱の「本質」についての特殊な仮定に制約されてはいない。したがって、現代の〔熱の〕運動論への移行にさいしてもフーリエの基礎方程式を維持することができたのであり、ただ、きわめて希薄な気体のような個々の極限的な場合にのみ、それは修正されるか他の規定によって置きかえられなければならなかったのである。このような事情にもとづいて、W・ネルンストは、フーリエの公式について、それはその提唱者がそうとは決して意識することのできなかったいわば「恒久的価値」を有していると、かつて語ったことがある。ネルンストによるこの所見は一九二二年のある論文に見出される。[11] それからわずか数年のあいだに、フーリエの公式〔ここではフーリエ級数のことか？〕は、ハイゼンベルクによって新しい量子力学の出発点に用いられ、したがってそれが最初に証明されたのとはまったく異なる領域に適用されることにより、今いちどの復活を遂げたのである。公式というもののこの固有の意義、それに内在するその「慧眼（Spürkraft）」は、自然科学の認識理論のもっとも注目すべきもっとも刺激的な問題のひとつである。とはいえ、真に決定的な問いが初めて設定されるのは、じつはこれらすべての背後においてである。それは物理学の異なるタイプの命題のあいだの〈移行〉がどのように実行され、その移行がいかにして論理的に理解可能となるのか、言いかえれば、測定命題のさまざまに異なるグループのあいだの厳密な関連を主張しているいまひとつの判断、つまり私たちが一般的に「法則命題（Gesetzes-Aussagen）」と名づけているこの判断が、「測定命題」からいかにして導かれ得るのか？——という問いである。

この問いに通常与えられている伝統的な回答は、単純ではあるが、まさにその単純さゆえに役に立たない。測定命題から法則命題への移行は、いわゆる「帰納推論」によって実行され、それによって権利づけられるというのである。しかし、私たちがこの帰納推論の本質をさらに問うならば、その回答は論理学者たちのあいだでは二人としておなじでないことがわかる。ますますもって帰納の問題は、すべての認識論と自然科学の哲学にとっての避け難い躓きの石となってきている。たしかに一九世紀の中期には、その問題がある種の転倒によって、つまり帰納が論理学的思惟の基本形式のひとつに還元されるのではなく、むしろすべて論理学的思惟が帰納に還元されるという転倒によって、解決し得るかのように見える点に一度は到達した。しかしこのテーゼを主張したジョン・スチュアート・ミルの論理学は、大変な骨折りにもかかわらずその目標を達成することができなかった。他でもない経験論のもっとも断固たるもっとも一途な信奉者たちが、ミルの敷いたこの路線をやがて見捨てざるを得なかったのである。というのも、それが実際の自然科学的思惟にとって、とりわけ精密物理学の思惟にとっては、何の役にも立たないことが判明したからである。ミルが与えた有名な帰納の五つの基本規則（一致法、差異法、一致差異併用法、「剰余」法、「共変」法*）、それらすべてはきわめて厳密に設定され展開されている。とはいえ、帰納の規準（Canons）と考えられているそれらの規則は、じつは根本においては方法論的虚構でしかなかった。現実の帰納的思惟や推論は、ここに描かれているようなものとはまったく異なる径路を辿るのである。あまつさえミルの「帰納論理学」は、ヒュームがすでに見出し完膚なきまでに批判しきった件《くだん》の循環論に今いちど陥っている。それは自然界の推移は斉一であるという命題を「帰納の根拠」に採り、その命題を帰納の基本原理ないし一般的公理と呼んでいる。しかし他方では、他でもない私たちをして自然界の推移の斉一性を確信せしめるその一般化それ自体がある種の帰納であるのだと、実際それはそれほど明晰でも透明でもないけれどもひとつの帰納であるのだと、説明されているのである。[12] 特殊から普遍へと、事実から法則へと私たちを導くべきその帰納推論についてのその後の諸理論は、循環論を回避しようと試みたが、しかし、その推論の客観的妥当性のどのような固有の権利づけも断念せざるを得ないことを見出した。「権利問題（quid juris）」についての問いはうやむやのうちに置き去りにされ、それにかわって心理学的考察が幅を利かせるようになっていった。したがって「帰納論理」それ自体が、首尾一貫した確定的な解というよりは、むしろ今では謎であり、物理学の第一階のタイプの命題から第二階のタイプの命題への移行、測定命題から法則命題への移行は、帰納論理によっては理解できないのである。

自然法則というものはつねに「個別的真理の寄せ集め」でしかあり得ないというミルの考えにたいしては、すでに近代自然科学の幕開けにガリレイによって決定的な反論が展開されていた。もしもそうであるならば――と、ガリレイは説いている――現実についての普遍的判断は不可能か、さもなければ無用になるであろう。そのような判断は、私たちが考察する個別事例の系列が無限であるならば不可能であろう。というのも、そのような〔無限個の〕系列は、単なる枚挙によっては（per enumerationem simplicem）尽くされないからである。〔他方〕もしもその系列が有限であるならば、そのような判断は不必要である。というのもその場合には、私たちはその個別項のそれぞれに即して個別に確かめることで納得することができるからである。[13] こうして「〈すべての推論は個別から個別へ〉」というミルの主張は、少なくとも精密物理学の分野においては認められないと説かれている。個々の測定命題に含まれている単なる「ここに－このように（Hier-So）」は、法則命題においては特徴的な変形を被る。それは「もし……ならば、そのとき……（Wenn-So）」に姿を変える。そしてこの「もし……ならば、そのとき……」、つまりこのもしxならば、そのときyという仮言的判断は、ある特定の時空点に属しそこに局所化されていると考えられる単なる個別量を結び合わせるものではもはやなく、一般には無限に多くの要素よりなる量の〈集合〉全体を問題にしているのである。ラッセルのタイプ理論によれば、集合はその要素とはまったく異なる種類のものであって、要素の単なる寄せ集めと考えられるべきものではないのだが(14)、それに倣えば、法則命題とは無数の個別事実を一挙的に肯定したり否定したりする包括的な表現以外のなにものでもないというミルの見解もまた、到底維持できなくなる。というのも、そのそれぞれがあらかじめ審査・検証されていない「無数個の個別事例」について、いったいいかなる権利で何事かを語ることができるのか、という疑問がここではつねに残るからである。しかし、すべての法則命題の本来の唯一正当な基礎を提供する物理学の〈実験〉は、〈そのような〈無数個の〉〉検証を含まないばかりか、まさしくそれを不可能にするということは明らかである。実験がその内に含む〈主張〉は、他でもない、それ自体としては個別の今と此処《ここ》にかかわりそこに限定されている測定にたいして、そのような制約から解放された結論を、つまり他の時間・空間点に移し変えることの可能な結論を結びつけてよいということにある。ある特定の実験室におけるある特定の装置の読み取りの瞬間の出来事のみを記述するような実験は、いうまでもなく、方法論的にはいかなる価値も持たないであろう。それは、とぎれることのない物理学の観測と推論の連鎖には決してはめ込むことのできない、単なる一個の特異な事例を表しているにすぎない。このようなはめ込みのためには、個別の実験において測定されたものが、場所から場所へ瞬間から瞬間へと移し変えることができるという前提、つまり、私たちがその測定されたことをいわばその「本性」や真理性を変えることなく〈時空内で〉自由に移し変え得るという前提を必要とする。「若干の」事例から「多くの」事例へ、「多くの」事例から「すべての」事例への疑問の残る不確実な推論は、ここにはどこにも登場しない。というのも、実験が語っているものに〈込められている〉ことは、此処《ここ》についてから此処《ここ》にあらずについてへの、今についてから今にあらずについての推論なのではなく、単なる此処《ここ》と今の〈観点〉を意識的に超える推論なのである。時間的・空間的領域の内部における拡大ではなく、いわば、この全領域を抜け出すことによる新しい〈次元〉への移行がなされているのである。

そして法則命題を単なる測定命題と区別するのは、他でもない、この次元の相違なのである。

偉大なる自然研究者のなかで、この移行、自然法則のどの厳密な定式化にも含まれているこの特有の他の類への移行（μετάβασις εἰς ἄλλο γένος）をもっとも明敏に把握し、そこに存在する認識批判上の問題をもっとも簡勁に表現したのは、マックスウェルその人であった。マックスウェルはこの移行のなかに、他ならぬ普遍的な因果原理の本質的な意味と内容とを見て取ったのである。「ある出来事といまひとつの出来事のあいだの違いは——と、マックスウェルはこの原理を定式化している——それが発生した時刻や位置の違いによるのではなく、ただ、該当する物体の性質、配置、あるいは運動の違いのみによるのである。*」この定式化は、連続的な「生成の流れ」から、出来事のヘラクレイトス的流れのなかから、物体一般のそのような「本質」を摘出できるということを、つまり私たちは個々の時間・空間的位置を変化させたとしてもそれによっては変わることのない諸性質と諸関係とによって「物質」を特定することができるということを、前提としてその内に含んでいる。したがって、私たちがさまざまな測定量の集合をたがいに結びつける関数的方程式のなかには、これらの〔時間・空間的〕位置の値が明示的に登場してはならない。たとえば、もしもある理想気体の圧力・体積・温度のあいだの関係が時間・空間座標の絶対的な値に左右され、その変化にともなって変わるのだとすれば、その関係がある特定の時空点でボイル－マリオットないしゲイ＝リュサックの公式によって表現され得るということを確かめたからといって、そのことは何の意味も持たないであろう。つまりそんなものは、ただの測定命題ではあれ、決して法則命題ではないのである。私たちが自然法則および一般的に物理学的因果性と解すべきものについての、マックスウェルによるものと原理的に一致する定義は、パンルヴェにより力学についてのある論文で与えられている。「同一条件が実現される場合には、同一の現象が、異なる二つの時刻に異なる二つの空間的位置において、ただ時空だけを異にして再現される。〔原文仏語〕」たとえばある日に、パリないしヴェルサイユにおいて一グラムの亜鉛の薄片が一リットルの硫酸に浸されたとすれば、仮定により温度や圧力の条件が同一ならば、その一グラムの亜鉛が溶解し同量の塩を与えるのに〔パリでもヴェルサイユでも〕同一時間を要するであろう。[15] この公式の適切さにたいしては、それがあまりにも広く捉えられすぎであるとの反論が、時折提起されている。その公式に従わない自然であっても、だからといって必ずしも、何らかの法則で記述される可能性を一切放棄しなければならないということはないのではないか――というわけである。シュリックは次のように論じている――電子の電荷の規則的な測定において、たとえば、七時間、次に七時間、次に十時間ごとの測定のさいに、理由が皆目見つからないままに、その値がまったく一様に五パーセント増えたり減ったりするということが考えられよう。最終的に私たちは、そのような変動をも甘受すべきで、〔そのときには〕もっぱらそれを単なる確かめられた事実としてのみ受け容れることができよう。[16] しかしながら、シュリック自身が強調しているように、このような「仮定」に対応する法則を見出す試みをかつていかなる研究者もやってこなかったのだとすれば、このことはおそらくより深い根拠を持つに違いない、つまり私たちの経験の〈全形式〉になんらかの仕方でかかわり、それゆえ経験の「形而上学的」特性とは言わないまでも、むしろその方法論上の特性に起因するところの根拠を持つはずである。そしてこのような連係を実際に示すことができる。というのも、上述のような種類の法則概念を〈適用する〉ことができるためには、つまりそれを経験的な出来事に関連づけることができるためには、そのつど私たちが世界の出来事のどの〈局面（Phase）〉に置かれているのかについての知識を、したがって時間と空間の相対的ではなく絶対的な規定を、私たちはまずもって有していなければならないであろう。そうだとすれば、ここで仮定された世界構造によって、私たちはある決まった認識構造との矛盾に、つまり、時間・空間値の経験的確定のまったく一般的な条件に反する仮定に直面することになるであろう。シュリックの異議を突き詰めて考え抜くならば、私の見るかぎりでは、マックスウェルの基準がなくて済むとか妥当しないのではなく、ただそれだけでは不十分だということになるだけのことである。それは、すでにライプニッツが「観測可能性の原理（*principe de l'observabilité*）」[17] として提起したもののなかに与えられている、いまひとつ別の基準によって補完されなければならないのである。それどころかマックスウェルは、この方法上の連関について相当明晰に自覚していたように見える。というのも、なるほど著書『物質と運動』をつうじて彼は、一般的には絶対空間と絶対時間という「正統派」ニュートン的概念に固執してはいるものの、因果性の上述の説明を与えている箇所では、注目すべききわめて「相対的な」傾向の所見を付け加えているからである。すなわち彼が言うところでは、「ある点の絶対的な位置を知っている精神の状態なるものを心に思い浮かべようと一度でも試みた者は、誰しも、その後はつねに私たちの相対的な知識で我慢するようになるであろう」*というわけである[18]。

個別的な測定命題から一般的な法則命題への移行は、物理学の認識過程の欠くことのできない契機を形成している。しかしそれでもその移行は、その過程の終着点では決してない。というのも、法則命題もまたその内側に分節を、見出され確定されるべき下位と上位の秩序を有しているからである。そしてその課題もまた、知の基盤の単なる拡大によっては解くことができず、考察の視点の今いちどの変更を必要としている。つまりそれは、法則として与えられている知の素材にあらためて強力に分け入ることを必要としているのである。ここに、ヒルベルトが「土台をより深くに据えること（Tieferlegung der Fundamente）」と名づけ、*そして彼がそのなかにあらゆる科学の真の課題を見て取った、決して中断することのない働きがある。その綜合は、もはや個の事実ないし諸事実の特定のクラスにかかわるものではなく、物理学的知の全〈領域〉、つまり、通常私たちが力学とか光学とか電気力学という名前で呼んでいる諸領域の全体を包摂するものである。これらの領域の区分は相対的なものでしかないことが明らかにされ、なるほど〔一方では〕たしかにその区分を保証するものの、他方ではその区分をひとつの包括的な統一から説明するひとつの〈原理〉が必要とされる。この包括的な統一を確立する命題は、ここでもまたある新しい〈タイプ〉の物理学的認識に属しているのであって、ひきつづいて私たちはその考察に向かわねばならない。

物理学の研究は、観測された諸事実を法則にまとめあげ、それらをある秩序に〈並べて〉置くだけでは決して満足しない。それは、それらの諸法則がどのようにたがいに他〈から〉生じるのかを問題とする。それは、その変形をとおして思惟がひとつの法則からいまひとつの法則へと導かれてゆく規則を求める。この「導き（Hinleitung）」が、「帰納」の新しい基本的形式を表しているのであり、それは個別から個別へ（from particulars to particulars）と導く例の帰納過程とは同列に置くことも混同することもできないものである。後になって初めてハインリヒ・ヘルツによって実験的に確かめられ立証された光と電気〔電磁波〕の周知の統合を、マックスウェルが理論上でなしとげることができたのは、このような帰納によってであった。またシュレーディンガーが、光学上の事実から出発し、光の伝播の所要時間が最小〔正確には極値〕というフェルマーの原理に依拠して波動力学の新しい形式を創り出すことができたのも、この手の帰納によってであった。この種の大胆な飛躍に向けての導きの糸は、個々の領域での事実ではなく、むしろ該当する領域の全体構造を表現する〈方程式〉なのである。この方程式の形およびそこに現れる定数からマックスウェルは、光と電気〔電磁波〕の「本質」の同一性を直接に読み取ることができたのである。同様の論理学上の原理を、精密物理学研究の端緒にまで遡って辿ることができる。諸事実を法則にまとめることに成功するやいなや、その法則を原理に統合し、その法則を原理の特別の場合と捉えるという、同様に強いもうひとつの衝動が呼び起こされる。〈力学〉では、「仮想原理」の歴史がこの発展にたいするひとつの例を成している。静力学では、すでにアルキメデス、ガリレイ、ステヴィンによって、梃子や滑車や斜面等の個々の場合にたいする釣り合いの法則が定式化されていた。しかしながら、ダランベールとラグランジュによって初めて、これらのさまざまな静力学的現象を単一の観点のもとに置くのみならず、静力学と動力学のあいだをも一挙に架橋する原理、すなわち静力学の現象と動力学の現象を一個同一の規則に服せしめるひとつの原理、つまり「仮想変位の原理」が提唱されたのである。この規則の真の証明は、個別の場合を単に寄せ集めることによっては得られない。「個別の場合にたいしてはまったくの無規定なままにおかれた条件方程式としてのこの原理を、その帰結が実際に経験とよく一致するひとつの規則と見なさなければならない。[19]」この根本的傾向は、この原理の、力学から物理学一般への移行をもたらすことになった発展のさいにも、これに劣らず明瞭に顕れている。たとえばマッハがその著書『仕事保存の原理の起源と歴史〈1872〉』に描いている〈エネルギー原理〉の成立史を辿るならば、マッハも、その極端な「経験論的」傾向にもかかわらず一貫して認め、特有の率直さと公平さでもって強調しているひとつの契機が注意をひく。エネルギー原理が登場し始めた時期には、その純粋に〈実験的な〉証明はいまだ確かなものでは決してなかった。このことは、ロベルト・マイヤーによる〔その原理の〕導出と基礎づけにおいてとりわけ鮮明かつ顕著に見てとれる。〔エネルギー原理の三人の発見者のうち〕ヘルムホルツにおいては理論的関心が、ジュールにおいては経験的・実験的関心が勝っていたが、ロベルト・マイヤーは当初から彼等とは異なる特異な道を歩んでいた。彼がその新しい原理の正しさを確信するに至ったのは、広範囲に及ぶ実験的研究をとおしてではなく、〈たったひとつの〉観察、それも物理学の分野にではなく生理学の分野に属する観察によってであった。彼は船医としてジャワ〔現インドネシア〕において行なった瀉血のさいに、静脈血が鮮紅色であることに着目し、その現象を、動物熱を〔動物体内における〕燃焼〔酸化〕過程に帰するラヴォワジエ理論に依拠し、熱帯気候では身体が周囲に失なう熱が少ないため動物熱を生ぜしめる燃焼過程もまた低減されているにちがいないということに帰着させた。マイヤーはこの観察によって「いうならば閃《ひらめ》いた」、つまりこの観察が彼に一撃のもとにまったく新しい世界を開いて見せたのである。[20] このことはしばしばマイヤーの思考方法の欠陥のように受け取られてきた。つまり、彼の原理は理論的に証明されてもいなければ帰納的に導き出されたわけでもなく、もっぱら直観的に、それゆえ「科学的な方法によらずに」獲得された、[21] と説明されてきたのである。しかしこのような評価は、何が科学的に認可され科学的に許容されるのかをあまりにも狭く捉えていることにもとづくものである。ここではマッハの判断は本質的にずっと公正で囚われがない。マッハが言うには「かつてこれほど重要で包括的な洞察をなした自然研究者はほとんどいない」のであり、マッハはこの洞察をマイヤーを導いた並外れた「形式への衝動」に帰している。[22] とはいえ、いかにして〈単なる〉衝動が物理学的に見て的確で根拠のある洞察を産み出し得たのか、このことが未解決の問題として残されている。実際にはロベルト・マイヤーの思考様式や研究の進め方は、偉大なる自然研究者たちのものとは決して異ならないのである。そして彼の思考様式をただ単に心理学的に説明し、それをいわば彼個人の「特異体質」の顕れのように見なそうとするならば、それはまったくの誤りであろう。それどころか「原理」への移行、つまり物理学的認識の新しい〈タイプ〉への移行が問題になるときには、つねにこのような思考様式が働いているし確かめられるという事実を、私たちは見出すのである。ゲーテはベーコン的帰納法の批判において次のように語っている。「単一の事例がしばしば千もの例に値し、かつこれら千のすべてを含むということ、このことを覚り得ない者は、……自分自身にも他人にたいしても喜びを与え役にたつ何かを提起することが決してできないであろう。」そしてガリレイについては、彼の思考様式をゲーテは「ヴェルラム〔ベーコン〕の分散的方法（Verulamische Zerstreuungsmethode）」と対比させているのだが、ガリレイがピサのドームにおける教会のランプの振動から振り子の理論〔振り子の等時性〕を展開したことによって「天才にとっては単一の事例が千もの例に値する」ということをすでに青年時代に証明して見せたと賞揚している。「およそ科学において肝要なことは、通常は洞察（Aperçu）と呼ばれていること、つまり現象の根底に真にあるものを見抜くことにある。そしてこのような発見こそが限りなく実り豊かなのである。[23]」そしてロベルト・マイヤーが彼の理論を創りあげ押し広げたのは、他でもないこのような洞察にもとづいてであった。マイヤー自身、新しい理論を〈見出した〉のはその欲求を痛切に感じたからであると、あるとき、語っている。[24]そしてこの欲求は方法的・一般的要求、つまり物理学的世界像の全体に及ぶ統一への要求から生じているのである。

私は、物理学の原理の典型的形式とその形式に孕まれている認識論上の問題を、ひとつの例として〈最小作用の原理〉に即して解き明かすことで満足する。個別事例にたいする適用としては、この原埋はすでに古代から知られていた。はやくもアレクサンドリアのヘロンが、光線の反射の法則を見出すさいにそれを使っている。彼は、光は最短の径路を採らなければならないという仮定から反射の法則を導いている。この問題は、光はある点から他の点につねに可能な最短時間で伝播するという前提から出発して、屈折の法則をきわめて簡単に導き出すことに成功したフェルマーによって、より広くより深い観点から捉えられた。作用原理の力学的意義を最初に認めたのはライプニッツであり、彼は一六八九年の動力学の論文[25]においても、あるいは科学上の書簡[26]においても、そのことを表明している。ライプニッツは、運動物体の質量と移動径路と速度の積ないしは活力〔運動エネルギーの二倍〕と時間の積によって測られる作用の量が、すべての力学的な過程において最大ないし最小になるという法則を提唱した。一般には「最小作用の原理」は、一七五六年にモウペルチュイがそれを唯一正確で唯一説得力のある証明と呼んでいる神の新しい存在証明の基礎に捉えようとしたときに初めて知られるようになった。しかしその原理のこのような純粋に形而上学的な適用についてはさておくにしても、モウペルチュイの定式化はあまりにも不明瞭で不正確なために、きちんとした数学的で物理学的な使用には皆目役に立たなかった。[27]作用原理は、オイラーの一連の研究をとおして初めて、より厳密に捉えられ、正確な物理学的意義を獲得するに至ったのである。その最初の完全で正確な記述はラグランジュによって与えられた。[28]以来、作用原理は、ガウスや、ハミルトンや、ヤコビや、ディリクレたちによって用いられてきたさまざまな形式において、科学的な力学のその後の発展全体を支配してきたのであり、「ハミルトンの原理」の形で、文字通り力学の原理となったのである。

その過程で「最小作用の原理」の形而上学的基礎づけなるものはますます度外視されてゆくようになった。ラグランジュは『解析力学』において、モウペルチュイが自身の原理にたいして行なった応用は、一般原理の正しさを証明し得るにはあまりにも特殊であるということ、そしてまた、それには曖昧で恣意的なところがあり、そのため原理の厳密性に疑義を抱かせしめるだけのものであると、語っている。ついでラグランジュは、彼自身の厳密な定式化を与え、さらに、その定式化でもってなんらかの形而上学的原理を主張しているわけではなく、単に力学法則の単純で一般的な帰結を表明しようとしているにすぎないのだと、付け加えている。(29) 精密科学は、どのようなものであれ性急な形而上学的究明からは自覚的に身を遠ざけていったのであるが、しかしその原理の〈方法上の〉そしてまた認識批判上の普遍性は、ますますもって明瞭にかつ説得力のあるものとして浮き彫りにされていった。ヘルムホルツがその「単周期系の力学の研究」において、またその直後に論文「最小作用の原理の物理学的意義について（1886）」において、最小作用の原理を可秤物体の力学に関してという制約から解き放ち、それをきわめて一般的に妥当する物理学上の法則として主張したとき、作用原理の発展はまったく新しい局面に入り込んだ。このときヘルムホルツは、エネルギー原理と作用原理のなかに自然の出来事のすべてが集約されていると見たのである。「すべての出来事は——と、彼は最小作用の原理の歴史についてのアカデミー講演のさいに語っている——世界における永遠に不減不増のエネルギーの蓄えの満干によって表され、そしてこの満干の法則は最小作用の原理のなかに完全に総括されています。(30)」そうであれば作用原理は、一般的なエネルギー保存則と並びそれを補完する原理なのである。否それどころか、作用原理はエネルギー保存則よりも上位にあることが示される。というのも、ヘルムホルツが示したように、エネルギー保存則を作用原理から導き出すことはできるが、その逆はできないからである。ここからヘルムホルツは、作用原理の適用可能な範囲は力学の領域をはるかに越え、それが電気力学や熱力学をも包摂するということは、今ではきわめて蓋然性が高いと考えられる、と結論づけている。「いずれにせよ——と、彼はその考察を締めくくっている——私には作用原理の普遍的妥当性はきわめて広汎に確かめられているように思われますので、新しい部類の現象の諸法則を定式化する努力のための発見法的な原理として、指針として、それにはきわめて高い価値が主張されてよいと思われます[31]。」

ヘルムホルツが作用原理に託した高度に「発見法的な」期待は、驚くほど早く実現された。一九一五年にプランクが作用原理の包括的な歴史的・体系的スケッチを与えたとき、彼は、その原理を今もって特殊力学的なものと見なすという立場に固執するならば一面性という罪を犯すことになるであろうと説いた[32]。それどころか彼は作用原理のなかに、四次元世界座標を完全に対称的な配置で含み、そのことで「物理学の全体系の頂点」であることをみずから示した〈物理学の〉至上の法則を見て取ったのである[33]。

物理学の最新の発展は、一般相対性理論においても量子力学においても同様に、この所見を裏書きし、またそれに新しい驚嘆すべき証明を付け加えている。一般相対性理論は、「計量場」を規定する量〈計量テンソル〉の性質を導き出すためにハミルトンの原理から出発する。こうしてそれは、重力と慣性の現象を単一の表現にまとめあげることを可能にする「一般化された慣性の法則」に到達した。現在では、慣性と重力の影響のもとにある質点のどの運動にとっても、その世界線がつねに時空連続体における「測地線」であるということが、まったく一般的に認められている[34]。量子力学に関しては、シュレーディンガーが、フェルマーの原理を直接に糸口として、それに依拠してフェルマーの幾何学的光線光学から新しい「物理的波動光学」への移行を遂行した*。後者においては物質それ自体が波動現象として説明されている。彼はフェルマーの光学原理とハミルトンが力学にたいして提唱した一般原理のあいだを架橋したのである。こうして力学の一般化がなしとげられ、そのことによって、物質の運動現象と波動現象をたがいに直接に同類のもので同一の法則に服しているものと考えることが可能となった。シュレーディンガーのアプローチは、これまではまったく別個のクラスの現象に関わると思われていた二種類の方程式を単一のものに融合し、質点の運動についての動力学の法則と光線の運動についての光学の法則のあいだに完全な一致を立証した。[35] こうして物質は波動に「なった（geworden）」――というのも、物理学における対象の存在（das Sein）は、もっぱらそれが服する法則のみによって規定されているからである。

とはいえ私は、作用原理をこれ以上その物理学的応用に至るまで追跡するつもりはない。というのも、ここでは作用原理は、当初からもっぱら〈方法上の〉例として、つまり原理命題（Prinzipien-Aussagen）、すなわち「第三階の命題」の特質を指摘し研究するためのひとつの範例（Paradigma）として用いられているにすぎないからである。一見したところ作用原理の「一般妥当性」はそれほど案ずるには及ばないように見える。〔しかし〕それは、他でもない純粋に物理学的な観点からではしばしば困難を惹き起こし疑問を呼び起してきたひとつの事情を甘受することによってのみ、貫徹し得ているのである。それというのも、その原理は、より一般的に捉えられれば捉えられるほど、その固有の具体的な内容を明確に特定するのがそれだけ一層困難になるからである。つまるところ作用原理は、自然科学的認識がどの新しい段階に達してもそれに応じてそのつど新しい相貌を呈する、ある変幻自在なるもの（Proteus）なのである。最大ないし最小〔正確には「極大ないし極小」〕の性質が付与さるべき件《くだん》の「或るもの（Etwas）」が本当のところは何であるのかという問いにたいしては、私たちはいかなる確定的で一義的な答えも得られない。さまざまな作用原理の「主語」は時代とともに変遷していったのである。想うに、多くの自然研究者がこの原理の価値一般について疑問を呈した所以《ゆえん》は、この正体不明の無規定性にあったのではなかろうか。一八三七年の時点においてもポアソンは、それを「無用な規則にすぎない」[36] と評している。実際、ある規則はそれが妥当するであろうある特定の〈対象〉が指示されなければ、およそ意味がないように見える。そしてかかる対象は〔作用原理にたいしては〕ほとんど指摘されたことがない。

フェルマーからライプニッツに至るまで、モウペルチュイからオイラー、ハミルトン、ガウス、ヘルムホルツに至るまで、そのたびごとにその対象は別の処に求められてきたのである。最小の性質が与えられるべきものは、アレクサンドリアのヘロンの場合には光の径路長であり、フェルマーの場合には光の（伝播の）所要時間であった。「自然の経済」にとっての物差しとなるべき規定とされたのは、モウペルチュイの場合には速度と径路長の積であり、他方でオイラーは、モウペルチュイのアプローチを改良しようとした一七五一年の論文[37]で、運動のさいにポテンシャル・エネルギーの時間平均が、運動を支配している条件が許容するかぎりにおいて最小となるという仮定から出発した。そのさいオイラーは、現実の軌道と変化を被った軌道を比較するにあたっての基準となるべき一般的条件、すなわちこれらの運動はいずれもエネルギーの総量が変わらないようなものでなければならないという条件をいまだ見出してはいない。この条件を付け加えることによって、ラグランジュはその原理の正確な定式化に到達した。[38]彼の場合、仮想的運動は（定められた二点間の移動に）任意の時間を要しても構わないがエネルギー保存則は満たさねばならないのである。ラグランジュの『解析力学』における記述では、最大ないし最小の値をとるべきものは、速度に通過した空間要素を掛けた積分と質量の積の総和である。最小拘束というガウスの原理は、拘束のある運動では、各瞬間の自由運動からの偏倚の自乗に質量を掛けたものの和が最小であると主張している。ハミルトンの公式においては、運動エネルギーとポテンシャル・エネルギーの和のかわりにその差が登場する。そこでは、運動エネルギーのポテンシャル・エネルギーにたいする過剰分が規定的要素なのである。ヘルムホルツはここを議論の糸口として、その時間積分がハミルトンの作用を表す量（（運動エネルギー）－（ポテンシャル・エネルギー））を「運動学的ポテンシャル」と名づけ、同一の時間要素にたいして計算された運動学的ポテンシャルの負の平均値が、ある運動系の現実の軌道においては同一時間に始状態から終状態に達する他のすべての近接軌道にくらべて最小値（ないしより長い時間にたいしては極値）をとるという法則を導き出した。[39]

という次第でここには顕著な多様性が、じっさい出発点の不一致ともいうべきものが見られる。しかしこの多様性は、単なる欠陥では決してなく、むしろ原理そのものの内容やその方法的性格のより深い把握のためには、ことのほか実り豊かなものであることがわかる。どのような新しい領域への移行にさいしても、とりわけ、単なる質点力学を越える発展にさいしては、それが最小値ないし極値をとることによって一群の現象の推移が正しく与えられるようなある量の〈定義〉が要請されるのである。この観点から見れば、エネルギー原理の適用のさいに直面したものと類似の課題が生じている。つまりエネルギー原理においても、同様に、力学的仕事の一定量に相当する当量が初めからあたりまえのように与えられているのではなく、どの領域においても〈エネルギー保存則を前提とした上で〉保存則にのっとって力学的エネルギーに変換されるべきある量がまずもって〈見出され〉なければならなかったのである。[40] 実際そこには、すべての原理命題に共通なひとつの方法的基本性格が示されている。原理は、法則つまり特定の具体的な現象についての命題と同列にはない。原理とは、それ自体では法則ではなくて、それにしたがって法則を〈探し求め〉それにのっとって法則を見出すための規則なのである。この発見法的観点はすべての原理にあてはまる基準である。それは、すべての自然現象に妥当するある共通の規定を前提することから出発し、個別領域においてこの規定に照応するあるものを見出し得るか否か、そしてそのあるものがどのように個別的に定義されるのか、このことを問うのである。

物理学における原理の力や価値は、他ならぬ、現実のすべての〈領域〉にたいするこの「要約（Synopsis）」の能力、つまりこの概観（Zusammenschau）の能力にもとづいている。ヘルムホルツの論文「最小作用の原理の物理学的意義について」が登場したとき、ハインリヒ・ヘルツは、ヘルムホルツがこの論文で設定した〈課題〉は、それ自体がすでにひとつの発見を意味しているのだと説明した。「というのも、実際、これほど一般的な前提からこのように特殊で重要でかつ適切な帰結を導き出し得るということの認識には、ひとつの発見を必要としたからである。[41]」原理というのはつねにこの種の大胆な予料（Antizipation）であり、その予料は、知の素材全体の内的な組織化と構築のためにそれがなし得るものに即して確かめられる。原理は、現象に直接に関わるのではなく、それにのっとって私たちが現象を秩序づけるべき法則の形にかかわるのである。それゆえ真の原理は、自然法則と同列に置かれるのではなく、むしろそれは自然法則出生の地、言うならば、くりかえし新しく自然法則を産み出すことのできる母体（Matrix）なのである。このことからただちに、原理を法則命題の単なる寄せ集めと理解してはいけないということ、また何故《なにゆえ》にそうなのかが判明する。法則（「第二階の命題」）は、単に個々の測定命題の寄せ集めから生じるのではなく、集合として独立した意義つまり独自の（*sui generis*）論理学的存在性を有するのであるが、それと同様のことはまた、原理の法則にたいする関係にも妥当する。この「集合の集合」もまた、ある特徴的な固有の内容を有し、それによって私たちは今いちど新しい「次元」へと移るのである。頑《かたく》なな経験論は、〈感覚論的〉基礎に立つかぎり、この特有の多次元性を再三にわたって否定しあるいは抹消しようとしてきた。経験論は、単一の平面で間にあうと、つまり知覚に直接に属する件《くだん》の平面で事足りると信じ、物理学的思惟をくりかえしその平面に呼び戻すのである。ベーコンは、事物にじかに肉薄しそれをすぐ近くから観察するのではなく、高い塔に登ってそこから対象を鳥瞰することを勧めるのは馬鹿げたことだと評している[42]。同様にミルは、個別事例についての知識こそが、私たちがそれを捉える論理形式によって水増しされることのあり得ない唯一確実な知識を形成するのだと説いている。「というわけだから、私には——と、彼は嘲笑的に付け加えている——最短の途を採ることが何故《なにゆえ》に許されないのか、高所にあるアプリオリな途（the high priori road）を一貫して歩むべしという論理学者の命令に何故《なにゆえ》に私たちは服さねばならないのか、そのことがわからない。ある位置から他の位置に移動するのに、なぜ、一方の側で丘に登り他方の側でふたたび降りるというようなことをしなければならないのか、私にはそれが理解できない[43]。」

しかしこの問いにたいしては、明快で確実な回答を与えることができる。もしかしたらミルの途、つまり「個別から個別へ」という途を選び、このようにして認識の骨の折れる危険に満ちた高所にある途を避けることは得策かもしれない。とはいえそのような行き方は、行き着くべき目標がすでに確定していて、到着したいと欲する位置を私たちが前もって〈知っている〉ときにのみ可能である。しかるに私たちに欠けているのは、他でもない、そのことの認識なのである。私たちにできるのは、もっぱらある特定の方向を、その方向が予想される目標に私たちを近づけるであろうという期待を持って、選択することだけである。だが、他でもないこの目標の正確な位置を、私たちは事前に確定することができない。〈それ故《ゆえ》にこそ〉かの高所にある途が必要とされるのである。それは私たちが通り抜けねばならない土地における〈方向指示〉にとって不可欠である。物理学の原理とは、根本的には、このような方向指示の手段、つまり探索と概観の手段以外のなにものでもない。それはさしあたっては仮説的（hypothetisch）に妥当する。それは、研究の特定の結果を初めから独断論的に確定することはできないにせよ、私たちがさらに進みゆくべき方向を見出すすべを教示するものである。私たちは、くりかえし直接的知覚の平面を越えて、つまり実験データや個別的法則規定の平面を越えて飛躍しなければならないのだが、それはあらためてその後にこの平面全体の〈内部に〉確かな足場を確保するためなのである。ここで要求されている外への移行や上への移行は、何らかの種類の超越（Transzendenz）という目的のためにではなく、純然たる内在（Immanenz）のため、つまり経験の拡充と確実化のために役立つのである。

ここで、これまで私たちがたがいに区別してきた物理学上の諸命題の階層を今いちどあらためて概観し、それらを純粋に形式的かつ方法的な観点から特徴づけようとするならば、次のように言えるであろう、すなわち測定命題は個別的（individuell）であり、法則命題は一般的（generell）であり、原理命題は普遍的（universell）であると。このような言い方にたいしては、この三つの集合のいずれにおいても明らかに〈経験的〉命題が、したがって厳密にはいかなる普遍性も必然性も有することのできない命題が問題とされているのである、という反論が出されるかもしれない。とはいえこの反論は、経験的なるものそれ自体の概念の内にある二義性にもとづくものである。いうまでもなく私たちは、いかなる経験判断にたいしても、たとえそれが経験的認識の序列においていかに高い位置を占めているとしても、「絶対」という性格を、つまり最終決定的であるという性格を要求することはできないのであり、認識の進歩とともにその補足ないし訂正に導かれるという可能性の余地をつねに残しておかなければならない。しかしながらそのことは、経験的認識の内部で一切の論理的区別を抹消し平準化してよいということを意味するわけでは決してない。そのような訂正の可能性はただもっぱら経験に依存するのだが、他ならないその経験の〈過程〉そのものが、〔論理的区別を〕消し去ることによってはもはや実行不可能になるであろう。というのも、この経験の過程はある一定の論理的リズム、つまり「事実」と「法則」と「原理」の三歩の歩みにおいて以外では実行できないからである。このリズムは経験的認識内部における分節化を表現するものであり、その分節化は経験的認識という概念全体の一部をなし、経験的認識にとって欠かすことのできないものである。独断論的経験論の欠陥は、すべての知を経験に繋ぎ止めようとし、経験を真理の唯一絶対の基準として祭りあげるということにあるのではなく、経験の〈分析〉を十分に踏み込んで行なわず、したがってその十分には解明されていない概念に足踏みしている点にある。それがしばしばこの欠陥に陥るのは、曖昧な連続体仮説のせいである。それは、それらの各階層をたがいに厳密に区別し、認識の異なる階層がそれぞれ別々に発展できるようにしようとはしないのである。とは言っても、この発展は、同種のものの単なる再生産にすぎないと解されるのであれば、見せかけの発展でしかないであろう。私たちは認識の進行のどこかの地点で、これまでになかったある新しい認識へと導く文字通りの「〈突然変異（Mutation）〉」を認めなければならないのである。私たちの思惟もまた〔量子論の用語にならって〕言うならば「離散的軌道」を動いているのであり、その軌道のそれぞれが思惟にたいしてきっちり定められた態度をあらかじめ指図しているのである。この軌道のひとつからいまひとつへ遷移しようとするならば、つまり、測定命題から法則へ、法則から原理へと上昇しようとするならば、もっぱらそれは一定量の精神的エネルギーの行使を必要とする「飛躍」としてのみ行なわれる。この飛躍は避けられないのであり、私たちは、ある前もって有している認識論上の所見にのっとってそれを簡単に「片づけ」ようとする誘惑に負けてはならない。たしかに〈無用な言葉や概念を削り取る〉オッカムの「剃刀」は、すべての認識論にとって欠くことのできない価値の多い道具である。しかしそれを誤った場所にあてるならば、認識の有機的組織を束ねている自然の靭帯や腱を切断する危険に陥ることになる。

原理の特性にたいする〈歴史的〉標識はまた、哲学的認識および自然科学的認識の歴史において原理に「普遍性」の最高の形式を認めようとする試みが、つまり原理を何らかの仕方で普遍的な因果律それ自体と同一視するないし因果律から直接に導き出す試みが、再三再四追求されてきたということのなかに見出すことができる。そのさい、そのような導出が旨くゆかないこと、およびなぜ旨くゆかないのかの理由は、そのつど指摘されてきた。にもかかわらずその手の試みは跡を絶たなかった。自然科学の法則の「ヒエラルキー」をより高く登るに応じて、このヒエラルキーの頂点すなわち因果性の原理からその法則を識別するのがそれだけ一層困難になる。近代自然科学の黎明期には、動力学の基礎づけにおいて支配的な地位を占めていたのは慣性原理であった。そしてすぐさま、慣性原理を何らかの仕方で因果律と融合せしめようと試みられたのである。それ自体で放置された〈外力の働いていない〉物体はその静止状態ないし等速直線運動の状態を維持しなければならないが、その所以《ゆえん》は、この運動からどのような偏倚も「根拠がなく（grundlos）」したがって不可能な出来事を含むからである、と説明されてきた。「事実の真理（*vérités de fait*）」と「理性の真理（*vérités de raison*）」のあいだの厳格な区別を一貫して指摘してきたライプニッツ*でさえもが、このような立論に傾いていた。ライプニッツはその著作のあちらこちらで、「奇跡」とはどのようなものと理解すべきなのかという例を挙げるために、慣性の法則を引き合いに出している。神が——と、彼はたとえばクラークとの往復書簡で説明している——エーテル中である自由な物体が他の何物からも作用を受けずに、ある不動の中心点の周りを回るという状況を作ろうとしたならば、このことは奇跡によってのみ可能であろう。というのも奇跡とは、物体の本性によっては説明できないすべてのことであり、そして物体の本性は自由な物体が〔軌道〕曲線の接線方向に遠ざかるということを要求しているからである。(44) このような表現は、ライプニッツの時代にはすでに慣性の法則が一般的な哲学的かつ科学的意識にいかに深く根づいていたのかを示している。それよりわずか数十年前には慣性の法則がどれほど逆説的なものと見られていたかを想い起こすならば、この事実はそれだけ一層注目に値する。ガリレイが慣性の法則を最初に表明したときには、彼のアリストテレス学派の敵対者たちには、それは法外にむこうみずな変革のように見えたのである。ガリレイ自身もまた、時間のかかる一歩一歩の歩みをとおしてのみ、慣性の法則の正しさを確信するに至り、その一般的定式化に到達したように見える。(45) 〔最小〕作用の原理に関して言うならば、以前には通例行なわれていた〈目的論的〉演繹は、ハインリヒ・ヘルツのような批判的精神の持ち主がそのようなはき違えた「逸脱」を厳しく戒めて以来、(46) 今日ではごくあたり前のこととして放棄されている。しかしもっとも厳格な実証主義の陣営でさえ、作用原理の意義を、各種の最大・最小原理によって他ならぬ〈出来事の一義性〉の要請が設定されたのであり、したがって本質的にはすべての因果的把握にとって欠くことのできない要求に表現が与えられたのだということのなかに、しばしば見出してきた。実際、たとえばペツォルトは、神学的ないし目的論的な思弁は、オイラー的表現形式においてであれハミルトン-ガウス的表現形式においてであれ、作用原理の内に、どのようなものであれ自身を補強するものを見出すことはない、というのも、そのいずれの作用法則の主張も、自然現象は一義的に規定されるという経験的事実を解析的に表現したものにすぎないからである、と説いている。「我々は関連する〔作用〕法則のすべてをとおして……出来事の一義性という事実を認める。……そのことによってのみ、科学は可能になったのであり、もしもその事実がなかったとしたならば、自然法則というものは問題になり得なかったであろう。……したがって最小作用の原理や類似の諸法則は、その妥当範囲内において、充足理由律の解析的な表現とも捉えられる。(47)」マッハもまたこの見解に与している。彼は、最小作用の原理、したがってまた力学における他のすべての最小原理は、当該の問題において与えられた状況のもとで起こり得る（kann）ことのみがまさに起こる、つまりその状況によって規定されかつ一義的に定められていることのみが起こる、ということを表現したものにほかならない、と説いている。[48] とはいえ、この説明によって彼が循環論法に陥っていることが見てとれる。というのも、「出来る（*Kann*）」ということは、マッハにしたがえば、当然、合理論的ないし形而上学的に理解することは許されず、それを純粋に経験論的に解釈し、それゆえその根拠づけが今まさに問われているところのその諸法則にそれを帰着させることのみが残された途なのだからである。という次第であるから、原理命題が普遍的だとしても、原理命題と因果律自体のあいだの区別はやはり厳然として残されているのである。エネルギー原理でさえ、その普遍妥当性がどれほど確かめられたとしても、いまだに「特殊な自然法則」のひとつでしかなく、それを否定したからといって、そのことが「因果律一般」の廃棄を意味するわけでは決してない。したがって因果律一般には、普遍的原理の平面からであっても、私たちはつねに「飛躍」をとおしてしか到達できない。つまりそれをとおして私たちが測定命題から法則命題に、また法則命題から原理命題に導かれたのと類似の「他の類への移行（μετάβασις εἰς ἄλλο γένος）」をとおしてしか、到達することができないのである。

第四章　普遍的因果律

普遍的な因果律への移行のさいには私たちは、「事実」から「法則」へ、そして「法則」から「原理」への同様の移行のさいにたち現れたものに比べてはるかに深刻で困難な問題に直面する。それは言うならば無への飛躍のように見える。というのも、物理学の事実のすべての特殊性はもとより、物理学の法則や原理のすべての特殊性をも一切合財背後に置き去りにするとき、いったい私たちは何を獲得するのか、それがわからないからである。物理学における現実性について何かを口にする（aussagen）とき、その語られたもの（Aussage〈命題〉）がある特定の実験的所見の形ないし測定量のある集合間の依存性を表すある特定の法則の形を有していないとするならば、そのことによって私たちは、何事かを語り得るのだろうか、まったくの無に陥るのではないのか。このことがなされ、そして次には法則があらためて原理に総括され統合された後には、それでもなお、それについて何らかの何故《なにゆえ》という問いは残されているのであろうか。実際には、因果律は言葉の通常の意味における「自然法則」では決してないということを認めなければならないのである。この観点からでは、自然は〈一回起的に〉現存するものであり、おなじ状況ではおなじ結果が生じるというときに私たちが言及しているその「おなじケース」なるものは自然のなかにではなく、ただもっぱら私たちの図式的な模写（Nachbild）のなかにのみあるのだから、自然には原因も結果もない、というマッハの主張は正当性を持つ[49]。とはいえ、因果性を直接に自然についての命題と理解することも、ましていわんや形而上学的命題すなわち「絶対的事物」の世界についての命題と理解することも許されないのであれば、因果性についていったい何が残っているのだろうか。因果性は、対象に関するものというよりは、ただもっぱら対象についての私たちの認識一般に関わる「超越論的」命題としてのみ理解し得るのである（前述、p. 26参照）。それは事物についての直接的命題ではなく、事物の経験的認識についての命題、すなわち経験についての命題と捉えられなければならないのである。この間接性によって因果性がその対象的意義の幾分かを失なうのではないのかという虞《おそれ》は、対象概念の批判的分析によって退けられる。というのもこの分析によって、〈すべての〉客観性（Objektivität）は同一で特有の結びつきを示すこと、実際その特有の結びつきに依存していることが示されるからである。経験は対象性（Gegenständlichkeit）を定義づける〈契機〉であること、そして〈経験の〉条件はそれゆえにこそ（*eo ipso*）経験の対象の可能性の条件であることが示される。経験が初めてその対象を構成するのである。

少なくとも「批判的決定論」は、自然認識の普遍的原則にたいするそれ以外の「根拠づけ」の仕方を知らない。それはかかる原則を信頼や信用にもとづいて受け容れることはできない。それはその根拠づけを単なる思惟の強制に、私たちの精神的「機構」に根拠を持つ必然性なるものに訴えかけることはできないのである。〈そのような〉訴えかけは、カントのアプリオリやカントの因果問題の解決の本質として見かけることも決して珍しいことではないけれども、実際にはカントとはまったく無縁のものであり、カントはそのような訴えかけを精力的に退けてきたのである。次のように提案しようとする人があるかもしれない——と、カントはきっぱりと説いている——「すなわちカテゴリーは、〔……〕我々の存在が始まると同時に、主観的素質として我々に植えつけられたものである。そしてこの素質は我々の創造者〔神〕によって、その使用が経験の法則および自然と精確に一致するように、具合いよく仕立てられているというのである。そうであるならば、〔……〕カテゴリーにたいして真の客観的必然性を付与することはできないであろう。というのも、たとえば原因という概念は〔前提された条件のもとでは結果が必然的に生じることを主張するものであるが〕、それが我々に植えつけられているという恣意的な主観的必然性だけにもとづいて〔ある種の経験的表象を因果関係の規則にしたがって結合して〕いるのであれば、虚偽となるであろう。そうであれば私は結果が客観において（すなわち必然的に）原因と結びついていると言うことはできない。私に言えることは高々、私はかかる表象をこのように結合されているとしか考えることができないように〔創造主によって〕仕立てられているということだけであるが、それこそ懐疑論者の思う壺なのである。」[50] それゆえ因果法則は、その「明証性」ゆえに信用されるべき「内在的観念（idea innata）」の意味で理解されてはならない。むしろその妥当性は、「自然」にたいして、つまり経験的事物にたいして示されなければならないのであり、また同時にそこに制限されなければならないのである。カントの意味においては、この制限は決して矮小化を含意するものではない。というのも私たちは、対象性という概念を経験の領域の外にまで押し拡げることはできないからである。「事物の現実的存在をめぐる我々の認識が到達し得るのは、知覚および経験的法則に則ったその関連がおよぶ範囲にかぎられる。我々が経験から始めるのでなければ、あるいはまた現象の経験的連関の法則に従って進むのでなければ、何らかの事物の現実的存在について推量するないし探究するといっても、それは徒労にすぎない。(51)」

しかしすでに見てきたことであるが、カントは、ヒュームの問題を解決するさいに歩んだ途をその結末まで詰めきってはいない。彼は、「経験の類推」において与えた因果原理の「演繹」のさいには、その問題をなにはさておき経験的認識すなわち「経験の形式」に向けることをせず、あらためて経験的事物と出来事に向けているのである（前述、p. 31 参照）。問題をもっぱら〈この前者の〉意味に設定するならば、そのときには、因果原理はいったい何を意味し、それはこれまでの認識批判的分析が教えてきたものにいったいどのような新しい認識を付け加えるのだろうか？　私たちが因果律に先行する階層を通り抜けてしまったならば、つまり私たちが測定命題から法則命題に、そして法則命題から原理命題にと進んだ後には、私たちはそれ以上いかなる歩みをなし得るのか、自然認識についていかなる新しい知見を期待し得るのか？　この問いに関して私は、一見したところおそらくは逆説的に見えるであろう回答を与えたいと思う。すなわち、実際には〈何も残っていない〉、と。自然科学の認識過程と認識構造の記述にたいして、そのさい原理的に新しい要素が付け加えられることはないのである。因果律が意味しているものは——それこそ私が以下において解明し根拠づけようとしているテーゼであるが——内容において新しいのではなく、もっぱら方法においてのみ新しい理解なのである。それは、それまでのものと同質で、かつ事実に関してそれまでのものを補うようなさらなる規定成素を付け加えるものではない。純粋に内容的な点では、因果律はそれまでに獲得されていたものを越えるわけではない。因果律は、それまでに獲得されていたものを裏書きするだけであり、いわばそれらを認識批判的に確認するのである。この意味において因果律は、カントの言葉で表現するならば、〈様相的（modal）〉原則に属する。それは「経験的思惟の公準」なのである。そしてこの公準が語っていることは、つまるところ、私たちがこれまで個々的に記述しようとしてきた過程がどこまでも無制限に〈可能である〉ということに他ならない。観測データの精密な測定命題への変換、測定結果の関数的方程式への総括、そして普遍的原理によるこれらの方程式の体系的統合、この一連の過程がいつか〈終結する〉ということは、因果律によっては主張されない。因果律が要求し、それが公理的に前提としているものは、ただ単に、その終結が〈探し求め〉られてよいし、また求められねばならないということ、自然の諸現象は前述の過程をとおした秩序づけの可能性を原理的に拒まないし、またそれに背馳するものでもないということ、このことだけである。私たちは因果律を〈この〉意味において理解し、以下においてはこの意味で批判的な検討を加えたいと思う。私たちにとって因果律は、それが測定規定に「ついての」命題、法則や原理に「ついての」命題であるかぎりで、新しいタイプの物理学上の命題に属しているのである。因果律は、すべてのこれらの観点をたがいに関連づけ統合することができるということ、そしてこの統合の結果として、個別的認識の単なる寄せ集めではない一個の〈物理学的認識の体系〉が得られるということ、このことを意味しているのである[52]。

しかし私たちの研究をさらに進めるに先立って、いまひとつの提出されるかもしれない反論に対処しておかなければならない。因果性のこの説明は——と、もしかしたら問われるであろう——恣意的で名目的な定義(Nominal-definition)ではないのか、それは実際に物理学の認識が「因果法則」のもとに理解しているものに該当しているのであろうか、またそれを尽くしているのだろうか? この問いに答えるにさいして、さしあたり私は「古典物理学」の範囲に限定しておきたい。量子論と現代原子物理学をとおして産み出された新しい問題には、後になって言及する心積りである。もちろん古典物理学の範囲内においてさえ、そこで用いられている因果概念を一義的に定める統一的〈言語使用法〉を確定するのは困難である。個々の研究者が因果概念に与えてきた説明は、テンデンバラバラである。しかし物理学の〈行なってきたこと〉は、にもかかわらず統一的な方向を辿っている。そして個々の研究者の言説からではなく、物理学の営為が辿ってきたその統一的方向から、私たちはその基本的見解を読み取ることができる（前述 p. 38 と比較せよ）。この物理学の営為にたいする〈省察〉は、ヘルムホルツによってもっとも明晰かつ厳密になされている。したがって私たちは彼に目を向けるのがよいであろう。彼の定式化は、古典物理学が「原因」と「結果」の概念規定において到達した究極の、かつもっとも成熟した認識を表現している。因果問題をめぐる昨今の議論において、ラプラスの名前にはほとんどつねに出合うし、デュ・ボア＝レーモンの名前にもしばしば出合うのに反して、ヘルムホルツの名前はほとんどないし皆目見かけないのは、奇妙でもあれば著しいことでもある。その歪みは、私には手痛いものに思われる。というのも、批判的洞察とその理解の深さにおいてヘルムホルツと肩を並べ得る自然研究者は、一九世紀には他にはほとんど見当たらないからである。ヘルムホルツこそは近代の経験論の真の第一人者だからである。というのも、一方で彼は、自然科学の全分野に通暁している——彼は物理学者にして電気化学者であり生理学者にして心理学者である——からであるし、他方で彼は、その個々の研究のどの分野においても経験論の証明を敷衍し厳密化することに心を砕いているからである。この意味で彼は、幾何学の基礎づけについての問いや一般的な空間の問題を厳密に認識批判的観点から扱っている。それゆえ私たちは、古典物理学が因果概念をどのように理解し、いかなる意味でそれを使ってきたのか、このことについての真に「代表的な」表現を求めるのであれば、もしもそういうものがどこかにあるとすれば、ヘルムホルツにおいてこそ出合えると期待できよう。もちろんヘルムホルツも、最初から因果性の完成された概念から出発したのではなく、彼はそれを具体的な研究作業を手がかりにして徐々に作りあげていったのである。青年時代には彼は、その時代の物理学全体を支配していた見解に与していた。つまり彼は確信的なニュートン主義者であり、断固たる力学論者（Mechanist）であった。彼はその講演『力の保存について（1847）』の序文で、その立場から自然科学の完全なプログラムを描き出している。すなわち、自然科学の理論上の主要なる目標は、現象の未知の原因をその目に見える効果から発見することにあり、このことは、すべての自然現象を空間的関係のみに依存する不変な運動力をともなった物質の運動に還元するのに成功した場合にかぎって、十全に満足のゆく仕方で達成される、したがって物理学的認識の課題は、自然現象をその強度が距離によって決まる不変な引力および斥力に還元することにあり、この課題を達成し得るかどうかがとりもなおさず自然の完全な理解可能性の条件である、というのである。〔しかし〕ヘルムホルツがその壮年時代の講演『知覚における事実（1878）』で展開し詳細に説明している因果問題の理解は、より伸びやかで射程も長く、そしてまた特殊な仮説的前提への囚われがはるかに少ない。私たちは彼の書簡から、彼がこの講演のテーマにいかに没頭し、そこにどれほど基本的な意義を与えていたのかを窺い知ることができる。(53) そこでは自然現象の形式についての特殊な仮定は、どのようなものであれ、因果法則の普遍的命題からは排除されている。私たちが仮説的挿入をともなうことのない事実として一義的に見出すことのできるものは——と、説明されている——現象における法則的なもの（das Gesetzliche）である。この法則的なものが、思惟による自然の概念的把握の最初の産物である。私たちが「原因」と名づけるものは、通常の言語使用においてはその言葉が先行するものとか誘発するものとかにたいしてははなはだ曖昧に用いられてはいるにせよ、この〔法則的なるものという〕意味においてのみ理解され是認され得るものである。私たちは、現実の領域においては、もちろん私たちの感官印象の記号体系においてのみ表現される法則的秩序の知識以上のものには、到達できない。適正に形成された仮説のいずれもが、その実際的意味は、それまでに直接的に観測されたものを越える、現象のより普遍的な法則であるということを主張する。つまりそれは、つねにより普遍的でより包括的な法則性に上昇しようとする試みなのである。この試みがどのくらい遠くまで進むのかを、あらかじめ定めることはできない。私たちはこの点についての決定を、いずれの個別の場合にも経験に委ねねばならない。しかしより普遍的な法則の不断の〈追究〉は、私たちの思惟の根本的特徴であり統制的原則なのである。私たちが因果法則と名づけるものは、他ならぬこの統制的原則のことであり、それに尽きている。この意味において、因果法則はアプリオリに与えられたひとつの超越論的法則なのである。それというのも、経験からそれを証明するのは不可能だからである。しかし他方で、その〈適用可能性〉にたいしては、それが結果的に旨くゆくということ以外のいかなる保証も私たちは有していない。私たちは、あらゆる原子が他のあらゆる原子と異なるような世界に住むこともできよう。そこにおいてはいかなる規則性も見出すことができず、私たちの思惟の活動性は停止せざるを得ないであろう。しかし研究者はこのような世界を考慮に入れない。彼は自然現象の理解可能性を信頼しているのであり、もしもこのような一般的な信頼が基礎になければ、いかなる個別の帰納推論も無力となるであろう。「ここではただひとつの助言だけが妥当する。不十分であったとしても信じて扱おうではないか。そうすればそれは事実となろう。[54]」

　古典物理学の因果原理のこの定式化をとおして、私たちのこれまでの分析の結果がその細部にわたるまで裏書きされていることがわかる。ヘルムホルツが要求し、彼が因果原理の必要十分条件と見なしたものは、まさしく私たちがこれまでひとつひとつ別々に説明を試みてきた認識の件《くだん》の階層移行、すなわち実験的所見とその正確な定式化からより厳密な法則命題へ、そしてさらにより一層普遍的な原理命題へという歩みに他ならない。ヘルムホルツにあっては、「ラプラスの世界公式」への訴えかけは何処にも見られない。明らかに彼は、みずからの批判的分析を形而上学的な問題設定と混同したり、それによって煩わされたりしないように、デュ・ボア＝レーモンの講演以来再三にわたって議論の中心を占めてきたこの公式を、意図的に避けている。ヘルムホルツの考察では、過去から将来を完全に〈予言〉するという要因さえも、なんらの重要な役割を果たしていない。この〔予言という〕要因は、これまで因果法則の定式化のさいにしばしば本質的な、それどころか唯一の規定のように考えられてきた。予言は、その的中がそれ以上分析不可能な究極のものであるとの留保をともなってではあるが、ともあれ「因果性の十分な徴表」であると思念されてきた。[55]もしもそうだとするならば、物理学がある領域の内部で絶対的に正確な予言をもはやなし得ないような認識状況に直面した瞬間に、私たちは因果律を放棄しなければならなくなるであろう。しかしながら私には、その場合、予言という要因の〈理論的な〉意義があまりにも過大評価されているように思われる。もちろん、将来をなんらかの意味で前もって規定したいという願望は、私たちを「因果的」推論連鎖の形成へと向かわせるきわめて重要な動機のひとつではある。とはいえそれは、この推論連鎖の唯一の意味、唯一の思想内容では決してない。この動機を原理にまで高めようとするならば、そのことによって私たちは、その排除こそ物理学の理論体系がみずからの課題としてきた件《くだん》の擬人観（Anthropomorphismus）のひとつに陥ってしまうであろう。人が出来事の因果的連鎖に介入するときにはつねに、つまりある「結果」を目ざして行為するときにはつねに、それが可能になるためには、その結果をあらかじめ表象において「先取り」しておかなければならない。彼は頭のなかで将来について実験してみなければならない。彼は、自分の側である特定の措置を講じたという想定のもとで、先行きがどうなるかを心に描いてみなければならない。それゆえ将来の予言というのは、自然のどのような技術的支配にとっても不可欠な要因であり、世界におけるあらゆる実践的方向づけにとっての必要な要素である。この要因を〈すべて〉と捉えること、そこに因果的認識の目標が〈尽くされている〉と見ること、このことは、「技術の時代」の幕開きこのかた、人が概念の意味をもっぱらその使用によって定義することに、つまりその論理的意味をそのプラグマティックな意味と混同することに、あまりにも慣れすぎてきたことの結果である。この点は、ベーコンがそのモットー「力のための知（*scientia propter potentiam*）」でもって先鞭をつけた。彼は、科学を純粋に「静観的」部分から始め、その後に初めて「能動的」部分に発展させるという有害な習慣と闘った。彼はそれとは逆の順序と逆のランクづけを要求したのである。[56] 自然にたいする人間の力は旧来の論理学を新しい論理学で、つまり「発見の論理学」で置き換えることによって、根拠づけられねばならないというのである。「宗教においては、仕事によって信仰を示すことが真に要請されているが、同様に、自然哲学で要求されているのは、端的に仕事によって知が示されることである。（Quod in religione verissime requiritur, ut fidem quis ex operibus monstret : idem in naturali Philosophia competit, ut scientia simpliciter ex operibus monstretur.）[57]」

現代の実証主義はこの規定を全面的に受け容れている。それは「予測するために知る（*savoir pour prévoir*）」という要求を設定しただけではなく、究極的には知ることを端的に予測することによって説明してきたのである。これにたいしてヘルムホルツは、このようなプラグマティックな偏狭さとは無縁である。彼は物理学の純粋に理論的な、真に「静観的な」真理理想を主張しているのであり、この理想が彼の因果概念の分析にとってもまた規矩《きく》をなしている。「どの個々の事実も、それ自体では――と、彼はある処で語っている――せいぜいのところ我々の好奇心や驚きを刺激するか、あるいは実践的応用にとって有用であり得るにすぎない。しかし精神的満足は、全体の連関により、まさにその法則性において初めて叶えられる」[58]。この法則性についての知識は、将来の予言によって確かめられ裏づけられる。とはいえ、この予言、そして予言にもとづく自然の技術的支配がその知識の唯一の本質的内容ではない。実際、古典物理学といえども、その体系内部において、なにがしかの理由で厳密な予言が現実的に不可能な領域においては因果概念の使用を断念する、というほどには、因果概念を窮屈に捉えてきたわけでは決してない。事実、そのような予言には一般的法則の知識だけではなく初期条件の正確な知識をも必要とするが、それはつねに一定の制限内でしか得られないのである。それゆえ字義どおり厳密な「ラプラスの理想」なるものは、天文学のような特定の個別領域内でしか通用しないのであり、たとえば流体力学や弾性論のようなそれ以外の領域にはあてはまらない[59]。プランクは因果性についてのそのよく知られた論述のなかで、ある出来事はそれが確実に予言され得るときに因果的に条件づけられていると見なされるべきである、という因果概念の試論的説明をさしあたっては基礎に据えることから、論を起こしている。しかし彼はすぐその後で、この単純な説明は十分ではないと付け加えている。なぜかというと、将来にたいして的確な予言をする可能性は、もちろん因果的連関の支配にたいする確かな標識のひとつを表してはいるけれども、だからといって逆に、予言可能性が因果的連関の支配と〈おなじことを意味している〉とは結論づけられないからである。それというのもそのような結論は、根本的には因果概念の〈どのような〉使用をも幻想たらしめるであろうからである。実際、たとえ古典物理学の範囲内であっても、ある物理的な出来事を現実に正確に予言するなどということはひとつとして可能ではないのである。そういう次第で、ここで私たちは認識論的に見てある奇妙なジレンマに直面することになる。つまり、因果性の標識なるものが設定されるのだけれども、しかしそれを実際に杓子定規に捉えその帰結をトコトン突き詰めるならば、その具体的な例証や応用をひとつとして挙げることができないのである[60]。

このジレンマからは、これまでの方法上の考察にのっとって、因果律を、事物と出来事についての法則と理解するのではなく、厳密に〈認識〉についての法則であると定式化したならば、そのとき初めて解放される。私たちは因果律を、認識から認識へと私たちを誘導し、そのことをとおして初めて間接的に出来事から出来事へと誘導する導きの糸であると考えなければならない。すなわち、個別的な命題を一般的な命題に、さらには普遍的な命題に還元し、その後者でもって前者を表現することができるようにするための法則であると考えなければならない。〈この〉意味において理解されたならば、あらゆる真の因果律、あらゆる自然法則がその内に含んでいるものは、将来の出来事の予言というよりはむしろ将来の認識の約束なのである。かかる法則は、ライプニッツが好んで表現したように「未来を孕んでいる（*praegnans futuri*）」のである。* このことは、第一義的には、後になって初めて全面的に展開され十全に成熟するにいたる豊かな知をその内に宿しているということを意味している。「予言」において本質的なるものは、自然法則が能くする〈外挿〉なのである。自然法則の妥当領域は、その法則を直接的に導いた観測のみに限られるわけではなく、その枠外をもカバーしている。そして自然法則の真の確証は、この拡張に成功すること、つまりこれまで知られていなかった現象に導き、新しいクラスの法則を推論することにある。そのさい、この推論の時間的方向は、必ずしも決定的な意義を持たない。その道筋は、過去から未来にというよりは、認識のある限られた領域からより広い領域へと通じている。という具合に、たとえばマックスウェルの場の方程式には、後にハインリヒ・ヘルツがその実験的研究において発掘した認識の宝物の全体がすでに潜在的に含まれていたのである。マックスウェルの理論を学習すると、数学的公式のなかに独立した生命と固有の悟性が潜んでいるかのような、そしてまたそれは私たちよりも賢くその発見者よりさえ賢く、当初その公式に置き入れられた以上のものを私たちに提供するかのような、そのような印象を時折受けないではいられない、とかつて語ったのはヘルツ自身である[61]。このことは、ある公式が、それが最初に提唱されたさいの特殊領域を表現するのみならず、かけ隔った、実際まったく異なる領域においてその妥当性と適用可能性が証明されるとき、とりわけ顕著でかつ説得的である。たとえばフーリエが熱伝導の問題にたいして提唱した方程式がこの種のものである[62]。しかしそれ以外にも、物理学にはこの種の例が豊富にあり、物理学的思惟の真のかつ特有の生産性が表現されるのは、まさにそれらにおいてなのである。

　このことは「〈自然法則の単純性〉」という要求のなかにも表明されている。その要求を純粋に認識論的に解釈し基礎づけようとすれば、たしかに特有の困難に直面する。この困難を逃れるために、ゴルディオスの結び目〔難問題〕を一刀のもとに断ち切る試みがしばしばなされてきた。つまり単純性という要求を厳密に定式化するのは不可能であり、それゆえその要求は自然科学の原理論一般から排除されるべきであると考えられてきた。少なくともその要求にたいしては、この原理論の論理的構成の内部で占めるべきいかなる位置をも割り当てようとはしてこなかったのであり、その要求を固有の客観的な根拠づけのかなわない純然たる審美的な主張に限定してきたのである[63]。しかし、物理学的認識の歴史的な歩み自体が、すでにこの種の見解と齟齬を来している。というのも、物理学の発展の過程で、その単純性という要求は再三にわたって貫かれ、特筆すべき実り豊かな契機であることが証明されてきたからである。精密自然科学的認識の発端から現代の研究にいたるまで、この過程を跡づけることができる。ガリレイやケプラーは、あれやこれやの認識論上の躊躇や疑惑にまったく囚われることなく、また煩わされることもなく、単純性という規準を活用してきた。彼等は、単純性を真理の試金石として用いることができるとてんから確信していたのである。とりわけコペルニクスの世界体系《システム》の弁護において、この議論は重要な役割を果たした。「このコペルニクスの仮説は――と、ケプラーは語っている――事物の自然なあり方に背いていないばかりか、むしろそれをよりよく支持している。自然は単純性を好み、統一を愛する。……これまで用いられてきた仮説では惑星軌道〔周転円〕の措定は際限がなかったが、コペルニクスのものでは多くの〔惑星の〕運動がきわめてわずかの〔円〕軌道から導き出されるのである。(Hae Copernici hypotheses non solum in naturam rerum non peccant, sed illam multo magis juvant. Amat illa simplicitatem, amat unitatem... Penes usitatas hypotheses orbium fingendorum finis nullus est : penes Copernicum plurimi motus ex paucissimis sequuntur orbibus.)」[64] このことによって同時に、単純性という方法上の理想を何と理解するべきなのかについての最初の厳密な規定が与えられたことになる。「最も少ないものから多数のものを(*plurima ex paucissimis*)」という格言、つまり可能なかぎり少ない数の個別的仮定からおびただしい数の結論を導き出すことができるということ、このことが決定的なのである。現代の研究者たちによるこの要請の定式化はずっと控え目に自制されてはいるけれども、それでも彼等は、根本においてはおなじことを口にしている。アインシュタインはプランクの六〇歳の誕生日によせた挨拶で次のように語っている。「経験的世界に一義的に対応づけられた概念体系はわずかな数の基本法則に還元可能であり、その基本法則から全体系を論理的に展開することができます。ここで研究者は新しい重要な前進のたびごとに、その基本法則が経験の圧力のもとでより一層単純化されてゆくことによって、彼の期待が乗り越えられてゆくのを目にすることになります。彼は、見かけ上の混沌が洗練された秩序にはめ込まれてゆくのを、驚きをもって見るのです。しかもその秩序は彼自身の精神の働きにではなく、経験的世界の性質に由来するのです。*」

現代物理学においても、単純性の原理はきわめて強固に、そしてきわめて厳密に守られているし、その「客観的」意義についての信頼は揺らいでいない。[65] それゆえ私たちは、その原理の単なるプラグマティックな要求と、その純粋方法上の要求、すなわち真理性の要求とを区別しなければならない。これまでの私たちの考察を顧みるならば、すでにそこからこの方法上の要求のある特定の側面を理解し説明することができる。私たちは物理学の諸命題のどの新しい〈タイプ〉への移行にさいしても、二重の過程が生じているのを見てきた。つまり知の外への拡大には、つねに他方におけるその内への集中が対応しているのである。知のどの拡大も、同時にそれまでは知られていなかった集中をもたらすのであり、この集中によって初めて、新しく押し寄せてくる素材を制御しそれを物理学的な知の形式にはめ込むことが可能となる。そんなわけで「単純化」は、私たちが「感覚の世界」の所与を物理学の概念にまとめる局面ですでに始まっているのである。そしてその単純化は、私たちがこの概念のヒエラルキーをより高く登り、法則命題へさらに原理命題へとより前進するに応じて、それだけいっそう進行する。たとえば最小作用の原理の歴史が、その原理によっていかにして、まったく異なったまたきわめて込み入った力学系の運動方程式が単一の変分原理に統合されてゆき、またそこから導き出されるのかを示している。この観点において単純性という要求は、ヒルベルトが提唱した「公理化」という一層明晰で根本的な要求に起因しかつ照応しているのである。「私が信ずるところでは――と、ヒルベルトは語っている――およそ科学的思惟一般の対象となり得るものは、すべて、一個の理論を形成するまでに成熟するならば、公理論的方法としたがってまた間接的に数学に取り込まれるのである。[66]」それゆえ、物理学上の判断の数学的表現形式それ自身がすでに、発展する単純化の条件および保証を表している。それは個別命題の「命題関数」への、そして命題関数の理論関数（doctrinal functions）への還元と、[67]そのことによって不断に発展する「土台の深化〔ヒルベルト〕」の達成を許容しかつ要求しているのである。

　単純性の原理を単なる経済性であると理解するならば、この深化を見誤ることになるであろう。物理学の命題のあるタイプから他のタイプへの移行のさいに思考の労働が節約されるというのはまったく見当外れである。むしろそれは、そのつどかなりの精神的エネルギーの消費を必要とする。そのエネルギーの消費をとおしてのみ、測定命題の平面から法則命題の平面へ、そして法則命題の平面から原理命題の平面への「飛躍」が実行されるのである（上述、p. 44f. 参照）。マッハの理論は、「より高い」次元を「より低い」次元に還元することにより、つまり法則命題や原理命題は集合的命題にすぎないと主張することにより、この飛躍を回避し、もしくは無視しているのである。しかし法則概念は集合概念であり、「集合（Klasse）」というのは、タイプ理論（Typentheorie）の根本的要請によれば要素の単なる寄せ集めを決して意味しない。物理学もまた、ある法則が語っている「内包的」統一のかわりに個別の単なる総和を置くという階層の混同を注意深く避けなければ、矛盾に陥ってしまう。一個の法則は、その論理的に意図するもの（*Intention*）によれば、個別事例の単なる記帳、単なるカタログとは異なるそれ以上のあるものなのである。導出の規則、公式、法則は――と、マッハは説明している――「個別事実を寄せ集めた以上の実質的価値を有しているわけでは決してない。その価値はただ単に使用の便利さにある。それは経済的価値を有しているのである。[68]」しかしこのまったく主観主義的でプラグマティックな解釈は、私たちがそれをさらに突き詰めるならば、それ自体として解き難い矛盾に陥ってしまう。というのも、実際に研究の課題がすべての個別的事実の完全な知識を得ることにあるのならば、研究は、この要求を充当するさいになんらかの労働をいったいどのようにして「節約」できるのだろうか？　どうして研究は、個別事例の通覧のプロセスを早めに打ち切り、普遍的公式なるもので満足できるのか？　この「普遍性」と称されているものは、表面的なこと、実際の観測による裏づけや立証のともなわない曖昧で恣意的な仮定に満足することに他ならないのではないか？　このような結論を避けようとするならば、公式の「単純性」を単なる主観的・心理学的意味に解するのではなく、いずれにせよそれになんらかの客観的意義を与えなければならなくなるであろう。たとえば、かかる公式をとおして「事実への思惟の発展的適応」が達成されると言われる場合、[69]実は諸事実の秩序や分節化や体系的連関等は、ここでもまた、思惟がいわばそれを模範としてそれにみずからを「適応」させることの可能な、ある「客観的なもの」として扱われているのである。それゆえこの恒存性や単純性は、私たちの単なる表象にではなく自然現象それ自体のなかに置かれることになる。カントの言葉を借りれば、主観的連想が客観的「親和性（Affinität）」をとおして説明されているのである。*

　単純性という概念を満足のゆくように定式化し、それを正しく分析するためには、言うまでもなく、いずれの場合にも物理学の命題の〈タイプの区別〉が注意深く考慮されなければならない。私たちは物理学の個々の命題のひとつひとつにたいして、それどころかこの種の命題の集合全体にたいしてさえも、「単純性」を語ることはできない。単純性とは〈システム全体〉にかかわる述語なのである。このシステムは、そのどこかの部分へのどのような干渉もただちに全体に影響を及ぼし、その影響が全体において論理的に見て取れるというぐあいにまとめあげられている。そしてここでは、どの〈位置〉に梃子を当てがうのかが鍵となる。物理学という認識のシステムのある位置に梃子を当てがったときに、その特定の位置の観点からでは単純化というよりは過度に複雑化するような変化が惹き起こされるということは、しばしば見られることでもある。もしもこの複雑化がシステム全体に影響を及ぼさず、システム全体がむしろより緊密になり一層見通しが利くようになれば、そのことによって単純性の要求は満たされるのである。というのも、この単純性という要求は物理学の概念装置と認識装置の特殊な層にかかわることではなく、個々の要素すべての相互的協力にかかわることだからである。私たちがこれらの要素をたがいに孤立化させてしまったならば、そのときには、物理学というシステム内部のある変化がシステムの真の単純化をもたらすのかどうかについては、もはや厳密かつ一義的に答えることはできなくなる。実際、たとえば私たちが感覚内容や直接的観測データにその概念的相関物として対応づける物理学的過程が可能なかぎり単純であるべしと要求するのか、それともその単純性の要求を物理学の公理にたいして設定するのかに応じて、異なる評価が生じる。「単純性」という面ではユークリッド幾何学が非ユークリッド幾何学にたいして文句なしに勝っているのだから、一般相対性理論で行なわれたリーマン幾何学の導入は、さしあたっては複雑化をもたらす。しかしながらこの見掛け上の短所は、リーマン幾何学の導入によって出来事の基本法則と座標系の定義がことのほか単純な形をとるという事情により、埋め合わされ、おつりがくる[70]。「相互的組み合わせ（wechselweise Verschränkung）」の原理によれば、測定命題と法則命題と原理命題は相互的に関連し合っている。それゆえ単純性という要求をこの組み合わせの要素のどれかひとつにたいして〈だけ〉向けることはできない。むしろ単純性という要求は、この三個の要素〔すなわち測定命題・法則命題・原理命題〕のすべてが「最も少ないものから多数のものを（*plurima ex paucissimis*）」という条件を満たすように、すなわち可能なかぎり広い範囲の現象が可能な最少の規定成素でもって捕捉され正確に記述されるように、たがいに「同調（abstimmen）」していなければならないということを主張しているのである。かかる規定の〈可能性〉が現に問題であり、かつ問題であり続けるが、因果律においてはこの問題は要請（Postulat）にまで高められる。この要請が古典物理学の全構造を規定しているということ、それが古典物理学の思想にとっての決定的な推進力であったということ、このことはまぎれもない事実である。いまや私たちが直面しているのは、物理学の研究が今後も引き続きその推進力に身を任せ、それに導かれてゆくことができるのか、それともそれは、みずからが設定した新しい課題をとおして、因果概念の原理的な放棄とは言わないまでも本質的な改造を強いられているのか、この問いなのである。

第3部　因果性と確率

第一章　力学的な法則性と統計的な法則性

1

厳格な実証主義の枠内では〈理論と経験〉の関係は、理論は経験すなわち直接的な感覚に与えられているものの表現であるだけではなくその複製でなければならない、と理解されている。理論の正しさは、理論が事実にできるかぎり密接に適合しているということにあり、その適合は、新奇なものや異質なものを付け加えることなく事実を可能なかぎり忠実に再現するほど、完全だとされる。理論は記憶を手助けするものであり、それは〔経験的〕所与の在庫を記帳したものである。そしてもちろんこの在庫目録は、新しい要素を受け容れるごとに更新される。経験にたいしては本来的な意味での「恒存性」は期待できないし、望むべくもない。経験は、所与の範囲が拡大するに応じて、また観測によって次々とより新しい素材が押しつけられるに応じて、その形式をたえず変化させている。この発展は純粋の「後成説（Epigenese）」である。つまりその要素は外からもたらされ、ひとつずつ次々と付け加えられてゆく。

〈批判的〉認識論は、このような理解にたいして原理的に異なる基本的見解を対置する。それは経験を、その素材によってではなくその形式によって定義し、この形式がある決まった条件に最後確定的に束縛されていることを証明しようとする。「我々の理性は――と、カントはヒュームに反対して語っている――規定不能なほどに広がっている平面、つまりその制限がただ一般的な形でしか認識されないような平面ではない。むしろ理性は一個の球体に、つまりその半径がその球面上の弧の湾曲から（アプリオリな綜合的命題の性質から）見出され、またその球体の内容も限界もその弧の湾曲から確実に指摘されるような一個の球体に、比較されて然るべきである。(1)」アプリオリな綜合的命題は、経験に確かな形態を与え、一定の枠をはめる。それは経験を特定の内容に縛りつけるのではなく、その恒《つね》なる拡大を許容する。けれどもこの拡大が無規定をもたらすことはない。経験が次々と新しい領域にどれほど拡がろうとも、にもかかわらず経験はそのなかにそのつど「自分自身」を、つまり経験に固有の構造と特有の構成原理とを確実に再発見するのである。

カントはこの原理の体系を完全に描き出すことができると信じた。その企図のために彼は、一方では古典論理学に、他方では古典力学に依拠した。彼は、カテゴリーを判断表の範例にのっとって定めたのと同様に、綜合的原則をニュートンの運動法則を手本として、つまり慣性の法則および運動の変化と駆動力の比例関係の法則〔運動方程式〕および作用と反作用の同等性の法則にのっとって規定した。『自然科学の形而上学的原理』の構成はこの基本図式にしたがっている。カントによれば、すべての真の自然科学は、ある純粋な〔つまり「経験の助けを借りずにアプリオリに認識できる」〕部分を必要としているのであり、方法上の観点からは、この純粋な部分を選り出しそれを隅々まで明らかにし、「そのことによって理性がそれ自身で何をなし得るのか、そしてその能力はどこで経験的原理の助けを必要とし始めるのかを正確に限定できるようにする(2)」ことが不可欠の義務なのである。今日では私たちは、この「純粋な部分」がカントによって設定された課題を達成し得ないことを、また何故《なにゆえ》にそうなのかを、知っている。カントは、古典合理論が「端的に理性的な」と見なした自然認識のある特定の形式に、あまりにも窮屈に囚われていたのである。カントにとっては、すべての「合理性」が、一方ではユークリッド幾何学の公理によって、他方ではニュートンの自然理論の公理によって定められているある特定の範囲内に限られていることは、揺るぎなき事実であった。そうであれば、この手の公理との結びつきが破棄されたならば、すべての合理的性格が無効を宣せられるように見えるであろう。とはいえこのような結論が妥当するのは、もちろん、現代物理学がその〔ユークリッド－ニュートン的〕前提を、なにか他のもので置き換えることなくただ単に〈取り除いた〉場合にかぎられる。実際には、現代物理学においてそのような単なる除去が行なわれているのでは決してない。それは合理的要素をただ単に棄てるのではなく、別様に定義し、その新しい定義において合理的要素を偶然的制約から解放することにより、本質的にはより一般化しているのである。物理学は、新しい事実素材と直面している新しい理論的課題にもとづいてその概念装置を拡大し作り直したとしても、そのことによってその一般的構造を放棄するわけではない。そのときには、ただ単にその一般的構造が硬直したものではなく可塑的なものと考えられるべきだということ、すなわち、その意義と効力が、一度定められた以上もはや変えようのない実体的な剛性にもとづくのではなく、むしろ他ならぬその可塑性、その柔軟性にもとづくのだということ、このことが示されているにすぎない。なおも探し求め堅持することの可能な「アプリオリ」なるものは、この柔軟性を正当に評価するものでなければならない。それは純粋に方法的な意味で理解されなければならない。それはある特定の公理体系の内容に拘束されるものではなく、発展する理論的研究作業においてひとつの体系からいまひとつの体系が産み出される〈過程〉にかかわるものである。その過程はそれ自体の規則を有している。そしてその規則が、私たちが「経験の形式」と名づけ得るものにとっての前提および基礎を成しているのである。さまざまな経験的理論を比較考量するならば、それらの次から次への継続的な展開が出鱈目で恣意的になされるのではなく、そこには方法的な連続性が支配しているのが見てとれる。後続する理論は、先行する理論を単に排除し破棄するのではなく、先行理論の内容を受け継いでいる。アインシュタインの重力理論は、ニュートンの天文学の体系をくつがえすことによって生まれたのではなく、旧来の理論では解釈できなかった現象をも説明がつくように、ニュートンの体系を発展的に改編することから生まれたのである。アインシュタインの重力理論では、たとえば水星の近日点移動は、もはや、アドホックに〔そのために〕導入された特別な仮定によって初めて説明される特殊な事例つまり異常性ではなく、たとえ水星以外の惑星の公転では小さすぎて直接の観測にはかからないにしても、理論的に厳密に導き出すことのできる惑星の軌道楕円の一般的な性質であることが判明した。同様に、それまでは経験的事実として知られ確かめられてきた物体の重力質量と慣性質量の同等性は、一般相対性理論によって概念的にまったく新しく見直されることになった。アインシュタインが語っているように、それは単に〈記述される〉だけでなく〈解釈された〉のである。(3) この恒常的な振動のなかに、「動的な形式」、すなわち、素材を単に受動的に受け止め受け容れるだけではなく、素材を探索し、その探索をとおして素材を成型し組織化する形式の固有性が開示されかつ立証されているのである。

私はこのような一般的所見をあらかじめ述べておいた。というのも、それは現代の物理学において始まった周知の〈因果図式の改造（Umbildung des Kausalschemas）〉を評価するさいの手引きとして用いることができるからである。この改造もまた、恣意的なものではなく「経験の圧力のもとに」行なわれている。だがこの圧力には理論の側からの「反圧力」が対応している。そしてここでも作用と反作用はたがいに釣り合いに向かおうとしている。* 今日の物理学においてこの平衡がすでに達成しているか否かは不確かであるにせよ、課題としては、一般的な方法上の目標としては、それはすでにたしかに設定されている。問題の漸次的な形成と展開もまた、一貫してこの方向を指し示している。ここで思考過程を先導したのがいかなる特殊な問題と現象であったのかということを問うならば、私たちは、その理論的表現が〈熱力学第二法則〉に見出される問いに向き合うことになる。この法則は、最初は特定の個別的な経験から産み出された。熱力学第二法則への途を拓いたサディ・カルノーの基本的論文「火の動力についての考察（1824）」は、元々は技術的関心に始まるきわめて限られた特殊な問題を設定するものであった。それは熱の仕事能力を研究したものであり、その仕事能力がつねに高温物体から低温物体への熱の移行に結びついているという事実を確定した。カルノーは、熱のなし得る最大仕事量の決定のために「可逆サイクル」というアイデアを導入したことによって、同時に、その後の発展において著しく実り豊かなことが認められることになるひとつの新しい理論的装置を創り出したのである。だがその問題の真に普遍的な意義が初めて明らかになったのは、クラウジウスが〈エントロピー〉という基本概念を創出し、世界のエントロピーは最大値に向かおうとするという法則を提唱したときであった。ここで私たちは、これまで「世界の熱的死」についてのおなじみの自然哲学的思弁へと導いてきた、クラウジウスの法則から導かれる例の結論には目を向けない。たいがいは不明瞭な形而上学的結論に行き着くことになるそのような思弁よりもはるかに重要なことは、クラウジウスの法則に秘められていた認識論上の新しい要素が明るみに引き出されたことである。〔熱力学〕第二法則とそれに関連する理論的考察をとおして、自然科学的思惟は、古典力学の体系ではどうしても適切な表現を見出すことのできなかった自然現象内部の根本的な区別に直面することになった。「可逆」過程と「非可逆」過程の対照が、今や鮮明に画然と登場したのである。自然現象全体のある〈方向性〉が、自然現象の内に不断に営まれている傾向性の存在が、指摘されたのである。この根本的事実は、エントロピーの増大にたいするクラウジウスの公式のなかに正確な表現を見出したが、しかしそれでも、その真の意味が「概念的に捉え（begreifen）」られたというには今なお程遠い。というのもそのためには、それが〔それまでの〕物理学的認識の基本的諸原理から導き出されるか、さもなければ、少なくともその諸原理と直接矛盾していないことが示されるか、そのどちらかが必要とされるからである。しかるに、それまでの物理学の諸原理から熱力学第二法則への途は、差し当ってはいないように見える。自然体系のこれまでの一般的前提に固執するかぎり、私たちは第二法則を、理論的に導き出すことはもとより、厳密な意味では表現することさえできずに、単に事実としての妥当性において是認しなければならないのである。ここでは古典力学の微分方程式は、手掛かりにも糸口にもならない。古典力学の方程式によれば、個々の質点の速度に逆の符号を与えることによって出来事の推移は簡単に逆転させることができるからである。まったく同様に、電気力学のマックスウェル方程式においても、〔非可逆過程である〕エネルギー散逸の事実に表現されるような、出来事がある決まった向きにのみ推移することを特に規定しているなんらかの契機を指摘することはできない。という次第であるから、古典力学と電気力学の隙なく構造化された体系においては、エントロピー法則は、余所者であり異分子であり、合理的に説明づけられないある種の剰余にとどまっているのである。

しかし他でもないこの点において、あらためて理論の側からの独立した「反作用」が、すなわち認識論上の観点からも物理学上の観点からも重要な思考上の働きが始まる。それは、気体運動論をとおしてなしとげられ、主要にルートヴィヒ・ボルツマンの名前に結びつけられている研究である。ボルツマンはエントロピー法則の異質性と背理を解決するのに成功した。彼は一貫して古典力学のスポークスマンの一人であり、それだからこそ、自然現象の「一方向性」という現象を力学に組み込み、それを〈力学の〉基本概念から理解できるようにする試みに取り組むことを否応なしに強いられたのである。その試みは、ある特定の状態に向かおうとする「自然の傾向性」にボルツマンが新しい解釈を与えたことによって成功した。出来事の向きを逆転させることは力学原理やエネルギー保存則とは矛盾しないけれども、しかしボルツマンは、その逆転がきわめて〈ありそうもない（unwahrscheinlich）〉こと、および何故《なにゆえ》にそうなのかを解明したのである。「自然においてエントロピーが最大値に向かおうとするという事実は、現実の気体のどのような相互作用（拡散、熱伝導、等々）においても、個々の分子は確率法則にのっとって相互作用をするということを示しているのである。[4]」〔熱力学〕第二法則の確率法則としてのこの解釈に関しては、ギブズが先行しており、ギブズはその解釈にもとづいて統計力学[5]という新しい科学の基礎を創っていた。ボルツマンは、エントロピーが〔存在〕確率の対数に比例するという彼の法則（$S=k\log W$）によって、その〔確率〕解釈に精密な形式を与えたのである。〔つまり、エントロピー増大の法則とは、自然がつねに存在確率の大きくなる状態に向かうことである、と解釈される。」

とはいえこのような見方では、純粋に認識論上の観点からでは、謎は、もちろんいまだに解けていないどころか、より一層鮮烈に浮かびあがってくる。というのもボルツマンの解決策は、物理学の内部に新しい種類の〈法則性〉を導入し、それをこれまでの「力学的」法則と対等に置いたことによって初めて達成されたものだからである。彼が気体運動論を基礎づけた確率法則は、これまで自然法則にあてがわれてきたのと同等の認識論上の質と「尊厳」を有してはいない。というのも、あらゆる自然法則の根本的性格と見なされてきたのは、自然法則に内在するどのような例外をも許容しない〈必然性〉だったからである。だが他ならないこの必然性という性格が、純然たる確率法則へと移行するときには、犠牲に供されねばならないのである。確率的にありそうにもない出来事は、不可能な出来事では決してない。それは、生じ得るのみならず、私たちが観測を十分長いタイム・スパンにわたらせれば、一般的にはいつか生じるであろうものである。このことから、物理学の原理論が、エントロピー法則を確率に還元したことによって、法則概念それ自体のなかにその元々の意義とはまったく異質な〈二元論〉を導入したことが見てとれる。この二元論は例の「マックスウェルの魔物」という描像によって説明される。マックスウェルの魔物は、なんらかの力学法則を損なうこともエネルギー保存原理に反することもなく世界の出来事の方向を逆転させ、そのことによってエントロピー法則を無効にすることができるのである。ここで否応なく提起されている新しい問題は、気体運動論の確率論的なアプローチにおいては、もはや個々の粒子の振舞いについての命題が問題なのではなく、私たちにとっては分子のすべての個別的運動が全体としての気体におよぼす結果のみが問題なのであるということに根拠を有する。ここでは私たちは初めから、分子の平均速度や平均衝突数や平均自由行程のようなある平均値にのみ限定しながら、しかもそれらから気体の全体的振舞いを正確に導き出し、その圧力や密度や比熱などについて確定的に語ることができるのである。気体運動論が経験的に実り豊かであることは、このことによって証明されている。とはいえそこに秘められている認識論上の問題は、もちろんそのまま残されている。というのも、他でもない、ある物理系全体にたいするこれほど包括的な命題が個々の部分の知識を断念することによって可能となるという事態は、純粋の質点力学の立場からはひとつのパラドックスを表すものであり、質点力学をこれまで導いてきた〈認識理想〉の改造を意味しているからである。

ボルツマン自身の場合には、この改造はいまだ十分明瞭には顕在化していない。というのも彼が設定した課題は、〔熱力学〕第二法則を力学的前提から説明することによって、力学と熱力学のあいだの完全な調和をうち立てることにあったからである。それゆえ確率概念の導入の後でさえ、彼にとっては統計的法則と力学的法則の適用領域は単純に分離されていた。統計的観点はもっぱら初期条件の設定の局面にのみ登場し、出来事のその後の推移は、厳密な力学法則に、つまり分子の衝突のさいのエネルギー保存と運動量保存の法則に完全に支配されているのである。〔熱力学〕第二法則によって確立された出来事の「一方向性」は、分子にたいして妥当する運動方程式からは導き出すことができない。というのも、運動方程式は時間の符号を入れ替えても変わらないからである。それゆえその一方向性は、もっぱら初期条件に求められなければならないのである。しかしそのことは、あたかも実験ごとに初期条件がちょうどうまい具合いに定められ、同様に可能だがそれとは異なる値はとらない、というような特殊な仮定をしなければならないのだと理解されてはならない。むしろ「力学的な世界像において初期状態が均一〔すべて等確率〕であるという基本的仮定」だけで十分であり、その仮定から、諸物体が相互作用をすることにより、確率の低い秩序立った状態から「確率の高い」無秩序な状態への移行がそのつど生じることが、おのずと論理的必然性をもって結論づけられるのである。(6)

もちろん気体運動論の発展を辿るならば、そこにおいてはボルツマンが想い描いた認識論上の理想が完全には満たされなかったことが見てとれる。というのも、その理論に入り込むさまざまの構成要素のあいだが、はなはだギクシャクしているからである。理論が達成した経験的成果は、たとえば比熱の関係や熱伝導係数と内部摩擦の関係等を厳密に決定するのに成功したことによって、きわめて画期的なものであったが、しかし、純粋に原理的な発展は経験的成果と歩調を合わせることができなかった。理論の根幹におけるある困難と不明瞭さが再三にわたって露呈し、それは、苦労してそのための仮説的で補助的な仮定を導入することによって初めて除去されたのである。ボルツマンのH定理が、力学の一般原理と熱力学第二法則のあいだを架橋するにちがいないと思われた。実際そこにおいては、ある力学的過程の非可逆性が示されたからである。だが他方では、他ならぬこの定理こそが、（ロシュミットの「可逆性の反論」やツェルメロの「再帰性の反論」のような）抜き差しならぬ原理的反論に晒されていたのである。それゆえ、ボルツマンがその理論を創るにあたって出発点にとった特殊な統計的アプローチは、扱いにくくて厳密な証明が不可能という性格を払拭しきれないでいた。理論の内的な困難は、それを新しい領域、つまり輻射の領域に移そうと試みたとき、ことさら際立って浮き彫りにされていった。〔エネルギー〕等分配則は、たとえば原子熱についてのデュロン－プティの法則の導出やブラウン運動の理論等といった輻射以外の点では見事に立証されていたが、* ここ〔輻射の問題〕ではとうとう行き詰った。[7] ここで登場した困難は、一九〇〇年にプランクが調和振動子にたいする〔振動数νの振動子は$h\nu$単位で輻射場とエネルギー交換をするという〕力学的要素法則を提唱したとき初めて解決された。この法則によって、古典統計力学の〔エネルギー〕等分配則が陥った経験との矛盾を一挙に取り除くことができたのである。とはいえこの矛盾の解決は、ただ「要素的作用量子」の仮定にともなって、基本的前提の体系のなかに異質なものが導入されたことによってのみ、達成されたのである。しかし私たちは、量子論のこうした端緒に踏み込むに先立って、力学的な法則性と統計的な法則性の関係についての問いを解明するという、認識論的観点から重要ないまひとつの試みを考察しておかなければならない。それはフランツ・エクスナーが著書『自然科学の物理学的基礎についての講義（1917）』において行なった試みである。その試みは、現代の量子力学の発展にとっては、シュレーディンガーが一九二二年のチューリヒでの就任講義においてそれに言及し、またそれを考慮して彼自身の基本的見解を定式化したという点で、格別の意義を有しているのである。[8]

2

熱力学第二法則とそこから引き出された結論は、自然科学的思惟を根本的な対立に、つまり「可逆」過程と「非可逆」過程の対立に導くことになった。その対立にたいして科学は、方法上の統一（Einheit）の要請を断念するには及ばないけれども、その要請をこれまでとおなじ仕方とおなじ手段で維持することはもはや期待できない。その〈方法上の〉統一の主張が可能だとしても、古典力学の内部を支配しエネルギー一元論もまた温存し貫徹しようと努めていた〈一様性（Einerleiheit）〉は最後決定的に失なわれている。プランクは、一九〇八年に物理学的世界像の統一についての自身の見解を展開したライデンでの講義において、可逆過程と非可逆過程の対立がある意味では架橋し得ないこと、つまり、まことに当然のことながら、その対立がすべての物理現象の他のなにものにもまして重要な区分根拠となされるべきであり、おそらくは将来の物理学的世界像において最終的には中心的役割を果たすであろうと表明せずにはおれなかった。[9]

とはいえ、自然認識がこのような根本的な区別を経験的現実の〈内容〉に導入するさいには、つねにそれにともなって一般的な〈方法上の〉問題に直面することになる。あらゆる自然科学思想は、不断の対立論争をとおして調停されてゆく二つの相反する傾向によって支配され導かれている。「特殊化」の要求が「同質性」の要請に向きあっているのである。この両者の争いが、純粋に客観的に、つまり対象の側から、決着がつくことはない。それは事物の本性というよりは、むしろ科学的理性そのものに属する分裂・対立なのである。この意味において「同質性（Homogeneität）」と「特殊化（Spezifikation）」は、カントの理性批判においては、対象的認識の構成的原則としてではなく、統制的原則、つまり研究の「準則（Maxime）」として導入されている。それは対象の性質からではなく「理性の関心」から生じた「主観的原則」なのである。それゆえカントによれば、ある〈一方の〉研究者には多様性の関心が勝り、これに反して別の研究者には統一の関心が重きをなしているとしても、それは別段驚くべきことではないのである。その二つの要求のあいだには実質的な衝突はない。衝突は、実際には「学校論理学の規則」にすぎないその要求を「形而上学的金科玉条」と誤解することによってのみ、発生するのである。経験的研究の現実の作業では、その二つの方向性はたがいに調和し得るのみならず、たがいに他を頼りとしている。それは対立的関係ではなく相互補完的関係である。「そしてこのことは自然研究者たちのきわめてさまざまな思考様式の上にも現れている。すなわち彼等のうちのある者たち（もっぱら思弁的な人たち）は、異種的なものをいわば敵視し、つねに類の統一を旨とする。これに反して他の者たち（もっぱら経験的な人たち）は、たえず自然を多様なものに分割するのに急であって、そのために自然の現象*を一般的原理に従って判定し得る望みをほとほと棄てて顧みないような始末である。[10]」

この区別を踏まえるならば、「自然法則」の概念をあらたに定式化するというエクスナーの試みは、「思弁的な」契機を、ないしもっと適切な言い方では純粋に方法論上の契機を、その内に含んでいることが示される。彼は、新しい経験的事実に依拠しているわけではないし、そしてまた、研究の当時の状況では、単なる事実に関する手持ちの知識のなかには十分な根拠を見出すこともほとんどできなかったであろう。エクスナーを導いたのは、なによりも「力学的」法則と「統計的」法則のあいだの調停不可能な二元論を潔しとすることのできない、如上の「理性の関心」であった。それまでの考察の土俵上に留まっているならば、つまり、力学的法則をすべての真の自然認識の本来的で不可欠な基礎だと見なしているかぎりでは、この二元論からの出口はないように見えた。というのも、統計的法則をやがて力学的法則で置き換えられるべき暫定的法則にすぎないと見なす考え方は、維持し得ないように見えたからである。実際、理論は、「熱力学第二法則」にかかわりを持つものとしてひとまとめに束ねられている現象のすべてにたいして、ということはつまり非可逆過程のすべてにたいして、統計的な扱いが不可欠だと説いてきたのである。したがって統一をあらためて確立するためには、統計的法則を、力学的法則の〈上位に配置し〉、後者をその特殊な事例として含む包括的類概念と見なすべきであるという、逆の途しかあり得なかった。エクスナーがあくまでも主張し、彼によって新しい独創的な仕方で根拠づけられたのは、この〔統計的法則の〕上位序列というテーゼである。私たちは彼の議論を立ちいって見てゆく必要がある。というのも、それはいたるところで本来の認識批判上の根本問題に触れ、その解明にとって本質的意義を有しているからである。

なるほどエクスナーは、厳密で普遍的な自然法則の妥当性を否定してはいないけれども、そこには問題があるのだと説明している。気体運動論の法則の場合には、私たちは、それが絶対的に正確なのではなくただ統計的に妥当するにすぎないことを、つまり数多くの観測の平均値しか与えないことを、知っている。だがその他の法則では、つまり古典物理学の諸法則では、そうではないと言えるだろうか。ガリレイが物体の自由落下にたいして提唱した公式は、本当に「何時《いつ》でも何処《どこ》でも」成り立つのだろうか。どのみち私たちの経験は現象のある時間間隔にわたる平均にしかかかわっていないのに、いったいいかにして私たちは「何時でも何処でも」について判断を下し得るのだろうか。もしかしたら、加速度は本当はガリレイが仮定したように一定ではないのかもしれない。いずれにせよ加速度が平均値のまわりで非常に激しく変動していて、それゆえきわめて短い時間では落下物体の運動は一様にではなく不規則に加速されていると考えることも可能である。そのときには物体は、その落下にさいして、直線上ではなくジグザグの径路をとってガクンガクンと運動することになるであろう。そしてもしかすると、これまで自然法則が絶対的に妥当するものと信じられていたケースで、実際はつねに、時間と空間の狭い範囲内では妥当性を失なう平均値の法則のみを扱っていたのだというのは、あり得ないことではない。どっちみちここでは、独断論的主張と独断論的否定は、根拠づけを欠いているという点では五十歩百歩であり、私たちが研究に恣意的な足枷をはめたくないならば、その問いをオープンにしておかなければならない。研究が因果性や力のような仮説的仮定をなしで済ますことができないということも、それどころか飛躍的な進歩や素晴らしい発見がそれらの旨い選択に負っていることも確かであるが、「しかしながら、だからこそそれらの由来素性を忘れてはならないし、それらそのものを自然の一部分と考えることは許されないのである。[11]」

私たちもまた力学的法則を「自然の一部分」にしようとは思わない。というのも法則性の問いは、私たちが再三強調しなければならなかったように、直接に自然の事物や出来事に向けられるものではなく、自然の〈認識〉に向けられるべきものだからである。そしてもっぱらこの後者の意味にのみ解するならば、エクスナーの問題は何を語っているのであろうか。認識は、普遍的で厳密な法則を仮説的に提唱し、その仮定からある決まった結論を引き出し、ついでその結果を実験によって検証するということの権利と可能性を否定するべきなのだろうか。現実にはこれこそが、ガリレイおよび彼とともに古典物理学全体が、厳密な法則に到達し、その経験的な正しさを立証することのできる唯一の途だと信じたものに他ならない。ガリレイがミルの言う意味での「帰納」を知らなかったということ、彼が複数個の観測から「すべての」観測へという推論をキッパリと否定したこと、このことはすでに強調しておいた（前述 p. 50ff. 参照）。そしてここでエクスナーによって主張された疑念について言うならば、それに相当するものをガリレイもまたある意味では予見していたのである。だが彼は、自然の物体が厳密に一様な加速度で落下するのではないということが判明したとしても、彼の証明は断言的（assertorisch）主張ではなく仮言的（hypothetisch）主張しか含まないのだから、証明それ自体が意味を失なうものでは決してないと説明することによって、その疑念を論駁しようとしている。[12] つまりガリレイが彼の法則に無条件の「正確さ」を要求しているのは、それが仮説として正しい（hypothetisch-exakt）〈糸口〉にかかわるかぎりにおいてであって、それが「すべての」個別事例の集団的記述、つまりすべての個別の此処《ここ》と今についての命題にかかわるという意味においてではないのである。このことは、どちらかといえば逆説的に、次のように言うことができよう。ガリレイの公式が正しいと言うその所以《ゆえん》は、それが何時《いつ》でも何処《どこ》でも妥当するからではなく、またこの「何時《いつ》でも」と「何処《どこ》でも」を彼が実験的に証明したからでもなく、厳密に言うならばそれが決して〈現実には〉妥当しないからなのである。それが指し示しているのは「理想的事例」であって、直接的に与えられる経験的・現実的な事例ではない。そして古典物理学がガリレイを手本にして提唱したすべての法則は、これとおなじ種類のものである。マッハでさえも、この歴史的・現象学的〈事態〉を、彼自身の認識論にはそれを正当化する手立てが本来欠けているにもかかわらず、一貫して認めているのである。「光線の概念にせよ、屈折の法則にせよ、マリオットの法則にせよ、物理学上の普遍的な概念や法則は——と、マッハは語っている——いずれも理想化によって得られたものである。それらの概念や法則は、理想化によってそのような簡潔な……形をとるに至ったのであり、その簡潔な形が任意の事実を、その事実がどれだけ込み入ったものであれ、これらの概念や法則の綜合的組み合わせによって再構成できるように、言いかえれば理解できるようにするのである。[13]」もちろんマッハの立場からすれば、この承認は相当程度問題である。というのも彼にとっては、導出の規則や公式や法則は「個別事実を寄せ集めた以上の実質的価値を持つわけでは決してない[14]」のであるから、このような規則を提唱するにさいして私たちは、単一の個別事例といえどもいかにして無視できるのか、最終的にはつねに現実の事実の無理矢理の変造でしかあり得ない「理想化」へと進むことがどうして許されるのか、このことが理解し難いからである。他方、ガリレイにとっては、この問題は何の困難もなかった。というのも、彼が「個別事例」を得るのはもっぱら一般的法則の「重ね合わせ」によって、つまり彼が「分解的方法と合成的方法」と名づけたものによってであるからだ。* それゆえガリレイにとっては、特殊は最初から個々の点として与えられているのではなく、それはつねに一般的諸関係の交点としてのみ規定し得るのである。そういうわけであるから、ガリレイの落下公式からして、それが物体の「現実の」落下についての命題であるとは主張されていない。物体の現実の落下を決定するためには不可欠な空気抵抗の要素が、そこでは考慮されていないからである。しかしだからといってガリレイは、それが自分の公式の瑕疵《かし》だとは見なしていない。そのことを彼はただ、決定をさらに推し進める誘因、空気抵抗という要因を正確で新しい規則でもってあらためて表現するように促すものと見るだけである。そのさい彼は、この過程全体の〈権利〉については、一般的なるもので特殊的なものを次々と発展的に規定してゆく可能性については、つまるところ経験だけが判定し得るのだということを知悉していた。とはいえガリレイが追い求め効力あるものとして認めていた経験的証明は、エクスナーがその論述と批判において前提していたものとはおなじではない。ガリレイは、彼の時代の実験的手段で可能な最大限の正確さで純粋に帰納的に落下法則を確立し、他方ニュートンは、ガリレイの帰納的研究を踏まえて、仮説としての彼の重力理論でもって落下の現象を基礎づけたというエクスナーの説明（S. 651）は、的外れである。「仮説的なもの」と「事実的なもの」の関係、「演繹的なもの」と「帰納的なもの」の関係は、むしろガリレイの場合でもニュートンの場合と正確におなじである。ニュートンは、ガリレイの落下法則の〈適用〉領域を、月の運動や潮の干満の現象等のまったく新しい現象をこの領域内に持ち込むことによって、はなはだしく拡大したけれども、ガリレイの研究の〈方法〉はそのさい何の変化も被るにはいたらなかった。ガリレイの方法は彼の最初の決定的な実験においてすでに確立されていたのである。その実験、つまり斜面にそった〈落下物体の〉観察はガリレイの〈落下〉法則の〈事後的検証〉には役立ったが、その〈発見〉には用いられていない。発見はまったく別のやり方でなされたのである。斜面の実験は〈実証〉の過程に属するが、その過程は通常の形式の〈帰納〉つまり「単なる枚挙による帰納（*inductio per enumerationem simplicem*）」とは厳密に区別されなければならないのである。

しかし、このような歴史的考察では、エクスナーによって提起された問題の核心にはまったく触れていないのではないか、という反論が出されるかもしれない。たしかに彼の問いは、歴史的なものではなく、もっぱら体系的な種類のものである。古典物理学がそのやり方で、つまり「仮説的演繹」のやり方で最高の成果を達成してきたということは認められるにしても、だからといって私たちは、いつまでもそのような研究の仕方に固執しなければならないのだろうか。それとも、もしかしたら他のやり方が実行可能で旨くゆくかもしれないということ、物理学が「力学的」法則から「統計的」法則へ最終的に踏み出さなければならない時がやがて来るかもしれないということ、このことに思いを馳せてみるのも得策ではないのか。すでに見てきたように、エクスナーも古典〔物理学〕的方法の生産性を否定しようとしているわけでは決してない。彼が疑問視し異論を唱えたのは、もっぱら古典的方法が最終的なものだという点のみにある。いずれにせよここでは、それが最終的なものであるということは「アプリオリな」思弁的考察によって保証できるものではないということ、少なくともこのことは認められなければならない。物理学のいずれかの分野で、これまでのやり方、つまり厳密な力学的法則の「重ね合わせ」によっては概念的に正確に表現され得ないことが示され、確認される新しい事実が明らかになったならば、疑いもなくそのときには、認識論が蔑《ないがし》ろにすることの許されない、否、真面目に検討しなければならない新しい問題がそこに潜んでいるであろう。すでにこのような事態に立ち至っているのではないのか、現代の原子物理学の諸問題はこれまでの研究のやり方から転じ、ある意味でそこからの離反を必要としているのではないか、私たちはこのことを後で問わなければならない。しかしエクスナーの議論は、このような経験的考察に依拠しているわけではない。すでに見たように、彼の問題設定は、それとは違って純粋に方法的考察から産み出されたものである。それは、自然法則を言うならばあらためて〈一個の〉分母に通約し、そのことで力学的法則と統計的法則の二元論を解消したいという願望から生まれたものである。とはいえ言うまでもなく、それ自身としては正当なこの「理性の関心」が最終的な経験的証明能力を有しているわけでは、もちろんない。むしろ、その関心が満足させられるかどうか、またいかなる意味で満たされるのかということを決めるのは、つねに研究のその時々の状況なのである。そしてそこでは「同質性」の要求と「多様性」の要求は同等の権利で認められる。「原理の数を必要以上に多くしてはいけない（*entia non sunt multiplicanda praeter necessitatem*)」という「学校論理学の規則」は、いまひとつのおなじ権利を持つ「多様は理由なく減じられてはならない（*entium varietates non temere esse minuendas*）」により補完され、いわば牽制されているのである[15]。それゆえ、「巨視的物理学」の問題から「微視的物理学」の問題への移行にさいして、自然法則の定式化におけるこれまでの同形性（Konformität）が維持し得ないことが明らかとなるならば、私たちは迷わずにその事態を顧慮しなければならないであろう。とはいえそのことは、「古典〔物理学〕的」法則概念そのものの放棄では毛頭なく、ただ単にそれをより緻密に論理的に規定することにすぎない、つまり「廃止」ではなく「特殊化」を意味しているのである。エクスナーの考察が重要で注目に値《あたい》するのは、それがその後の量子力学の発展をとおしてとりわけ顕著で緊急のものとなったある問題を先取りしていたということによってである。とはいえ、その問題の確かな解決のためには、彼の論証の形式は不十分である。というのも単なる〈可能性〉の提唱だけでは、古典物理学の「事実」を清算したり動揺させたりすることはできないからである。この事実こそが、当座は単に仮説的にのみ妥当するものであるにせよ、厳密な法則の提唱をとおして、特殊的なもの・個別のものをより一層完全な理解へと不断に押し上げてゆくところの、物理学的認識の能力にたいする唯一の途切れることのない証明なのである。この発展が恒常的でも一様でもないということ、そこには障害もあれば後退もあるということ、これらのことはもちろん言うまでもない。しかし古典物理学の立場からは、この障害は研究を限界づけるものではなく、むしろそれは研究にとっての欠かすことのできない重要な刺激を表している。特殊的なもののを仮説的規則に包摂することが直接的には旨くゆかないところでは、いつも、その矛盾を克服するための新しい概念形成が始まる。外見上の亀裂はやがて塞がり、このように塞がるということのいずれもが、自然法則の特殊化に向かう新しい一歩を意味しているのである。たとえば気体の状態法則において、ボイル＝マリオットの法則 $pv = \mathrm{const.}$ からゲイ＝リュサックの法則 $pv = RT$ へ、そして最終的にはファン・デル・ワールスの状

態方程式 $(p+a^2/v^2)(v-b)=RT$ への発展がなされたのがそうである。後者は、「現実」気体の振舞いを「理想」気体のものから区別する新しい二個の規定成素を、二個の定数 a および b において付け加えたものである。同様に私たちは、電気的ないし磁気的な力〔電場ないし磁場〕にたいする気体の振舞いを研究するときには、誘電率定数等のような新しい「個別定数」を導入しなければならない。そしてこのように〔新しい〕定数を導入するたびごとに、現実への新しい「接近」がもたらされるのである。それとは異なる「より直接的な」現実理解は、物理学の概念形成と物理学的認識の枠組の内部では不可能なのである。それらすべてにおいて、観察と実験の単なる〈積み重ね〉ではなく、概念的手段の発展的〈精密化〉こそが肝要であるということが、はっきりと示されている。物理学がある一連の実験をくりかえすとき、まさにこのくりかえしは、精密化のためのものなのである。実験は、当初は攪乱要因として混入する恐れのあるすべての「偶然的な」副次的状況から隔離されていなければならず、起こり得る実験誤差は駆除されていなければならない。この課題が解決されたならば、自然研究者にとって「単一の事例が千もの例に値する〔ゲーテ〕*」地点が到達されたのであり、研究者はいまや測定命題の個別性から法則命題の一般性への歩みを躊躇なく実行し得るのである。

この手続きに照らせば、自然の「現実の」出来事が一般的法則において私たちが前提し確定したことに対応しているということを、そのつど完全に正確に確かめ得るのかというエクスナーの問いは、権利を失なう。厳密で力学的な法則性のみが私たちの知識欲を十分に満足させるのであり、他方、統計的法則は、どのようなものであれ確定的解答のかわりに不確定な解答を置くがゆえに、根底において満足のゆくものではないというプランクの見解*にたいして、エクスナーは「自然は、人間が自然を理解するか否かなどということをまったく意に介さない。そして我々もまた、我々の理解に適合した自然を構成するべきではなく、ただ与えられた自然で満足するべきである（S. 697）」と反論している。しかしながら認識論上の問題は、そもそも「自然」は私たちにどの程度まで〈与えられて〉いるのか、そしてこの与えられたものと言ったときにそれを何と理解するべきなのか、他でもないこの点にあるのだ。自然は諸現象の「客観的」秩序を意味すべきであり、エクスナーもまたそのようなものとして自然を理解し前提にしている。彼は、たとえ私たちが「絶対的な」法則性から統計的な法則性へと移ったとしても、この〔自然の客観的秩序という〕契機の完全な妥当性が失なわれることはないということを強調している。というのも、「確率」の概念もまた純粋に主観的な意味に解することはできないからである。単なる心理的現象にたいする表現としての確率、つまり私たちの「主観的な期待」の尺度にたいする表現にすぎない確率なるものは、自然科学では使えないし役立たないであろう。「確率計算の結果が経験によって実際に裏書きされるということは、〝偶然〟が人間および人間の知識とはまったく独立したあるもの、つまり自然において客観的に与えられているあるものでなければならないことを示している。そうでなければ、……物理学の法則が偶然の仮定のもとに導き出されるというようなことも不可能になるであろう。（S. 667）」だがこのことによって、問題はふたたび元の地点に舞い戻る。というのも、だとすればいったいいかなる権利でもって私たちは、まったくの無秩序が自然を支配しているのではなく、客観的・統計的法則において表現されるある一定の規則性が自然を支配していると主張するのか、このことが問題となるからである。このための証明は、自然を「理解される」とか「理解されない」とかをまったく問われることのない端的に絶対的な存在として捉えるかぎり、決してなし得ない。私たちは「〔認識における〕コペルニクス的転換」をとことんまで貫きとおすと決意しないかぎり、つねにくりかえし二律背反と仮象の問題（Scheinproblem）に足をすくわれてしまう。もちろん自然は問いを発しない、というのも、問いという機能は認識のものだからである。認識は、客観的秩序や規定性を現象のなかに見出し得るのか否か、またそれがどの程度可能なのかを問う。そしてそのすべての個別概念は、この単一の根本問題にたいする部分的表現にすぎない。物理学の研究が、一般的・仮説的ないくつかの前提から出発することによって、そこから特殊的現象についてのより一層完全な知識が結果するようにそれらの前提を能くたがいに結び合せ得るということが示されたならば、そのことによって私たちは、一般に私たちが厳密で力学的な法則性として要求し探し求め得るものを手に入れたことになる。したがってガリレイの公式の厳密な正しさが——エクスナーが仮定し前提としたように——巨視的物理学の範囲内で私たちに課せられた限界内において実行可能なすべての測定と実験的検証によって現実的に証明されたならば、観測の及ばない領域においてはそれ以外であり得るという仮定は根拠を失なう。このような〔それ以外であり得るという〕仮定は、もちろん論理的には依然として可能であるだろうけれども、しかし同時に、それにたいする経験的根拠を与えることができなければ、空虚でしかない。エクスナーはそのような根拠を挙げていない。というのも、彼が問題としたのはただ単に統計的な考察方法の〈相対的〉権利づけを示すことでしかなかったからである。だが、このような〈統計的な〉考察方法への現実的な〈誘因〉は、「統計集団（Kollektiv〔コレクティヴ（後述、p. 112ff. 参照）〕）」の性質を有する現象を扱わねばならないところにしかない。その誘因は、気体運動論のなかにあった。実際そこでは、その原子論的前提ゆえに集合的現象が問題なのである。その集合的現象では、個別過程をひとつひとつ追跡することが不可能でもあれば、また求める法則を決定するためには不必要でもある。しかしながらこの〈統計的〉考察を自然全体と巨視的世界のすべての問題に押し拡げるという要求は、ここには根拠づけられない。実際、エクスナーが描いた自然像においては、統計はいまだにある種の影としての存在しか有していない。ほとんどの領域において「力学的な」アプローチが確かめられてきたということ、そして私たちは自然認識のもっとも重要な発展を他ならぬそのアプローチに負ってきたということ、このことは否定しようがない。〔エクスナーにおいて〕主張されていることは、だからといってこの力学的なアプローチの必然性が結論づけられているわけではないということ、そして私たちは、厳密な因果性の背後に統計的な法則性しか存在しないという可能性をつねに考慮に入れておかねばならないということ、このことだけである。これでは統計は、いまだにどちらかというと背景でしかなく、それは、いうならば世界そのものの内部にではなく諸世界のあいだの空虚に住む、つまり「間世界（Intermundia）」を故郷とするエピキュロスの神々に似ている。エクスナーは、私たちが秒単位で測定するのではなく一兆分の一秒ないしそれ以下の時間単位で測定するならば、〈加速度の〉厳密な一様性という見せ掛けは失なわれるかもしれないと強調している（S. 657）。しかし測定装置のこのような精密化は私たちには手が届かないから、経験的に考察し判断するならば、この問いは「証拠不十分（*non liquet*）」という結末になる。それは、肯定的な意味でも否定的な意味でも確定的な解答を先取りしようとするものではなく、物理学の〈問題設定〉のある可能性を指し示すものなのである。

第二章　統計的命題の論理学的性格

熱力学第二法則に関連した考察をとおして、物理学の世界像は実質的（material）意味においてのみならず、形式的（formell）意味においても甚大な変容を被った。可逆過程と非可逆過程の区別は、出来事そのものにかかわるだけではない。それは同時に、出来事の概念的〈表現〉が法則の異なる二つの基本形式に依拠していることを示しているのである。〈熱力学〉第二法則にかかわりのあるすべての過程において、古典力学の体系とは異質の形式の命題への移行の必然性が示されている。この移行、つまり統計を〈これまでの法則と〉同等の権利を持つ自然認識の不可欠な構成要素として承認することが、その内に物理学上の問題のみならず重要な〈認識論上の〉問題をも孕んでいるということ、このことは誰しも否定できない。しかし、概して問題がその本来の内容にそぐわない形式で語られていることが、この問題をさらに追跡し掘り下げることの妨げとなっている。統計にともなって〈規定〉の新しい仕方と新しい道具が自然認識にとり入れられたのであり、その道具は、これまでの「古典的」方法が役に立たなかった処においても用いることができ、著しく実り豊かなことが示されている。しかしながら、この新しい手段の意義を理解しその論理学的特性の真価を認めるかわりに、つまり物理学的〈決定〉の体系的な全体のなかでそれに確かな位置を割り振るかわりに、むしろ逆の途が採られてきた。力学的法則と統計的法則が、規定の二通りの仕方であり二通りの方向であるとして、つまり規定の二通りの様式として並置されるのでなく、むしろ「規定的なもの」と「無規定なもの」として対置させられたのである。実際、〔熱力学〕第二法則および量子論の発展がもたらした新しい問題は、「非決定論（Indeterminismus）」という標題——すこぶる危うくて曖昧な言葉を含む標題——のもとで扱われてきたのである。これではまるで「無思慮で気儘勝手な自由（*liberum arbitrium indifferentiae*）」、つまり恣意とほとんど区別されない「自由」が登場したかのようである。

このような結論には、もっぱら物理学がその確率命題に結びつけている単純でありのままの〈意味〉の分析によってのみ対処することができる。もちろんここで認識論は、不安定で動きにくい地盤上を歩むことになる。確率概念の定義は、ラプラスの「古典的」理論において与えられ、ほとんどすべての確率論の教科書に引き継がれていったようなものでは、現在では不十分であることが、広く一般に認められている。いわゆる「アプリオリな」確率とは望まれる場合の数を「同等に可能な場合」の数で割った商であるという説明は、循環論法に陥っている。「同等に可能な(gleichmöglich)」という表現は、煎じ詰めれば「同等に確からしい(gleichwahrscheinlich)」という表現以外の何事をも語っていないのである。[16] それゆえこの点で新しい基礎づけが、たとえそれがさしあたっては完全に満足のゆく結論をもたらすようには見えないにしても、探し求められねばならなかった。ともあれこの発展をとおして、自然科学における確率命題の性格を厳しく限定し一定の条件に帰着せしめるある基本的特徴が、ますます明瞭に顕著に浮き彫りにされていった。一般に認識論的意味においては、確率概念は「客観的真理」の概念に取ってかわったり、それを駆逐したりすることは決してできないと言える。というのも、確率概念は、客観的真理にもとづいて構成され、客観的真理をその不可欠の要素として内に含んでいるからである。あらゆる確率がある真理の論理関数であり、その真理に相対的にのみ成り立つということ、このことはくりかえし強調されてきた。たとえば、Ch・S・パースは、その論文「偶然と論理」において次のように語っている。「条件を特定することなくある事象の確率を語るということは、実際、まったく意味を持たない。[17]」ケインズが最近『確率論』で試みている純粋に「主観的な」確率理論の基礎づけのもっとも厳密で首尾一貫した試みもまた、徹頭徹尾この前提に固執している。ケインズは確率を「合理的信念（*rational belief*）」と規定し、その値をある一定の「合理的期待（*rational expectation*）」の度合いと見なしている。とはいえ、すでに「合理的」という形容詞が、ここで単なる主観的恣意とどのような混同をも防止するためのものなのである。「確率を——と、ケインズは強調している——主観的だと言うことはできるが、しかし論理学にとって重要な意味では、確率は主観的ではない。それは人間の気まぐれに委ねられているのでは決してない。ある命題が確からしいのは、我々がそう思うからではない。我々の認識を限定する諸事実がひとたび与えられたならば、その状況において何が確からしくて何が確からしくないかは、客観的に定められることであり、それは我々の意見とは無関係である。確率論が論理的な理論であるのは、ある与えられた条件のもとで我々が合理的に支持することのできる信念の度合いにかかわるものだからであって、個々人の現実に信じるという行為にかかわるからではない。〔……〕たとえば、ダーウィンは我々が彼の自然淘汰の理論を承認するにあたっての有効な根拠を呈示したと我々が結論づけるとき、それは単に我々が彼に賛同する心理的傾向にあると言っているわけではない。……〔そのときには〕我々は、ダーウィンの依拠している経験的証拠と彼の結論のあいだに実際に客観的関連が、つまり単に我々が信じているという事実とはまったく独立で、（程度の差はあれ）ダーウィンの議論が三段論法なみの厳密な証明能力を有していると言ってもよい程に現実的かつ客観的な関連が成り立つと信じているのである。[18]」それゆえ、私たちが真理値を与えるべしと判断する諸命題の特定の集まりに関連づけることなくしては、私たちは「確率」を定義できないのである。このような「客観的な」基準系を指示することがなければ、確率命題はその意味を失なう。ケインズが強調しているように、「aは確からしい」という命題は、「aは等しい」とか「aはより大きい」という命題と同様、それが意味を持つための比較基準を指示しないかぎり、それ自体としてはほとんど理解不可能なのである。この指摘によって、確率法則のいわゆる「非充足理由律（Prinzip des mangelnden Grundes）」に依拠した件《くだん》の純粋に否定的な説明と基礎づけは退けられる。ここで否定的な基礎づけと言っているのは、たとえばAとCが私たちにはまったく知られていない二個の対象であるならば、AとCが同一である確率はそうでない確率と等しく、したがってその確率を数値で表せば1/2である、と結論づける類の見解のことである。それについて私たちが同様に知らないでいるという事例が「同等に可能」と言い表されているのであり、したがって、同等ということは、さまざまの区別可能な事柄のいずれが現れるかについて私たちが絶対的に何も知らないとき、そしてそのときにのみ、まったく厳密に成り立つとされているのである。[19] この「根拠がない（mangelnder Grund）」ないし「絶対的無知」とも呼ばれる原理なるものは、完全なる無知がなにがしかの推論の根拠をなすことはまったく不可能である、つまり無からはなにも生じない（*ex nihilo nihil*）というレスリー・エリスの表明した所見によってけりがつけられている。[20]

しかし〈物理学における〉確率命題の性格を理解するためには、いま一歩踏み込まなければならない。ここではこの命題を主観的な意味に解釈することは、たとえその主観性がさらに合理性の条件によって制限されているとしても、十分ではない。問いは、出来事にたいする私たちの期待のみではなく、出来事そのものにも向けられなければならないのである。ある出来事の物理学的確率は、ある人の言葉を借りれば「我々の知識の度合いにではなく、その出現に影響を与える条件のみに左右される。[21]」それゆえ確率法則の経験的出来事への適用は、つねに、客観的解釈へ移ることによってのみ納得できるものとなる。というのも、この客観的解釈のみが確率法則の「権利問題（*quid juris*）」をめぐる問い、つまり経験の対象にたいするその〔適用の〕妥当性をめぐる問いを解明することができるからである。[22] それゆえ自然科学の内部においては、「主観的」理論はますます退けられてゆき、それにかわって、確率法則を事象系列のなかでのある特定の事象の〈相対頻度〉に関する命題であると客観的に解釈する試みが登場している。このことによって、問題は認識論的意味においては本質的に一段と厳しく複雑なものになるということ、確率法則の決定可能性についてのきわめて困難な問いに導かれるということ、[23]このことは否み難い。とはいえ、この複雑化を回避することはできない。そればかりかむしろ私たちは、確率命題の物理学での使用を特徴づけ保証するためには、その複雑化を必要とするのである。私たちが純粋の確率〈計算〉の枠内に留まるかぎりでは、このような問題はまったく登場しない。というのも、この計算は、その論理的構造においては、数学の他の分野のものと本質的な違いはないからである。一七世紀には確率計算は、純粋数学、ないしG・カントールの表現を借用すれば「自由」数学の一部門として基礎づけられていた。確率計算はきわめて多くのきわめてさまざまな対象領域に次々と適用されていったけれども、いくつもの対象の特殊性が確率計算の〈方法上の〉統一的な性格を破壊することはないということ、このことには疑問の余地はあり得なかった。ライプニッツは、この方法上の性格を鋭く剔抉し、論理学に新しい分野を拓くことになるであろうと彼の考えた確率命題の厳密な分析を要求した最初の思想家である。彼は、この論理学が固有の規則と原理を有し、まさにそれゆえにそれに特有のシンボリズムとアルゴリズムを持たなければならないと強調している。ライプニッツにあってはこの基本思想は、彼を〈結合法（Kombinatorik）〉の問題へと誘うこととなる最初の科学的・論理学的構想にまで遡る。結合法にその根本的哲学的意義を与えたものは、ライプニッツによれば、もっぱらそれが唯一つの基本概念すなわち〈順序（Ordnung）〉の概念のみから構成されているという事情、そして私たちの知のすべて、つまり「観念的なもの」の知と「実在的なもの」の知、「必然的なもの」の知と「偶然的なもの」の知、これらすべてがこの順序の概念に依拠しているという事情である。というわけでライプニッツによって、いちはやく結合法の基本規則の最初の提唱のさいに、将来いつかこの規則が役に立ち得るであろう物理学のある問題もまた示唆されていたのである。[24]しかし確率計算に可能な応用がきわめてバラエティーに富んでいたにもかかわらず、実際、すでに一七世紀には富くじの問題や人口統計の問題や年金の問題等々に応用されていたにもかかわらず、その統一的な意味は維持されていた。確率計算は、ある仮説的な出発点から厳密な規則――数学の他の分野におけるのと同様に確実な結果を与える規則――にのっとって議論が進められるかぎりで、純粋数学のひとつの分野なのである。その課題は、〔フォン・ミーゼスに倣うならば〕〈初期〉コレクティヴ（Ausgangskollektiv）において与えられた確率から、導出されたコレクティヴ（abgeleitet Kollektiv）における確率を計算することにある。つまり本質的には、コレクティヴ〔統計集団〕の選択・混合・分割・結合と呼ばれる四つの基本演算に還元することのできる課題である。[25]

経験的な確率命題へと進むことによって、もちろん新しい困難な認識論上の問題がいくつか提起される。とはいえそれらの問題は、精密〔科学の〕概念を経験的現実に適用するさいにいつも生じる問題とまったく類似のものである。だからそれは、私の見るところでは、何人かの研究者たちが提唱したような打開策なるものをまったく必要としない。その打開策というのは、「古典論理学」の原理や公準に縛られることのない固有の確率論理学を創り出すことであり、その論理学の内部では、たとえばすべての命題は真か偽かのいずれかでなければならないというような法則は妥当性をなくするであろう、というものである。他に何らかの道が開けているかぎり、このような絶望的な逃げ道を採るには及ばない。私の見るところもっとも簡単で首尾一貫した解決は、現代の確率論の理論家のなかでは、R・フォン・ミーゼスによって与えられた。フォン・ミーゼスは彼の理論を、完全に定められた公理的要請によって定義されるコレクティヴ〔統計集団〕の概念に基礎づけた。彼が強調しているように、科学的な理論を構築しようとするときには、つねにそのような「綜合的定義」が不可欠なのである。そのさい私たちは、直接的所与の領域にみずからを限ることも、概念を単純に日常生活の曖昧な言語使用から流用することも決して許されない。むしろ〔概念の〕厳密な限定、つまり概念の一切の使用の仕方とその個別事例への一切の適用の仕方をはじめに指示するところの〔概念の〕確定と「合理化」が行なわれなければならないのである。かいつまんで言うならば、フォン・ミーゼスはコレクティヴの概念を二個の公準、すなわち「相対頻度の極限値」の存在要請およびいわゆる「無規則性の公準」ないし「賭博システム排除の原理」をとおして定義している。さしあたってはこの両者の内容に詳しく立ち入ることなく、ただその一般的な方法上の特徴のみに注目しておこう。フォン・ミーゼスが、コレクティヴを大量の現象ないし反復事象として、簡単に言えば個別的観測の長く途切れることのない系列として説明し、それによりどの個別的観測徴表が出現する相対頻度もある決まった極限値に接近するという推測が正当化されると語るとき、そのコレクティヴというのは経験的対象ではなく、たとえば幾何学における球の概念や力学における剛体の概念と類似の理想化された概念だということを、彼は強調しているのである。とはいえ、健全な理論はつねにこのような理想化された概念形成の上にのみ作りあげることができるのであり、それはとりわけどの精密自然科学にとっても不可欠である。出発点となる概念をこのように厳密に把握することによって、統計的な確定を「不正確な」確定と混同することからしばしば生じる不明瞭さもまた、あらかじめ防止される。コレクティヴは、それ自体に不正確さを含むものではまったくない。それどころかコレクティヴは、それ自体として正確な測定値の一系列よりなるのである。いずれにせよ統計は、一義的で厳密な個別的観測が存在して初めて始まることができる。もちろん具体的な統計は、上述の理想的概念の意味におけるコレクティヴのような直接的で正確な数系列には導かない。しかしこのことが問題なのではない。唯一の問題はこの理想的概念の上に作りあげられた確率論を、経験的現象の領域でどのように適用できるのかということにある。[26]

すぐに見て取れるように、統計的命題の認識論的権利づけのこの形式は、かつてガリレイがすべての精密自然科学に指し示した途と、本質的な傾向においては選ぶところがない。この形式もまた、ガリレイが「心の中で捉える（*mente concipio*）」と表現した手続き、*たとえば慣性の法則を定式化するために要求した件《くだん》の手続きによってなされなければならない。[27] コレクティヴは、「〔慣性の法則で言う〕それ自体で放置された〔つまり他からの作用を受けていない〉物体」と同様に、経験のなかに直接的に見出されることはないけれども、そのいずれの場合も、その概念において定められている要求をある近似として充当する経験的内容を〈探し求めること〉は意味がある。ついで私たちは、この内容を観念的・仮説的に定められたその概念のもとに「包摂する」ことができる。言いかえれば私たちは、その内容を、その概念からの帰結として導き出される条件をとおして規定することができる。そういうわけで「帰納」と「演繹」の関係もまた、古典物理学の「力学的法則」からたとえば気体運動論において有効な統計的法則へと移っても、本質的な変化を被ることはない。ライプニッツは――その『ニゾリウスの哲学的文体についての論考』において――、すべての「普遍的」命題は究極的には個別的事物ないし個別的出来事についての命題に還元可能でなければならないというニゾリウスの見解を論駁している。ライプニッツは普遍的命題を、単なる「集計的（kollektiv）」性格しか持たないものと「分配的（distributiv）」性格を与えなければならないものとに区別している。* 〈xがyを包含する〉という種類の命題は、彼によればつねに後者の種類のものである。それは、私たちがこれまでに見出した、ないし今後見出すであろう、どの〈個々の〉xも性質yを有しているということではなく、xとyのあいだに普遍的な関数関係があるということ、すなわちxが与えられたときには〈つねに必ず〉yがともなうということを語っているのである。全体性命題（Allheit-aussagen）の「分配的」意味を、その単なる集計的意味からこのように区別することにより、ライプニッツは次の結論を導いている。すなわち帰納もまた、動物にすら認められる単なる主観的な期待を越える〈科学的な〉推論と結論の一形式として考察されるならば、ある一定の合理的な基本的仮定を必要とし、その「合理的な支え（*adminicula rationis*）」*を欠いては、帰納はその手掛かりも足場もなくしてしまう。[28] 一見きわめて逆説的に見えるけれども、ここで要求されている「分配的」普遍性は、統計的命題においても決して欠けてはいないどころか、それは統計的命題の完全な理解にとって不可欠であると言える。というのも、あらゆる統計的命題にたしかに結びついている「集計的」徴表は、その〈対象〉にかかわるものではあっても、その論理学的な〈妥当価値〉にかかわるものではないからである。統計的命題の対象は大量現象ないし反復事象であるが、しかしだからといって、命題それ自体の意味がそうした現象に即して認められたものの直接的記述にあるわけではない。それどころかここでもまた、私たちを法則命題の新しい〈タイプ〉へと導いた例の他の類への移行（μετάβασις εἰς ἄλλο γένος）が、どこかの地点でなされなければならないのである、つまり私たちの思惟は、ここにおいてもある「離散的軌道」から他の「離散的軌道」へとある種の「飛躍」によって上昇しなければならないのである（前述、p. 67f. 参照）。〈単なる〉個別命題の平面は見捨てられなければならず、それにかかわる何らかの一般的な、じっさい普遍的な主張が登場しなければならない。フォン・ミーゼスが主張している確率論では、この歩みは彼の提唱した〈極限値公理〉によって示されている。この公理によって、いわゆる「大数の法則」が初めて厳密に定められた意味を持つに至ったのである。フォン・ミーゼスが詳しく述べているように、最初ヤコブ・ベルヌイによって提唱され、次いでポアソンが『判決の確率についての研究（1837）』でさらに展開したこの大数の法則は、当初は、厳密に数学的に証明可能ではあるけれども事象系列の推移についての言述を含むものでは決してない、純然たる算術的な定理のように思われていたのであり、そのかぎりでこの法則には曖昧さが付きまとっていた。この定理から「現実」へと移行しようとするのであれば、「大数の法則」は新しい表現形式を獲得しなければならない、つまりそれは、ある事象系列においてひとつの事象の出現の相対頻度が、観測を無制限に続けるならばある定まった極限値に接近するという形で表現されなければならないのである。このような特殊な理解とは無関係に確率論を作りあげようと試みることも可能ではある。しかしそのような試みは、極限値公理にかかわるものとして、直接に観測される事実を含む仮定ではなく、同様に「合理的」な方法上の要求を含む他の仮定を措くことによってのみ可能となる。[29] ライヘンバッハが、ポアンカレを踏襲して、現実の事物への確率法則の適用を根拠づけようとした「確率関数の仮説」もまた、原理的にこれとおなじ方向を示している。[30] この仮説の解釈と認識論的基礎づけにおいて、ライヘンバッハは一貫していない。初期の研究においては、彼は、この仮説では純粋の経験法則が問題なのではないということを強調しているばかりか、それを「自然認識一般の形而上学的原理」と呼ぶことさえ憚《はばか》らなかった。確率関数の特殊な形式を決定するのはもちろん経験でなければならない。しかし一般にこのような言述を〈任意に多くの〉事例についてなし得るということは、経験によっては決して知ることはできない。出来事の因果的な結びつきの仮説とならんで、時間・空間内における規則的配置にかかわるいまひとつの原理が措かれなければならないが、いずれの原理も、論理学的・超越論的観点からはおなじ性格を有している。それらは一般に「経験の可能性の条件[31]」なのである。ライヘンバッハのその後の研究では、〔これとは〕本質的に異なる根拠づけの形式が試みられている。そこでは、確率法則の決定可能性が帰納原理に根拠づけられ、「帰納的決定可能性」という言葉が用いられている。ここで私たちが堂々巡りに陥る恐れがあるということについては、ライヘンバッハは否定しない。そのような堂々巡りは、私たちが「古典論理学」の前提に固執するときにのみ危険なものとなるが、しかし古典論理学は、他でもない、確率に特有の考え方を権利づけることができない――と、彼は説明している。ライヘンバッハがこのように見解を改めたのは、彼がこの時点で「観念論」の立場から「実証主義」の立場に転じたからである。彼によれば、実証主義が〈極限〉についての命題を認めるのは、それが極限過程の収束についての命題に変換され得るかぎりにおいてである。〔ところが極限への〕接近過程のどの地点においても「それ自身で厳密にそこに接近してゆく出来事」については語り得ないのだから、かかる主張が極限そのものにたいしても妥当するとは見なし得ないというのである。しかしこのように頑《かたく》なな実証主義を受け容れることによって、ライヘンバッハは今度は、彼の理論が本来論駁するべきものであった件《くだん》の「心理主義」に危険なまでに接近することになった。「何故《なにゆえ》に我々は確率法則を信じるのかと聞かれたならば――と、彼は強調する――それにたいしては（実際その法則の論理的な権利づけは皆目ないのだから）我々はその法則を信じるより他に手はないからであるとしか答えようがない[32]。」しかし知の固有の源泉としてこのように「常識（*common sense*）」にまで後退することは、問題を解決することにはならない。これでは私たちは、もう一度あらためてヒューム以前にまで戻ってしまうであろう。実際、常識哲学の創始者である彼の論敵たちは、一貫してまさにこの論法でもってヒュームに挑んだのである。「もしも——と、リードは語っている——我々の天性の資質が信じせしめ、我々が日常生活において、その理由を与えることはできないけれども止むを得ずあたり前と受け取る以外にはない原理があるとすれば、それは我々が常識の原理と呼ぶところのものである。そしてあからさまにそれに反するものを我々は不条理という。*〔原文英語〕」だがこのような論証にたいしてはヒュームはあらかじめきっぱりと反論し、それに対置して彼は、彼の問いの真の論理学的意味を明解な形で厳密に規定している。「貴方がたは、私の実践が私の疑惑を論駁すると言います。しかし貴方がたは、私の問いの意図を誤解しています。行為者としては私はその論点にまったく納得しています。しかし幾分かの好奇心を持つ哲学者としては、懐疑を語るつもりはありません。私はその推論の根拠を知りたいのです。[33]〔原文英語〕」

　ここに設定された問いは、たとえ「力学的」な法則性から「統計的」な法則性に移ったとしても——厳密な因果性の観点を「確率」の観点と取り替えても——その厳しさはまったく変わらない。それというのも、純粋の確率法則もまた、さまざまな理論においてさまざまに表現され得るところの、つまりあるときは確率関数の導入によって示され、またあるときは特定の観測徴表の出現の相対頻度にたいする厳密な極限値〔の存在〕の要請によって表されるような、なんらかの恒常性の仮定をつねに基礎に持つからである。個々的にはどのように定義されてもよいのだが、ともあれ、そのような恒常性の「仮説」がなければ、「大数の法則」もまたその拠り処と客観的意義を失なってしまうであろう。それゆえ確率法則を「帰納原理」に基礎づけるのは——帰納原理それ自体にたいしても「集計的」普遍性だけではなく「分配的」普遍性が与えられなければ——不可能なのである。確率計算について、現代の論理学者のなかでは、ヨハン・フォン・クリースがこの事態をもっとも鋭く抉り出している。「ある結論が許容されるということの根拠を——と、彼は説明している——つねにそれとは別の議論に求めようとするならば、我々は、多少の差はあれ幾度かの後退の挙げ句に、最終の仮定に行き着かざるを得なくなることは明らかである。そしてその最終の仮定にたいしては、もはやこのような後退は不可能で、むしろその妥当性のためにはなにがしかの別様の原理が要求されねばならない。……それゆえ客観的意義を有するなんらかの経験的知識にたいして我々が要求する確率は、つねに、合法則性という知的価値に、すなわち一様性の原理に、支えられていなければならないであろう。[34]」しかしながら、ここで初めて本来のかつもっとも困難な問い、認識批判をしばしば虜にし、また一再《いっさい》ならず分析の確かな途を踏み誤らしめた問いが突き出されたように見える。ひとたび偶然的出来事の領域に足を踏み入れたならば、それでもなお「客観的法則」について語るのは可能だろうか、意味があるのだろうか。偶然の法則性というのは木製の鉄のようなもの〔言語矛盾〕ではないのか、つまり偶然というのは「定義からして（*per definitionem*）」まさしく法則による規定と支配をことごとく拒むものではないのか。この問いにたいしては、「偶然」という言葉が用いられるさまざまな意味をたがいに厳密に区別して初めて、答えることができる。通常の言語使用においては、その言葉はまったくのところどのようにも色を変えるカメレオンのようなものである。そうは言うものの、理論的考察と科学的言語使用に眼を転じたとしても、この曖昧さはなくならない。「偶然」はつねに相対的で否定的な概念であり、その理解のためにはそれが暗黙のうちに準拠している肯定的な概念を必要とするが、他でもないこの基準点（Bezugspunkt）が、私たちが思惟のさまざまな領域に踏み込むごとに、それに応じて次々と変遷してゆくのである。

この〈基準点の変遷という〉事実を十全に明らかにするためには、〈神話的世界像〉の、科学的世界像すなわち経験的で理論的な世界像にたいする対照から説き起こすのがよい。後者の土俵に立ち、〈その〉カテゴリーや原理を真理の普遍的で唯一妥当する基準だと仮定するならば、神話的世界はきわめて異常な、およそありそうもない偶然が織り合わされた世界のように見えるであろう。神話的世界は、その内部においてはいかなる存在も定まった位置を持たず、いかなる出来事も確かな規則的な推移を呈さないような世界である。「事物」は任意にその位置を変え得るだけではなく、さまざまな位置に同時に存在することもできる。つまり事物は、あるときはこの形姿を、またあるときは別の形姿をまとい、しかもそのさいそれが次々にとる形はたがいに何の規則性も示さないというような、絶えまない変態（Metamorphose）の相にあり得る。ここでは「万物が万物から」生成し得るのであり、決まりや制約というものはまったくないかのように見える。とはいえ、理論的・科学的世界観の土俵を離れ、そのかわりに存在や出来事にたいする神話〈それ自体〉に固有の見方を基礎に採るならば、そのイメージは著しく変貌をとげる。そのとき役割は完全に入れかわるように見える。一方の観点では理解不可能でまったくの偶然と見えたものが、基準点を取りかえたならば、その反対物に転化するのである。経験的・科学的認識が一切の確定的な「説明」を断念し、それがために「偶然的」と認められていたおびただしい数の出来事のなかに、神話はそのような説明を断固として〈要求する〉のである。神話にとっては、たとえば事業における予期せぬ失敗とか思いがけない病気とか不慮の死とかのような偶然的出来事は、人の此の世的存在の有為転変のなかには存在しない。それどころかこれらすべては、厳密に決定されているにちがいないのである。だが、それらが決定されているのは、科学が「自然法則」において語っているような出来事の普遍的原理によってではなく、個々的な目的やそれに隷属した力をとおしてである。すべての出来事を支配し貫いているのは、魔術的で悪魔的な力であり、それをまぬがれ得るものはない。この魔術的な「因果性」は、理論的・科学的な因果性がなし得るよりもはるかに深くひとつひとつの出来事に浸透しているのである。それは何ものをも単なる「偶然」として放置することはなく、どの個別の病や死の事例にたいしてもその特定の原因が指摘され、その原因が個別的な意志行為のなかに、つまり人間に加えられたある敵対的な魔力のなかに、探し求められるべきことを要求する。というわけで、ここには因果的説明が欠落しているどころか、むしろある意味では「因果的衝動」が過剰に蔓延しているのであって、神話的思惟を理論的思惟と区別するのは、〈原因の不在ではなく〉原因の〈種類〉だけなのである、つまり神話的思惟は、規則や法則にではなくむしろ意図や意志行為に発するのである。[35]

原因についてのこの魔術的・神話的形式は、ギリシャの科学と古代ギリシャ哲学によって無効を宣告された。いわゆる神話的説明は、恣意的で「偶然的」との烙印を押されることによって退けられたのである。その所以《ゆえん》は、神話的説明が原因を否定しているからではなく、場合場合で原因が異なると見る、つまりどの個別の出来事にたいしてもそれに対応する個別の原因を創り出すからである。ギリシャ哲学では、この神話的創作にかわって〈思惟〉のあるきまった普遍妥当的な形式が、すなわち思惟において捉えられ定式化され、しかる後に自然のなかに再発見されるべき客観的法則が、要求される。こうして初めて、自然は、悪魔的で恣意的な力にとっての舞台や闘技場であることを止め、秩序に、すなわち「宇宙（Kosmos）」になる。この宇宙的な因果性（kosmische Kausalität）という概念の最初の思弁的根拠づけと鋳造刻印は、ピュタゴラス学派の思想に見出される。しかし現実にそれを実現し成熟させることは、ギリシャの〈原子論〉において初めて達成された。かくしてギリシャの原子論は、その〈内容〉においてのみならず〈形式〉においても、すべての自然科学的な世界説明の最先端に躍り出たのである。世界においては何ものも「出鱈目に（μάτην）」は生じない。すべてのものは、その定まった論理的「必然性」にのっとって、すなわち根拠から必然によって（ἐκ λόγου τε καὶ ὑπ᾽ ἀνάγκης）生じる。* 普遍的なものが特殊的なものに相対しているように、また、きっちりと決められているものが幻想的で恣意的なものに相対しているように、「必然的なもの」は「偶然的なもの」に対峙している。だが思想のこの発展は、ここで終わるものでは決してない。というのも、こうしてようやく「必然性」のさまざまな形式をたがいに区別し、そのそれぞれを適切な限度内に限定することが問題になるからである。アリストテレスが原子論の体系に浴びせた非難は、原子論がこの区別を正しい意味において執り行なわず、その欠陥のゆえに完備で真に満足のゆく自然説明にまで到達しなかったということにある。このことを明らかにするために、アリストテレスはあらためて「偶然」と「必然」の新しい定義にまで進まなければならなかった。その新しい定義は、その両者の関係をまったく異なる意味において捉えるものであった。アリストテレスにとっては、「偶然的」というのは事物の「本質（Wesen）」に由来しないもののことである。そしてこの「本質」は「形相（Form）」をとおして、ウーシア（οὐσία）はエイドス（εἶδος）をとおして規定されている。ある性質は、それが主語を構成しないとき、すなわち主語の存否がその性質の在る無しによって左右されないとき、「偶然的（συμβεβηκός）」なのである。そして出来事の領域では、なるほど自体的には決定されてはいるけれども、しかしその決定が「形相」によるのではなく単に「質料（Materie）」のみによるすべてのことを、私たちは「偶然的」と見なさなければならない。自然の領域において何らかの奇型に出合ったときには、ないしは形相が未完成で何らかの欠陥を帯びて現れるときにも、私たちはこれを質料による阻害と抵抗のせいと考えなければならない。それゆえ「質料因（*causa materialis*）」は、もっぱら「形相因（*causa formalis*）」および「目的因（*causa finalis*）」のみにおいて見出し得る究極のそして「本来の」原因と対立するかぎりで、つねに「偶然的」なものでしかない。したがって質料は、同時に必然的でもあれば偶然的でもあるように見える。必然的というのは、その存在がそのすべての作用を規定しているからであり、偶然的というのは、まさにその存在がそれ自身においては不完全で、それだけではいかなる独立した意義も現実性も有さない単なる一契機にすぎないからである。質料（Stoff）は、自然の必然性（ἀνάγκη）の源泉でもあれば偶然性（αὐτόματον ないし τύχη）の源泉でもある。究極の真の根拠は目的因にあり、他方、質料はつねに付随的原因（συναίτιον）としてのみ考えられるべきであり、したがってそれには仮説的必然性（ἐξ ὑποθέσεως ἀναγκαῖον）*以外の何ものも与えられないのである。

「偶然的」と「必然的」という概念の使用および対比における再度の重心移動は、〈近代哲学〉とともに始まった。このときもまた、この特殊な意味転換は、近代哲学を古代哲学から区別する一般的傾向に対応している。今回は、問題は、もはや自然哲学と形而上学には限定されず、認識批判の領域に取り込まれ、言うならばそこに引き戻されたのである。この思考過程はすでにライプニッツとともに結末を迎えた。彼にとっては、必然的なるものと偶然的なるものの区別は、〈存在〉のクラスをたがいに区別するものというよりは、むしろ〈認識〉の基本形式の特有の妥当性を特徴づけ、たがいに区別するのに役立つものであった。そこでは「偶然的なもの」と「必然的なもの」という概念は、〈真理〉の特定の種類の特性を特徴づけるものであり、「偶然的真理(*vérités contingentes*)」が「必然的真理(*vérités nécessaires*)」に対置されているのである。* 後者は純粋の〈論理学的〉考察によって理解され基礎づけられ得るものであり、その証明のためには自同律と矛盾律以外の原理を必要としない。というのもそれは純粋の仮言的命題であって、必当然的な(apodiktisch)「もし……ならば、そのとき……(Wenn-So)」という命題を含んでいるが、個々の特定の現実についての定言的な(assertorisch)主張を含まない命題だからである。それゆえ必然的真理は、現実の実際に与えられた世界の特定のあり方を表現するものでは決してなく、むしろ「可能的諸世界」の総体にたいして妥当するのである。しかし「可能的なもの」から「現実的なもの」へ眼を転ずるならば、たちどころに「偶然的なもの」と「必然的なもの」の対立が登場する。というのも、経験的世界の存在は、論理的必然性にもとづくものではなく、論理的必然性のみによっては決して十全には説明できないからである。経験的世界は神の叡知が可能的諸世界のあいだで行なう選択に委ねられているのであり、この選択自体は論理的観点によってではなく目的論的観点によって規定されている。したがってこの目的論的原理——ライプニッツの言うところの「最善の原理(*le principe du meilleur*)」——が、現実に与えられた世界を根拠づけているのであり、それゆえそれは同時に、現実の世界にかかわる一切の「偶然的真理」にとっての原理でもある。* したがって自然法則は、論理学の法則や数学の法則と違って、「偶然的真理」なのである。とはいえこの偶然性は、自然法則の十全な規定性や確実性と抵触するものでは決してなく、したがってまた、自然法則の合理的根拠づけの可能性に反するわけでもない。むしろ関係はまったく逆であって、偶然的真理には根拠がないどころか、「充足理由律」が偶然的真理の真の源泉であり固有の〈認識原理〉

と見なされるのである。矛盾律は可能的なものの法則、神の悟性に由来する「本質」の法則であり、充足理由律は「最善のものの選択」の結果として生じた実在するものの法則なのである。それゆえこの実在するものを理解するためには、私たちはつねにその「根拠」にまで遡らなければならない。したがって「充足理由律（*principium rationis sufficientis*）」はライプニッツにとっては、原理であると同時に公準であり、彼はそれをしばしばこの後者の形で、つまり「〔事柄の〕理由を与える原理（*principium reddendae rationis*）」と表現している。すべての「偶然的なもの」、つまり論理学的ないし数学的命題から分析的に導き出すことのできないすべてのものにたいして、根拠を〈見出す〉ことが肝要である――そして、ライプニッツによるならば、他ならぬこのことこそが、一般に「因果原理」と呼ばれている原理の意味するものなのである。[36]

　このことから、ライプニッツは新しい重要な方法上の課題を設定したけれども、同時にまた彼の解決では彼自身の要求を満たすことができなかったということ、またなぜそうなのかということが読み取れる。彼は「偶然的なもの」と「必然的なもの」の対立を純粋に認識批判的な観点から扱おうとした、つまりその対立を〈真理概念〉の分析に基礎づけ、純粋に真理概念のみから導き出そうとしたのである。しかし彼をあらためて形而上学の根本問題に連れ戻したのは、他でもない純粋の原理論（reine Prinzipienlehre）それ自体であった。必然的真理が偶然的真理から区別されるのは、前者が神の悟性に由来するのにたいして後者が神の意志に由来するからであるというのである。*認識批判上の規定と形而上学上の規定のこの混同は、カントによって除去された。カントは、諸学の境界を入り組ませるならば、学問を拡大するどころかむしろ不具にすることになるという原則を措いた。*ここでふたたび、偶然性と必然性の対立は新しい形態をとらざるを得なくなる。その対立は「世界」そのものにかかわるものではなく、それゆえライプニッツのように「可能的世界」と「現実的世界」の区別に還元することはできない。むしろその起源は、〈経験的認識〉の体系のなかに示され、そこにおける一契機として記述されなければならないのである。世界は永遠の昔から存在していたのかそれとも「偶然的な」創造行為によって生じたのか、「絶対的・必然的」本質は存在するのか、といった類の問いはすべて退けられる。認識はそのような問いには敵わないのであり、そのような問いはたちまち理性を解き難い二律背反（Antinomie）に陥らせるであろう。必然性や偶然性といったカテゴリーは、他のすべてのカテゴリーと同様に、経験の限界を越えた先まで及ぶことはできず、それ自身経験の可能性の条件のひとつとして理解され定義されなければならないのである。しかしその場合には、ひとつの特異な結論が導き出される。普遍的な因果律に着目するならば、考察の観点をどう選ぶかに応じて、私たちはそれを同等の権利で必然的とも偶然的とも言い表すことができるのである。それは、あらゆる特殊の経験的命題がそこに根拠づけられ、かつ「アプリオリな綜合的判断」として一切の経験判断に先行しているがゆえに、必然的である。とはいえ他方では、他でもない、それがかかわりあいかつその権利づけのために依拠せざるを得ない経験の全体が純然たる事実としてしか与えられないがゆえに、それは「偶然的」である。因果律が数学的自然科学の事実にとっての「欠くことのできない条件（*conditio sine qua non*）」であることを示すことは可能である。とはいえそのさい、この事実それ自体は絶対的で端的に必然的であるとの証明がなされ得ないままに前提されなければならないのである。この逆説的な事態は、カントによってきわめて明確に定式化されている。彼は次のように説明している。必当然的証明によって確かめることのできるもののみを、その証明が直観的であるかぎりにおいて、必然的と見なそうとするならば、因果原理にはまったく必然性がない。というのも私たちの理性は、なるほど確実な原則を設定し得るが、概念によって直接的にではなく「概念をまったく偶然的なものすなわち〈可能な〉経験に適用することによって、間接的にのみこれを設定するのである。」「そういうわけだから〝生起するものはすべてその原因を持つ〟という命題は、そこに与えられている概念だけからでは、決して根本的に理解され得るものではない。それだからこの命題は、たとえ別の観点では、つまりこの命題の可能的使用が適用され得る唯一の領域であるところの経験においては、十分にまた必当然的に証明せられ得るにせよ、しかし決してドグマではない。如上の命題は、証明を必要とするものであるとはいえ、〈原則（Grundsatz）〉と呼ばれて然るべきであり、決して〈定理（Lehrsatz）〉と呼ばれるようなものではない。この命題は、その証明の根拠であるところの経験をまずみずから可能ならしめ、またかかる経験においてつねに前提せられねばならない、という特殊な性質を持つものだからである。[37]」

歴史の脇道に逸れてしまったが、あらためて本来のテーマに、すなわち確率命題の論理学的性格についての問いに戻ることにしよう。歴史的に考察したのは、「偶然」の概念と「法則性」の概念のあいだにしばしば想定されるような矛盾的で対立的な関係は決してないということ、もっぱらこのことを示すためであった。アリストテレスであれライプニッツであれカントであれ、彼等のいずれにおいても、それらの概念のそのような〈対立的な〉使用は見出せない。それどころか彼等はいずれも、偶然の概念と法則性の概念のあいだの明確な相違を強調しているとはいえ、両者をたがいに〈相互補完的〉関係に置こうと努力しているのである。このような相互補完の関係は、偶然という概念の〈物理学上の〉使用にたいしても妥当するであろうか。この使用が一義的に確定されていないかぎりでは、この問いに一般的に答えるのは困難である。とはいえ、偶然という概念が厳密に限定された意義と明確な適用を有するような領域を考察するならば、偶然の概念は因果概念そのものとは決して対立しないことが示される。この事情は、気体運動論においてもっとも容易にかつ平明に見て取れる。そこでは分子の衝突にたいしては、古典論の衝突法則、すなわちエネルギー保存則と運動量保存則が基礎にとられ、それにたいしてさらに分子の衝突数や平均自由行程や平均速度等についての統計的仮定が付け加えられ、次にこれらの前提から、気体の圧力や内部摩擦や拡散等にたいする法則が厳密に、しかし、もちろんもっぱら仮説的にのみ、算出される。そしてそれらの最終的な検証は、いずれの場合も経験に委ねられている。「偶然のメカニズム」が異なれば、事情は何程か異なってゆくように見える。とはいえそれらのすべては、きわめて小さいおそらくは無限小の不正確さから、過程の進行とともに、最終結果における大きな有限の違いが発生するという点では、一致している。それゆえここで「偶然」という概念を、「小さな原因から大きな結果」

という原理によって定義し直すことができる。この定式化によるならば、因果性の図式〈そのもの〉から偶然の概念が締め出されるようなことはあり得ないことが、すぐさま見て取れる。「偶然とは――と、この意味でスモルコフスキーは説明している――因果関係のある特殊な様式のことである。つまり、ある出来事yが、可変的な（場合によってはその値が未知かないしは意図的に無視されている）原因ないしは部分的条件xの関数であり、その出現がxのきわめて小さな変化に左右されるとき、通常、その出来事yは偶然に委ねられていると言われる。」しかしそれだけではなくさらに進んで、この通俗的な偶然の概念が厳密に定義された確率概念の基礎としては適切でないことが指摘されている。「量yに関わる数学的確率法則$W(y)$を云々できるのは、因果関係$y=f(x)$が上述の性質以外に今ひとつ特殊な性質を持つときのみである。すなわち、yの分布が、xの相対頻度を定める分布関数$\phi(x)$の種類に少なくともある範囲内で無関係であるという性質である。[38]」これらのすべてのことから、「因果性」と「確率」、「法則性」と「偶然」は、たがいに両立し〈得る〉のみならず、私たちが出来事を可能なかぎり完全に規定しようとするならば、両立しなければならないと結論づけられる。そのさい、古典物理学の範囲内では、因果性は本質的に出来事の〈時間的発展〉の認識にかかわるものであり、確率は〈初期条件〉の知識にかかわるものである。両者を併せた結果として統計力学の諸定理が導かれる。それらの定理は、たとえばボルツマンが強調しているように、措かれた仮定の首尾一貫した帰結ではあるけれども、しかしその自然現象への適用においては物理学的仮説に典型的なものである。[39]

フォン・クリースが行なったように、ここに登場した二つの法則の類型を「法則論的（nomologisch）」法則および「存在論的（ontologisch）」法則として区別するならば、両者は決して矛盾しないということ、両者のあいだには事実としても方法論上も齟齬がないということ、このことが明らかになる。確率論的なアプローチに制限を課す唯一の命令は、このアプローチが「法則論的に許容され」なければならないということ、すなわち、既知のどの自然法則とも矛盾してはならないということ、これだけであるが、この命令はすでに自然認識の一般的規定から生じたものであり、それゆえ特殊な定式化を何ひとつ必要としない(40)。そのさい、確率法則と力学的法則の特徴的な区別はいつまでも残るけれども、他方では、どのように両者が織り合わされるのか、その織り合わせをとおしてどのように初めて「法則性一般」の普遍的形式が生じてゆくのかが、明らかになる。加うるに、ここに登場した方法上の相違は、統計力学に限定されるものではなく、ニュートン力学もまた、それにそっくり相当するものを有しているのである。ニュートン力学もまた、「必然性」の領域と並んで「偶然性」の領域を認めなければならないのであって、この対立から、ニュートン力学においてもまた、認識論上の由々しい問題と困難が発生する。ニュートンは、彼が提唱した方程式によっては、世界の成り立ちにかかわる問題のすべてには決して答えられないことを十分によく弁えていた。ニュートンの重力法則は、質量の特定の空間的分布を前提するならばそのとき何が生じるのかについては決定し得るけれども、しかしこの質量の分布状況それ自体については何も教えてくれない。この相対的無規定性からニュートンは、この地点で異なる類の「根拠」を導入せざるを得ないと結論づけた。彼は目的論的考察に逃げ込んだのである。さまざまな惑星の軌道がほぼ同一の平面上に在り、それらの運動がすべておなじ方向を向いているという事実、あまつさえ、個々の惑星に随行する月〔衛星〕もまたそれとおなじ事情にあるという事実、これらすべてのことは「単なる力学的」原因だけからでは得られない。太陽系のこの驚嘆すべき仕組みを産み出すことのできるのは、至知至能の存在〔神〕の支配でしかない。ここで私たちは、直接的な神のおぼしめしにまで遡らねばならない。「神は個々の物体〔天体〕に現に在る位置を与えたもうたのである (*Deus corpora singula ita locavit*)(41)。」カントがこの点で限界を押し拡げようとしたのは、彼の功名心であった。彼の『天界の一般自然史と理論』は、明らかにニュートンのこの問いにたいするひとつの解答を、厳密に「力学的原因」の枠内で見出そうとしたものであった。とはいえカントは、その〔後の〕批判期には、世界の起源についてかつて提唱した仮説には立ち戻らなかった。この時期には、カントははるかに厳密な方法的かつ経験的規準でもって物事を判断していたのであり、それに照らすならば、以前の証明はもはや持ち堪えられなかったのである。一般的に次のように言うことができる。古典物理学は、ガリレイこのかた「なぜ（Warum）」という問いに答えることを一切断念したのであり、もっぱらこの断念のおかげで、みずから設定した特殊な課題を全うすることができたのである、と。物理学はもはや「なぜ」とは問わず、「どのように（Wie）」および「であること（Dass）」のみを問い、その両者にたいする、つまり世界の「法則論的」構造と「存在論的」構造にたいするある限られた法則を確立することでもって満足するのである。場の理論においても、場とは、つまるところその構造だけならば記述することができるが、しかしそれ以上遡って「説明する」つまりなにか他のものに還元することの不可能な、特殊な（*sui generis*）実在として現れる。なぜという問いのこのような制限に、私たちはいたるところで直面する。だがそのことは、自然認識が追求している決定を制限するものでは決してなく、むしろ決定の条件なのである。

第4部　量子論の因果問題

第一章　量子論の基礎と不確定性関係

しばしば強調されるところであるが、量子論は一般相対性理論の場合よりもはるかに厳しく古典物理学と対立している。一般相対性理論は、時間と空間の概念に根底的な変革をもたらしたとはいうものの、古典物理学の思考様式には原理的困難なく収まることができる。プランクは、一般相対性理論が、時間と空間を融合することにともない、質量とエネルギーの概念および重力と慣性の概念をもまたより高い観点から統一したことによって、古典物理学を初めていわばその頂点にまで押し上げたと語っている。これとは逆に量子仮説については、彼は、それが古典物理学の構造にたいして、あたかも異質で危険な爆薬のように作用し、今日すでにその全建造物の下から上までを貫く亀裂を産み出したと判断している。「それゆえ量子仮説の導入は、相対性理論の場合のような古典論の手直しではなく、古典論の破砕を意味している。(1)」

にもかかわらず、その〔量子〕仮説の影響の全貌が自覚されるまでには、かなりの日時を要した。それが初めて導入されたのは、決して革命的な仕方においてではなかった。それは、古典物理学への宣戦布告という形ではなく、古典物理学の一領域の穏やかな拡張という形でなされたのである。プランクが熱輻射の正常スペクトルにおけるエネルギー分布という問題に立ち向かったとき、彼は古典物理学という建造物を転覆しようなどという意図を持っていたわけでは毛頭ない。それどころか彼は、これまでは満足のゆく仕方で統合することのできなかった〔力学と電磁気学という〕その二つの基本領域のあいだを橋渡しすることによって、古典物理学を堅固なものにし、発展させようと努めていたのである。彼は、熱力学つまり熱平衡の諸法則から出発し、その原理にもとづいて、電気力学的現象にたいする説明、つまり光の振動〔輻射場〕と〔振動子の〕熱振動の励起と吸収の法則を導こうとした。しかしこの統合は、要素的作用量子という仮説の導入によって、つまり振動子とのエネルギー交換はある決まった量εの整数倍でのみなされるという仮定によって初めて達成されたのである。この要請は、〔光の〕波動のエネルギーは空間に連続的に分布しているという古典論の基本的前提とは対立していた。とはいえ明らかにプランクは、この対立を経験と相容れるように見える最少限にまで切り詰めるべく心を砕いていたのである。彼は、『熱輻射論』で次のように語っている。「力学法則を提唱するさいには、我々は、古典電気力学の法則からの止むを得ないと認められる逸脱を可能なかぎり少なく仮定するように、合理的に執り行なうことになろう。それゆえ我々は、輻射場の振動子への作用に関しては、古典論にトコトンこだわるのである。(2)」したがってプランクが〔一九一一年末に完成した〕その「第二理論」*の形成のさいに、〈吸収〉については量子的仮定は一切放棄し、〈放出〉にたいしてだけ、つねに振動子のエネルギーUがちょうど要素的作用量子h〔かける振動数$\varepsilon = h\nu$〕の整数倍に達するときにのみ不連続に生じると要求したのは(3)、この一般的な思想傾向にのっとっていたのである。プランクは一九一二年になっても、彼の『熱輻射論』の第二版の序文において、量子論的な見方のあまりにも性急な一般化にたいして声高に警告している。というのも、新しい仮説の健全な発展にとって、その限界を越えることほど有害なことはないからだというのである。こういう理由で彼は、量子仮説を可能なかぎり密接に古典力学に結びつけて形づくり、経験の事実がもはやそれ以外の逃げ道を一切残していないという事態に立ちいたって初めて古典力学の限界を越える、という立場に立っていたのである。

だが理論のその後の形成発展は、その創始者がその内側に留まるよう固執した当初の限界をたちまち越えていった。ボーアの〔一九一三年の原子模型の〕理論においては〔原子による光の〕吸収も放出とおなじようにつねに量子的に行なわれる。一般的に言うならば、いまや方法的意味においてきわめて重要でしかも特徴的な発展が、つまり当初の量子〈法則〉から量子〈原理〉への発展が、遂行されたのである。量子原理の適用は、物理学のたとえ広いとはいえ個別の領域にかぎられるのではもはやなく、量子原理はむしろ普遍的な観点として、自然認識一般の公準として理解され使用されるに至った。短期間でこの転換が、つまり量子仮説の「法則命題」から「原理命題」への移行が、成し遂げられたのである。まったく異なった見掛け上は異質な現象群が、いまやこの原理命題のもとに秩序づけられた。熱輻射の理論や光電効果の理論や比熱の理論が量子仮説によって結び合わされ、新しいやり方でたがいに関連づけられた。一九〇五年にアインシュタインが「光量子」の概念を導入したとき、彼はそれを「光の発生と変換に関するひとつの発見法見地*」だと言い表した。この見地は初めは純粋に理論的な考察から採択され、一〇年後になって初めて、ミリカンによって実験的に検証され、十分に厳密に裏づけられるに至ったのである。[4] この思考の発展がいかに速やかであり、いかに止め難い勢いで物理学のすべての領域を捉えていったかは、ゾンマーフェルトが著書『原子構造とスペクトル線』初版（1919）の序文に量子論の世界像をスケッチしたさいのオーバーな熱狂ぶりに見てとれる。「今日我々が〔原子の〕スペクトルから聞き取るものは、原子内部の真の天球の諧調、ないし和音の共鳴であり、おびただしい多様性にもかかわらずに押し広がる秩序と調和である。」

　とはいえ、見掛け上はそれなりに調和的なこの体系が、たちまち深刻な不協和音を醸しだすことになった。ケプラーとガリレイからニュートンへと、そしてニュートンからラグランジュへと進んでいった古典物理学の発展に示されている平坦で直線的な歩みは、量子論では拒まれていた。量子論は原理的な〈二元論〉に不断に脅かされていたがゆえに、そのようにシンプルにかつストレートに進むことができなかったのである。量子の要請は古典力学と古典電気力学の体系を破壊したのではあるが、にもかかわらずそれらの体系をひき続き使用せざるを得なかったのである。この二元的な態度は、当初から認識批判上のパラドックスであった。それを取り除くないし緩和するためには、今では物理学が不断に併用せざるを得ない双方の言語のあいだに、少なくともある一定の結びつきを設定することが試みられねばならなかった。〔古典論と量子論の〕双方の言語使用の規則を確立し、量子論の概念と古典力学や古典電気力学の概念がどうすればたがいに折り合い、いうならば調和するのかを指示する一般的指針が与えられなければならなかった。古典論自体が、その性格の本質的部分を手直しされなければならなかったのである。というのも古典論は、原子物理学の基本的な経験事実に関して——原子の安定性および鋭いスペクトル線の存在という事実に関して——どのような説明も与えることができず、実際そうした事実とまったく折り合えないように見えたからである。だからといって、巨視的物理学の内部においておびただしい観測によって立証され、再三にわたって検証されてきた古典物理学の諸法則をおいそれと犠牲にするのも、これまた同様にできない相談であった。このジレンマから逃れる道を示そうとしたのがボーアの「〈対応原理〉」であり、それは量子論の迷路におけるいわばアリアドネの糸〔導きの糸〕であった。対応原理では、輻射の現象にたいする光の電磁理論による解釈と量子論による解釈は、量子数がある程度大きい場合にはスペクトル線の強度や偏光についての命題が〔古典電磁理論と量子論のあいだで〕たがいに置きかわり、量子数が十分に大きくなるにともなって両者の解釈が漸近的に接近することが示されるというように、関連づけられている。ボーアが強調しているように、対応原理は、量子論の要請と古典論とのあいだにある根本的な食い違いには眼をつむって、古典論のあれやこれやの特徴を適宜解釈し直すことで量子論の形成に利用してゆこうとする努力の表現なのである[5]。

対応原理によっても量子論と古典論のものの見方の対立が完全に解消されたわけではなく、両者の懸隔が真の意味で架橋されることはいかようにもかなわなかった。しかし対応原理によって、自然の出来事の統一的記述をもたらすには異なるタイプの法則をどのように利用すればよいのかを示すことで、研究の歩みを導くある方法的・発見法的〈準則〉が定められたのである。[6] エーレンフェストによる「断熱仮説」の提唱もまた、同様の努力から産み出された。そこにおいても、原子というシステムの――輻射の現象を無視した――定常状態を、古典力学の諸法則にしたがってできるかぎり先まで計算するという要求が最重要視されている。この要求は、孤立したシステムにたいして成り立つだけではなく、「断熱不変性の原理」によれば、たとえそのシステムに外から作用が働いていてもその作用が「無限に緩やかに」なされると仮定しさえすれば、維持されなければならない。「断熱不変」量とは直接に「量子化可能」な量であり、それゆえ、法則の〔二つの〕異なる基本形式のあいだを結びつけるためには、古典論の運動法則のなかにこのような〔断熱不変〕量を見出すことが肝要である。[7] 物理学研究の直接の要求は、これによって当面のあいだは満たされるように見えた。だが、いつまでもこのような理解に留まることができないというのもまた、当然のことである。というのも、認識論的に考察し判断するならば、それは最終的解決というよりはむしろ妥協という性格のものであるからだ。始めにある概念が受け容れられながら、それが〈その後に〉ある条件に限定されることによって手直しされ、この訂正によって初めて実際に是認されその使用が保証されるのだとすれば、どうみてもそれは満足のゆくものではない。古い〔前期〕量子論において用いられねばならなかった「量子化」の規則は、ある意味では「〔急場を救うために都合よく登場する〕機械じかけの神（*deus ex machina*）」である。それは古典論の原理によっては根拠づけられない「他律的な（heteronom）」規則である。ボーアの振動数条件は、たしかに欠かすことはできないし、そればかりか並外れて実り豊かではあるにしても、しかし古典論の立場では、真の理論的な理解を得られないままに直面する応急処置にすぎない。どこまでいってもそれは、ヒルベルトが別のことに貼ったレッテルを使えば、一種の「禁令（Verbotsdiktatur）」でしかない。古典論のある特定の量について、それらは「量子化」されなければならない、すなわち整数値のみしか許されないということが要請されているのである。この禁令に関しては、それが「何であるのか（Was）」ということのみならず「何故《なにゆえ》に（Warum）」ということも、その ὅτι（そうである）のみならず διότι（それゆえに）* もが理解しようがないのである。新しい量子力学への努力は、この点から始まった。波動力学を提唱したさいのシュレーディンガーの目論見は、疑いもなく、この量子化の規則を単なる外在的な処置として放置しておくことなく、本質的な理解に迫ろうとすることにあった。彼は、あれやこれやの量が恣意的に整数として要請されなければならないということとは完全に無縁な量子化の方法を要求したのである。求められていたことは、量子条件がなんの特別な役割も果たしていない通常の力学現象と典型的な量子的現象とをひとしなみに包摂する、物理学の統一的構築であった。この目標は、そこにある物理学上の問題を思いがけない仕方で数学の問題に還元することによって達成された。シュレーディンガーが提唱した微分方程式は、微分方程式論から〈一般的に〉証明可能なように、そこに現れるパラメータがある決まった離散的な値〔固有値〕をとるときにのみ、いたる処一意的で有界で連続な解を有する。それゆえ、あれやこれやの特殊な仮定を付け加えなくとも、この「固有値」がその系の特定の離散的な値を提供する。こうして、ボーアの定常状態は、シュレーディンガーの波動の固有振動であると説明された。[8] というわけで、新しい波動力学の立場から見るならば、「量子化」の問題は新しい光を当てられる。古い理論〔前期量子論〕とそれによる量子条件の表現および解釈は「第一近似」でしかなかったのである。[9] いまでは〔波動力学では〕波動関数の一意性および有界性という要求が、量子規則にたいして求められていたそれゆえに（διότι）を提供する。それゆえもはやこの規則は、アリストテレスの精神（νοῦς）のように「外から（θύραθεν）」物理学の世界に侵入するには及ばない。それは「中から」理解され権利づけられるものとして登場したのである。プランクの輻射法則からボーアの原子模型へ、さらにそこから新しい量子力学へと至る理論の発展を辿るならば、この点において、一貫した発展が明瞭に見て取れる。この理論がいまだにその目標を完全には達成していないということ、それがいまもってその最後の言葉を語ってはいないということ、このことは今日では各方面から認められている。しかし、いまもなお残っている困難は経験の発展によってしか解決され得ないということもまた、同様に確かである。あくまでもそこでは、カントの言葉を使えば「我々の悟性にとって偶然的な」、それゆえその妥当性については経験的観察によってしか決定し得ない「特殊な自然法則」を獲得し根拠づけることが問題なのである。

古典論のものの見方から量子論のものの見方へのこの移行をとおして、〈因果原理〉の意義が変化したのか否か、またどのように変化したのか——因果原理が自然科学的認識には通用しなくなったのか、ないし「無内容」になったのか——、このことはまったく別の問いである。この問いにたいしては、因果法則そのものの意味が確定していなければ、つまり因果法則によって何が思念され何が思念されていないのかがはっきりしていなければ、答えようがない。私たちのこれまでの考察は、あげてこの問題に向けられていた。私たちは、「ラプラスの公式」によって表現されるような因果法則の旧来の捉え方では、因果法則の内容やこれまでの「古典的」使用を十分に正しく評価することはできないことを示そうとしてきた。それゆえ、この〔ラプラスの〕〈公式〉が論駁されたからといって——この論駁を私たちはまったく正当であると信じるのであるが——そのことで因果性の〈原理〉が論駁されたことには決してならない。因果原理の本質的意義は、形而上学的意味にではなく「批判的」意味に解するならば、因果原理が、直接に「事物」についての言述を含むものではなく、そこにおいてかつそれによってのみ「事物」が認識の対象として私たちに与えられ得るところの〈経験〉についての言述を含むものである、ということに認められる。因果原理は、経験的認識の構造について何かを語るのであり、経験的認識がその目標、つまり「対象についての知識」という目標を追求する道程の個々の局面を確定するものである。それゆえ私たちの問いは、量子論の問題設定とその成果によってこの道程と目標の規定に本質的な変化がもたらされたのかどうか、自然認識は今後その〈方向〉を転換させ、その方法を根本的に変更しなければならないのか否か、ということに尽きている。

この問題に答えるにさいして、さしあたって私は不確定性関係を度外視する。その意義については後に立ち戻るつもりである。それが量子論的な考察の仕方や認識の仕方に固有の決定的な特徴を暴き出したということには、論争の余地はない。だがその特徴は、物理学というシステムそれ自身の構造と分節というよりは、むしろ物理学というシステムが拠って立つ基底に関わっているように思われる。不確定性関係において問題になっているのは、私たちがこれまでの分析をとおして詳細に説いてきた「タイプの階層構造」ではなく、最初の階層すなわち測定命題そのものの階層であり、その測定命題の階層に、これまでに注目されたことのない固有の問題性（Problematik）が指摘されているのである。プランクが語っているように、不確定性関係は、ある出来事の感覚の世界から「物理学的世界像」への翻訳、および後者から前者への逆の翻訳のさいに生じる不確実さ——測定方法をどのように改良しようとも完全には取り除くことができないと主張される不確実さ——にかかわるものである。* だがしかし、このことによって与えられる不確定性は、そこからしばしば引き出されてきた、例の大袈裟な「形而上学的」あるいは「世界観的」結論を権利づけるものでもなければ、促すものでもない。以前にシュレーディンガーは、量子論の内部における「保守的」観点と「革命的」観点を区別したことがある。前者は、あらゆる自然法則は、たとえ私たちはそれを統計的にしか定式化できなくとも、厳密に力学的に基礎づけられているはずであると仮定する。後者は、私たちが自然現象のあいだに設定し得るいわゆる必然的統合なるものは、まったく無規則的に推移する無数の要素的出来事の結果でしかないという仮定よりなる。両者の見解のどちらを選んでもかまわない。実際、そのいずれを採るかの最終的な判定は、経験によってはもたらされないし、かといって合理的推論によって強いられることもあり得ない。[10] だが、たとえ新しい物理学の断固たる「革命家」の言うところに与したとしても、そのことが、そこからしばしば引き出されてきた例の形而上学的結論を煽るものでないことは明らかである。というのも彼等の誰ひとりとして、現実の物理学の研究においては出来事の法則性〈一般〉を断念しようとは望んでこなかったからである。それどころか彼等の誰もが、私たちの自然観測が行なわれる条件のもとで、この法則性を論駁しようのない形でどのように〈表現〉し、どのように根拠づけるべきなのか、このことを問うてきたのである。ボーアは、因果概念そのものの妥当性を決して否定していない。それどころか彼は、因果概念が測定結果のどのような解釈にとっても不可欠であることを、再三にわたって強調している。古典物理学の理論が拠り処としている基本的諸概念が物理学的経験の記述にとっていつか不必要になるかもしれないというような考え方は、彼によれば幻想とされる。ボーアが退けたのは、現象の因果的記述を古典論の意味において直接に時間的・空間的記述に結びつけ、後者といわば融合させることがいまだに可能である、という見解だけである。〈因果的記述と時間的・空間的記述の〉両者はたがいに補完し合っているが、しかし両者を同時に併用し、言うならば〈単一の〉像にまとめあげることはできない。量子論の本質にのっとるならば、私たちは、時間的・空間的記述と因果性の要求が、経験内容の記述の〈相互補完的（komplementär）〉ではあるがたがいに排他的な特性であり、観察の可能性ないし定義の可能性のそれぞれの理想化を象徴するものである、という理解で満足しなければならないのである。[11] ハイゼンベルクはもっと尖鋭であって、不確定性関係を最初に導入したさいには、まさにこの関係によって因果法則の妥当しないことが示されたと説いていた。[12] だがしかしこの直截的な否定もまた、もっぱら因果律のきわめて狭い特定の理解にたいしてのみ向けられていたのであり、その普遍的意味にたいしてではないということは、ハイゼンベルクが量子論の物理学的原理に与えた更なる拡充と解釈から読み取れる。というのもそこではハイゼンベルクは、「相補性（Komplementarität）」というボーアの基本的見解を一貫して堅持しているからである。ハイゼンベルクによれば、量子論は二つの可能性のあいだで選択をしなければならなかったのである。量子論は、時間的・空間的記述にこだわりつつも、しかしそのさい不確定性関係によって明らかにされた「観測」概念の固有の不確定性を甘受しなければならないという行き方も可能であり、さもなければ、時間・空間内での事物の単純な結びつきとは解釈できないけれども、しかし「因果性」にあらためて権利を認めることの可能な数学的図式で満足しなければならなかったのである。[13] 最後に、ボルンとヨルダンが主張した量子力学の統計的解釈〈波動関数の確率解釈〉について言うならば、それもまた、孤立系における出来事の推移が時刻$t=0$での系の状態によって完全に定められるという決定論はもはや維持できないと強調している。というのもそのような理論は、たとえ無矛盾だと考えられるにしても、初期状態が決して正確に決定され得ないのだから、適用の可能性をまったく欠いているのである。この意味において、因果法則は「無内容」である——物理学は原理的に非決定論的であり、それゆえ統計の問題だというのである。しかしこのような結論もまた、ボルンによれば統計的命題はきわめて〈厳密な〉命題であるという注釈によって、その場で補われている。つまり確率それ自体は、彼が強調しているように、不確定では決してなく、むしろ量子論の形式をとおして厳密に決定されているのである。[14]

この事態は、量子力学を作りあげるさいに〈エネルギー原理〉が果たした役割を考察するならば、他の側面から明瞭になる。古典物理学の歩みにおいて厳密に因果的な思考と推論の真の原型であることがますますはっきりしてきたのは、まさしくこの原理であった。かたくななエネルギー一元論の主張者たちは、エネルギー概念と因果概念を同一視しがちであり、彼等によれば、因果概念はエネルギー概念に、またそこにおいてのみ、その唯一正しい実現と適切な物理学的表現を有していると説明される。「一切の出来事はエネルギーの空間的・時間的変化よりなるのだから——と、たとえばW・オストヴァルトは説明している——因果法則のこの形式は、ある意味ではすべてを尽くしている。……したがって因果法則は、より確定的な形態では〝あれやこれやのエネルギー形態の他のエネルギー形態への等価的変換が生じることなしには、何事も起こらない〟ということを言っているのである。」[15]〔熱力学〕第一法則〔すなわちエネルギー原理〕と一般的因果律のこの〈同一視〉にたいしては、認識論上の理由から反論することはできよう。とはいえ、因果的思考が「エネルギー論的」思考におけるひとつの本質的契機を構成しているということは否み難い。それゆえ後者に固執するならば、同時に前者をも暗黙の内に措定し承認していることになる。そしてこのエネルギー論的思考へのこだわりは、量子力学にとっても特徴的である。量子論の発展過程では、エネルギー保存則の厳密さと普遍妥当性にたいするなにがしかの疑惑も時折表明されてきたし、何人かの研究者たちはエネルギー保存則を犠牲にする用意があった。だがこの犠牲は、必要でもなければ実行可能でもないことが示された。それどころか量子力学は、エネルギーと運動量の保存則を堅持し、自身の財産として変更を加えることなく継承しているのである。これらの法則は、あらゆる精密な自然記述の礎石――物理学の説明の体系が採るどの特殊的形式からも独立した件《くだん》の「不変なるもの（Invariante）」――に属するように見える。他でもない、量子論のある基本的現象の、理論的にもっとも重要でもっとも実り豊かな説明が、その二つの保存則に立脚しているのである。光電効果の理論においてもコンプトン効果の理論においても、光量子と電子の衝突およびそれにともなうエネルギー交換にたいして、エネルギーと運動量の保存則が成り立つものと仮定されている。エネルギー保存則をめぐる最近の、私の見るかぎりではいまだにどのような確実な結論にも達していない議論において、エネルギー保存則はもしかして単に統計的な意義しか持たず、〈個々のケース〉においてはそこからの偏倚があり得るかもしれない、という思想もまたたしかに表明されてはいる。[16] しかし量子力学の今日の形式に着目するならば、そこでのエネルギー概念の適用における変更は、次の事実にかぎられるように見える。すなわち、量子論の考え方によれば、ある系のある与えられた瞬間のエネルギー状態の〈決定〉という問いは、これまで示されてきたものよりもずっと込み入ったものであり、のみならず、そもそもがエネルギーを定められない状態の存在もまた想定される、という事実である。だからといって、そのことによってエネルギー保存則そのものの妥当性が失なわれるわけではなく、エネルギー保存則が量子力学の統計的予言をも基礎づけているのである。

　また、通俗的な議論にしばしば見掛けられる「非決定論」という言葉の例の無批判的な使用を戒めるであろう今ひとつ別の事情をも、あらかじめ指摘しておかなければならない。量子力学の現在の状況についての最近の論評で、[17] シュレーディンガーは、量子力学においては一般に確率命題が扱われているのだけれども、他方ではこれらの命題は特有の〈正確さ〉によって際立っているということを強調している。たとえばプランクの振動子のエネルギーを測定しようとする場合、EとE'のあいだに〔エネルギーの〕値を見出す確率は、数列$\pi\hbar\nu$, $3\pi\hbar\nu$, $5\pi\hbar\nu$, $7\pi\hbar\nu$, $9\pi\hbar\nu$ ……の中のある値がEとE'のあいだに存在するときにのみ0と異なり得るのであり、「モデル定数」$\pi\hbar\nu$[*]〔＝$h\nu/2$〕の奇数倍で表現することのできないその他のすべての測定値は排除される。実際この命題は――と、シュレーディンガーは付け加えている――正確さをひどく欠いているどころか、まったく逆であって、現実の測定で可能な以上に精密なのである。そして量子論の測定命題にたいしてと同様に、量子論のすべての法則命題および原理命題にたいしても、同様の精密化が妥当する。実際、たとえばハミルトンの原理は、その古典論の形式ではある積分〔作用積分〕が最小値〔正確には極値〕をとらなければならないとだけ要求し、そのさいその最小値〔極値〕の値は決まらないが、それにたいして量子論では、この値がプランクの作用量子〔h〕の整数倍でなければならないという条件が付加される。それゆえ、量子論の諸命題においては正確さが原理的に欠落しているというようなことを口にし得るのは、統計的命題は「不正確な」命題であるにちがいないという先入観からいまだに解放されていない者だけである。実際には、量子論は〈厳密な〉命題を扱っているのであり、ただしその命題は、個々の事物ないし出来事に関するものではなく、ある統計集団〔コレクティヴ〕に関するものなのである〔前述、p. 112f. 参照〕。放射性崩壊の理論では、あらゆる〔放射性〕物質にたいして、任意に抽出されたひとつの原子〔核〕が任意に選ばれた時間間隔にある決まった確率で崩壊するということから出発し、その崩壊を規定する指数法則が存在することが示されるならば、そしてそれによって異なる「放射性系列」の「系譜」が定められるならば、たとえそのことによって〈個々〉の原子〔核〕の運命やその崩壊の瞬間を言い当てることができないにしても、これらすべては最高度に精密な決定なのである。個々の原子核の運命や崩壊時刻を特定できないからといって、「因果性」が破綻したわけではない。というのも、因果性というのは一般に「運命についての問い」ではなく、端的に法則についての問いだからである。という次第であるから、量子論においてもまた、因果性の問題はもっぱらこの意味で、つまりその「批判的な」

意味においてのみ、理解されなければならないのである。時には非決定論のテーゼは、個々の電子が〈遷移のさいに〉採るであろう軌道は前もって自然法則的には指定できず、電子はある範囲内で「選択」し得るのであり、最終的にいかなる選択がなされるのかは、言うならば「自然のさいころ遊び」によって決定される、というように表現されてきた。(18) とはいえその名に本当に値する真の非決定論には、ここをさらに一歩進もうと決意したときに、つまり攻撃を個々の出来事の決定性に向けるのではなく、むしろそれらの出来事を支配していると私たちが考えている〈法則〉の決定性に向けたときに、初めて遭遇することになるであろう。そのときには「自然のさいころ遊び」は別の形をとる――それはそのときには、個々の電子の軌道の決定にかかわるのではなく、自然はある瞬間にあれやこれやの異なる法則を用い得るのか、つまり自然は私たちの認識には制御できない仕方で「場合ごとに」その法則を変更し得るのか、といった問いにかかわるものであろう。とはいえ問いのこの意味での〈定式化〉が、すでに許容しがたい擬人観（Anthropomorphismus）を含んでいることは明らかである。私たちが「自然」をそれ自体で存立している主体と考えるならば、つまり自然を作用を及ぼすないし作用を受ける「事物」のように考えるならば、それは誤った基体化である。私たちは、自然をある瞬間に「選択をする」(19) 能力を持つ自存的作用因（Agens）と見ようが、それとも自然は厳密で厳格な法則の支配に委ねられそこから逃れられないと見ようが、いずれの場合にも同様にこの基体化という誤りに陥っているのである。厳密に物理学的な言語使用においては、「自然」とは諸関係の総括、諸法則の総括以外のものではなく、作用を及ぼすとか作用を受けるというようなカテゴリーは、かかる総括には、かかる純粋「形式」には適用しようがない。したがって、決定論の要求の解決のためにも、梃子は別の位置にあてがわれなければならない。この要求もまた、直接第一義的に物質的出来事それ自体に向けられるべきではなく、それは自然認識の「形式」に、自然認識の基本概念や原理の構造に向けられなければならない。この概念や原理の論理的決定性、つまりその規定性は、原子物理学内部の出来事がもはや「古典的な」タイプの力学法則によっては記述できず、もっぱら統計的法則によってしか記述できないのだということが示されたとしても、そのことによって廃棄されるわけではないのである。

以前にエディントンは、「非決定論」のテーゼを弁護するために気の利いた喩えを作り出している。彼は、現代物理学の思想において遂行された転換を、最近多くの国で貨幣通貨制度を新しい基礎の上に置くことになったために生じた経済上の転換に準《なぞら》えている。後者の場合に、通貨政策の変更が必ずしも経済と経済的信用の動揺を引き起こすわけではないことが示されているが、それと同様に、物理学の諸命題の真理価値も、いつでも物理学の変形の影響を被るとはかぎらないのである。力学的法則の厳密な妥当性はもはや維持できなくなったのであるが、力学的法則がなくても物理学は認識の全体においてしかるべき〈機能〉を果たすことができるということが判明したのである。力学的法則は、これまでのところは、物理学の概念形成一般の本来的で必然的な基礎と見なされていた。「力学的法則はいわば物理学の金庫に大切に保管されていた金であり、統計的法則は現実の支払に用いられる紙幣でしかなかった。紙幣が金によって裏打ちされているということは、当然で自明のこととされていたのであり、誰もがそのことに特に関心を払ってこなかった。だが危機がやってきた——そして〈物理学は金本位制を放棄した〉。この発展はようやく最近になってなされたのであり、その最終的結果にたいしては見解がまだまだ大きく分かれている。アインシュタインのような何人かの研究者は、避け難いインフレを危惧し、金〈つまり力学的法則〉による裏づけへと復帰することに固執している。しかし大部分の物理学者は、今ではなくても構わないような役割しか果たしていない金に、何故《なにゆえ》にそのような効力を与えたがるのか、何故《なにゆえ》に将来もそれを完全に放棄してしまおうと望まないのか、このことを疑問視し始めている。(20)」

ここでなされているのと同様の議論は、実際、現代の原子物理学の発展がもたらした認識論上の問題状況を解明するのに役立つ。私の見るところでは、どれほど過激な「非決定論者」といえども、〈裏づけのまったくない〉「紙幣」を物理学的認識の体系に導入するだけの覚悟のできている者は一人としていないようである。物理学の諸命題は純粋シンボル的性格を帯び得るのであるが、しかし、最終的にはこのシンボルの全体にたいして「現実」とのなんらかの結びつきを、「事物に即した基礎（*fundamentum in re*）」を、人はつねに要求せざるを得ない。この要求が満たされなければ、物理学の真理価値は失なわれ、その論理的な「信用（Kredit）」は金輪際損なわれるであろう。それゆえ理論物理学の科学的性格を維持しようとするのであれば、その概念と判断にたいする「裏づけ（Deckung）」一般を放棄するなどもっての外である。問題はただ単に、何処《どこ》にその裏づけを求めるべきなのか、ということだけである。現代の原子物理学もまた、認識の真の資産内容を根拠づけるある究極の客観的に妥当な基本規定を措かなければならない。だが現代物理学は、もはやこの資産内容を、古典物理学の体系の場合と同様の仕方では定式化できない。物理学のすべての命題を古典論の力学的法則のあるタイプに還元することにいつかは成功するであろうという望みは、いまではますます衰えつつあるように思われる。このような還元を追求するかわりに、私たちは、統計的法則を物理学的命題に固有の基本的なタイプとして承認する用意がなければならないし、その覚悟がなければならない。統計的法則はそれ以上さかのぼって導き出すことのできない、同様に根源的で同様に権利づけられる認識要素として評価されなければならないのである。そのことによって、私たちの物理学的判断にたいする「裏づけ」はもちろん移し変えられるが、だからといって、裏づけがなくなるわけでは決してない。いまではその裏づけは、この移り変わりにたいして不変であることが示されるものの内にある。新しい物理学を首尾よく作りあげるためには、何らかの「アルキメデスの点」が、「不確定性」によって脅かされることのないなにがしかの確実な基底が、与えられていなければならない。ボーアやハイゼンベルクもまた、このような基底の必要性を再三にわたって強調している。量子力学の発展についての簡潔な概説において、[21]ハイゼンベルクは、新しい物理学においてもまた、観測者や測定装置の振舞いは古典物理学の法則にのっとって論じられなければならない、というのも、さもなければそもそもいかなる物理学の問題も存在しないことになるからだと語っている。測定装置の内部ではすべての出来事は古典論の意味で決定されていると見なされるのであり、そのことがまた、何が生じたのかを測定結果から一義的に結論づけ得るために必要とされる前提をなしているのである。さらにハイゼンベルクが説いているように、一般に量子力学の手続きは、たとえば電子の運動量やエネルギーのような古典力学のどの量にたいしても、それに照応する行列を対応づけることにある。次いで経験的出来事の単なる記述を越えるためには、さまざまな量に対応づけられる行列が、古典力学でそれらに照応する諸量が運動方程式によって結びつけられているのと同様に、法則にしたがってたがいに結びつけられなければならない。この手続きにもとづくならば、量子力学においてもまた、古典力学にとって基本的であった法則を証明すること、とりわけエネルギー・運動量・角運動量の時間的一定性を維持することができるのである。今ひとつの本質的な規定性と安定性は、ある基本量の不変性を堅持し、自然の出来事のすべての理論的記述のさいにこの不変性を前提とするということのなかに与えられている。普遍的自然定数のある決まったシステムが措かれる。すなわちたとえば光の伝播速度や、電子の電荷や質量、陽子の質量等が、つねに同一の決まった値をとる絶対的一定量と考えられる。エディントンの喩えで表現するならば、新しい物理学の真の「金価格」があるのは、この規定性においてなのである。そして量子論は〈この意味での〉金本位制を廃止したことはないし、また廃止することは不可能だったということ、そのことは、量子論がその登場と発展の過程で他でもなくこの方法上の理想に終始結びつけられていたということからすでに明らかである。量子論構築の真の礎《いしずえ》となったのは、まさしく〈普遍的自然定数〔この場合はプランク定数〕〉が存在し、その定数が個々的にはさまざまな性質を呈しうる自然のすべての出来事にその刻印を残している、ということの発見にある。すべての量子論的な考察と実験にさいしてこの定数〔プランク定数〕の普遍性が前提とされ、その数値は、何通りもの方法で追試をしようともつねに同一であることが示された。プランクの輻射法則や水素原子のスペクトルのバルマー系列や原子熱〔比熱〕の公式などにおいて与えられるすべての個別的規定性は、つねにこの普遍的規定性に還元される。この要素的作用量子〔プランク定数〕が、量子論のすべての命題がそこに位置づけられるべきいわば確固たる枠組を示している。そしてこの枠組が堅固で安定なことと自体が、それだけで、理論の「非決定性」を、物理学から一般的な「世界観的」結論へと乗り移るさいに陥りがちな解釈の思弁的な逸脱から防御するのに十分であろう。*

不確定性関係もまた、「量子論的決定論」のこの枠組から外れることはできず、また外れようともしないことは明らかである。というのもその真の意味と内容は、量子論のこの確かな枠組を与えられたものとして、また普遍的に妥当するものとして前提したときに初めて理解されるからである。不確定性関係は、厳密な自然法則という仮定を断念するどころか、むしろ、私たちの経験的認識の条件に背馳しないでどのように厳密な自然法則に達し得るのか、どのように厳密な自然法則を定式化すべきなのか、このことの指示を与えようとするものである。不確定性関係の最初の導入のさいにハイゼンベルクは、すべての物理学上の言述は、観測されている対象の状態をその純粋の「それ自体（An-Sich）」であるがままに表現するものでは決してなく、その時々の観測手段との関係においてしか表現し得ないのだから、そのかぎりで相対的性格を持つという考察から出発している。このことに由来する制約は、私たちが巨視的物理学の領域に留まるかぎりでは無視することができる。だが私たちが微視的物理学の現象に向かうや否や、それは決定的な意義を持つことになる。というのもそこでは私たちは、もはや上述の事情を無視し得ない程度の量を扱っているからである。私たちがある決まった正確さの度合いを越えて何かを語ることを原理的・絶対的に禁じているのは、観測手段へのこの依存性である。ハイゼンベルクがこの事情から導き出したもっとも重要で認識論的観点からも意義深い結論は、この事情をとおして、私たちの実験技術の限界のみならず、物理学における私たちの〈概念形成〉の限界もまた指示されたということである。私たちがある物理学の概念を形成しようとするときには、その概念が無内容になったり曖昧になったりしないように、この限界をつねに心に留めていなければならない。たとえば「電子の位置」について云々するときには、ある実験を、つまりそれによって電子の位置を測定すると考えられる何らかの実験を指定しなければならない。電子に光をあてて顕微鏡で観察する場合を考えよう。そのとき、用いる光の波長が短ければ短いほど、電子の位置決定はそれだけ正確になる。しかし他方では、より短い波長を選べば、付随する「コンプトン効果」の影響がそれだけ一層大きくなる。電子に衝突しその電子によって反射されるないし逸らされる光が、その電子の運動量を変化させるのである。電子は反跳を受けるが、その反跳は、選ばれた光の波長が短くて振動数が大きいほど大きい。このことから、電子の位置と速度を〈同時に〉任意の精度で測定することが原理的に不可能なこと、またなぜ不可能なのかが、導き出される。位置決定が正確になればなるほど、それだけ速度の測定は不正確になり、そしてその逆もまた成り立つ。Δx で位置測定のさいの誤差を表し、Δmv で運動量測定のさいの誤差を表すならば、この二つの量の積を要素的作用量子の程度のある値〔正確には $h/4\pi$〕以下にすることは決してできないのである。

不確定性関係の認識論上の意義をはっきりとさせようと思うならば、そこで示されている事態とハイゼンベルクがそこから引き出した結論とを峻別しなければならない。ハイゼンベルクは、不確定性関係を端的に因果律の否定をもたらすものと解釈している。彼は次のように語っている。「〝我々が現在を正確に知るならば、我々は将来を決定することができる〟という因果律の厳密な定式化に関していうならば、間違いは結論〈Nachsatz〉にではなく前提〈Voraussetzung〉にある。我々は、現在をそのすべての細部の規定にいたるまで知ることは原理的に〈できない〉のである。……すべての実験が量子力学の法則に〈それゆえ $\Delta x \cdot \Delta mv \geqq \hbar$ という関係に〉*支配されている以上、因果律が妥当しないことが量子力学によって決定的に確立されたのである[22]。」この議論において認められないのは、ここで実際に「因果律の厳密な定式化」がなされているのだという〈一点〉にかぎられる。ハイゼンベルクの〔量子力学では因果律が妥当しないという〕証明は、もっぱら因果原理のある特定の〈理解〉だけに向けられているのであり、そのような理解については私たちは、たとえ不確定性関係を完全に度外視したとしても、重大な理論的欠陥が付きまとっていることをすでに見てきた。この不正確な公式を、古典物理学の内部においてたとえばヘルムホルツによって与えられたような批判的に洗練された理解[23]で置き換え、因果性の要請を法則性という一般的な要請によって表現するならば、ハイゼンベルクの不確定性関係は、因果律にたいする反証には決してならない。ハイゼンベルクは、彼が前提としている理解の仕方では因果律が妥当しないと説明したまさにその処で、古典論においてある関係が実際に完全に正確に測定可能な諸量のあいだに成り立つすべての場合に、量子論でもそれに対応して正確な関係〔運動量保存則、エネルギー保存則〕がやはり成立すると説明しているのである。* 実際、ハイゼンベルクによって与えられた不確定性関係の誘導や証明が、すでに、そこでは因果的思考と因果的推論〈そのもの〉が否定されることになるわけでは毛頭ないということの証拠を提供している。というのも、不確定性関係を導き出すさいに依拠したコンプトン効果の理論が、他ならぬこの因果的思考をまごうことなく利用しているからである。なるほどそこでは、電子と光子《フォトン》の相互作用のメカニズムなるものは、物質粒子と光量子《リヒトクヴァンテン》〔光子〕のあいだに何らかの相互作用力を導入し、考察している過程の時間的経過を旧来の力学的な仕方で記述するという意味では、たしかに問題にならない。そしてまた、衝突後に粒子と光子が進んでゆく方向も、確定的には決定され得ない。とはいえしかし、一方ではエネルギーと運動量の保存則にのっとって、他方ではエネルギーと振動数のあいだのプランクの関係〔$\varepsilon = h\nu$、および波長と運動量のあいだのド・ブロイの関係 $p = h/\lambda$〕にしたがって、最終結果が決定されるという形で光量子と電子の衝突にたいして質点にたいするのと同様の力学的な衝突の法則が適用されているのである[24]。それゆえに量子論の根本的要請が、ここでは、以前に強調してきたように典型的で純然たる「因果律」と見なされるエネルギーと運動量の保存法則に、ある決まったかつ特徴的な仕方で結びつけられているのである。このような連関から、不確定性関係が量子論と古典物理学のあいだの、したがってまた量子論と「因果原理」のあいだの結びつきを断ち切るものでは決してないということが、疑問の余地なく見てとれる。それゆえ不確定性関係は、なるほど因果原理の形式を修正するかもしれないが、その〈内容〉をただ単に否定したり無効にしたりするものでは決してありえないのである。問題はこの修正が何からなり、認識批判にとって意義のあるその固有の成果は何であるのか〔という点にある〕。

この問いにたいする明快な回答は、一方では不確定性関係の意味に、他方では因果律の論理学的形式に、それぞれ着目することによって、得ることができる。後者は、もしもxであるならばそのときy（*Wenn x, so y*）という公式でもって表される純粋条件法則によって表現できる。もしもその関係の前提のなかに、つまり項xのなかに、不確定性ないし「誤り」が忍び込んでいるとすれば、この公式とその妥当性についていったい何が語り得るのか？　その問いについてはすでに伝統的論理学が、その誤りは必ずしもyの誤りをもたらすものではなく、ましてやその誤りによって関係そのものの一般的妥当性が損なわれるわけではないと答えている。よく知られた論理学の規則によるならば、命題「条件づけるものが措定されたならば、条件づけられるものも措定される（*Posita conditione ponitur conditionatum*〔AならばB〕）」から「対偶（Kontraposition）」によってたしかに命題「条件づけられるものが無効となるならば、条件づけるものも無効となる（*Sublato conditionato tollitur conditio*〔BでなければAでない〕）」は導けるが、命題「条件づけるものが無効となるならば、条件づけられるものも無効となる（*Sublata conditione tollitur conditionatum*〔AでなければBでない〕）」は導けない。アリストテレスはこのことを、真なる前提から偽なる結論が推論されることはないが、しかし結論命題の「それゆえに〔理由〕」ではなくただその「そうである〔内容〕」だけが問題であるかぎりでは（πλὴν οὐ διότι ἀλλ᾽ ὅτι）、前提が偽であるからといって必ずしも結論命題が偽となるわけではない〔つまり偽なる前提から真なる結論が導かれることがあり得る〕と表現している。[25] それゆえに不確定性関係が、物理学の特定の因果的判断に誤った〈前提〉が含まれるということを私たちに教え示したにしても、そのことはそこに用いられている仮説的推論の純粋〈形式〉についてはまだ何も言っていないのである。もしもxであるならばそのときyという推論図式が無効にされたわけではなく、ただ、この図式が使用可能であるためには、つまり物理学的に適用可能とされるには、私たちがそこにはめ込む項が正確に測定可能な量であるのか否かが、あらかじめどの個別の場合にも検証されていなければならないということのみが主張されているのである。言い換えれば問題は、因果関係それ自体にではなく、この関係を取り結ぶはずの項にある。因果関係がある決まった一義的な意味を持つためには、変数 x の値は「許容し得る」値でなければならないのである。とはいえ許容し得るのは、物理学の観点からは、特定の測定手続きによって決定可能であるような値のみであり、その手続きは正確に指示されていなければならない。この制限条件によって初めて、「因果原理」は物理学的に理解可能な意義を獲得し、その適法的使用はずっとその条件に制限されているのである。

このように設定された普遍的〈原理〉は、その純粋に認識論的内容に着目するならば、別段新しいわけではなく、物理学の歴史においてもまた長くて重要な前史を有している。ニュートンはこの原理を、彼が「哲学することの諸規則」と言い表した方法上の基本的規則のもとに採用した。そこではその原理は「自然界の事物の原因として、真でありかつそれらの諸現象を説明するために十分であるより多くのものを認めるべきではないこと（*causas rerum naturalium non plures admitti debere, quam quae et verae sunt et earum phaenomenis explicandis sufficiant*）」と表現されている。[26]「真の原因（*vera causa*）」という要求は、ここでは一見したところ論理的重複のようである。だが、それはきわめて明晰でしかも含蓄に富む意味を含んでいる。それは原因と称されるもののうちで、直接的であれ間接的であれ何らかのやり方で実験的に検証し得ないものすべてを、虚構と宣告しているのである。以来「検証」というニュートンのこの要求は、あらゆる物理学研究の方法上の準則となった。とはいうもののニュートン自身の例が、この原理の〈提唱〉が必ずしもその一貫した〈遵守〉を保証するものではないことを教えている。というのも、〈どの〉量がそもそも厳密な意味で「観測可能」と見なされるべきなのかについての問いは、どの個別の場合においても注意深い吟味を必要とするからである。ニュートンにとっては、慣性の法則は疑いもなく普遍的に妥当する真正の自然法則であった。それは彼の全力学がよって立つ公理であった。

しかし彼がこの法則に与えた形式を吟味するならば、「絶対空間」を、「それ自体で放置されている〔外から力の働いていない〕物体」がそれに相対的に等速直線運動をするはずの基準系として導入したときに初めて、慣性の法則が理解可能な物理学的意味を持つということがわかる。この場合には絶対空間が「真の原因（*vera causa*）」に相当し、なるほどそれは、ニュートンが強調しているように直接経験的には与えられてはいないけれども、とはいえ、たとえば周知のロープ〔に吊した水桶〕の実験*のような、それによってある場合に生じているのが絶対運動であるのかそれとも単なる相対運動であるのかを私たちが判別し得る、特定の実験を指示することができるというのである。ライプニッツがこの主張に批判を加えた。彼は絶対空間がまったくの虚構であり、それゆえ自然法則の定式化に用いられるべきではないと語っている。そしてこの批判に関連して彼は、「観測可能性の原理（*principe de l'observabilité*）」を初めて一般的な形で明示的に表明し[27]、それを物理学の方法上の原則として扱うに至ったのである。[28]しかし、物理学のその後の発展がニュートンの権威に完全に支配されていたため、この〔ライプニッツの〕原則は当初はまったく影が薄かった。一九世紀後半の数十年間に入って初めて、慣性原理のニュートン的解釈にたいする最初の批判的疑念が思いきって投じられるようになった。カール・ノイマンやマッハやシュトラインツやルートヴィヒ・ランゲによって、いずれも、慣性の法則を観測可能性の原理と調和させることを意図したさまざまな定式化が提唱されるようになった。具体的・物理学的意義を有し、しかも観測可能で測定可能な量でもって表現し得る、空間的「慣性座標系」と「慣性時間尺度」を指し示そうと、いろいろ試みられてきた。[29]しかしこの問題の実際に普遍妥当的で認識論的にみても満足のゆく解決は、一般相対性理論によって初めて達成されたのである。そして一般相対性理論でもまた、その解決は、因果法則が経験的世界についての命題として意味を持つのは、最終的には観測可能な事実のみが原因および結果として現れるときだけである、ということの明瞭な確認に支えられているのである。[30]

ハイゼンベルクをしてその不確定性関係の提唱へと誘ったのも、同様の方法上の基本思想である。とはいえそこでは、実はある〈新しい〉課題を解決しなければならなかった。というのも、原子物理学への移行にともなってすでに問題が新しい形態を帯びていたからである。かつてプランクは、正当にも次のように指摘したことがあった。すなわち、ある物理量が原理的に観測可能であるか否か、あるいはまたある問いが物理学的に有意味であるか否か、これらのことは決してアプリオリには決定できず、つねに特定の理論の立場に立って初めて決定し得るのであり、また、ある理論にもとづけばある量が原理的に観測可能であってある問いが物理学的に有意味であり、他の理論ではそうは行かないということ、まさにこの点にこそさまざまの埋論の区別があるというのである。[31] ハイゼンベルクの不確定性関係は、この問題を量子論の立場から設定し、その立場から初めてこの問題に厳密にそして正確に答えたのである。不確定性関係は、電子の位置と運動量や空間の微小領域における電場と磁場の強さ等のようなある一対の量を同時に任意の精度で測定することは、量子論の一般的原理にしたがえば金輪際禁じられるということを示した。このことによって、量子論における因果律の適用はある条件に服することになるが、その条件は古典物理学には直接的には影響しないし、古典物理学の領域つまり「巨視的現象」の領域では無視し得るものである。だが、この制限条件の導入は、因果律の廃棄を意味するものでは決してない、それはただ、因果律が物理学的に使用可能でかつ実り豊かであり続けるためには、自然認識の新しい問題領域への移行に際しては、そのつどあらためて厳密に〈分析〉し直されなければならないということのみを示しているのである。このような分析をとおしてのみ、因果律の定式化のなかに原理的に観測不可能でそれゆえ因果律の適用を迷妄とするような要素が忍び込むのをあらかじめ防ぐことができるのである。

『純粋理性批判』において与えられている因果概念のさまざまな説明のうちで、おそらくもっとも正確でもっとも満足のゆくものは、この概念が意味しているのは〈一定の経験概念の形成にたいする指示〉以外のものではないという説明である。すなわち「〝生起するものはすべて原因を有する〟という命題は、一般に生起するものという概念からは、とうてい推論せられ得るものではない。むしろこの原則のほうが、生起するものに関してある規定された経験概念がどのようにしてはじめて獲得され得るのか、ということを指示しているのである。[32]」不確定性関係はこの理解に、認識論的に見てきわめて大きな意義を持つある新しいものを付け加えた。それは、自然科学的認識の新しい問題圏域への移行にさいしては、古い概念を単純に携行し転用することは許されず、旧来の概念が矛盾なく適用され得るためには、そのつど、新しい規定と新しい解釈が必要とされることを示したのである。したがって、たとえ私たちが普遍的な因果律に固執するにしても、原子物理学の現象と問題への移行にさいしては、いかにして私たちは因果律を、変更された条件のもとでその普遍的な課題を全うできるように使用し得るのか——すなわち生起するものに関して「ある規定された経験概念」を獲得するすべが教示されるように使用し得るのか、このことについての説明がまずもってなされなければならないのである。独断論的な命令によってこの目標をむりやり達成することは不可能であり、私たちは、規定された経験概念の確定のさいには経験自体に導かれなければならない。私たちの観測にたいしてきっちりと決められた正確に特定し得る限界が定められていることを経験が示しているのであれば、経験概念の形成にさいしてこの限界を恣意的に越えることは許されない。それどころか私たちは因果的判断にたいして、この限界を逸脱することのないような、因果的思考や因果的推論の適用にたいしていまや示されたこの新しい条件を尊重するような、そのような形式を与えなければならないのである。私の見るところでは、量子力学が歩んだ道はまさにこの道であった。量子力学は〈決定性〉の要求それ自体を放棄しているわけでは決してないけれども、とはいえ決定性の要求を正当に評価し叶えるためには、新しい概念手段を編み出さなければならなかったのであり、その新しい概念手段の助けによって、量子力学は新しく開かれた事実領域に首尾よく踏み込んでいくことができたのである。シュレーディンガーの波動方程式、ハイゼンベルクの正方配列*、ボルンとヨルダンの行列力学、ディラックのq数*等が、このような概念手段であり、それらによって観測可能量の厳密な秩序づけが可能となったのである。この意味においてハイゼンベルクもまた「量子力学の因果法則」を確定したのであり、それは、ある時刻にある物理量が原理的に可能なかぎり正確に測定されたならば、他のどの時刻にたいしてもその値が正確に算出し得るような量が、すなわち測定の結果を正確に予言し得るような量が存在する、ということである。(33) このことによって決定性は再確立された。しかしそのことは、量子力学において「純粋状態〔reiner Fall〕*」とされるものにたいしてのみ、つまり量子論の原理からして測定精度をもはやそれ以上高めることの不可能な測定にたいしてのみ、妥当するのである。

それゆえ因果概念は、正しい理解では、不確定性関係*によって排除されるどころか、むしろ「観測可能性」という付加的な要求で補完されているために厳密にされているのであり、よりくわしく考察すれば不確定性関係が因果概念に投与したものは毒ではなく薬であるということがわかる。しかしそれでも私たちは、いまだ問題の終点にではなく、依然としてその始点に留まっている。というのも、困難が反対の側からもたらされるからである。つまり困難は、因果概念の理解にではなく、物理学的〈実在概念〉の定義に関係しているのである。ここで私たちは、シーラを逃れてカリブデスに迷いこむ〔一方の危険を逃れてもう一方の危険に陥る〕ように見える。測定命題には原理的に不確定性がつきまとっているために、感覚世界の所与を物理学的世界に翻訳したりまたその逆をすることが、これまでは可能で保証されていたようなやり方ではもはやなし得ないのであれば、量子力学の「純粋状態」を「古典論的」な理想に完全に対応する仕方でたがいに関連づけることは、つまり測定命題からより厳密な法則命題へと進み得ることは、何の役にも立たないのではないのか。実際のところ、このような結論が避けられないように思われる。このことをハイゼンベルクは、原子的過程の記述のさいには、観測者の測定装置と観測対象のあいだに切断が引かれねばならないのだと表現している。この切断のいずれの側でも、つまり観測者に繋がる側と観測対象を含む側のいずれにおいても、前者の側では測定装置を記述する古典物理学の法則によって、後者の側では量子力学の微分方程式によって、すべての連関は厳密に決定されている。だがしかし、切断そのものの地点で不確定性が顔を出す。というのも、観測手段の観測対象への作用は完全には制御することのできない摂動として捉えられねばならないからである。たとえば電子の速度は、ただ観測するだけで、観測に用いられる光波によって、コンプトン反跳のために原理的に制御不可能な仕方で変化する。このことは、ハイゼンベルクによれば、いかなる観測とも無関係な時間・空間内の客観的な出来事という観念を、私たちは、ただ単に暫定的にではなく、最後決定的に断念しなければならないのだということを意味している。「それでも新しい実験によって時間・空間内における客観的な出来事の手掛かりが摑めるかもしれないという望みは、南極のどこか未踏の地についに世界の涯を見出すという望みと五十歩百歩である。」ハイゼンベルクはこの思考過程に、哲学と物理学の綜合およびその両者の問題設定の接近と和解を見て取っている。というのも、主観的世界と客観的世界の分裂にまつわる根本的困難こそは、これまで哲学が一貫して指示してきた困難だからである。(34)

ところで量子力学は、主観－客観問題の発展に現在どのような仕方でかかわっているのか、それがその発展にどのような寄与をなしてきたのか？　この問いに答えることは決して容易ではない。それは、綿密な体系的でかつ歴史的な分析にもとづいてのみ可能である。たしかに物理学の問題と認識論の問題のこのような直接的な相互的協力は、一見、奇異に見えるかもしれない。哲学者の側からも物理学者の側からも、物理学は、あれやこれやの認識論上の考慮に煩わされることなく、その具体的な科学における営為を遂行するべきであるというテーゼが提唱された時期があったが、それもそんなに昔のことではない。自然科学はどのような場合にも「常識（gesunder Menschenverstand）」の世界概念以外の世界概念を基礎に採ることはできないのであり、常識は自然科学に有無を言わさず「素朴実在論」を命じると説かれていたのである。それによれば、自然科学はどのような認識論的「詭弁（Subtilität）」にもかかわり合うには及ばず、それ自身にとっては必要というよりはどちらかというと有害な認識論上の議論を避けるに越したことはないというのである。とはいえすでに古典物理学の枠内において、このような見解は維持できなくなっている。この点における決定的転換が、すでにマッハやヘルムホルツやハインリヒ・ヘルツのような思想家たちによって遂げられている。マッハによれば、物理学と認識論の問題設定は相互に入り組んでいるので、両者のあいだのどこにも明確な境界線を引くことはできず、どこで一方が終わりどこから他方が始まるのかを指摘することもほとんど不可能なのである。そしてヘルムホルツは、自身の認識論上の研究を科学的研究の単なる脇道や添え物だとは決して見なさなかった。むしろ彼は、自然認識の前提の根拠づけは哲学と物理学の共通の関心事をなし、いつの時代においてもそれを拒めば罰を受けずには済まないと公言している。だが他でもないヘルムホルツの所説は、他方では、古典物理学と原子物理学の見解の相違を示す特徴的な傾向を帯びている。ヘルムホルツは機械論的〔力学的〕自然観の最後の偉大なスポークスマンであり、それを彼はなるほど独断論的に前提しているわけではないけれども、しかしそれは、彼の認識批判的考察のバックボーンであり、彼の考察に特有の色彩を与えている。その自然観の立場では、私たちは、物質を、私たちの自然科学的概念でもって記述するべき究極の実在的なるものと見なさなければならないのである。その記述はもはや直接的な〈模写（Abbildung）〉と見なすことはどのようにもできないのであり、それはむしろ純粋シンボル的な性格を帯びている。物質が現実的かつ本質的に何で「ある（sein）」のか、このことは私たちの感官の記号言語において以外では表現できない。そんな次第で記号の概念は、ヘルムホルツにとって自然科学の認識論の基本概念になった。ヘルムホルツは、『生理光学』の結論において彼の研究の全体的成果を次のように総括している。「経験的観点の第一命題は次のとおりである。すなわち、感官感覚は我々の意識にとっては記号であり、その意味を理解するすべは我々の悟性に委ねられている。[35]」このことによって認識と現実の確かな結びつき、およびその両者の全般的な対応が確立されるが、しかしそのことによって同時に厳格な二元論を抱え込むことになる。というのも、私たちが概念の記号体系をどれだけ拡大し洗練し得るとしても、私たちがそこで手にするものはただもっぱら現実の間接的表現にすぎないからである。客観的・実在的なるものが永続的なもの・実体的なものとして前提されてはいるが、それはこの実体的実在としては、私たちの自然概念の記号言語に入り込むことができない。この記号言語は、つねにただ個々の現象のあいだの関連性のみを再現し得るにすぎず、現象の基底にある普遍的な〈基体〉を再現するものではない。その関連性が付着するはずのこのような基体の必要性という前提は、つまり現実の堅固な核が必要であるという前提は、機械論的〔力学的〕世界観の遺産なのである。物理現象は純粋の運動現象に還元されたときに完全に認識されるが、運動はその物質的「担い手」という仮定がなければ理解できない、というのである。この担い手は、いわば固いそれ自体で存続する核をなし、私たちの認識はそれにぶつかりその前で停止せざるを得ない。私たちの認識はこの担い手を承認しなければならないが、しかしそれを捉えきることは決してできない。認識の光はますますもって広がってゆき、明瞭により一層正確に現実を照らし出してゆくことができる。だがしかしそれは、現実の中に実際に入り込むのではなく、いわば現実を外から探り得るにすぎない。というのも光のビームがどれだけ広がっても、その背後には、私たちからは隠されている究極の暗い残余がつねに残されているからである。したがって、機械論的自然観にとって本質的な実体論（Substantialismus）は、つねに不可知論の傾向を同時に宿しているのである。「知ることができないもの（*Unknowable*）」、つまり認識不可能なもの（Unerkennbar）が、認識それ自体の前提になるのである。

私は他のところで、この「実体論的」把握がどのように変化していったのか、実体概念が純粋の〈関数概念〉によって次第次第に駆逐され、取ってかわられていったそのプロセスの立ち入った説明を試みたことがある。その考察のさいには、私は古典物理学の発展と問題状況だけに話を限ってきた。[36] だがしかし、それが試みられた時期までに一般相対性理論と現代原子物理学がすでに世に問われていたならば、それはもっと簡潔にもっと的確に定式化することができたであろう。今日ではその思考過程は、確実で最終的と見えるような結論をすでにもたらしている。ヘルマン・ワイルは論文「物質とは何か？」において、彼の確信として、今日では実体は物理学においてその役割を果たし終えたと語っている。「実在する物質の本質を表現するという、アリストテレスにより形而上学的なものとして構想された観念が要求していること、つまり物質は化身した実体であるべしという主張は、正当な根拠を持たない。」このことはすでに〈場の理論〉への移行のさいに明瞭になっている。というのは、場は純粋な作用の総括、つまり、もはや必ずしも物質的基体に結びつけられるものではなく、言うならば、自由な相互的結びつきにおいて物理学的出来事を規定する「力線」のあいだの純粋の関係の総括であるからだ。ワイルが語っているように、場の理論においては時空連続体がある意味で実体の役割を引き受けているのである。「個別的な指示によってのみ与えられるが質的には特徴づけられない〈これ（Dies）〉とは、場の理論にとっては、そこに諸性質が付着している隠れた担い手ではなく、個々の時空の位置の〝今・此処〟のことなのである。」もちろんここにおいても、移行はもっぱら漸次的になされたのであり、たとえばローレンツやアブラハムの電子論の基礎に採られていた旧来の場の理論では、電子はいまだにその空間要素に電荷が固く結合されている剛体球として措かれていた。だが、ここでも動的・関数的観点が次第に勝利を占め、質量は、とりわけ一般相対性理論の成果にのっとれば、独立した存在としてあるのではなく電荷に解消されてしまったのである。[37]*

　このことによって、物理学の一般的な認識論上の状況もまた根底的に変化した。この変化は、物理学における対象概念の規定を見直すことによってはじめて正しく評価できる。以前には自然でふさわしい観点として物理学に推奨することのできた「素朴実在論」に回帰する途は、現在では、もはやない。物理学は、測定の手続きと同様にその概念化の手続きについても、再検証の必要性に、つまり厳密な批判的分析の必要性に迫られているのである。不確定性関係は、この再検証の過程における、もちろんきわめて重要ではあるがしかしひとつの歩みにすぎない。この過程の本質的帰結のひとつは、いまや対象概念の法則概念にたいする関係がある意味において逆転したことにある。法則概念は、以前には対象概念の後ないし下に置かれていたが、いまでは対象概念の〈前に置かれる（vorgeordnet）〉。実体論的な理解では、確定的に規定された存在が〈まず〉在り、それがある不変な性質を有し、他の存在とある関係を取り結び、その関係が〔あとから〕自然法則によって表現されるのだとされていた。〔他方〕関数論的観点では、この存在は、自明の出発点ではもはやなく、考察の終点であり目標なのである。それは「そこからの端点（*terminus a quo*）」から「そこへの端点（*terminus ad quem*）」へとなったのである。今では私たちは、そこから直接的に諸法則を読み取り、その諸法則を属性としてそれに「付着」せしめることのできる、それ自身で存立する絶対的に規定された存在なるものを〈所有して〉いない。私たちの経験的な知の本当の内容を形成しているものは、むしろ私たちがある秩序にまとめあげ、この秩序にしたがい、理論的な法則概念によって表示することの可能な観測の総体なのである。この法則概念の支配がより遠くにまで及ぶに応じて、私たちの対象的知識もより遠くにまで及ぶことになる。「対象性」ないしは客観的「現実性」なるものは、法則性が存在するがゆえに、またそのかぎりで存在し、その逆ではない。このことから、一般的条件であれ観測と測定にかかわる個別的条件であれ、物理学的認識のかかる〈条件〉のもとにおいて以外では、物理学での「存在」について語ることはできないことがわかる。したがってこの存在は、言うまでもなくその究極的確定性を喪失する。言うならばそれは、物理学的認識過程に引き込まれるのであり、この過程がめざすべきではあるがしかし決して完全には到達できない極限としてのみ考え得るものなのである。それは絶対的に規定されたものであることを止め、どこまでもかぎりなく規定可能なものとなる。だがしかし他でもないこの見掛け上の制限が、他方では、重要で実り豊かで徹頭徹尾〈肯定的な〉規定であることがわかる。というのもそのときには、懐疑がつねに口にし、また懐疑がいわばそこに巣喰うことのできた存在の件《くだん》の「ぼんやりした核」と称されるものは、消滅してしまうからである。物理学における「存在」、つまり物理学における経験的対象は、もちろん既成品として与えられているわけではない。というのも、それは隅々まで規定し尽くされているわけではないからである。だが他方でその存在が、その究極の根拠を穿つことのできない秘密に満ちた絶対的なるものとして私たちを脅かすということはもはやない。というのも、物理学的存在が理論的にも経験的にも規定可能であるという性質は、いまではその定義のなかに取り入れられているからである。その規定可能性という性質は、単に物理学的存在の偶然的で個々的な特徴を表現するのではなく、物理学的存在を〈構成する（konstituieren）〉のである。私たちは、単に「対象から」法則を読み取るのではなく、観測と測定によって入手し得る経験的データを法則に、そしてそのことによって客観的命題に濃縮するのであり、このことの外には私たちが探究し追求するべき客観的現実はないのである。

　この事情は、現代の量子論において、あらためて、そしていちじるしい仕方で確かめられた。たしかに一見したところ量子論は、厳格で「堅固な」実体概念を他のどの物理学の理論にもまして必要とし、それを手放すことができないように思われる。というのも、量子論に固有の問題は原子的な出来事の問題であり、すでに古来より、原子という概念は実体論的思考の真の範例にして原型と見なされてきたからである。実際、原子物理学の根本問題をなしているのは、他でもない原子の〈安定性〉という問題なのであるが、実体性の仮定を断念し、原子をもはや剛体球のようには考えないのであれば、いったいいかにしてこの安定性が理論的に説明できるのか。たしかにここには困難な問題があった。しかし、この問題の論理学的でもあれば同時に物理学的でもある漸進的な解決こそが、現代の量子論を特徴づけるものである。現代の量子論にとっては、原子の旧来の解釈、つまりその分割不可能性に執着することははなから不可能なことであった。量子論は原子の「単純性」の放棄を強いられ、原子をきわめて込み入った形象として概念的に構成しなければならなかったのである。原子という概念は単純素朴な〈事物概念〉であることを止め、関係概念にしてシステム概念（Relationsbegriff u. Systembegriff）になった。新しい物理学の基本的見解は、法則概念を事物概念の〈前に置く（vorordnen）〉ということ、このことを私たちはすでに見てきた、つまり「事物」とは何かということは、事物にたいして妥当する法則を語ることによってのみ記述できるのである。ところで原子構造にたいして提唱することのできた最初の法則は、その構造や外見において惑星運動の法則と同質のものであり、ボーアのバルマー系列の理論は惑星軌道についてのケプラーの法則と同様に展開されたのである。[38] このことによってただちに、原子の「安定性」という問題はずっと込み入った形をとるに至り、これまでと同様の単純な手段によってはもはや満足させられないことになった。実際、古典論では、原子は事物の元要素（Urelement）、つまり自然の究極の構成要素と見なすことができた。爾来問題は、単に、この要素の活動にたいして、つまり原子の衝突にたいして、物理学的な出来事を説明するのに十分なだけのある単純な基本法則を立てることに尽きていた。問題のこの古典論的解決を、量子論は引き継ぐことができない。いずれにせよ量子論では、原子は単純な存在物ではなく、むしろ最高度に込み入った力のシステム（Kräftesystem）なのである。このシステムを安定したまとまりとして理解するためには、量子論は、その相対的平衡を保証すると思われるある基本的仮定を必要とした。そしてこの仮定は、原子の「剛性」ないし絶対的な「固さ」という仮説に根拠づけることはかなわず、量子仮説の前提から導き出されたのである。ここで問題の解決を可能としたのは、それ以上さらにさかのぼって何かから導き出すことの不可能な事物的〈性質〉を措定することによってではなく、ある〈原理〉に訴えかけることによってであった。「我々は原子に関して――と、ボーアは語っている――安定性を要求しなければならないが、その安定性は〈古典〉力学の理論で表されるものとはまったく異質のものである。許される運動状態を連続的に変化させることは〈古典〉力学の法則によれば可能であるが、そのことは元素の性質がはっきり決まっているという事実とはまったく相容れない。」このようにしてボーアは、原子構造理論の根本的仮説の提唱へと導かれたのである。すなわちその仮説によれば、一個の原子というシステムは、一般にエネルギーの値の離散的な系列に対応する多数個の「定常状態」を有し、その定常状態に固有の安定性は、原子のエネルギーのいかなる変化もすべて、あるひとつの定常状態からいまひとつの定常状態への原子の遷移によって起こらねばならないということで表現される。[39] それゆえボーアの理論では、原子の性質についての感性的・事物的表象のかわりに、原子というシステムのエネルギー変化と発生する光*の振動数 ν は方程式 $h\nu = E_1 - E_2$ によってたがいに結びつけられるという、特有の〈振動数条件〉が置かれている。ボーアの理論が、水素原子の場合にエネルギー準位を算出し、まさにこの振動数条件によって、バルマーの公式に従う水素〔原子〕のスペクトルを正確に導くのに成功したということ、そのことがその理論の実り豊かさにたいする経験的証明を提供したのである。

このことによって、最初のしかも決定的に重要な一歩が踏みだされた。ボーアの原子模型は、原子物理学の分野で言うならば確かな足場の確保を初めて可能にしたのである。それは原子物理学にとってどうしても必要とされた「アルキメデスの点」であった。〔それによって〕これまでの知識のとびぬけた集中が達成された、すなわち〔水素原子のスペクトルにおける〕バルマーの公式、リュードベリ定数、リッツの結合律が〔一挙に〕導き出され、そして原子の電子数を原子番号すなわち自然の周期表における元素の位置番号に等値することによって、元素の周期表の構成が、きわめて簡単なしかも見通しのよい仕方で達成されたのである。しかし、にもかかわらずボーア理論のこの〈最初の〉表現形式には、理論的に十分には解明できず、とりわけ認識批判の観点から疑問を提起せざるを得ない部分がなおも残されていた。というのもそこには、ある「状態」が、それをどのようにして経験的に〈確かめ〉得るのかが指示されることなく、措定されているからである。電子は光を放射することなく定常軌道を運動し続ける、つまり「電子は放射にたいして言うならば量子論的に免疫にされている（ゾンマーフェルト）」のである。* しかし、いったいいかにしてこの「免疫（Immunisierung）」が「観測可能性」という基本的要求と両立し得るのか、実際、光の放射こそ、私たちが〔原子内の〕電子についての知識を得ることのできる唯一の手段ではなかったのか。ここには間隙があり、その欠落は時とともにより一層歴然としてきた。ボーア自身が、その後の著作で、電子軌道の形状や回転振動数のような力学的描像を特徴づけるものは直接的には観測できないとはじめから仮定されていたのだと説くことによって、この不備を公然と認めているのである。この描像の純粋シンボル的な性格をなによりもよく強調するのは――と、彼は補足している――基底状態では、電子には依然として運動が付与されているにもかかわらず、光の放射がまったく起こらないという事態である。[40] このさい純粋の認識論的観点からとりわけ意義のあることは、ここで私たちは、物理学の歴史において再三にわたって出合うのとおなじジレンマに導かれるという事実である。ここでもまた電子の定常軌道にたいして、いかなる〈作用（Wirken）〉にも対応しないひとつの〈存在（Sein）〉が措定されているのである。今いちど私たちは、不分明な、原理的に私たちの観測が拒まれた存在の領域に甘んじなければならないかのように見える。実体的な「核」が、私たちの物理学的な測定手段や認識手段によって手に届くすべてのものにたいする優位を、あらためて主張しているのである。

ここでも〈問題設定〉を再検討し根本的に手直しすること以外には、この困難から逃れるすべはなかった。「自然の内部」を見透すことができないと嘆く（klagen）かわりに、現象の観測と分節化によって明らかにされるものの他には私たちにとって「内部」は存在しないと悟る（klarmachen）べきなのである。客観的存在のその時その時の範囲を決定するのは、経験的な知のこの過程である——その範囲が、知のあらたな進展につれてつねに移りゆくことはいうまでもない。この方法上の要求をこれまでなされたものよりもずっと厳格に顧慮し、首尾一貫してやり通したのは、新しい量子力学の功績である。量子力学は、原子内部の出来事を記述し、それを何らかの直観的モデルで模写するという問題設定を断念した。それは、スペクトル線の振動数や強度のような観測によって得られる量のみにみずからを限定した。そこでは理論は、原子の実体的に「内なるもの」についての仮定にもとづいてではなく、観測可能な量のあいだの関数的関連の上に構成される。ハイゼンベルクの正方配列〔行列力学〕は、このような原則的な見解から産み出された。原子の内部について問うことのできるもののすべてにたいする厳密で明晰で数学的に精密な〈公式〉は、その正方配列のなかに見出される。私たちが唯一到達し得る関数的関連を、正確にかつ完全に指示するひとつの方法が与えられたのである。電子の位置や回転周期や軌道形についての命題は、もはや登場しない。〔原子内の〕「電子」の実在性を基礎づけ存立させているものは、〔原子からの〕光の放射について私たちが提唱し得る法則以外にはないのである。シュレーディンガーの波動力学もまた、この〈原理的〉見解においては行列計算と違いはない。シュレーディンガーにとってもまた、物理学の〈法則〉を介する以外には物理学上の〈存在〉の定義は現にないし、また不可能でもあるということは確かなことであった。「現実に」電子が存在するということ、そしてそれがある特定の軌道を通過するということ、このことはシュレーディンガー自身がかつてはっきりと表明しているように、陰極線の実験やその他の観測から私たちが導き出す法則が妥当するということ、それ以外のことを語っているわけではない[41]。私たちにとっては、物理学的な測定規定、およびその上に基礎づけられそのかぎりにおいて「客観的な」法則規定によって媒介されるものの他には、物理学での「実在」は存在しないのである。

したがって、私たちは理論上の基本概念と実験上の測定結果の範囲を越えられないということ、ここでも私たちはその他のところと同様に「我々の影を飛び越える」ことができないということ、このことはもちろん明らかなことである。しかしこのことを私たちの物理学的認識の〈欠陥〉だと言うのであれば、本当のところいったい何がここで欠けているのか、私たちには拒まれている「絶対的な」知識なるものがどこに在るというのか、私たちはまずもってこのことを指摘できなければならないだろう。しかし単にこのことを指摘しようと試みるだけで、私たちは矛盾に陥ることになるであろう。かつてマックスウェルは、絶対的な時間・空間規定に関して、ある点の絶対的な位置を知っているというような精神の状態なるものを心に思い浮かべようと一度でも試みた者は、誰しも、そのことについて無知だからといって嘆きはしないであろうと語ったが（前述、p. 55参照）、先の問いは、この絶対的な時間・空間規定の場合と同断である。客観的な知識という概念のこの理解において、私たちがある意味では循環論に陥るということ、このことは認めざるを得ない。しかしこの循環は決して悪循環（*circulus vitiosus*）ではない。それは第一義的には、私たちが実験的観測を法則命題や原理命題からすっぱりと切り離すことができないということ、前者を一切の理論的仮定とは無関係にただ単に「与えられた」事実として提示することができないということ、このことにある。実際、たとえば不確定性関係において語られている私たちの測定命題についての先述の制約は、つねに量子原理と量子力学の一般的定式化に〈相対的に〉のみ妥当するのである。かりに、量子原理を手放し、それを他の基本的仮定で置き換えるべき経験的根拠が示されたとしたならば、そのときには「観測可能性」の問いもまた、ただちに見直されることになる。ここにまさしく知の個別的要素の如上の「相互的組み合わせ」が在り、それは、以前にも見たように、私たちの自然認識の廃棄しえない条件なのである。量子論もまた、「あらゆる事実がすでに理論である」というゲーテの言葉の正しさを新しい側面から裏書きしているのである。物理学以前に、一般的な認識論は次のような循環に行き当たっていた。それは、私たちが認識の真理性を〈検証〉するためにつねに頼らなければならない手立ての妥当性が、この批判的検証をとおして初めて示され確かめられる、ということの内にあるように見える循環である。このジレンマから逃れる途はないように見える。そして一見したところこのことは、「理性批判」の一切の試みを幻想たらしめるように見える。ロッツェは『論理学』において問題を次のように表現している。「真理の内容が何であるのか、このことはつねに、思惟の個々の産物を思惟の活動の一般的法則の尺度にのっとって不断に測定し検証するところの、思惟の自省（Selbstbesinnung）によってのみ見出され得るのである。ここに含まれる循環に頭を悩ませることは、それが明らかに避け難いがゆえに非生産的であるが、のみならず不必要でもある。というのも、その側から漫然と気遣われる危険性がはっきりと認められる瞬間は、決して来ないからである。……この循環は避けられないのだから、それを素直に受け容れるしかない。認識はそのもっとも一般的な概念にのっとれば何を意味し得るのか、認識主体とその認識対象のあいだには、あらゆる任意の要素の他のあらゆる要素にたいする作用を考えるさいのより一般的な表象に照らしてみて、いかなる関係があると考えられるのか、私たちはまずはじめにこのことを確定すべきである。[42]」この言葉は、物理学的な認識にも論理学的な認識にも同様にあてはまる。そして不確定性関係のもっとも重要な認識論上の成果は、おそらくは、この循環を強調したことによって、同時に私たちに「それを素直に受け容れる」ように教えたことにある。

　ここで物理学の対象概念を脅かしているように見える危険性は、それを正面から見据えることを学べば、消滅し、相対性は単なる欠陥ではなく、物理学的な知の一切の生産性をも支える積極的な力となる[43]。私は以前にこの事情を表現しようと試みたことがあり、そしてその定式化は、現代の原子物理学の諸問題をとおして確かめられ、新たな側面から解明されたと考えられるので、それをここにあらためて載せることも許されるであろう。「この疑惑と疑念は、他ならないここでは認識の内の理解されざる〈残余〉のように見えるものが、本当は不可欠の〈因子〉として、必要な〈条件〉として、あらゆる認識に入り込んでいるのだということに思い至ればただちに解消される。ある内容を認識するということは、それを単なる所与の段階から取りあげ、それにある論理的一定性と必然性とを与えることによって、それを対象（Objekt）に改鋳することである。したがって我々は、〝対象（Gegenstand）〟を――それがはじめからそれだけで〈対象として規定されて〉与えられているかのように――認識するのではなく、我々が経験内容の一様な流れのなかに一定の境界を作り出し、ある持続的な要素と統合連関とを固定することによって、〈対象的に（gegenständlich）〉認識するのである。この意味では、対象という概念は、もはや知の究極の〈制約〉ではなく、……それは、知の論理的資産そのものを表しているのであって、現在もそして今後も永久に知には拒まれている不可視の彼岸なのではない。それゆえ〝事物〟とは、単なる物質として我々の前にある未知の事象ではもはやなく、理解することそれ自体の形式と様態の表現なのである。形而上学が自存的な事物それ自身に〈性質〉として付与するもののすべては、いまでは客観化の過程における必然的な契機であることがわかる。〔……〕この連関によって初めて、科学的な対象概念の〈内容〉に示される固有の可変性が説明される。対象性の〈機能〉は、科学的な対象概念の目標と本質からして統一的であるが、それがさまざまな経験的素材によって実現されるに応じて、物理学的実在のさまざまな概念が生ずる。しかしその実在とは、もっぱら一個同一の基本的要求のさまざまな段階での充当を表しているにすぎず、真に不変的であり続けるのは、もっぱらこの要求自身であって、その要求がその時その時に満たされる手段ではない。」「この意味で批判的経験理論は、言うならば経験の一般的不変式論をなしているのである。……幾何学者がある図形について、一定の変換にさいして変化しない関連を選り出して研究するように、ここ〔超越論的哲学〕では、個々の〔素材的〕経験内容がどのように変化したとしても保存される普遍的形式要素を見出すことが追求されるのである。……もしも科学的経験のすべての可能な形式の究極的に共通なものをこのようにして剔抉し得たならば、つまり、あらゆる理論の条件であるがゆえに理論から理論への発展において保存される契機を首尾よく概念的に確定し得たとするならば、批判的分析の目標は達成されるであろう。(44)」

第二章　原子概念の歴史と認識論によせて

デモクリトスの体系における原子概念の発見このかた、原子概念は自然認識のもっとも確かな基底に属していた。原子概念は、それにたいして唱えられた、そしてアリストテレス自然学にその最初の包括的で体系的な表現の見られるすべての非難に持ち堪え、経験が更新されるごとに、その新しい経験内容を受け容れる能力のあることを証明してきた。原子概念のこうした経験的な実り豊かさは、認識が発展するにつれて誰の眼にも明らかになっていったが、しかしそれにひきかえ、認識批判の歴史において原子概念に与えられてきた評価は、奇妙なほとんど理解し難いコントラストを示している。というのもそこでは、統一的な解釈や評価がまったく見られないからである。認識論上の学派が異なれば、それに応じて原子概念に適用される判断基準も異なり、その基準にもとづいて得られる結果もまた異なる。原子概念の「客観的」意義の評価は、考えられる評価のピンからキリまでほとんど全域に及んでいる。この概念にたいしては、あらゆる称賛もあらゆる非難も積み重ねられていった。それは経験的認識にとって、あるときには必然的な条件として、またあるときには困難な危険性として、登場した。あるときにはその哲学的基礎づけが、またあるときにはその除去が要求された。ある人は、そのなかに物理学のいわゆる「実在的に存在するもの（*ens realissimum*）」を、つまり物理学的現実の完全で適切な表現を見出し、またある人は、それを単なる虚構、ないしはせいぜいが思惟の経済のための人為的概念と見なした。この過程をとおして生じてきた懐疑は、原子概念が次々と新しく見出してきた数多くの経験的裏づけによってしばらくは押さえ込まれたように思えたが、しかしそれは決して完全に沈黙させられたのではなく、今日になってまたふたたび、量子論の問題点から新たな糧を得てきたように見える。

しかしここでもまた、原子の「実在性」をめぐる〈問い〉とは何を意味しているのか、そしていかなる意味でそれは設定されかつ答えられ得るのか、そのことをあらかじめ定めておかないでは、この疑問の克服は期待できない。すでにこの点に、物理学者と認識理論家を二つの異なる陣営に分かつ最初の混乱がある。対象概念それ自身を「実在論的」意味において捉えるのかそれとも「観念論的」意味において捉えるのか、「批判的」意味において捉えるのか「実証主義的」意味において捉えるのか、それらに応じて判定は異なってくる。原子論にたいするマッハからの批判にたいしてボルツマンが、それはつまるところ論点先取（*petitio principii*）に依拠していると反論したのは正当である。現実についてのマッハの説明を受け容れるならば、現実を所与つまり感官感覚の単純「要素」の総和以外のなにものでもないと理解するならば、そのときには当然、原子概念を退けなければならないであろう。しかしボルツマンは、その観点が物理学の対象概念を限定するのに不十分なばかりか、通常の事物概念の説明にさえ役立たないことを指摘している。通常の概念でさえも、単純に感性的所与には還元できない「構成的」契機を有しているのである。原子や分子はまったくもって「人為的」形象であり、「物理学的・化学的経験の経済的記号化」であり、物理学者はそんなものを「感嘆するには及ばない」というマッハの異議[45]にたいして、ボルツマンは、それならばおなじことを恒星にたいしても言うことができる、というのも、恒星が何百万マイルもの彼方にある巨大な物体であるという仮説も、同様にあるがままの視覚によって強いられたのではないのだから、そうだとすればその仮説にたいしても、私たちの知覚の世界に並んでまったく空想的な事物の世界を構成することになると非難できるであろう、と半畳を入れている。(46)

〈エネルギー一元論（Energetik）〉は、原子論との闘いにおいてずっと先まで進んでいる。オストヴァルトの『自然哲学講義』においては、ロベルト・マイヤーは強力な拳で旧来の物理学の世界つまり物質と原子の世界を粉砕した「英雄（Halbgott）」と讃えられている。自然科学の本来の目標として、物質の概念を使うことなく世界観を純粋にエネルギー的素材から構成するという課題が今や設定された。(47)この目標が達成されたならば、原子という概念はその役割を最終的に果たし終えたことになり、そのときには原子という概念は物理学からスコラ学に追放されるべきであろう。「片やスコラ主義、片やエネルギー一元論、これが選択肢である」と、ヘルムはエネルギー一元論と原子論の抗争の記述を締めくくっている。(48)エネルギー概念とエネルギー法則は、要素的過程を回避し、それにともない原子および原子間に働く力を使わずに済ませることができるということ、このことがその本質的に優れた点と見なされている。〔エネルギー一元論によれば〕私たちはエネルギー以外の世界の要素を必要とはしない。というのも、私たちは、世界について知ることのすべてをエネルギーについて知ることになるからである。(49)オストヴァルトは、リューベックにおける自然科学者会議（1895）でのよく知られた講演ではさらにエスカレートし、たとえば鉄と酸素の結合のようなある化学結合のさいにも元素は存続しているのであり、ただ元と異なる性質を帯びたにすぎないという仮定を、端的にたわごとだと、「まったくのナンセンス」に紙一重の発想だと決めつけている。(50)とはいえ、後になって彼は、あらゆる側から殺到する新しい経験的素材の圧力におされて、その見解を本質的に修正し、原子の「実在」にたいする経験的な証明を受け容れた。彼は、J・J・トムソンがなしとげた気体イオンの分離と計数や、ブラウン運動が運動論的仮説の要求と一致すること等々により、空間を満たしている物質の原子的性質にたいする経験的な証明がもたらされたと説明している。つまり原子論は、今では単なる仮説から科学的に十分よく根拠づけられた理論の地位にまで昇格したというのである。[51] ボルツマンがエネルギー一元論に浴びせた鋭い方法上の批判において一貫して勝ち取ろうとしてきた目標はこのことによって、達成された。[52] だがしかし、オストヴァルトが原子論にたいする闘争宣言のなかで犯したそもそもの誤りは、実は別のところにあった。彼が原子論に異を唱えたのは、他でもない、そこに「科学的唯物論」のもっとも危険な同盟者を見出したからであった。彼には、この唯物論の運命が原子論の運命と不可分に結びついて見えたのである。まさしく、一方が立てば他方も立ち、一方がこければ他方もこけるように思われたのだ。しかし、つまるところ維持できないことが示されたのは、他ならぬこの仮説であった。原子の概念が物質の概念から分離可能であるだけではなく、これまで「唯物論」と「機械論」の本質的な支柱と見なされてきた原子の概念が、むしろ機械論的自然観の思弁的ではなく真に科学的な克服を先導する任にあるということ、このことが明らかにされたのである。このような発展は、原子論の敵対者からは予想だにされなかったことである。もちろんヘルムホルツは、すでに一八八一年のファラデー講演において、ファラデーのもろもろの発見、とりわけ電気分解のさいに等しい化学当量はつねに同量の電気を運ぶという彼の法則は、物質のみならず電気もまた原子的構造を有し、決まった要素量に分割されるという結論を必然たらしめると説いている。[53] ヘルムホルツはいちはやくにこの見解の根本的な意義を指摘し、この見解がおそらくはファラデーの研究におけるもっとも驚くべき成果であろうと語っている。だがしかし、究極のそして純粋に認識論的観点においてもっとも注目すべき結果は、プランクの輻射法則によって達成された。というのも、ここでは役割が入れかわっているからである。エネルギー一元論が激しくそして執拗に闘っていた相手が、いうならばエネルギー一元論自身の戦列に割り込んできたのである。それぞれの振動数の輻射のエネルギーが要素的量子の整数倍でしか放射・吸収されないということが示されたことによって、エネルギー自身が原子的性質〔つまり離散性〕を有することが主張され、かくして初めて「原子物理学」の世界を開く鍵が与えられたのである。*

このことによって同時に、原子の「実在性」をめぐる〈認識批判上の〉問いは新しい段階に達し、以前にもまして重要で緊急のものとなった。とはいえこの問いの直接的な〈解決〉は、量子論によってもまたもたらされなかった。それどころか、時とともに旧来の対立が量子論自身のなかにあらためてことごとく登場してきたのである。量子論は、原子内部の出来事を読み取るために当初ある種の描像を用いていたが、新しい量子力学はそのようなモデルの使用を断念している。量子力学は、ミクロの世界にたいしては「図解的説明(Veranschaulichung)」のどのような試みも許されないと公言しているのである。[54] そのような試みは、不確定性関係*によって時間的・空間的記述の問題が本質的により厳しくなったのだから、禁じられざるを得ないのである。〈孤立した〉対象に関しての時間的・空間的記述はもはやあり得ず、すべての陳述は対象と観測者ないし観測装置との相互作用にかかわるものである。というわけでハイゼンベルクは、現代の原子物理学は原子の構造や本質を問題とするのではなく、私たちが原子の観測のさいに知覚する過程を問題とするのだと、説明している。そのさい、観測過程はもはや単純には客観化され得ないし、観測の結果を無媒介的に実在の対象とすることもできないのである。[55]

したがって私たちは昔からのジレンマ、つまり「主観主義」と「客観主義」のあいだの選択、「現象論」と「実在論」のあいだの選択に今いちど直面することになる。しかしここでもまた、この決定を下す以前に、そもそも原子の客観的実在性なるものを、いったいいかなる意味で語ることができるのか、という一般的問題を設定することが肝要である。マッハが与えようと試みた純粋に唯名論的な解決は、もはや維持し得ないし用いることもできないということ、このことはほとんど疑いの余地がない。というのもそれは、他ならない原子仮説の本質的特徴であるその特段の生産性と卓越した「慧眼」を説明することができないからである。もしも原子という概念が実際は経済的な方策、感性的要素の複合体にたいする無意識のうちに与えられるごく自然な思考シンボル以外のものではなく、それについて物理学者が「感嘆するには及ばない」というのであれば、その生産性は謎として残されることになる。というのも、そのような処方がすでに〈与えられている〉事実を簡単化し分類し秩序づけるということはなるほど理解できるにしても、それによっていかにしてまったく新しい事実を発見し得るのかは理解できないからである。そして他でもないこの〈発見の〉機能こそが、原子という概念がその歴史をとおしてずっと実現し立証し続けてきたことなのである。原子という概念が喩えられるべきものは、すでに発見した領域を隅々まで一目で見通し得るように記述する地図というよりは、むしろ、研究を手引きする羅針盤、遠くにある未知の海岸へとたえず導く羅針盤なのである。未踏の地へのこのような進出は、たとえばラウエがX線回折の研究のさいにラウエのダイアグラムを着想し、それによって結晶構造をまったく新しく解明し、原子や分子から構成されているその規則だった構造を直接に写真乾板上に見えるようにしたのがそうである。実際のところ、物質の「粒子的構造」にたいする、とりわけ最近の数十年間にもたらされたさまざまな種類のたがいに独立なおびただしい数の証明は、物理学のみならず認識論をもまた「感嘆させ」て余りある。気体分子運動論の諸命題もまた、より一層緻密な形を取るにいたり、ますます正確な実験的検証を積み重ねている。そこでは、たとえばロシュミット数によって〈標準状態（零度摂氏、一気圧）にある〉気体の一立方センチメートルあたりの分子数が定められたように、個々の粒子の振舞いや個数や大きさや質量についてのきわめて正確な情報を手に入れることに成功しているのである。つまり、新しい普遍定数が存在し、原子仮説がその定数についての知識をもたらしているのであるが、そのことはとりもなおさず、自然科学の内部で一般に到達可能な最高度の「客観性」を有する知識をもたらしているということである。

しかしまさにこのことによって、私たちがこの客観性をいかなる意味で理解するべきなのかということもまた明らかになる。それは事物の実在というよりは、むしろ諸関係の客観的妥当性を問題としているのであり、原子についての私たちのすべての〈知識〉は、つねにこの妥当性に帰着する。ここでもまた私たちは、すべての自然科学的認識において法則概念が対象概念の〈前に置かれる〉という立場を厳守するならば、そのとき初めて問題の解明に到達するのである。法則性という媒介を欠いては、私たちにはいかなる対象も「与えられる」ことはない。そして対象についての私たちの認識は、私たちがその対象をある関係によって、正確な関数的方程式によって描き出すことができたならば、それに応じてそれだけ先に進むのである。この関数的方程式のシステムが拡大するに応じて、対象に関する知識はそれだけ精密化され、より一層厳密な形態をとるようになる。原子概念の変遷は、不断に進みゆくこの過程にたいする特徴的な例を与えている。原子論が適用されるようになる新しいどの領域もが、新しい一連の〈条件方程式〉を与え、以降、原子はそれに従わなければならないのである。そしてこの条件方程式の数が増加するにともなって、より多くの数の個別的認識が原子のなかに統合されてゆくがゆえに、原子はある意味でつねに「より一層具体的な（konkreter）」形態をとるようになる。だが規定諸要素のこの結合、この「癒着（Konkreszenz）」は、直観的な具象化（Konkretion）と通常理解されているものとは逆の関係になっている。概念的規定が発展すればするほど、その結果を単純で個別的な直観的描像に繋留することはそれだけ一層難しくなる。私たちは、モデルや図式による説明を断念し、法則をとおした決定でもって満足しなければならなくなる。しかしそのことによって真の物理学的「客観性」は、減少するどころかむしろ増加する。というのもその客観性は、もともと「素朴な」事物概念の方向に求めても詮無いことなのであって、それは批判的法則概念の方向に探求されるべきものだからである。

〈原子概念とその適用の歴史〉は、この方法上の事態にたいするまたとない連綿と続く例である。そこでは、新しい適用のいずれもが、新しい条件の確定へと導く。自然認識のすべての領域が原子概念のこの〈強化（Konsolidierung）〉に関与しているのだが、それにもかかわらずその強化は、その〈基体化〉つまりその直接的な物化とは正反対のものである。この過程は論理学と自然哲学に始まり、そこから力学、化学、電気力学、分光学へと前進していった。そして原子概念をとおして新しい経験領域が開かれ、そこに手が届くようになると、そのたびごとに原子それ自身も、言うならばこれまでとは異なる新しい相貌を呈するようになる。原子概念の本来の意義は、それが個々の新しい結果に導くことだけではなく、自然現象の新しい普遍的な〈視点（Aspekt）〉へと導くことにある。だが、後者が正しく評価され得るのは、原子概念がつねなる変貌を受け容れ続けるかぎりにおいてである。このことをはっきりさせるために〈古代の原子論〉から説き起こすならば、そこでは原子が満たすべき、また原子の「存在」を規定するところの条件の数は、最少にかぎられていた。デモクリトスの体系における原子概念の導入は、経験的知識とは何の関連もなく、それはただもっぱら「思弁的な」目論見のもとになされたとは、しばしば語られることである。しかし綿密な歴史的で体系的な研究によれば、このような捉え方は裏づけられない。古代に原子概念の着想へと導いたのは特定の〈個別的観測〉ではなかったということ、そしてその概念の出発点が実験的に確かめられたものではないということ、なるほどこのことは正しい。しかしだからといってそのことから、古代の原子論はその基本テーゼの提唱のさいに、客観的自然過程の分析に導かれることがなかったとは結論づけられない[56]。そのような分析は確かに行なわれていたし、それははやくから驚くべき厳密さで着手されていた。しかしそれは個々の運動過程にではなく、運動それ自体という根本的現象に向かっていたのである。運動の現象は、生成にたいするエレア学派の批判によって、その基盤を奪われたかのように見えた。運動の現実性に固執しようとした者は、そのことによって、ゼノンの議論が示そうとしていたように、解き難い矛盾に陥ったのである。感覚の見せ掛けにたいして論理を優先させ、そのことによって運動の一切の実在性を断念する以外には、逃れるすべはなかった。原子論のアイデアが生まれたのは、この地点においてである。それはエレア学派の「論理」の制約を受け容れ、「存在」の名に真に値するべきものはすべて、恒常的・永続的・不変的なものと考えられなければならないということを承認する。しかし他方では、それは経験的直観が設ける基本的条件を断念しようとはしない。エレア学派の要求は、理性とは相容れるように見えるが、事実に照らせば「ほとんど妄想に等しい」。論理的なものと経験的なもののこの双方の不条理を免れるためには、唯一の道しかない。知覚と調和し、したがって運動の現象をあり得ないことにするのではなくむしろ説明し理解可能たらしめる理性根拠（λόγοι）を、私たちは見出さなければならないのである。[57] このような理性根拠が原子および空虚な空間であり、それゆえ原子の客観的実在性は、たとえ感性的知覚の可能性をまったく欠いているにしても、保証されているのである。というのも、実在性の標識は感性的知覚ではなく「悟性」だからである。悟性が客観的・必然的であると認識するものは、そのことによって同時に、その真理性と実在性が示されているのである。

このことによってまったく一般的な要求が設定されたことになる。つまり言うならば「およそ学として現れ得るかぎりの将来の自然学（Physik〈物理学〉）のためのプロレゴメナ〈序論〉*」が与えられたのである。とはいえさしあたっては、ここに設定された方法上の要請を満たすどのような手だても欠いていた。「具体的な」自然学〈物理学〉は、古代原子論の地盤には基礎づけられなかった。そのためには、アリストテレス自然学に一貫した記述と体系的・統一的な正当化が見出される、自然現象にたいする〈質的な〉見方にあらためて立ち戻らざるを得なかったのである。原子概念は、単なる論理的な構想という漠然とした状態に留まっているかぎりでは、逍遙学派〈アリストテレス学派〉の自然学と決定的に対立するほどのものではなかった。中世においても、原子論の教説が消失したわけではない。しかしそれは、哲学的・科学的観点から見て満足のゆく根拠づけをもたらすことはできなかった。[58] 決定的な転換は、ガリレイが動力学の精密数学的な基礎づけという問題を設定したときに初めて訪れた。爾来、原子論の運命はこの問題と分ち難く結びつけられてきたのである。それはガリレイ自身の場合にも、その後はガッサンディの場合にも、新しい自然観すなわち「機械論的自然観」の根拠づけに決定的にかかわっていた。しかしその自然観は、このときにはもはや単なる構想にはとどまらない。というのもそれが依拠しているのは、運動と空虚な空間という単なる〈概念〉にではなく、今回は運動の経験的〈諸法則〉とその数学的定式化を拠り処としているからである。今後は、この諸法則が原子論を構築するにあたっての確かな足場を構築する。原子の「堅固さ」、その不変性と絶対的な「固さ」についての感性的・直観的表象は、なるほどこの時点では放棄されてはいないにしても、それはますます抑制されてゆく。それは直観を助けるためのものとして捨てずに残されてはいるが、しかしもはやそれは原子論に固有の特徴を規定するものではなくなっている。この理論は、原子の存在の記述を問題とするのではもはやなく、ただ単にその相互作用のみを問題とするものであり、この相互作用にたいする普遍的な規則のなかに、すべての自然の出来事にとっての条件を見るのである。その理論が運動学的原子論の頂点と見なし得るホイヘンスの場合、このようにして実体概念と因果概念の綜合がすでになしとげられている。ホイヘンスは、自然のすべての出来事を原子の単なる位置変化によって説明した。しかし原子論の記述と基礎づけにおいては、彼はもはや原子の「固さ」や「剛性」に重きを置くには及ばなかった。今では自然の「安定性」を保証しているのは、この手の感性的・事物的表象ではなく、ある確かで普遍的に妥当する〈原理〉なのである。力学の基本原理として、それゆえ原子の衝突にたいして妥当する規則として、運動量の代数和の保存則とエネルギーの保存則が導入される。この力学の原理が、ホイヘンスによって、原子論の根本的前提であり、かつその実行可能性の条件であることが示されたのである。ラスヴィッツは、ホイヘンスの原子論に関する卓越した叙述において、次のような見解を述べている。「実際、ホイヘンスの本質的で決定的なところは、何らかの感性的説明図式から借用した表象ないし擬人的色彩を帯びた表象から出発することなく、彼が基本的法則と見なした力学的事実から出発したことである。その事実を彼が基本的法則と見なした所以《ゆえん》は、それが物体の運動を一義的に決定するのに必要・十分であるがゆえにである。衝突後に活力〔運動エネルギー〕が保存されるのは、物体が弾性的だからではない。そうではなくして、運動が保存されなければならないがゆえに、衝突は、我々が弾性的と名づける物体の場合に観測されるように行なわれるのである。[59]」ここで原子にたいして新しい〈条件〉が課せられたために、つまり原子が、もはや古代の原子論にとって標準的であった件《くだん》の理論的・思弁的考慮のみによってではなく、ある確かな経験的・数学的法則によって規定されたことにより、原子の「存在」と性質がどのように変わったのかを見てとることができる。

原子概念の新しい展開は、科学的な〈化学〉の始まりと軌を一にしている。化学を厳密に粒子論的に作りあげるという要求は、すでに一七世紀にロバート・ボイルによって提唱されていた。ボイルの『懐疑的な化学者（1661）』*は、原子概念の導入によってのみ化学の領域における「隠れた質」の支配に終止符を打つことができるというテーゼを一貫して展開している。錬金術から化学への歩みは、この著書によって原理的になしとげられた。同書は、化学の諸事実が、物体間の隠れた「共感（Sympathie）」というような仮説によってではなく、ただもっぱらその最小部分の構造法則と運動法則のみから理解できると説いている。とはいうものの、そのような発想はそれを実行するために必要とされる定量的な手掛かりを当時は欠いていたがために、いまもって実を結ぶには至らなかった。さしあたって化学は、シュタールのフロギストン理論において今いちど顕著になった〈定性的〔質的〕〉自然考察になおも固執していたのである。しかしラヴォワジエの実験とともに転機が訪れ、化学のすべての事実もまた度・数・重量の観点のもとに置かれることになり、こうしてここでも原子論の時が来たのである。ラヴォワジエは、化学のあらゆる実験技術は、初めに与えられた物体〔中の原質〕とそこから反応*をとおして得ることのできる物体〔中の原質〕とのあいだには真の同等性つまり等号関係が成り立つという原則にもとづくと説いている。[60] そういうわけであるから、かかる実験技術によって導き出される原子をめぐるすべての命題もまた、究極的にはこの「同等性」にある決まった表現を与え、それを理論的に理解できるものとすることに役立たなければならない。ドルトンの倍数比例の法則において、原子論は最初の勝利を祝った。それは一定不変の化合数（Verbindungszahl）という経験的事実を簡単に説明することができたのである。決まった当量（Äquivalentzahl）は、それぞれの元素の原子は個々の元素に固有のある決まった重量〔質量〕を有しているという仮定に、そのもっとも単純ではなはだ説得的な解釈を見出した。ここに、単位体積中の分子の数はすべての〔同温同圧の〕気体において等しいという、アボガドロの規則がつけ加わった。こうして獲得された単純な基本図式の上に、化学のその後のすべての発展が構築されたのである。[61] ホイヘンスの場合にそうであったように、ここでもまた原子は厳格に実体的に捉えられていた。しかし原子が「何であるか（Was）」をめぐるすべての命題は、最終的には「どれだけ（Wieviel）」をめぐる命題に、つまりある数的関係をめぐる命題に変換されている。科学的な化学のすべての基本概念とすべての理論――原子価や基型の概念、基の概念や合成された基の理論――はこの方向を指し示している。いまや原子論の概念言語は、数学という普遍的記号言語と手を組むことによって、単純な化学式から化学構造式への発展に見られる化学式の単純にして際立った構成を可能としたのである。ファント・ホフによって基礎づけられた立体化学は、より込み入った形の化学式にもとづいて、新しい一群の事実、なかでも〔立体〕異性の現象を表現することを可能とした。それは空間内における原子配置について、新しい説明を与えたのである。かくのごとくに、原子の直観的描像は変遷し洗練されていった。だがしかしこの変遷のすべては、たったひとつの目的に、つまりつねにより拡大してゆく関数的関連の領域を包括し表示するという目的に服しているのである。

あらためて原子論の新しい端緒と根本的に新しい〈方向性〉が獲得されたのは、自然現象の純粋に関数的な把握へと向かうさらなる歩みを表している電気力学理論によって、物質の実体論的理論が取ってかわられた時である。電気分解の事実の研究以来、そして陰極線の本質や放射能の発生をめぐる研究以来、物質に混じり気なしの電気的構成を付与する物質理論の基盤が据えられた。電荷の概念が、ここで自然認識の真の基本要素として導入されたのであり、その発展は、電子の質量をも単に「見掛けの質量」と見なし、それをも完全に電荷に還元するよう、ますます促している。こうして電気が、物質をその中心的位置から追放した。つまり、機械論的な見方を堅持するか、さもなければおよそ合理的な自然説明なるものの希望をすべからく放棄しなければならないか、そのいずれかであるという、運動論的原子論の立場から語られたホイヘンスの言葉は覆されたのである。この場合でもまた、基本見解のこの激変をもっとも顕著に際立たせているのは〈原子模型〉である。言うならば原子模型は、新しい観測素材の全体のみならず理論的観念の発展をも受け止め反射する鏡なのである。この点にこそ原子模型が経験的観点から見たときに有している卓越した価値があるのだが、それとともに、その認識批判上の制約もまたこの点にある。原子模型の持つ力は、その表現機能と表示機能にあり、そのような機能とまったく切り離された独立の存在を指示することにあるのではない。現代の量子力学の功績のひとつは、この事情をこれまでにもまして明確に認識し、原子模型の意義をなにはさておきその発見法的能力に見てとり、そのことによってその認識批判上の限界をはっきりさせたことにある。現在では原子模型にたいして、原理的に見て実験的に検証できないような内容は一切受け容れられないという条件が明示的に課せられている。一九〇四年にJ・J・トムソンは、ケルヴィン卿〔W・トムソン〕の後をうけて〈新しい原子〉模型を提唱したが、それはいまだに電気力学の古典論の前提にもとづくものであった。それによれば原子は、一様に正電荷に満たされた球よりなり、その球の内部で電子たちが円運動をしているか、さもなければつりあい点の近傍で振動しているのである[62]。この模型の欠陥は、粒子線についてなされた最新の実験を旨く説明できないことにあった。α線*が薄い金属箔を通過するさいに被る〔大角度〕散乱は、このトムソンの原子模型によっては説明できなかったのである。ラザフォードの理論（1911）はここを衝いたのであり、それによれば、原子質量の大部分の担い手は正に帯電した核であり、その核のまわりをいくつかのはるかに軽い負電荷の電子たちが回っていて、そのさいα粒子〔α線〕の屈曲は、その核との衝突に帰される。こうして原子内部の過程の「天体力学的」記述が与えられたことになる。それによれば原子はひとつの惑星系であり、個々の電子は中心物体である核〔すなわち原子核〕のまわりを周回する惑星と見なされる。だがしかし、この模型が安定であるためには別個の保証を必要とし、その保証はボーアが量子仮説を導入することによって初めて提供されたのである。そのとき電子の軌道は、ひとつは古典論の、いまひとつは量子論の二つの異なる方程式によって決定される[63]。そして分光学の基本的事実、つまり鋭いスペクトル線の存在は、その後者によってのみ説明が可能となった。ここでもまた、経験的なものであれ理論的に要請されたものであれ、新しい〈条件〉の追加によって初めて、原子にある決まった「形態」が与えられた、という事実が見て取れる。原子の構造とは、これらの諸条件の総括的表現以外のなにものでもないのである。そのより明晰でより精密な定式化には、物理学の主要な分野のすべてが関与している。力学、化学、熱力学、電気力学が同様にこの過程に携わっている。そしてそれらは、このように共通の目標に向かっているというまさにそのことによって、全体としての方法上の統一にまとめあげられることになる。

　しかしながら、他ならぬこの過程を全体として展望するならば、おそらく、幻滅と真底からの懐疑を禁じ得ないであろう。というのも、ここで万華鏡のように多様に彩られて次々と不断に移り変わりゆくこれらの一連の描像は、いったい何を〈意味している〉のであろうか、これらすべては奇異な幻影にすぎないのではないだろうか。これらのおびただしい描像とその不断の改良は、それらのいずれもが現実的で〈究極的な〉真理であることを主張し得ないのだとするならば、つまりそのいずれもが成立した途端に他のものによって駆逐され、こうして取ってかわったものもまたすぐにおなじ運命を辿るのだとすれば、いったい何の役に立つのであろうか。ここでもまたこれらすべての問いにたいする答えは、デュ・ボア＝レーモンの言う「知ることができないであろう（*Ignorabimus*）」でしかないように思える。かつてデュ・ボア＝レーモンは、物質の存在する当の点で「空間に出没するもの」が何であるかについては、今日私たちが知っている以上の知識を得ることは今後も決してできないであろうと語った（前述、p. 13参照）。今日では私たちは、以前よりもよく知っているのだろうか、むしろ以前に比べてより少なくしか知らないのではないのか。他でもない量子力学は、デュ・ボア＝レーモンの予言を論駁するどころか、私たちが知らないということの〈根拠〉をよりよく教え示しただけではなく、その無知の根拠を不確定性関係においてより厳密に解明したのではなかったのか。実際このような結論は、実体論的な基本見解に留まるかぎり、避けられない。ここにおいても実体論は、必然的に不可知論へと誘う。しかしながら関数論的な捉え方を重要視するならば、問題はまったく異なった仕方で表現される。そのときには、原子の「存在」をめぐる問い、すなわちその本質と構造をめぐる問いについて、私たちが受け取る回答が多種多様であるということは、もはや否定的なことではない。というのも関数というものは、一連の値において次々と自己展開してゆくことにおいてのみ〈存在する〉からである。それを単一の像に押し込めることは不可能であり、それはそのすべての特殊的形状をひとつの普遍的規則のもとに包摂し、そのすべての特殊的形状をさまざまに異なる適用事例として含んでいるのである。この適用事例のどのひとつといえども、そこで認識が立ち止まることのできる最終目標ではない。それはどこまでいってもつねにひとつの里程標、認識が自己の置かれている位置や踏破した道程を読み取ることのできる里程標でしかない。とはいえ、この道程が私たちの前方はるかに先まで続いているということ、いかなる終着点も見えないということ、「これ以上先はなし（*non plus ultra*）」という点が見えないということ、このことを嘆くには及ばない。というのも、私たちが求める真理は、経験的真理としてはつねにひとつの過程の真理でしかなく、最後決定的な結果としての真理ではあり得ないからである。この歩みにおいて私たちが統一的〈方向性〉を堅持し、それを確信しているかぎりにおいて、その方向性のなかに、そして唯一そのなかにのみ、私たちは真理の標識を有しているのである。それだから私たちは、原子とか電子が本来的にかつ究極的に何であるのかという問いについては、実験的研究および理論的研究の発展によって与えられるその規定のさまざまな形式がたがいにしっくりと組み合わさり補完しあっているということが確かめられさえすれば、それ以上いかなる回答をも探し求めるには及ばない。この経験的連関が確かであるかぎりにおいて、「原子模型」の発展を支配しているのが気紛れや恣意ではなく、ある決まった規則であり、そのことによって原子が原子に可能な一切の「実在性」を有していることを、私たちは確信してよいのである。そのときには原子は、単なる主観的で〈思惟〉経済的な技巧ではないし、かといってまた、実体的・事物的存在性、つまり通常の直観的対象とのアナロジーにならって何らかの仕方で直接的に記述可能な存在性を有しているものでもない。実際〈そのような〉記述は、私たちがその個々の局面を跡追いしてきた原子概念の発展に照らしてみるならば、はなはだしい誤解、認識論上の無知であることを否応なく知らされることになる。というのもそれは、大変な労力によって獲得された認識の発展を一切御破算にし、私たちを出発点に押し戻すものだからである。古代の原子論においては、物質を構成する元素にたいして直観的に捉え得るある形態（Gestalt）を付与することができた。実際「形態（すなわちイデア ἰδέα）」という〈名称〉は、デモクリトスが彼の原子にたいして選択したものであったと思われる。そしてそこでは、ある種の具象的な記述でさえ避けるには及ばなかった。さまざまな形状の小物体がどのようにしてたがいに付着しあい結合するのかを説明するためには、それに何らかの鈎や爪をあてがってもよかったのである。[64] だが力学を基礎づけるさいには、このような素朴な記述の余地はすでになくなっていた。というのもそこでは、原子の存在は運動の法則や原理によって規定されているのであり、原子にはこの原理から導かれるもの以外のいかなる性質をも付与することができないからである。とはいえここでも、直観の助けは、その意味の限界を弁《わきま》えているかぎりにおいて、退けるには及ばない。それゆえ、ある意味では、相変わらず原子をある空間領域を占有する小さな剛体球のように考え続けることもできた。しかしこの表象もまた、場の物理学へと進むならばたちまち消滅する。物質の電気的構成は、もはや力学的構成の場合とおなじようには簡単に「感覚的に知覚可能にする（versinnlichen）」ことはできないのである。おしまいに量子論についていうならば、原子の出来事の一切の直接的な時間・空間的記述にはある限界が課せられているということは、量子論にとっては当初から確かなことであった。この点に関してニールス・ボーアは、自身の原子模型の射程を過大評価しなかった。それどころか彼は、次のような確信を語っている。すなわち、量子論の一般的問題にさいしては、力学理論や電気力学理論にたいする、通常の物理学的概念にもとづいて書き表すことのできる程度の手直しが問題なのではなく、これまで自然現象を記述してきた時間・空間的描像の根底的な断念こそが問題なのである、と。[65] だが、そのような像を拒否するといっても、しかし、測定命題や法則命題が下敷きにしている諸関係の有効性が失なわれるわけではない。そしてその諸関係こそが、物理学的認識に固有の基底を成しているのである。

ここであらためて私たちの考察の出発点を顧みるならば、原子という概念の使用およびその認識論的評価において顕著な発展が認められるであろう。オストヴァルトが一八九五年のリューベック講演で原子論にたいして闘争宣言を発し、諸現象を原子の力学に還元することによって物理的世界を〈直観的〉に思い浮かべるという望みを私たちは金輪際断念しなければならないと説いたとき、同時に彼は、それならば現実にたいする像を作るための他のいかなる手段が私たちに残されているのか、という問いを提起したのであった。「この問いにたいしては――と、彼は説明している――私は皆様に、いかなる像をも、あるいはそれに類するものをも作るべきではないのだ、と訴えたい。私たちの課題は、世界を多少なりとも曇ったないし歪んだ鏡のなかに見ることではなく、私たちの精神の状態が許すかぎりにおいて、世界をできるだけ直接に見ることなのです。〈いくつもの実在〉、すなわち指示し測定することの可能ないくつもの量を、そのひとつが与えられたならば他のものが導き出し得るようにある関連に置くこと、このことが科学の課題であって、それは何らかの仮説的な像で裏打ちすることによってではなく、ただ測定可能ないくつもの量のあいだの相互的依存関係を立証することによってのみ、解くことができるのです。[66]」この〈方法上の〉要請においては、オストヴァルトは間違ってはいない。この点に関しては新しい量子力学の提唱者たちは、その自然認識のプログラムに諸手を挙げて賛同するであろう。オストヴァルトの誤りは、「機械論的自然観」を作りあげるさいになされた原子概念の〈使用〉にたいしてのみあてはまる欠陥ゆえに、原子概念〈そのもの〉に駄目出ししたことにある。原子概念をこのかかわりあいから解放するならば、そのとき初めて、原子概念の著しい生産性と重要性が明らかになるのである。単なる「像的」要素は消滅する――しかしそのことによって、原子概念の使用が阻害されることはなく、むしろ拡大されるのである。純粋に認識論的に見るならば、新しい量子力学はこの方向における重要で決定的な歩みを意味している。量子力学は像的なるものの危険を免れているのだが、それは、それが使用するいくつもの描像を、いわば単独では制限しながら相互的にはバランスを保たせることによってである。というのもそれは、ひとつの像を〈それ単独で〉語らしめたり、あるいは考察している出来事の唯一の排他的な具体化と見なすことは決してないからである。量子力学は、粒子表象と波動表象の二元論を原理にまで高め、その二元論によって、一方の粒子像にたいしても他方の波動像にたいしても同様に厳密な〈批判〉を加える。[67] そのように、粒子像によるものと波動像によるものの異なる記述がいわばたがいに中和されることによって、一つの単なる像的な記述のいずれにも孕まれている危険性が予防されているのである。どちらの像が、つまり離散的な粒子像と連続的な波動像のどちらが、現実を正しく模写しているのかという問いにたいしては、量子論は何も答えない。量子論が私たちに教えることのできるもの、また教えるであろうもののすべては、原子物理学の諸現象に適用される諸法則の正確な概念的表現を、粒子像と波動像の両者が相提携して提供できるように、私たちが双方の像のあいだに純粋の「シンボル的対応（*symbolische Korrespondenz*）」を設定し得るための規則に尽きているのである。[68] というわけで、私たちが自然現象を表現しようと努める具体的な〈表象〉に関しては、もちろん一定の抑制が課せられなければならない。つまりそれらの表象のいずれの一方にたいしても私たちは、絶対的な価値を与えるべきではなく、つねに相対的な価値しか与えられないのである。だがしかしこの制限や「中和」は、このことによって確立された物理学的認識の新しい規矩《きく》を堅持するかぎり、つまり、観測可能な諸量の厳密で正確な関連の洞察を物理学的認識の唯一の目標であると見なしているかぎりにおいて、決して曖昧さや単なる無規定性を残すものではないのである。

第5部　因果性と連続性

第一章　古典物理学における連続性原理

「機械論的〔力学的〕自然観」すなわちすべての自然現象は微小質量の運動に還元することができるという見解を、認識論的観点から攻撃し、その欠陥を指摘しようと試みることは可能である。しかしそのさい、機械論的な物理学が「唯物論的」思考様式に由来するのだということに依拠するならば、それは論争の手段としてはまったく不十分で受け容れ難い。通俗的な議論においてだけでなく、厳密な哲学的外観を与えようとしている「論駁」においても、この種の論争の手段が再三にわたって用いられている。機械論が浅薄で「空疎な（ungeistig）」考察様式であり、それは自然現象が「全体的なものであること」を顧慮せず、ただもっぱら部分の理解で満足している、と、このように機械論は非難されている。だがしかし、たとえこのような立論が有効であり得たとしても、それは誤っているしまた皮相である。このような論証の仕方を論破するためには、機械論的世界観の歴史を一瞥するだけで十分である。この世界観が元々その内側で結びついていたのは、唯物論の発展にではなく観念論哲学の発展にである。たしかにホッブズの場合には、機械論と唯物論はたがいに対応し、たがいに交錯しているように見える。しかし彼の場合でさえも、唯物論は単に機械論の帰結にすぎず、機械論の真の根拠ではない。ホッブズにとっても機械論の根拠は別のところにある。それはガリレイの動力学とホッブズに固有の唯名論的で合理論的な論理学の原理とに求められるべきものである。そして機械論的自然観の真の〈方法上の〉根拠づけについていうならば、それはデカルトやライプニッツやカントの名前に結びついている。デカルトの『哲学原理』は、機械論の最初の全般的で首尾一貫した基礎づけを与えている。ライプニッツは、その「唯心論」にもかかわらず、すべての自然現象は「数学的かつ機械論的」に説明されるべきであると飽くことなく強調し、さらには、物体世界の内部においては「機械論的」根拠が唯一理解可能で唯一「英知的な」根拠と見なされ得るとまで言っている。[1] カントに関して言うならば、彼は物質を引力と斥力に還元することによって機械論（Mechanismus）を純然たる「力本説（Dynamismus）」に作り変えた。だがこの動力学的構成それ自身が、すべての数学的自然考察が質点の概念および質点間の相互作用を規定する法則に必然的に結びつけられているという前提に百パーセント依拠しているのである。この前提の真の根拠にまで遡及しようとするのであれば、より深いところにまで遡及し「機械論的〔力学的〕世界観」が産み出され、それが特有の力を獲得していった歴史的・体系的条件を明らかにしなければならない。

デカルトの『精神指導の規則』や『方法叙説』は厳密に普遍主義的な世界観を――つまり部分から全体へと進むのではなく、全体から部分へといたる世界観を――基礎づけることをめざしたものである。『規則』は、学問を切り刻み、学問をひとつずつその部分から合成してゆくことで「真の」学問に到達できると信じている旧来の見解を論駁することから始まる。認識は、その元となる知性が統一体であるのと同様に不可分な統一体なのである。総体としての学問は、数多くの種々様々な主題に適用されてもつねに一個同一のものであり続ける人間的英知（*humana sapientia*）以外のなにものでもない。* したがって真の普遍学、すなわちすべての個別の学問の分科と方向を基礎づける「普遍数学（*Mathesis universalis*）」がなければならない。私たちが認識の確かな揺るぎなき基礎を獲得したいと望むのであれば、学問の個々の対象からではなく、この普遍数学から出発しなければならない。デカルトはこの前提にもとづいて、学問のこれまでの存在論上の区分のかわりに純粋に方法論上の区分を措こうとした。すべての対象は、私たちがそれらを見通すことができるためには、ある定まったクラスに区分されていなければならないが、しかしこのクラスは存在の観点からは定められず、むしろ認識の観点から定められねばならない。これまでは、前者の観点が哲学者の「カテゴリー論」を支配していた。新しい方法論を特徴づけ、その科学的性格を規定しているのは後者の見方である。知の編成、分節化、組み立ては、いくつもの認識相互の依存性について、つまりいかにそれらが相互に関与しあい依拠しあっているのかの仕様についての概観を提供するようになされねばならない。この方法上の理解にもとづいて初めて、私たちは存在論上の判断をあえてなし得るのであり、事物の性質や関連について何事かを確実に語り得るのである[2]。事物相互の縺れ合いではなくいくつもの認識の連関こそが、デカルト哲学の根本的テーマである。なによりもそれが努めているのは、最初はまったく見通しようのない仕方でたがいに縺れあっている個別認識の迷路のなかで、私たちがさ迷うのを防いでくれるアリアドネの糸〔導きの糸〕を手に入れることにある。単純なものから合成されたものへ、簡単なものから困難なものへ進むべしという指図を私たちが遵守しないかぎり、この迷路からの出口はない。ここで言われている「合成」とは、それゆえ、「機械論的な」合成とはまったく異なり、厳密に論理的な合成のことである。出発点となるのは〈思惟〉の規則、つまり、すべての思考を、もっとも単純でもっとも簡単に理解できる問いから始め、徐々にかつ立ち止まることなく順を追って、より込み入った問いへと進んでゆくように順序づける規則なのである。

デカルトの哲学を支配し貫いている「機械論」は、この区分、およびさらなる細分の方法から生じている。それは、人間精神が設定するすべての〈問題〉、人間精神が遭遇するすべての困難が、「最小の部分」に分割されるべきことを要求する。そしてそれは、そこにのみその困難を克服する道を見出す[3]。私たちはいかなる対象領域にあっても、それを構成する「単純な性質」をあらかじめ確定しておかないでは、確かな足場を確保できないし、それを明晰判明な〈観念〉に表現できない。この「単純な性質（*naturae simplices*）」はあらゆる対象領域にとっての根本的・本源的な概念である。それは、それを雛形にしてそれ以外のすべての認識が形造られる原型であり原像である。そのような基本概念はわずかな数しかない。すなわち存在、数、持続、延長、運動の概念であり、魂の領域では意識ないし思惟の概念である。(4) このような本源的概念（*notions primitives*）の体系によって、さまざまな対象領域はその見せ掛けの多様性や異質性を剝ぎ取られ、相互に対応づけられる。延長の概念を介して物理学は幾何学に還元され、そしてまた幾何学の内部においては、他ならぬこの基本的な考え方にもとづいてデカルトが発見し基礎づけた解析幾何学の方法により、延長の概念から数の概念へと引き戻されることによって、さらなる単純化と還元が実行される。これこそが、デカルトの機械論的自然体系が依拠している確かな基底なのである。「ところで——と、デカルトは『哲学原理』で語っている——物体の微小部分は感覚できないと言っていながら、まるで見たことがあるかのように、微小部分は一定の形、大きさ、運動があると私が言うのであるから、どこからかような認識ができるのかと問う人が少なくないであろう。これにたいする私の答えは次のとおりである。まず私は、物質的事物に関してわれわれの悟性の中にありうるあらゆる明晰判明な概念を一般的に考察し、かような概念としては、他ならぬ形、大きさ、運動と、そしてこれら三者がたがいに変化し合うときにしたがう規則とだけを見出し、またこの規則が幾何学および機械学の原理であることを見出したので、私は、人間が自然について持ちうるすべての認識は必然的にこれらのものだけから引き出されなければならないと判断した。というのは感覚的事物について他のすべての概念は混雑し曖昧であって、外部の事物の認識を与えることに役立たず、むしろ認識を妨げかねないからである。これにつづいて私は、ただ小さいがために感覚できないさまざまな物体の形、大きさ、運動のあいだに見出される主要な相違のすべてを検討し、それらがさまざまな仕方でたがいにまじり合うことによって、どんな感覚可能な結果が出てくるかを考察した。次いで感覚によって覚知できる物体の中に似た結果を見たとき、その結果はおなじ仕方で生じたのであろうと考えた。そして、かような結果を生じうる原因として自然全体にわたって他のいかなるものもあり得ないと思われたとき、それらの結果が間違いなく以上のとおりであると思った。[5]*」

ライプニッツの場合の自然説明の機械論的体系の論理学的・哲学的基本条件もまた、これに劣らず明瞭に見て取ることができる。しかしここでは、解析幾何学から無限小算法への進展にともなって、この体系の厳密化とより一層正確な規定を促す一般的原理論の新しい重要な転換が遂行されている。ライプニッツによる無限小解析は、彼の〈連続概念〉に依拠している。爾来、数学と自然認識を相互に結びつけ一個の統一体へとまとめあげたのは、この連続概念であった。自然現象を連続で微分可能な関数で記述することは、いまや至上の要請にまで高められ、〈連続性原理〉は精密自然科学の根本的前提となった。*ライプニッツにとって連続性原理は、個々の観測から導き出され個々の観測に基礎づけられるような経験的原理なのではない。むしろ彼はそれを、ひとつの合理的原理、普遍的な〈順序の原理（principe de l'ordre général）〉として導入した。連続性原理は、順序の原理としては論理学と幾何学の領域ではもちろん無条件に妥当するが、しかし自然認識の領域においてもまた、それには同様に例外なき妥当性が認められなければならないのである。というのも、ライプニッツ哲学の基本的前提にしたがうならば、両者のあいだにギャップはあり得ないからである。観念的なものと実在的なものは、真理と現実は、予定調和をとおして相互に結びつき関連しあっている。それゆえ、すべての「事実の真理（*vérités de fait*）」は、「永遠の真理（*vérités eternelles*）」に根拠づけられ、永遠の真理をとおしてのみ説明可能なのである。*連続性原理によって保証されているのは、まさにこの連関である。この原理は、単なる自然法則ではなく、むしろそれは、私たちが自然法則をいかにして発見し、どのように把握するべきなのかを指示するひとつの普遍的な規則なのである。この意味で連続性原理は、ライプニッツによって、普遍的な「認識の試金石」として用いられている。デカルトが導入した衝突の法則は、この検証に耐えられないがゆえに、〔つまり〕そのなかに連続性原理と相容れないものが含まれているがゆえに、間違っているに〈ちがいない〉というのである。[6] おそらく物理学の基本的諸概念の「古典論の」体系と現代の体系のあいだののっぴきならぬ対立に照明をあてるのに、ライプニッツが連続性原理を、他ならぬ原子物理学において量子原理が成立するまさにその点に設定したこと、かつ、それがまさに同一の方法的意味において適用されているということ、このことほど適切なことはないであろう。彼にとって連続性原理は発見法的原則であり、自然認識の普遍的要請なのである。(7)この要請にもとづいてのみ、認識の新しく獲得された道具つまり無限小解析は、自然の探究に用いることが可能となり、自然の探究にとって真に実り豊かなものとなり得るのである。

そのさいライプニッツは、突然の飛躍的な変化の生じる自然というものが決して〈不可能〉ではないということについては、よく弁《わきま》えてはいた。しかしそれは、彼にとっては論理学的に満足のゆくものではなかった。第一それは「創造主の知恵」に相応しくないではないか。とはいえこの手の目的論的・形而上学的な議論が、連続律の普遍的妥当性にたいする証拠として彼の挙げた唯一のものでは決してない。より特徴的でより重要なのは、純粋に認識論的な要請にもとづく今ひとつの論拠である。もしも連続律が妥当しないのであれば、私たちの思考には、事物そのものの本性による如何ともしがたい制限が課せられるのだということを覚悟しなければならないであろう。そうだとすれば、私たちの認識手段をどれほど洗練しても、解析をどれほど精密化しても、現実によりよく接近するとは限らず、それればかりか場合によっては現実から遠ざかることにもなりかねない。だが、「思惟」と「存在」のあいだの、「概念」と「現実」のあいだの全般的な対応と遺漏のない一致に一から十まで依拠しているライプニッツの体系にとっては、このような可能性は顧慮の外にある。自然は、解析にたいしていかなる固定的な限界をも命じることができない。というのも解析それ自体が、私たちに自然の真理を保証する明晰・明瞭な観念に到達するための唯一の手段だからである。ここにはいかなる断絶もあり得ないし、またあってはならない。というのも、もしもそのような断絶があったとすれば、自然の「合理性(Rationalität)」がただちに疑問視されることになるだろうからである。

この観点からは、ライプニッツの〈原子論にたいする立場〉もまた、たちどころに了解することができる。

彼が原子論の仮説に異を唱えているのは、経験論者としてではなく、数学的・物理学的認識の論理学者としてである。哲学思想の歴史においても物理学思想の歴史においても、連続律をもっぱら出来事にたいする要請であり存在にたいする要請を含むものではないと定式化することにより、原子論と連続性を折り合わせようと、しばしば試みられてきた。つまり、出来事にたいしては連続的な推移を要求するのに反して、存在にたいしては、空間内の事物の配置にたいしては、判然と画定された境界を想定するものである。しかしながらライプニッツは、あまりにも厳格な解析家であったがゆえに、このような折衷の持つ欠陥を大目に見過ごすことができなかった。原子仮説は、彼が詳しく述べているように、存在と過程のいずれにたいしても、連続性原理に抵触するものを含んでいる。というのも、原子の相互作用を衝突の法則に基礎づけるならば、衝突のさいになるほど位置変化は連続的に行なわれるとしても、衝突の瞬間に原子の速度の符号が瞬時に入れ替わるという意味で、速度の突然の変化が生じることになるからである。このような速度の交替、速度の方向転換は、それに先立って速度が連続的にゼロに接近しその大きさがゼロに到達していないことには、不可能である(8)。さらにライプニッツにおいては、〔原子仮説を退ける〕こうした特殊な根拠は、私たちの解析に乗り越えることのできない固定的な限界を指定するというようなことは恣意的だという他のより一般的な根拠によって補完されている。〔自然のなかに不連続を認める〕このような仮定は、いかなる現実的な道理をも主張することはできない。むしろそれは、私たちの想像力の脆弱さから生じているのであり、自然をこの脆弱さに適応させようと試みるものである。しかし自然は一切のこの手の試みをあざ笑うであろう。というのも、自然は無限大から無限小へとつながっているからである(9)。数学を、つまりライプニッツが発見した新しい解析の形式を、自然と調和させようとするならば、ライプニッツによれば、その基本概念つまり無限小と無限大の概念が、現実にたいしても十全に適用可能であることを認める以外にはない。ライプニッツは、アリストテレスが実無限にたいして唱えた異論をものともせず、かかる試みを貫いたのである。「私は——と、彼はフーシェに書いている(10)——実無限を全面的に認めていますゆえ、自然がそれを嫌うというような通説に与せず、創造主の完全性をよりよく顕彰するべく、いたるところで自然はそれを求めると見なしております。したがって私は、物質のどの部分も、分割可能であるというよりは現実に分割されないものはないのであり、それゆえ最小の部分でさえもさまざまな被造物を無限に含む充実した世界と考えられるべきであると、信じております〔原文フランス語〕。」

このことによって一般的プログラムは提唱されたのだが、しかしそれが科学として現実化されるためには、さらに永く待たねばならなかった。新しい数学〔解析学〕と物理学の提携は、両者ともにそのことによって直接には大いに益するところがあったにもかかわらず、純粋方法上の観点からは、きわめて緩慢にしかなされなかった。たとえば座標系の概念がマクローリンによって力学に導入されたのは、比較的遅くになってからである*。ライプニッツは、なるほど動力学の基本概念を分析しその新しい形式と基礎づけを与えはしたけれども、動力学の完備した体系を展開したわけではない。ニュートンもまた、彼の流率法〔微分法〕の物理学への適用にさいしては極端に用心深かった。彼は流率法をいたるところで暗黙のうちに前提としているものの*、あからさまな記述においては、古代数学において作りあげられた旧来の「綜合的〔幾何学的〕*」方法の使用を優先させたのである。実際に〔解析学と物理学の方法上の統合を〕初めてなしとげたのは、一八世紀のフランスの偉大な数学者ダランベールおよびラグランジュであった。彼等は経験的自然研究者としてはニュートン主義者であったが、物理学の論理学者としてそしてまたその方法論者としては、一貫してデカルト主義者に留まっていた。ラグランジュの基本的な著書の標題〔『解析力学』〕それ自体が、この結びつきを示唆している。いまやついに解析の精神が、物理学に堂々と踏み込もうとしているのである。そこでは単純性、つまり「単純な性質（*naturae simplices*）」への還元というデカルトの理想が、無制限に有効とされている。方程式の単一のシステムが静力学現象と動力学現象のすべてを包摂すべきであり、この方程式の形は、新しい無限小解析によって規定される。このようなやり方でダランベールとラグランジュは、「仮想〔変位の〕原理」を提唱するに至った。それは、釣り合いおよび運動のすべての現象にたいする一般的条件を、考えられるもっとも単純なやり方で表現するものである。ダランベールはその力学（『力学論』）の序文で次のように説いている。代数学を幾何学に、幾何学を力学に、そしてこれら三つの科学のすべてを物理学に適用することは、すでにずっと以前から首尾よくなされてきた、けれどもそれらの科学の原理を最少の数に還元することにも、それらにあらゆる望ましい明晰さを与えることにも、十分な考慮が払われてはこなかった、と。ダランベールの力学とラグランジュの『解析力学』は、この論理的欠陥を是正しようとしたものであった。とりわけラグランジュの著書は、この理想を実際に厳密に実行した。それは、ダランベールの原理から直接に導き出される運動の微分方程式を提唱することによって、物理学と無限小解析のあいだの完全な結合を初めて達成し、同時にそれ以降の時代全体にとっての模範となる論理的明晰さと厳密さのモデルを作ったのである。

　このことによって因果原理と連続性原理の結合もまた、より一層緊密で自然なものとなった。それ以降、古典物理学*においては、両者は、ただもっぱら純粋に〈概念的な〉区別でさえ厳密に執り行なうのが困難なまでに、たがいに密に縺《もつ》れあわされていった。カントもまた、この結びつきを解きほぐしはしなかった。むしろ彼はそれを追認し、それを新しい側面から基礎づけようとしたのである。なるほどカントにとっては、因果性の純粋概念、因果性の〈カテゴリー〉に関して言うならば、それが連続の概念とはいかなる直接の関連も有さず、直接的にはまったく結びついてはいないということは、確かなことであった。しかし、因果概念の経験的〈使用〉にたいしては、さらなる制限条件が直ちに付け加えられることになる。その概念は、空虚のままに留まるものではないならば、純粋直観に関連づけられ、純粋直観において記述できなければならない。つまりそれは「図式化（schematisieren）」されなければならないのである。そしてこの要求は、時間の純粋形式の考慮を必要とする。というのもカントにとって「図式（Schemata）」とは「規則にしたがうアプリオリな時間規定」に他ならず、カテゴリー表の順序にしたがい、現象の時間系列、時間内容、時間順序、そして最後に時間総括に関係するからである。* カントにあっては、この図式化の要求を因果概念の定義に明示的に受け容れるか否かに応じて、因果概念の二つの異なる把握が生まれる。『純粋理性批判』の初版では、まだ、因果律のまったく一般的な定式化が見出される。「〈生起する〉（存在を始める）ところのもの〉は、すべて何かあるもの、すなわちこの生起するものが〈規則にしたがって〉それについで継起するところの何かあるものを、前提とする。(11)」それゆえここでは、単に出来事を規則をとおして結びつける可能性のみが要求されているのであって、その規則の〈様式〉については特に決められたものは何も前提されていない。〔そのかぎりで〕因果性の要求は、自然現象にたいする法則性の要求とおなじことを意味し、後者にかぎられているようである。しかしこの後に続く因果律の証明は、時間の考慮を持ち込むことによって、つまり「多様なるものの継起（Succession des Mannigfaltigen）」をそれがある規則にしたがっているかぎりで原因と結果の「図式」として言い表すことによって、一歩先に進むことになる。しかしこの継起（Succession）*にともなって、あらためて時間が直接にその条件として措かれることになる。そしてこの第一の条件に連続性という第二の条件が含まれているのである。いかなる原因も、変化を産み出すのは、突然にではなく、もっぱらある〔有限の〕時間においてである。すなわち時間が〔変化の〕始まりの瞬間 a から終わりの瞬間 b にまで進行するさいには、実在の量（$b-a$）も、初めの状態と終わりの状態のあいだに含まれるもっと小さなすべての度をいちいち経過して産出される。「これがすなわち変化の連続性の法則である。そしてこの法則の根拠は、時間にせよまた時間における現象にせよ、極小の部分から成るのではないということ、しかしそれにもかかわらず、物の状態はその変化において、要素としてのこれらのすべての部分を経て第二の状態へと移行する、ということである。現象における実在的なものをいくら小さく分割しても、また時間の量をいくら小さく区切っても、これらの部分のあいだの〈いかなる差〉も〈最小の差〉ではない。それだから実在としての新しい状態は、それよりも前の状態、すなわちこの新しい状態の実在がそこに存在していなかった状態から、実在の無限に多くの度をいちいち経過して発生するわけであるが、その場合にこれらの度相互の差はすべて零と a との差より小さいのである。*」

ここで今いちど、その過程をとおして因果概念と連続概念が次第次第により密により固く結びついていった物理学思想と哲学思想の発展を顧みるならば、この両者の結びつきをあらためて切り離すことがいかに困難であったかが理解できよう。ここを断ち切るためには、他でもない量子論のあの破壊的な「爆薬」が必要とされたのである。とはいうものの、因果性と連続性が不可分に結びつき、たがいに依拠しあっているという表象が広く市民権を得ていたがゆえに、この〈結びつき〉の廃棄が、新しい見解の主張者たちにはあたかも因果性それ自身の廃棄であるかのように受け取られ、因果性から連続性を分離する切断が、致命的な傷を与えるかのように思われたのである。しかしこのような議論は、認識論上の観点からは、どうしても首尾一貫して展開することはできない。因果性の構成的で本質的な徴表は、〈法則性〉の一般的要請にあり、個々の場合にこの法則性がどのようにして得られどのようにして実現されるのか、そのことを指示することにあるのではない。それゆえ、経験的根拠からも理論的根拠からも連続性の要請がもはや満たされないことが示されたとしても、そのことだけでは、まだ因果性の要請が維持できなくなったということを証明するものでは決してないのである。むしろその場合には、私たちは、因果性の要請を、これまでそのなかに紛れ込んでいた制限的条件から〈解放する〉べきなのである。つまり私たちは、因果性の要請を、私たちの直観的空間の「いくつもの事物」や直観的時間の内での「いくつもの出来事」のあいだの連続的統合として直接現れるということがもはやないような仕方で捉えるべきなのである。因果性についての「批判的」理論の立場からは、このような解放が可能であるということには疑問の余地はない。というのも批判的因果律に含まれるのは、「いくつもの事物」や「いくつもの出来事」の結びつきについての直接的命題ではなく、むしろ〈いくつもの認識〉の体系的連関についての命題だからである（前述、p. 26ff. 参照）。したがって今では私たちは、この〈いくつもの認識〉の内に新しい配列と新しい序列がもたらされたという事情、つまり「因果性」と「連続性」は古典物理学において前提されていたような単純な関係を取り結んでいるのではないという事情を、考慮しなければならないのである。それゆえ、現代の原子物理学の主張者たちが、量子仮説はその必然的帰結として因果原理を失効させざるを得ないと結論づけるのであれば、そのときは根本的に分裂した態度が認められる。つまり彼等自身、いまだに認識論の他でもない量子論によって克服され時代遅れにされた観点でもって判断しているのである。

量子力学によってもたらされた「因果性の危機」は、たしかに存続しているし、はなはだ由々しいことではある。とはいえそれは、純粋因果〈概念〉の危機ではなくて、「直観の危機」なのである。それは、因果概念をこれまでどおりの仕方で「純粋時間」の直観に関連づけ、そこにおいて「図式化する」ことがもはや許されないということを示しているのである。そのような図式化は、量子論の発展をとおして厳しく制限されることになった。もはや私たちは、因果性を古典物理学におけるのと同様のやり方で時間・空間的記述に関連づけることはできないし、ましていわんや時間・空間的記述に解消することもできない。純粋に認識論上の観点から見るならば、このような理解は、現代物理学の形成に先立って一九世紀における数学の発展をとおしてすでに準備されていたのであるから、そのかぎりで驚くべきことではない。一九世紀数学においてすでに「直観の危機」が露呈していたのである。[12] ライプニッツはその無限小解析の基礎づけを、一般的な接線問題から始めている。彼は、ある曲線上に位置する二点PとP′にまず着目し、ついで両者を次第に近づけてゆき、最終的に一致させる。彼はこのようなやり方で、その辺が量 dx と dy よりなる彼のいわゆる「特性三角形」を構成するに至った。しかしこのような〔極限〕移行のさいには、求められた極限値が現実に実在するということ、つまりその曲線は考察している点で特定の「方向」を有しているということが、前提とされていなければならない。ライプニッツの時代には、この前提について疑いの余地はないように思われていた。しかしその疑惑は、現代の数学的解析によって連続性と微分可能性が必ずしも一致しないという証明がなされて以来、それればかりかさらにワイヤーシュトラスが、連続ではあるがそのどの点においても決まった接線を持たない曲線の例を与えて以来、否応なく湧いてこざるを得なかったのである。このようにして、「差分商」から「微分商」へ、$\Delta y/\Delta x$ の値から dy/dx の値へとつねに難無く移行し得るという仮定は、いつでも正しいわけではなく、それはある制限と留保のもとでのみ妥当するということが示されたのである。純粋に〈物理学的〉に観察・考慮しても、同一の結論に導かれる。[13] こうして、古典解析学および古典物理学という建造物が依拠していた主要な土台のひとつが揺らいだのである。「大きなものにおける関係」が「小さなものにおける関係」についての直接的な結論を保証するものではない、ということがここに示されたのである。時折ライプニッツは、その連続性原理を、他でもないこの同質性（Gleichartigkeit）を直接に要求するものだと定式化していた。彼は連続性原理を「類推原理」の形式で捉えているが、それにのっとれば現実の全領域において存在と出来事における十全な同形性（durchgängige Gleichförmigkeit）が仮定されるべきであり、私たちがいかなる領域に向かおうとも、つまるところ私たちは、原理的に新しいものがそこに存在してはいないこと、私たちが観測することのできる規則はいたる処同一であること、このことを見出すことになる。フランス喜劇の道化師（月世界の道化の皇帝）が語っているように、「すべてが我々の処とおなじだ（*C'est tout comme ici*）[14]」というのである。これと同様の準則をライプニッツは、有限のものの規則は無限小のものにもあてはまり、逆に、無限小の規則は有限のものにおいてもあてはまらなければならない（*les règles du fini réussissent dans l'infini et, vice versa, les règles de l'infini réussissent dans le fini*）[15] という言葉でより一層厳密に表現している。しかし、量子論の展開は、この準則の経験的根拠と理論的根拠を震撼させた。もはや物理学的思惟は、この種の類推推論に身を任せることは能わないし、また許されない。物理学的思惟は、新しい対象領域への移行にさいしては、個々の法則においてのみならず一般的な物理学的思惟の前提と形式においても、根底的な転換が要求されるかもしれないということ、このことを考慮しなければならないのである。そのさい、法則性という要求それ自身はつねに堅持されなければならないけれども、古典物理学の論理学においてしばしば唱えられてきた自然の出来事の「一様性（Einförmigkeit）」および「同形性

（Gleichförmigkeit）」という周知の要求(16)は、放棄されなければならない。現代物理学は、たがいに還元不可能な異なる概念体系を同時並行的に適用する必要性に直面しているのである。とはいえ自然認識の〈統一（Einheit）〉は〔自然法則の〕この手の〈同一性（Einerleiheit）〉を要求するものでは決してない。自然認識の〈統一〉のためには、さまざまな体系がたがいにある決まった〈関係〉に置かれ、ある決まった〈規則〉にのっとってそのひとつから他のものに移行できれば、それで十分なのである。「古典論の」概念と量子論の概念の関係にたいして、ニールス・ボーアの対応原理*において設定されたものこそが、かかる規則のひとつなのである。この対応原理のなかに、いかなる仕方で異なる言語を相互に結びつけ並行的に使用し得るのかを指示する、ある種の翻訳コードが提供されている。もちろんここにおいても、その翻訳は決して単純に逐語的なものではあり得ない、つまり、古典論の言語と量子論の言語を逐語的に直訳することは不可能であり、もっと自由な意訳でしかあり得ないのだということ、このことは言うまでもない。

そういうわけで、私たちの〈幾何学的〉な諸概念が微視的世界の現象の記述への移行にさいしても維持され単純に転用され得るのかという問いそれ自体が、量子論の困難な問題を形成することになる。「数学的空間は――と、シュレーディンガーは語っている――微小な部分において、きわめて単純な構造を有している。どれだけ微小な次元へと分け入っても、相似変換だということを別にすれば、つねにおなじものが現れる。そのことは、現実の出来事の地図をそこに書き込むためには、あまりにも単純すぎるように見える。(17)」「因果原理」は、真に一般的な意味に理解するならば、ただ単にこのような「地図」が存するということのみを要求しているにすぎないのであって、その地図の個々の形式については何も言ってはいない。自然現象の探究のさいには、私たちは、つねになにがしかの一般的方向づけの網の目を用いなければならないが、しかしその網目をあらかじめ定めておくには及ばない。新たな地平が開かれるごとに、方向づけの転換が求められることもあり得る。しかし、法則性が要求されるということ、つまり関数的規定性が一般に要求されるということは、そのこと〈方向づけの転換〉には左右されない。と言うよりその要求こそが、そのつど真に不変なるもの（die eigentliche Invariante）であることが示されるのである。もちろんこの不変なるものは、あまりにも一般的であるがゆえに、それでもって自然認識の具体的形式を完全に規定することはできない。そういうわけでカントが、因果性の普遍概念つまり因果性の「カテゴリー」は、経験的に使用可能・適用可能であるためには、特定の意味に〈特殊化〉されなければならないとあくまで主張しているのは、当を得たことである。そうはいうものの、もはや私たちは、この特殊化を、カントが行なったような方向に追求することはできない。つまり私たちは、単にその概念の純粋感性的図式への関連づけに、「時間と空間という直観の形式」への関連づけに満足することはできないのである。というのも、他ならぬこの図式こそは、一方では非ユークリッド幾何学の発見により、他方では特殊および一般相対性理論の結果によって、その普遍的意義を失なってしまったものだからである。それゆえもはや超越論的論理学は、カントの場合にそうであったような仕方では、超越論的感性論とは結びつけられない。いうならば超越論的論理学は、超越論的感性論に義務を負ってはいないのである。因果概念の経験的使用にとって不可欠なその要求されている特殊化は、いまではむしろその概念そのものの範囲内に求められなければならないのである。因果概念は、あるときはかくかくのまたあるときはしかじかの概念手段と多様な仕方で結びつき、そしてそれらそれぞれと多かれ少なかれ固く融合することができる。そしてこのような融合の様式に応じて、因果概念はさまざまな形態をとる。それは、あるときは実体のカテゴリーと結びつき、またあるときは連続性のカテゴリーと結びつき、あるときは連続量の直観に通徹され、あるときは離散数の純粋形式に関連づけられ、そのそれぞれに応じてその内容が規定されるのである。

そして、因果概念が他に移行してゆくためにこの結びつきのひとつから切り離されるたびごとに、因果性そのものが危機に陥ったかのような外観を呈してきた。とはいえ、物理学の歴史を一瞥するならば、物理学がつねにこの見かけ上の危機を首尾よく克服してきたことがわかる。この歴史の過程で課せられたすべての厳しい試練に、因果概念は打ち克ってきた。それはそのたびごとにいつも、最終的には灰のなかから不死鳥のように舞い上がったのである。この種の試練のひとつは、物理学的思考が、原因と結果のあいだの空間的近接性という条件、つまり直接的隣接性を放棄するに至った時点でなされた。おそらく今日では、この条件を断念するのにどれほどの知的犠牲をともなったのかは、もはや存分にありありと思い浮かべることは不可能であろう。すでにここにひとつのシャープな切断が導入された。それ以前まで原因概念を連続的な空間の直観に結びつけていた絆が断たれたのである。空間内の作用の伝達は不連続に〔遠隔的に〕起こる、つまり作用はある位置から他の位置へと飛び移り、そのさいそのあいだにある領域はその作用を受けないというのである。この「遠隔力」という概念がニュートンによって最初に導入されたとき、哲学者や物理学者たちはそれをこのうえなく厳しい不信の眼で迎えた。ライプニッツやホイヘンスは、おなじような理由でそれに抗議した。彼等にとっては、遠隔力の概念はこれまでの自然考察の単なる修正とはとても思われず、彼等は、それによって自然説明一般が完全に崩壊するのではないかと恐れたのである。〔物体は衝突つまり直接的接触をとおしてしか作用しあわないという〕運動学的〔機械論的〕理論の堅実な基礎を放棄するならば、自然科学は今いちど「隠れた質」に逆戻りし、神秘説に身を委ねざるを得ないかのように思われたのである。ライプニッツは、遠隔点に直接に作用する力という仮定を、「野蛮」への後退、「暗黒の王国」[18]への逆行以外の何物でもないと見なし、ホイヘンスもまた、かかる仮定に内在する「不条理」に公然と反抗した。彼は、ニュートンが、きわめて困難で複雑な計算をこのような〔不条理な〕原理にもとづいてやり遂げるのに多大な労力を費やしていることに、驚きを表明している。[19]にもかかわらず、他でもないこの「不条理」な原理が許容されるばかりか、必然的とさえ見なされるようになったのは、それから間もなくのことであった。それまでは奇異な異常と見られていた遠隔力が、今度は真の自然法則の典型となりモデルとなったのである。遠隔力は自然現象のすべての領域をしだいに自己の支配下に収めてゆき、力学から化学に、そして一般的な電気理論にまで浸透していった。しかしながら、ここでまた決定的な反動がその後を襲った。諸学派間のいかなる論争とも無縁に実行され、また物理学上のいかなるドグマにも囚われることのなかったファラデーの寡黙で粘り強い研究によって、遠隔力の概念は克服されたのである。とはいえこの克服は、旧来の運動学的〔機械論的〕理解への回帰を意味するものでは決してない。ファラデーとマックスウェルによって提唱された電場の法則が、〔機械論での力の伝播の唯一の形式であった〕旧来の力学的衝突法則に還元されることはない。というのも、ファラデーとマックスウェルの「近接作用力」において連続的な空間への関連づけが再確立されたとしても、力学的物理学から場の物理学への移行のさいに、すでに〈実体理論〉が根底的に書きかえられているからである。[20] それゆえ、ここで因果概念が変化した実体概念に結びつき、またそれにかかわらざるを得ないことにより、因果概念は、新たなより豊かな形であらためて私たちの前に登場することになる。この発展を直視するならば、古典物理学の因果概念でさえもまた、しばしば主張されているような一筋縄の完全に調和した形象では決してなくて、それどころか、それもまた数多くの問題と幾重もの弁証法的緊張を内に秘めていることがたしかに認められるであろう。

しかしこの緊張の真の根拠を明確化するためには、さらに思いきって遡らなければならない。かつてゲーテは、自然の問題を解決しようとするすべての試みは、思考力と直観のあいだにくりかえし新たに生じる葛藤から発生するのだと語っている。[21] この言葉に事寄せて言うならば、量子論の今日的問題性もまた、直観と思惟のあいだの葛藤に根差すものであり、そしてその葛藤は、哲学的な概念形成と数学的な概念形成の最初の自覚的な始源にまで遡及し得ると言えよう。概念形成のこの二つの様式が取り結んだ最初の同盟は、ピュタゴラス学派の数論に表現されている。数学の分析と哲学の分析は、そこでは直接たがいに融合し、哲学の真理概念は数学の数概念に関連づけられ、その条件に制限されていた。数およびその本来の働き、つまり「限定づけ（Begrenzung）」の機能が存在しなかったとするならば、認識の対象もまた存在し得なかったであろう。もしも数や数の本質が存しないならば——と、ピロラオスの断片は語っている——諸事物は、それ自身との関係においてにせよ、相互の関係においてにせよ、何ひとつ何びとにも明らかではないであろう。数こそは認識を可能にするものであり、そして疑問にされているもの、あるいは知られていないものの凡てにおいて凡ての人を導くことのできるもの、教えてやることのできるものである。[22] しかしながら、すべての認識の規定性と確実性を保証するはずのこの認識の究極の〈基底〔すなわち数〕〉のなかに、たちまちのうちにある新しいかつ深刻な問題が露呈した。その問題は、数学と哲学におけるギリシャ思想のそれ以降のすべての発展に刻印を残している。それは、数学思想がまず最初に関わりを持った件《くだん》の領域、つまり連続量の領域が、整数の性質と「本質」によっては埋め尽くすことも完全に支配することもできない、ということが明らかになった瞬間に発生した。「無理数」という事実、つまりそれに対応する数値が見出されないような長さが存在するという事実は、世界にたいするピュタゴラス学派の基本見解を、さしあたり解くことのできないアポリアに直面させた。そのとき、世界の「調和（Harmonie）」はもはや維持し得ないように見えたのである。というのも、この調和を作りだすはずの数の力が、連続量の問題に関しては麻痺してしまったからである。不尽なるもの（ein Undurchdringliches）つまり ἄλογον〔比を有さぬもの〕にして ἄρρητον〔語り得ぬもの〕があらためて思惟の面前に登場したのである。それゆえここでは、もはや単なる数学の個別的問題が問われているのではない。問題は、科学と哲学の形成それ自身の中心に位置する問いなのである。プラトンはこの問題に強く心を奪われていたために、『法律』の第七巻で「比を有さないこと（Inkommensurabilität）」の事実は万人によって研究されるべきことだと説き、またこの点に関する無知は、自分自身にたいしてのみならずすべてのギリシャ世界にとっても不名誉な「深く根をはった嗤うべき恥ずべき無知」であるとまで表現している。[23] この言葉に、ギリシャの哲学と科学の全情熱、その真の深い「パトス」が表明されている。ここにおいて、哲学と科学は知の形態全体にとって決定的となるであろう新しい根本的な問題のとば口に立っていることを意識していたのである。[24]

数学思想がこの問題を克服しようとしたやり方は、よく知られている。そのためには、ほかでもない、数学的解析のまったく新しい道具を作りだすことが必要とされたのである。純粋数が連続量の世界を正確かつ適切に表示し得るためには、それはあらかじめその固有の性格を変更しておかねばならなかった。「離散」数という概念は、時間や空間の基本形式において表示されているような直観的連続体に適用できるだけでなく、この連続体をいうならば汲み尽くすことができるように、改造されなければならなかったのである。この目標は、現代数学がその思考手段を恒常的に鍛錬し洗練するなかで、「自然数」の体系を「実数」の体系へと発展させることに成功したとき到達されたように思われた。ここで初めて、その裂け目が塞がれ、直観と思惟のあいだの葛藤が克服されたように見えた。このとき直線上のあらゆる点の集合は、一義的にかつ隙間なく「すべての実数の集合」に対応づけられることが可能となったのである。カントールによる集合論の基礎づけとデデキントによる無理数の定義は、その問題の究極的な解決と見なすことができた。というのも、そこでは純粋思惟のみの手段によってひとつの連続体が構築され、その連続体は直観的な量の連続体と比べてもまったく遜色がなく、直観的な量の連続体のあらゆる個別的特徴を表現することができたからである。デデキントは、算術と解析を純粋論理学の一分野と見なし、数概念が、純粋の思考法則から直接に流れ出たものであり、空間や時間の表象や直観とはまったく無関係に展開されるべきであると要求している。このような展開が可能だということ、つまり私たちが論理学でもって連続な数領域を作りあげることができるということ、そしてその後にそれを時間と空間についての私たちの表象にたいする基準にすることができるということ、このことが、デデキントによれば解析的思考の真の勝利だと考えられている。[25] もちろん集合論のその後の形成過程で数学が陥った「原理的危機」は、そうした集合論の最初の基礎づけのなかに危機をもたらす対立の素因が残存していたことを示している。「数〈連続体〉」の形成の後にも、それと直観的連続体のあいだの真の〈一致〉*がいまだ達成されていなかったことは、否めない事実である。というのも、数は、この拡大と洗練においても「離散的」という論理学的基本性格を払拭することができなかったからである。ヘルマン・ワイルは、連続体についての一九一八年の論文で、ピュタゴラスによる無理数の発見によって提起された大きな課題、つまり、「直観的に与えられた連続的なるものの、厳密な認識において定式化可能なその内容を、離散的〝状態〟の集まりとして数学的に捉えるという課題は、デデキントやカントールやワイヤーシュトラス〔の試み〕にもかかわらず、今日も以前と同様に解決されていない」と説明している。というのも、現在達成されている相関は真の一致では決してないからである。「実数の〝連続体〟のなかでは、個々の要素は、実際には整数とまったく同様に、たがいに孤立して在ることを忘れてはならない(26)」のである。それゆえ、連続量の側から数概念に課された要求を叶えるために数概念に認められねばならなかった件《くだん》の「拡大」は、純粋〈数論〉の立場からはつねに何程かの不信の眼で見られてきた。それは、純粋な「離散」数の本源的性格にたいするある種の暴力的歪曲、つまり技巧的・実用的な方便としては許されるが、しかしつねになんらかの人工的なものや恣意的なものが付きまとっているように見える変造だと見なされてきたのである。このような見解を特徴づけているのが、クロネッカーの「整数は神が創りたもうたものだが、その他すべては人間の作品である」というよく知られた言葉である。

近代の〈自然認識〉では、離散数という論理学的な要求と連続量の直観から生じる要求とのあいだの葛藤の解決は、別様の仕方で試みられた。近代自然認識は〈運動〉という基本現象から出発し、運動現象の分析をとおして、ある根本概念を獲得したのであり、その概念をさらに追究することで、まったく新しい数学の構築へと誘われることになった。新しい「無限小解析」は、歴史的にも体系的にも動力学の問題にその起源を有する。ガリレイは、速度と加速度の概念を定義しようと努力するなかで、後の無限小解析の方法をすでに萌芽として内に含む新しい思考手段を発見した。そしてその後の発展の過程で、この結びつきはますます強固になっていった。カヴァリエリの「不可分割なものの幾何学（Geometria indivisibilium）」やケプラーの「樽の立体幾何学（Stereometria doliorum）」やニュートンの「最初と最後の比」の方法は、この思想の発展のその後の特徴的段階である。後のすべての立体求積法の端緒となったケプラーの著作は、物体の容積を、その物体がある形の回転から生成されたと考えることにより、どのようにして算定し得るのかの方法を教えるものである。ニュートンは、等速度運動と非等速運動の概念を分析することにより、一般的な可変量の数学の基本思想を展開した。この発展の帰結そしてその論理学的な絶頂は、ライプニッツが一般的な〈関数概念〉を導入し、関数の連続性の概念を正確に定式化したときに見出される。このとき、数学的思惟が、言うならば現実と直接に触れあう領域が指し示されたのである。たしかに自然の形象のなかには、私たちの数学的定義に含まれる規定にすべての点で厳密に合致するようにできているものは、決して存在しない。しかしながら、にもかかわらず実際の自然現象は、いかなる現実の過程も連続法則および他のすべての精密な数学規則に抵触することはない、というように現に手配されているし、またそうでなければならない。もしそうでないとしたならば、自然の理解可能な説明も、その「叡知的」原因への洞察も、一切存在しなくなるであろう、とライプニッツは説いている[27]。

　量子論はこの前提と手を切ることにより、ある意味で問題を今いちどその出発点にまで押し戻してしまった。量子論は、自然の「ピュタゴラス的」理論である、つまり自然が離散数の概念でもって満たされ、それによって理解されるという可能性のみならず、その必然性をも主張する。とはいえ、もちろんこのような基本的見解を貫き通すためには、特有のかつ法外に革命的な歩みが必要とされたのである。これまでの自然説明の前提は覆された。旧来の自然説明は、直観によって直接的に与えられ保証されているように見えた連続性の要請にしたがい、すべての数学的概念のこの要請にそった改造を要求してきたが、それにたいして今では、出来事それ自体が「離散」数の相のもとに（*sub specie*）考察され、そのことによって新しい別様な刻印を帯びている。離散数が現象における原子論を要求しているのである。プランクによる輻射法則の提唱のさいに、このような〔輻射エネルギーの離散的放出・吸収という〕結論をのっぴきならないものとしたのは、思弁的ないし数学的な考察では決してなく、純然たる経験に即した考察であった。しかし、ひとたびその結論が引き出された後では、自然像の他の処においても、古典物理学の基本概念によっては、つまり連続関数の概念と微分方程式の方法論によってはもはや説明づけられないその〈離散性の〉特徴がますます顕著に浮き彫りにされていったのである。他でもない、自然の真に根元的な問題に手が触れる時点で、つまり原子の安定性およびその性質の一定性や規定性を理論的に理解しようとするまさにその局面で、古典的方法論の限界に直面したのである。古典的方法論の立場からは、光の放射のさいに〈連続的な〉エネルギー交換と〈すべての〉スペクトル線の同時的放射が要求されるであろうが、それは、原子の安定性の要求およびきわめて鋭いスペクトル線という基本的経験事実とは折りあいがつかない。そういう次第で、いまでは現象そのもののなかに、限定と「個別化」の形式が示されているのであり、それを十二分に正しく汲み上げることのできるのは、「離散」数の方法論のみ、「量子化の規則」だけでしかないのである。しかしこの見解を成功裡に貫きとおすためには、あらかじめ自然認識の基本的諸概念を、新しい、一見したところはなはだ奇異な組み合わせのもとに置かなければならなかった。量子論の頂点に位置する「魔法の公式」*、つまり公式 $\varepsilon = h\nu$ において、エネルギーと振動数の等価性が主張され、したがって、まったく異なる次元の量がたがいに結び合わされたのである。この「逆説的」な関連から得られる経験的帰結が、離散数に内在する固有の認識能力は、決して分離する力だけにではなく同様に統合する力にも在るのだということを、まったく新しい側面から示したことになる。数は、ピュタゴラス学派の人たちがかつてそこに定めた件《くだん》の理想をあらためて実現する。それは「混合された多くのものの統一と考えを異にするものどもの一致和合（πολυμιγέων ἕνωσις καὶ δίχα φρονεόντων συμφρόνησις）」*をもたらすのである。かつてプランクは、ボーアの原子理論のもっとも優れた点のひとつは、これまで必ずしもそれに見合うだけの評価が与えられてはこなかったけれども、ボーアの理論が、もっとも特殊的な適用においてさえ新しい定数をたったのひとつも必要としないこと、それどころかボーアの理論は〈電子の〉質量と電荷および要素的作用量子〈プランク定数〉でもって完全に済まされているのであり、これらの量と整数の自然数列だけで物理学と化学の全体を完全に作りあげているということ、このことにあると語っている。[28]

新しい量子力学の手続きを古典力学の手続きと対比することによって、同様の考察に導かれる。後者〔古典力学〕は、かつてライプニッツがきわめて含蓄に富みかつ特徴的な定式化を与えた方法上の原則にもとづいている。ライプニッツは、数学者デ・フォルダー宛の、自身の連続性原理の正しさと必然性を納得させようとしているある書簡において、自然の研究においては、事物はより厳しく分析され「打ち砕かれ」*ればそれだけよく理解される（*quanto res discutiuntur magis, tanto magis intellectui satisfit*）[29]という一般的公理から出発すべきであると説いている。この「打ち砕く」やり方は、古典物理学では字義どおりに理解される。それは、認識はいかなる未分割なまとまりにも足踏みしてはいけないことを、つまり認識は、最終的に自然の出来事の不可分の究極の要素に到達するまで、いかなる全体をもつねに次々と更なるその部分に「打ち砕かれ」ねばならないということを要求する。このことは運動に適用されたならば、物質系のどの運動も、厳密に「局所化されている」個別の要素的過程から組み立てられるように記述されなければならないということを意味している。ここで局所化されているとは、個別の無限に小さい空間要素とその直接的な時間的・空間的近隣に関連づけられているということである。新しい〔量子〕力学は〈この〉関連を断念しなければならなかった。それは、ある系のあらゆる個々の質点は、どの時刻にも、ある意味で空間のすべての点に「同時に」存在するという特異な表象に導かれた。というわけで、量子論的なものの見方をとおして、自然現象の「全体性」の新しい概念が基礎づけられたのである。新しい力学は、運動法則の定式化を、もはや厳密に局所化された個別の過程には結びつけない。むしろそれは、自然現象のある純粋な「基本ゲシュタルト〔形態〕」を捉えようとする。つまり自然現象を、ゲシュタルト〈として〉、言い換えれば部分に分解することなく、ひとまとめに把握し表示しようとするのである。以上を要するに、新しい物理学においては、「連続性」と「離散性」の関連は、これまでの自然認識の体系におけるのとはまったく異なる仕方で理解されなければならないのである。

他方では、この新しい理解においても、その二つの基本的概念のあいだの根本的対立が完全に解消されたわけではないことは、否めない事実である。純粋に内容的に考察するならば、新しい物理学が〈輻射〉の理論と〈物質〉の理論という厳密に区別された二つの領域に分かたれているかぎり、この対立は存続し続ける。輻射の領域の内部では、すべての現象は連続的な系列に順序づけられる。ヘルツ波〔ラジオ波〕から赤外線、可視光線、紫外線、そして最後に硬X線へと眼を移らせても、この移行の過程にいかなる突然の「飛躍」もない。それは、振動数を連続的に変えてゆくだけのことである。しかし、物質にたいしては、そのさまざまな形状を、このような仕方でひとつの連続的系列に順序づけることはできない。化学的元素は、それらのあいだに全面的な体系的連関があるにもかかわらず、あたかも「海のなかの島々」のようにつねにたがいに分け隔てられている。新しい量子力学が出現したときの異なる形式を比較・考察するならば、同様の特徴的な区別に導かれる。シュレーディンガーにおいては、明らかに「連続性」の観点が優位を占めているが、他方、ハイゼンベルクにおいては、離散数のカテゴリーが第一義的で決定的な役割を演じている。前者においては、波動方程式の形で新しい力学の創設を規定したのは、連続関数の思想である。後者においては、連続量の領域への依存とそれゆえ直接的な図解的説明のどのような可能性をも断念し、純粋のシンボルによる操作に限定された代数が導入された。ハイゼンベルクの理論においては、古典論の連続変数が「行列」によって、つまり、ひと組の離散的な数値のセットによって、置き換えられている。他方、波動力学は、古典論の質点力学から純粋の連続体理論へと歩み寄ることによって、まったく逆の行き方をしている。(30) この発展の全体をざっと見渡し、その認識論的前提を思い浮かべるならば、ゲーテの言うところのすべての真の自然問題の基底にある件《くだん》の「直観と思惟のあいだの葛藤」は、新しい物理学においても決して和解に達していないどころか、むしろ以前にもまして顕著に認められるということを、受け容れなければならないだろう。というのも、連続性と離散性という二つの基本規定のあいだを単純に行き来するかわりに、連続性と離散性を、一方は輻射に他方は物質に適用することで存在の異なる領域に割り振るかわりに、いまでは、一個同一の出来事が双方の観点で捉えられその双方の観点で記述されるように、両者をたがいに他に浸透させるという、より一層困難で逆説的な課題が生じているのである。[31]連続的なものと不連続なもの、波動像と粒子像が、原理的にすべての物理学上の存在に適用されなければならず、連続的な光の伝播が粒子の概念によって、また、離散的な物質が波動の概念によって、記述され解釈されなければならないのである。しかし、このようにその対立がよりのっぴきならないものとなったからといって、かならずしも懐疑的断念に、つまり「知ることができないであろう（Ignorabimus）」ということに導かれるわけではない。かかる対立は、否定的な意味だけではなく、すぐれて肯定的な意味をも持っているということ、それは認識の乗り越え難い制約となるのではなく、むしろ認識のきわめて重要な推進力であることが判明するということ、このことはこれまでもつねに示されてきたことなのである。

第二章　「質点」の問題によせて

エネルギー一元論とのあいだで交わされた認識論上の論戦のさいに、ボルツマンは、自然の考察には二通りの形式があるということから議論を起こしている。そのひとつは彼が「現象論的」と名づけたものでありそれは、考察するどの問題領域にたいしてもある微分方程式を設定することで満足し、その方程式でもってその領域の完全な記述が得られるのであり、それ以上なんらかの仮説を導入するには及ばないと、信じるものである。したがってそれは、原子論にもっとも特徴的で顕著に表現されているいまひとつの自然把握の形式を、軽蔑し見下している。それは原子論を、厳密な概念で思考するのではなく、単なる像（Bild）で思考すると非難している。だがボルツマンは、そのような判断は自己欺瞞によるものだと、労を惜しまず指弾している。彼は、現象論の微分方程式といえども、根底においてはつねにそれが依拠すべきなにがしかの「思惟像（Gedankenbild）」を必要とし、そのような像がなければ微分方程式に到達できないであろうと説いている。〔微分方程式を得るためには〕つねに、まず最初は有限な個数の要素を考え、しかる後にその数を順次増加させてゆかなければならない。すでに微分方程式の形成（Bildung）のさいに、数多くの要素的個体を受け容れなければならないのだとすれば、かかる個体を考慮しなければならないというこの要請を隠しておくことは、いったい何の役に立つのか。それゆえ、微分方程式によって原子論が不要になったと信じる者は、木を見て森を見ない者である。ところで微分方程式の設定にさいしては、事実と導き出された極限値のあいだの差異は観測手段がどれほど精密になったとしても決して検出できないという、いまひとつの前提が付け加えられなければならない。そして、像にある新しいもの、証明不可能なものを付け加えているのは、他でもない、この前提なのである。像は、多様体〔ここでは単に微分方程式の変数の定義域のこと〕の点がきわめて多いけれどもある有限の数よりなるとき現象をもっとも良く記述し、他方、その数をそれ以上さらに増加させたならばふたたび現象から遠ざかってゆくという〈可能性〉は、いずれの場合も決して排除されない。そして私たちが、原子はきわめて数多くはあってもしかし有限個存在していると仮定するときには、つねにこのことを踏まえているのである。

ボルツマンの論文「自然科学において原子論が不可欠であることについて」[32]や『力学原理講義（1897）』の冒頭に見られるこのような考察は、私の識るかぎりでは、認識批判上の文献においても物理学の文献においても、特段に注目されるということはなかったようである[33]。にもかかわらずそれは、重要で実り豊かな問題を内に含んでいる。というのもそれは、物理学の認識のその後の発展において初めて実際に明確に意識されるようになった困難を予言したものだからである。原子論の仮説を真に厳格に受け止めるならば、古典物理学では通常は躊躇なく実行されていたある極限移行が許されるのかどうかは、実際には疑わしいものとならざるを得ない。私たちの測定精度を際限なく高めることができるという仮定は、根本的には無限分割可能性という前提にもとづくものであり、それゆえそれは、原子論によって退けられた連続性の要請を含んでいるのである。実際、微分方程式にもとづく古典的な〈方法論〉と、有限で離散的な数の原理に依拠している原子論とのあいだには、元々ある対立が孕まれていた。ライプニッツはこの対立を鋭く見抜いていたし、まさにそれゆえに、彼が厳密な無限小物理学として物理学を作りあげようと欲したさいに、その物理学から原子を追放しようとしたのはまったく首尾一貫していたのである。彼の連続性原理と均質性原理は、外挿が――無限小の方向にも無限大の方向にも――無制限に可能たるべしと要求する。しかし彼は、この要求にたいして〈論理学的に〉説得力のある根拠を挙げることができなかった。そのために彼は、目的論的な仮定に依拠せざるを得なかったのである（前述、p. 190f. 参照）。原子的現象の記述のための適切な表現は、根本的には微分商ではなく差分商である。量子論は、この長期にわたって秘められていた対立をもまた、初めて明るみに引き出した。そこでは連続量の観点と離散数の観点が鋭い対照をなしている。実際にも、ボーアによる水素原子のバルマー系列の理論では、電子の軌道が、古典論の条件と量子論の条件の両者によって決定されている。両者は、たがいに結び合わされることによって、電子がある特定の量子化された軌道のみを動き得るということを要求する。そして量子論と古典論の双方の振動数は異なるが、ボーアの対応原理によるならば、その違いは差分商と微分商の違いとしてであることが示される[34]。法則性が対象性の〈前に置かれ〉後者が前者によってのみ規定可能であるという、私たちの一般的な理解に固執するならば、この二元論にもとづき、新しい原子物理学の「対象」においては、古典論で前提されていたのとは異なるより複雑な構造に出合うだろうということを、期待しなければならない。そしてより立ち入って分析するならば、この期待は完全に裏づけられる。

古典力学の実在概念は、二つの基本的前提、すなわち「実体」の概念と空間〔つまり延長〕の概念にもとづいている。物質（Materie）とは、〈延長を持つ実体（substantia extensa）〉であり、つまるところ、それ以外のものではない。そのすべての知覚可能な性質は、この規定に還元されるべきものである。そのような対象概念は、デカルトによって簡潔明瞭に展開された。私たちがある対象を物理的存在、つまり「客観的」実在と見なすべしと主張するとき、それによって私たちは何を思い描いているのだろうか――と、彼は問うている。この主張は、その対象のなかにそのそれぞれが感性的に記述可能なさまざまな性質が合一されていると考えること、このことに尽きているのだろうか。もちろん、そうではない。というのも、これらの諸性質の単なる〈総和〉が対象の存在を形成するわけではないからである。何らかの個別の事物、たとえば蜜蠟の一片を考えてみるならば、それを私たちは、知覚可能な性質によって、つまり、その大きさやその形やその色やその硬さやその香りなどによって、特徴づけることができる。しかし、にもかかわらずその蜜蠟は、これらのすべての個別的性質の寄せ集めとは異なるものとして「存在する」。というのも、それを火に近づけて溶かしたとするならば、これらすべて〔の性質〕は完全に変化するのが認められる――その色や硬さは消滅し、その香りは失せてしまう――からである。にもかかわらず、なおもそれは元と「同一の」蜜蠟ではないか。そのことは誰しも否定するまい。蜜蠟の「存在」がこのすべての変化を貫いて存続していることを、誰もが確信しているのである。このことから、この存在はもっぱら「思惟において捉えられている」ものであるけれども、感性的には知覚され得ないものであると、結論づけられる。「以上を要するに私は、この蜜蠟の何たるかを、想像する〔ということによって理解する〕というわけではさらになく、独り精神によってのみ知得する、ということを承認するしかないのである（superest ut concedam, me ne quidem imaginari quid sit haec cera, sed sola mente percipere）。」[35] それゆえ物理的対象としての蜜蠟を構成しているものは、存続性という論理的にのみ定義可能な契機なのである。この議論によって、すべての客観性が準拠すべき一般的条件が機械論的自然観の範囲内において、定められたことになる。つまり、その個別的規定のどのような変遷にもかかわらずつねに「同一」と認めることのできる存在が「客観的」なのであり、この再認は、空間的な基体を基礎に置く場合にのみ可能である。古典力学の全公理体系は、この前提にもとづいている。ヴィルヘルム・ヴントは、著書『物理学の公理と因果原理にたいするその関係（1866）』において、〈第一の〉公理として、自然におけるすべての原因は運動原因であるという命題を挙げている。しかし彼は、この原則をただ単に提唱するだけでは満足せず、その論理学的な導出、つまり「演繹」を要求しているのである。その演繹は、ある事物が表象においては変転しつつもなおかつ同一にとどまる唯一の事例が存在するということに見出される。そしてその事例とは〈運動〉である。運動のさいの変化は、ある対象が他の諸対象にたいする空間的関係のみを変化させる、ということにある。それゆえ位置変化は、事物の、それ自身は同一に留まりながら行なわれるところの唯一の表象可能な変化である。[36] すべての物理現象を厳密に力学的に説明づけるという立場に固執する場合には、この議論はいつでもある役割を演じてきた。ハインリヒ・ヘルツは著書『力学原理』で、この議論を他ならない質量概念の〈定義〉に用いている。「質量粒子（Massenteilchen）とは――と、彼は説明している――それによって我々が、ある与えられた時刻にたいする空間内のある決まった点を、他の任意の時刻にたいする空間内のある決まった点に一義的に対応づけるところの、ひとつの徴表である。」この概念規定にさいしてヘルツは、質量粒子が不変で不滅であることはもはや論ぜられるまでもない、そのことはその定義にすでに含まれている、と強調している。[37] しかしこの定義は、場の理論への移行にさいして早くも見捨てられる。場とは、「事物（Ding）」ではなく、作用のシステムである。そして個々の要素をこのシステムから切り離し、永続的なものとしてつまり時間の経過のなかで「自己同一的な」ものとして止めておくことはできない。個々の電子は、それが「それ自身で在りそれ自身で捉えられる（*per se est et per se concipitur*）」という意味においては、もはやいかなる「実体性」をも有さない。それは、ただ単に場における「特に目立った位置」として、場に相対的にのみ「実在する（existieren）」のである。ファラデー以来、「力線」という表象が、古典力学の構成が依拠していた持続的事物の表象にとってかわり、それを押し退けたのである。

　この歩みは、量子論においても後戻りすることは不可能であった。それどころか量子論にとっては、その問題は、新しいより一般的な意味で設定されたのである。私たちが見てきたように、量子論においてもまた、純粋の「作用法則」の「存在法則」にたいする優位が、ますます顕著になってきている。量子論が〈原子〉構造についての問いを設定するときには、その問いが解決可能なのは、純粋の法則への問い、つまりスペクトル線の強度と振動数についての問いに帰着されるかぎりであるということを、つねに自覚していた。この問いに答えるために、量子力学は、行列計算という新しい数学的道具を、つまり古典物理学の微分方程式に匹敵する抽象代数をみずから創り出した。このことによって、作用量子の発見によって当初から促されていた移行が達成されたのである。因果性は、その「実現」を実体表象と連続量の表象に求めるかわりに、むしろ離散数の概念にきわめて固く結びつけられたのである。そのことによって因果性は、原子内部での個々の粒子〈電子〉の運動を、古典論の軌道表象で通常なされていたような直観的な仕方で追跡することを断念することができるのであり、また断念しなければならないのである。しかしながら、そのことによってすぐさま私たちは、より進んだ認識論的帰結を強いられることになる。というのも、その軌道をもはや追跡することのかなわないとされる電子なるものは、いったい何で「ある（sein）」のか。私たちは電子にただもっぱら不完全にしか「接近可能（zugänglich）」でないのだとするならば、それでもなおかつ電子に確定的で厳密に規定された「現実的存在（Dasein）」を付与することは、いったい意味のあることなのだろうか。それとも私たちは、むしろ逆の道を辿るべきではないのだろうか——すなわち、経験の可能性の条件つまり「接近可能性（Zugänglichkeit）」の条件を、経験の〈対象〉の条件として用いるという要請を、真剣に受け止めるべきではないのだろうか。そのときには、絶対的・原理的に接近不可能とされるような経験的対象なるものは、もはや私たちにとっては存在しないのである。とはいえ、私たちが自由にできる経験的な認識手段によっても理論的な認識手段によっても到達できないし、かかる手段でもっては規定できないということが明らかなので、経験的な現実的存在の範囲からは閉めださなければならない、あるクラスの想像上の対象は存在しうる。

現代の原子物理学は、最初はもっぱらためらいがちに、このような結論を引き出す決意をしたようである。

それは、しばらくのあいだは、電子の点状の実在とその定常軌道上の運動という表象にある意味で固執し、これらのすべての表象がいわば砕け散ったまさにそのときに、つまり、それらを経験的に確定するいかなる手段ももはやないということが示されたそのときに、なおもその表象を「救出」しようとしたのである。しかしここで私たちは、最終的な認識論上の帰結を引き出すことは、もはや避けられない。私たちは、電子がある決まった時刻にある決まった位置に「在り（sein）」、ある厳密に定義された速度を「所有している（besitzen）」ということを、もしもこの「所有（Besitz）」ということが物理学的認識にとってではなく、いわば電子自身にとってのことであれば、語ることはできない。私たちは、物理学的認識の手段によって〈措定可能（setzbar）〉なものを越える「状態（Bestand）」については、主張できないのである。というのもこの「措定（Setzung）」の働きこそが、いかなる状態にたいしてであれ唯一可能な論理学的根拠であり「権利問題（*quid juris*）」だからである。なにがしかの仕方で「実現可能」ならざる所有とは、対象性と認識の批判的解釈の立場からは、木製の鉄〈形容矛盾〉である。「それだから経験の対象は——と、カントはかつてこの解釈を正確に表現している——〈決してそれ自体で〉与えられているのでは〈なく〉、ただ経験においてのみ与えられているのであって、経験の外ではまったく実在しないのである。月に住民がいるかもしれないということは、かつて人間が一人として彼等を知覚した〈見た〉ことがないにしても、もちろん承認せられねばならない、しかしこのことは、我々が経験の進行のなかで彼等に出合うかもしれないというほどの意味にすぎない。というのも経験の進行の法則にしたがって知覚と関連している一切のものは、現実的だからである。[38]」それゆえ不確定性関係が私たちに、直観的空間内のある決まった点においてある厳密に決まった運動量を持つ電子に「出合う」というような事態は、もはや期待できないということを教示しているのであれば、そのことによって、そのような事態が経験的に実在するという主張は根拠を喪失する。そのような事態は、「経験の関連（Kontext der Erfahrung）*」からは閉めだされたのである。このことによって、これまで原子物理学を困惑させてきた例の不可思議な諸問題のすべては、おのずから消滅する。私たちは、電子が「突然」内側の軌道から外側の軌道に上がる、ないし外側から内側に落ちるときに、その飛躍のあいだには電子はいったい何処《どこ》にいるのかとか、それが初めの軌道を離れる瞬間には、それが到達することになる軌道はすでに決定されているのかとか、輻射のさいに、量子〔正しくは光子〕の放射が完了する以前にこの過程を中断したならば、いったい何が起こるのか、等々のことは、もはや問うには及ばない。そのような問いにたいしては、私たちにとっては経験的に定義しようのない事態を前提としているのだから、そのような形式では設定しようがない、という以外には答えようがないのである。

最近ラウエが表現しているように[39]、不確定性関係が、あらゆる物理学的認識とまでは言わないにせよ、あらゆる粒子的力学にたいしてきっちりと決まった限界を画したということを、私たちは他の側面からも明らかにすることができる。量子力学は、量子力学もまたその内部に厳密な数学的図式を有していること、しかしこの図式は、単なる時間・空間内における諸事物の統合と考えることはできないということ、このことを再三にわたって強調している。だがもしそうだとすれば、量子力学が自然現象を構成するさいに用いる要素の個体性(Individualität)に関して、私たちは確かな結論をそこから引き出さなければならない。ショーペンハウアーは、空間と時間は真の「個体化の原理（*principium individuationis*）」と見なされなければならないと、説いている。*そして、個体化の問題についての哲学の歴史においては、同様の規定に再三にわたって遭遇する。ロックは次のように語っている。「しきりに問い尋ねられている個体化の原理を見出すのは、容易なことである。それは、簡単にわかることだが、ある種の存在者を同一種類の二個の存在者に分割できないある特定の時刻と場所に決定するところの、存在そのものである。……ひとつの原子がある決まった時刻にある位置に実際に存在すると考えてみよう。そうすれば、その存在のどの瞬間を考えても、それはその瞬間においてはそれ自体と同一であることは明らかなことである[40]。〔原文英語〕」とはいえ、ここからまた逆に、ある対象をもはやある「此処《ここ》」と「今」によって規定できないのであれば、つまりそれを〔アリストテレスの言う〕一個の τόδε τι（このこれ〔これと指し示せるなにか或るもの〉*）として示すことができないときには、その「個体性（Individualität*）」は、時空内の「事物」にたいして妥当する旧来の意味においては、もはや主張できないということも結論づけられる。この観点では、時間の決定とエネルギーの決定は、原理的に対等に置かれる。というのも「エネルギー」と「時間」は、不確定性関係により双方を同時に完全に正確に定めることのできないいわゆる「正準共役」量に属しているからである。エネルギーがある厳密に決まった値をとる定常状態にたいしては、電子の時間座標は決まらず、逆に、時間決定を正確にするならば、かならずエネルギーの値がぼやける。それゆえ、個々の粒子の個体性についてこれまでどおり云々し続けようとするのであれば、それはただ間接的にのみなし得ることなのである。つまり粒子がそれ自体で個体として与えられているからではなく、粒子をある関係連関の「交差点」として記述できるからなのである。昨今の量子力学の発展を顧みるならば、そこにおいて私たちは、この前提があらゆる点で裏づけられているのを見出すであろう。ド・ブロイが提唱した物質の波動論やシュレーディンガーの波動力学においては、陽子や電子の概念は維持されてはいるけれども、しかしそれら自身は、もはや旧来の力学の意味での「質点」としてではなく、〈エネルギー中心〉として定義されているのである。したがって私たちは、ある確定された「対象」としての電子を語り続けても構わないけれども、それはもはや、単純に「此処《ここ》」と「今」によって特定し得る旧来語られてきたような個体ではない。その〈電子の〉波動は、個別の時間・空間点に限定されているのではなく、ある種の「遍在（Omnipräsenz）」を有している。そのそれぞれが「空間全体」に押し広がっているし、そればかりか、その空間はもはや〈三次元の〉直観的空間としてではなく、〈一般には多次元の〉「配位空間（Konfigurationsraum）」として規定されなければならないのである。それゆえ個別性は、私たちがそれに固執しそれを厳密に定義することができるとするならば、考察の出発点ではなくしてその結果になる。つまり個別性は、ある小さい空間部分へのエネルギーの凝縮によって生ずるのである。電子の電荷は、もはやある決まった単一の位置に結びつけられているのではなく、「電荷の雲」として広がり、電子の粒子的性格は消滅する。シュレーディンガーの微分方程式〔波動方程式〕の固有値として、エネルギーの完全に決定された離散的な値が得られ、以前〔前期量子論〕の離散的な電子軌道にとってかわるのは、この離散的エネルギー〔を持つ固有状態〕なのである。以前には原子の定常状態にたいして提示された法則を、いまでは、物理的波動光学*〔波動力学〕の法則に還元し得ることが示される。この理論によれば電子は「固有振動の重ね合わせ」として説明されるのだが、このような理論は、認識論的観点からも重要な機能を満たしている。この理論は、物質の「本性」をある動力学的関係によって以外では規定されないものと考え、かつ完全にその関係に還元することに向かっている物理学思想の周知の一般的傾向にたいする、特徴的で典型的な表現なのである。「静力学的」概念は廃棄されるには及ばないが、それは、一般的動力学的考察から導き出されうる特殊事例と見なされる。かくしてシュレーディンガーの波動力学においては、ボーアの定常エネルギー状態は波動の固有振動と解釈され、他方、ハイゼンベルクの行列力学においては、一般的な正方配列〔行列〕が置かれ、そこには、定常状態にたいする表現が特殊な場合として含まれている、つまり行列の「対角要素」が、消滅する振動数に対応し、それゆえ定常状態における諸量の表現手段として用いられるのである。

私の見るかぎり、その問題の昨今の議論において、このような認識論的観点はますますその妥当性が認められるに至っている。たしかに、新しい量子力学を基礎づけた人たちやその主張者たちのあいだで、いまもって完全な合意に達しているようには思われない。しかし「質点」の概念には根底的な変更が必要とされているということ、ここに梃子の支点が置かれるべきだということ、このことはほぼあまねく了解されている。M・v・ラウエやシュレーディンガーやランジュヴァンは、最近この意味のことを表明している。彼等は、物理学が古典的な質点力学の概念から完全に脱却し、電子を「微粒子（Korpuskel）」つまりきわめて小さい物体であるとする表象を、最終的に断念すること、このこと以外にはこのジレンマからの出口はないと見ている(41)。この立場にたいしては、なかば経験的根拠に依拠した、なかば理論的考察にもとづく反論があり得るだろう。前者の〔経験的〕観点にたいしては、気体中のα線〔ヘリウム原子核〕やβ線〔電子線〕の飛跡の有名なウィルソンの〔霧箱の〕写真に、個々の〔粒子や〕電子とその径路をいわば直接に眼にすることができる、ということをその根拠として挙げることができる。たしかにウィルソンの霧箱では、個々の粒子とその飛跡を直接に見ることができるかのように思われる。この事実とその他の一連の「基本的実験」にもとづいて、一時期、陰極線〔電子線〕の純粋に粒子的な本性が、まったく疑う余地なく確立されたものと信じられたことがある。この陰極線と光線の類似性についていうならば、それはそれ以上追究しても仕方がない皮相な類似でしかないように見えたのである。いずれにせよ〔粒子的な電子線と〕純粋に連続的な波動現象でしかないと考えられていた光線との相違は、架橋し得ないように思われていた。しかし理論が発展するにつれて、〔電子線と光線の〕いずれの放射線も〔粒子性と波動性の〕「二元的」性質を有することが認められるに至り、二つの異なる種類の放射——粒子的放射と波動的放射——として並列的に扱うことは、もはや不可能になった。そうではなくて、いずれの放射現象にたいしても二通りの記述を行なわなければならなくなったのである。つまり「粒子像」を「波動像」で補い、後者を前者で補わなければならなかったのである。そのことによって、粒子像の〈絶対的〉意義なるものは、最終的に放棄された。一般的な理論的観点からは、とりわけ電子の電荷の不可分割性という事実が、点状の形姿を有するものとしての電子という見解にたいする決定的な論拠だと、これまでしばしば見なされてきた。たとえばゾンマーフェルトは、この根拠にもとづき、「シュレーディンガーの理論がもたらした電荷の雲を字義どおりに受け取る」ことを拒否した。(42) しかしこの点にたいしてもまた、電子や陽子の電荷がつねに一定不変に保たれているという事実それ自体は、実体的解釈を必然化するものでは決してない、と言うことができる。というのも、ある関係が一定であるということは、その関係の「担い手」の不変性を結論づけるのには決して十分ではないからである。「我々が——と、カントは語っている——物質について知るところのものは、純然たる関係だけである。……しかしこれらの関係のなかには自立的で持続的な関係もあり、これによって我々に一定の対象が与えられるのである。[43]」電荷の不可分割性は、このような自立的で持続的な〈関係〉であり、それによって私たちは電子を「一定の対象」として語る権利を持つのだが、だからといってそのことから、電子の実体化と基体化が導かれるわけでは必ずしもないのである。

よく知られているように、電子の質量・速度・電荷の最初の決定は、高度に希薄化された気体中での放電によって生じる陰極線の実験によってなされた。この陰極線が電磁場中で被る屈曲から、電子質量と比電荷つまり要素的電荷の電子質量にたいする比の決定の、最初の足掛かりが得られたのである。その後のまったく異なったやり方で得られた *e/m*〈比電荷〉の値は、つねに一致した結果を与えた。こうして電子は「すべての物質の普遍的構成要素」と認められたのである。そういう次第で、今では次のように結論づけられている。「ゆっくり流れる電流中のものであれ、空間を瞬時に通過するきわめて大きな速度を持った陰極線としてであれ、放射性崩壊〈β崩壊〉によるものであれ、あるいは光電効果のさいに放出されるものであれ、……電子はつねに同一の物理的単位（Einheit）であり、その同一性は、同一の電荷と同一の質量、とりわけ電荷と質量の比の同一性によって立証されている。[44]」すべての負〈電荷〉の電子において、電荷と質量の比が同一でありそれが基本定数であるという認識によって、電子をすべての物質の究極の「構成要素（Baustein）」と見なす可能性が与えられたのである。しかし「我々が物質について知ることのすべてはたんなる関係だけである」、すなわちそれは「現象的実体（*substantia phaenomenon*）」でありしたがって「たんなる諸関係の総括である」*という原則は、そのことによって破棄されることはなく、むしろ裏打ちされる。このような見方をより一層先鋭にしたのが、他でもない量子論である。というのも、量子論のすべての命題は、個々の原子や電子の存在や振舞いについての命題ではなく、システム命題（System-Aussagen）としてしか理解できないからである。量子力学は、その「諸部分」への分割が、古典物理学の場合に可能であったのと同様の仕方ではもはや不可能な総括（Inbegriff）を扱っているのである。ある与えられた時刻に〈個々の〉電子は「何処に」存在するのか、「如何にして」それはある状態から他の状態へと達するのか、「何故」そのような移行が行なわれるのか、理論が発展すればするほど、これらのことを問う習慣を放棄せざるを得なくなっていった。すべてのこれらの問いは、不適切で、理論的理解の障害物であることが判明していった。たとえば波動力学の発展を顧みるならば、ド・ブロイの当初の提起では、〈個々の〉粒子のそれぞれが「位相波（Phasenwellen）」のひとつの系に結びつけられていた。位相波は、いうならば、粒子を「携行し（mitführen）」、それゆえ、それぞれの粒子はその固有の波連（Wellenzug）を有していなければならなかった。しかし、この当初の「嚮導波（Führungswell）」という理解は、後にド・ブロイ自身によって訂正され本質的に作り直された。* 古典的表象を維持しようとした嚮導波の理論は、粒子を波動のある一点に局所化し、各瞬間ごとにそれにはっきり決まった運動を付与しようとしたことによって、のっぴきならない困難に直面した、と彼は説明している。通常空間における嚮導波の図解的説明は旨くゆかないことが判明し、理論のそれ以上の形成には、はるかに込み入ったアプローチが必要とされたのである。ある決まった方向に伝播するド・ブロイ波の一調和系〈単色平面波のことか?〉には、決まった密度を持つ一様な物質粒子の均質な流れが対応づけられねばならなかった。「速度」のような性質でさえも、もはや、古典力学でのように孤立した質量粒子に結びつけては考えられない。むしろ、それぞれの粒子を、ひとつの波動に、その群速度がその粒子の力学的速度にたいする表現であるような波動に結びつけて考えなければならなかったのである。(45)

ハイゼンベルクによる量子力学の形成においてもまた、個々の区別可能な粒子について語ることはきっぱりと断念されている。輻射は全体として分析される。つまり、〈原子の放射する光の〉スペクトル線の振動数と強度の考察からある固有の計算量〈行列要素〉が得られ、それが電子の座標と速度にとってかわるのである。理論は、〈放射される〉光の振動数だけならなおも引き続き知ることができるが、〈原子内部の〉軌道上の電子の回転振動数にたいしては、それを観測不可能な量として排除する。それは、原子内部の粒子の座標や速度や運動量については言及することなく、〈放射される光の〉エネルギー、振動数、振幅についての命題に自己限定している[46]。ボルンが波動力学の諸命題に与えた統計的解釈を最後に考察するならば、それも原理的に異なる描像を示しているわけでは決してない。その解釈は、なるほど電子の粒子的性格を維持するという意図をあからさまに追求してはいるけれども、シュレーディンガーの場合には電子の電荷密度にたいする測度と見なされていた量〈波動関数の絶対値の2乗〉を、粒子がある位置に出現する確率の度合い〈確率密度〉と見なすのである。ここからボルンは、物質をこれまでと同様に運動する点状の粒子（電子ないし陽子）という描像で表すことができるという結論を引き出すが、しかしすぐさまそこに、多くの場合、たとえばその粒子が原子としての結合を形成している場合、その粒子は「個体として同定されない」というコメントを付け加えている[47]。しかし粒子がもはや「個体として同定」されないのであれば、粒子はそれでもなおかつ何か「である」のか、このことに答えるのは困難である。実際、ハインリヒ・ヘルツの例で見たように、古典物理学は、質点を他でもないこの同定の可能性によって〈定義〉していたのではなかったのか。そしてまさしくその統計的解釈は、微視的世界の現象の記述を問題にしているときには、個体化と同定の要求は、「巨視的」対象にたいしては可能であるように見えたのと同様の意味ではもはや維持することも満たすことも不可能であると、ことさら強調しているのである。というのも、統計的命題は、なるほどそれ自体では〈厳密な〉命題ではあるけれども、それは個別の事例にではなく「統計集団」にかかわるものだからであり、それは、この統計集団にたいしてのみあることを決定するけれども、その統計集団から抽出した個別の項にたいしてなにかを決定するものではないからである。量子力学が、決定可能性はこの統計集団を越えて及ぶものではないということを教えているのだとすれば、それを越えたところで孤立した粒子の「存在」をなおも想定するどのような手掛かりも、私たちにはない。それゆえ量子論の諸法則の統計的性格もまた、否定的な面だけで捉えてはならない。それは、個々の電子の位置や運動量や軌道や全「運命」については私たちは不確かであり、それゆえ私たちは、好むと好まざるにかかわらず、それら全体についても不確かな統計的命題で満足し我慢しなければならない、と言っているわけではない。

むしろそれは、原子物理学の領域ではこの種の個体化なるものは、もはやいかなる決まった意味も持たないということを確認しているのである。量子力学が、その領域の内部ではただ統計的予言だけが可能でかつ許されるのだと説くとき、そのことによって量子力学は、もはや〈個別の〉出来事の決定ではなく出来事の全〈系列〉の決定をその本来の目標としているのだ、と主張しているのである。「根本的な問いは――と、ヘルマン・ワイルはこの事情を定式化している――古典物理学におけるように、〝〈この〉物理量は〈この〉特別な状態ではいかなる値をとるのか?〟ということではなく、〝何が物理量Aの可能な値であり、与えられた個々の状態においてその物理量はどれだけの確率でその可能な値をとるのか?〟ということなのである[48]。」

物理学の対象の「個体性」を断念すること、つまり、光子や電子が事物的な個別的対象として実在しているという表象を断念することは、物理学的なものの見方にとっては、たしかに容易ならざることのように見える。しかし認識論的には、古典物理学が「個々の」質点について云々する場合であっても、その表現はつねに「控え目に（*cum grano salis*）」ある原理的留保をともなって受け取られていた、という事情を斟酌するならば、その断念は幾分容易になる。いずれの場合にも、この「個別性」は、ただ単に直接的な知覚から取り出される所与ではなく、それを物理学の認識体系に取り込むことができるに先立ってなにがしかの仕方で「定義」されていなければならない、つまり物理学の厳密な〈概念手段〉でもって表されていなければならないのである。量子力学への移行にさいして、「全体」の「部分」との関係を以前とは〈別様に〉規定しなければならないのだとしても、この関係は、すでに古典物理学の内部においても感覚の世界から単純素朴に得られたのではなく、その確立には厳格に規定された〈論理学的〉作業がつねに含まれていたということを、忘れてはならない。合理論の体系は、古典物理学の基礎的諸概念を哲学的に基礎づけようとする試みのなかで、つねにこの事情を指摘してきた。ここに潜む問題を鋭く見抜き、明晰に定式化したのは、とりわけライプニッツその人であった。彼は、「全体‐部分」という概念対に含まれる思想内容が千篇一律というようなことは、単に見掛け上のことにすぎない、ということから説き起こしている。より踏み込んで分析するならば、「全体」の「部分」にたいする関係は、きわめてさまざまな使い方と表し方が可能であり、そのそれぞれはひとつひとつ別々に指示され、その論理学的条件が考察されなければならないことが示される。この区別は、論理学のある特定の章のテーマと課題を形成するべきものであり、その章をライプニッツは「含むものと含まれるもの（*De continente et contento*）」という標題で、彼の普遍学に付け加えようと考えていたのである。「普遍学（scientia generalis）」そのものと同様に、この章も断片が残されているにすぎないが、断片的な形ではあれ、そのなかに数学と自然認識の歴史においてずっと後になって初めて露呈するに至った諸問題にたいする、きわめて重要で実り豊かな示唆が含まれている。ライプニッツは次のように説明している。さまざまに可能な「内含（Einschliessung : *inclusio*）」という関係を分類するならば、内含といっても、一致の関係、合同の関係、因果的含意の関係、論理的に含まれているということの関係、ないし量的に「より多い」「より少ない」という関係、等々に理解できる。純粋に論理学的な意味では、内含は、たとえばアリストテレスによっても扱われているが、彼の三段論法の構成は、結論命題が個々の前提に含まれる仕方を示すことだけが目的であった。「全体」と「部分」についての理論は、これとは区別されるべきである。というのも、全体はつねに部分よりも大きいが、たとえばいわゆる「可逆的」命題の場合がそうであるように、含むものが含まれるものとおなじということも可能であるからだ[49]。部分はすべて全体に含まれているが、含まれているものがすべてその部分であるとは限らない。たとえば点は線に含まれてはいるけれども、線の部分と考えねばならないことはない。

　量子論は、「全体」と「部分」の概念のこの論理学上の〈多様性〉にたいして、物理学上の特筆すべき例を提供している。それは、のっけから、全体を部分の「総和」として定義することを断念しなければならなかったのである。それは、全体がそのような総和的統一以上のものであると説いている。量子力学的には、二個の電子からなる系は、これらの二個の電子の状態を決定するけれども、しかしその逆は導けないのである。二つの部分の状態の知識は、全系の状態を決定しないのであり、後者〔全系〕を前者〔部分〕から導くことは問題外なのである。[50] それに応じてまた、ある与えられた全体の内部でその個別化をどのように実行するのか、ある決まった集まりをいかに区分し「個体化」するべきなのか、この問いが、つねに量子論の困難な問題を形成している。量子論では、何が〈一個〉の事物であり何が二個ないし多数個と見なされるべきかがはじめからわかっているとする通常の計数の方法では、済まされないのである。ここでは個別の事物を、感性的・空間的直観におけるように簡単に分離することはできない。それどころか、何が真に個として扱われるべきなのか、何が「ひとつ」と数えられるべきなのか、このことを定めるためにも、つねに込み入った理論的考察が必要とされるのである。量子論では、何を考察するかに応じて、量子統計のまったく異なった形式が生じる。その量子統計は、「古典」統計の方法の単純な転用では得られない。そこでは、統計的「計数」の新しい仕方に移らなければならないのである。これまでの見方では別々のものと見なされていたある要素〔複数〕は、理論的にも実験的にも区別する手立てがないので、ひとつのものと見なされ、ひとつに数えられなければならない。そういうわけで、現代の量子力学は複数個〔二個〕の統計形式を有し、個々の場合にそのどちらが適用可能かは、その特定の問題状況から決定されなければならない。電子を扱っているのか光子を扱っているのかに応じて、「対称的」固有関数か「反対称的」固有関数かに応じて、* そのどちらか一方を使用しなければならないのである。[51] このことからも、個の規定、つまり真に〈一個〉の存在と見なされるべきものの規定は、量子論にとっては「出発点（*terminus a quo*）」ではなく、つねに「終着点（*terminus ad quem*）」である、つまり理論の結論であって、それを独断論的に、たとえば「直接的直観」から事前に決定するのは不可能であることが明らかとなる。

以上の考察をまとめるならば、量子力学の本当の困難は、それが根底的な「非決定論」を導入したということ、それが私たちに〈因果概念〉の放棄を要求しているということ、そのことにあるのではないということが、新しい側面から見てとれる。因果概念の「本質」は、その本質を真に普遍的な意味で理解するならば、つまり、もっぱら厳密な関数的依存性の要請によって定義されるものだと考えるかぎりで、変更されることなく手つかずに残されている。量子力学が扱うことのできる個々の規定要素を、量子論の一般原理にのっとり、しかも不確定性関係によって引かれた限界を越えることのないように定めるならば、それらのあいだには正確に定義することのできる関数的関連がつねに存在していることがわかる。そのときには「量子力学の因果法則」は妥当する、つまり、ある時刻にある物理量が原理的に可能なかぎり正確に測定されたならば、他のどの時刻にたいしてもその測定結果を正確に予言し得る量が存在していると言うことができる（前述、p. 152参照）。もちろん個別の出来事の時間・空間内での直観的記述を、この関数的依存性の確定と両立させることは、もはやできない。古典論の法則にしたがって波動と粒子の関連を記述し、同時に粒子の運動をも決定するような仕組みを示すことはできないのである。「量子力学が実際に行なうことは――と、たとえばディラックは説明している――現象の根底にある法則を、与えられた実験的条件のもとでは何が起こるのかを一義的に決定できるように定式化しようとすることである。波動と粒子の関係にこの目的が要求する以上に深く立ち入ろうと試みることは、役にも立たなければ意味もない。[52]」しかし因果〈原理〉もまた、この手の試みを要求していないし、促してもいない。むしろ因果原理は、厳密な〈法則〉の提唱でもって十二分に満足する。観測可能な出来事を数学的言語で捉え、数学的言語で厳密に記述できたならば、因果律のなかに含まれている「自然の理解可能性」という件《くだん》の要請は、そのことによって満たされたことになるのである。

というわけであるから、量子力学が認識論に提起した本質的問題は、別の処にある。それは、第一義的には、「原因」と「結果」のカテゴリーにあるのではなく、「事物」と「性質」の、「実体」と「偶有性」のカテゴリーにかかわる。ここでは私たちは、因果概念の場合とは比べものにならないくらい決定的な変更を実行し、はるかに根底的に「考え直さ（umlernen）」なければならないと思われる。これまでは、ある事物のある与えられた瞬間の状態が、あらゆる点で完全に定められる、つまりあらゆる可能な述語に関して完全に規定されるということは、古典物理学のみならずまさしく古典論理学においても公理であると見なされてきた。この十全な規定はきわめて確かなように見えたので、それはしばしば、他でもない私たちが「事物の現実性」として理解するべきものの〈定義〉として用いられてきた。『純粋理性批判』でさえも、その二つの概念をこのようにたがいに関連づけ、たがいに分かち難く結びつけている。そこでは「現実性」と「十全な規定（durchgängige Bestimmung）」は相関概念として現れている。「どのひとつの事物も――と、カントは説いている――……〈十全な〉規定という原則に従うのである。この原則によると、〈事物〉の〈あらゆる可能な〉述語は、それと相反する述語と比較されるかぎり、これらの可能な述語のうちのひとつだけがこの事物に属さなければならないことになる。」しかし感覚の対象は、それが現象のすべての述語と比較され、それによって肯定的ないし否定的に表象されるときにのみ、十全な規定が可能となる。それゆえ私が任意の述語 x を選ぶならば、それにたいしては、私が考察している経験的事物がその述語を有しているか否か、そして前者の場合は、いかなる度合いでそれが一致しているのか、このことをつねにはっきりと決定し得るはずだというのである。[53]

合理論の認識論者も経験論の認識論者も、このような理解には賛同してきたし、その上に現実概念の定義を基礎づけようとしてきた。とりわけ、経験的対象の「実在（Existenz）」の真の標識と以前から見なされてきたのは、時間的・空間的決定であった。「批判主義にとって〝実在〟とは――と、たとえばナトルプは説いている――存在についての時間と空間に関するいかなる点でも不備のない完全な規定以外のものではない。時間と空間は、実在の〈判断〉の条件、つまり、経験における対象の完全な決定の条件である。」「……実在的に与えられるべきあらゆる空間点にたいしては、実在するものの点ないし絶対的要素が対応しなければならない。すなわち、それぞれには実在するものの、つまり時間の同一の点が、対応しなければならないのである。[54]」今日の認識論においては、同様の基本的見解がシュリックによって主張されているが、しかし彼はすべての対象が空間的に記述可能なわけではないということを考慮して、その見解を時間についてのものに限定している。

「確かな空間的規定は、なるほど大部分の実在に特有のものであるけれども、すべてに該当するわけではない。……それゆえ、一義的な時間規定のみが、現実性の必要不可欠な指標と見なされる。[55]」客観的「現実性」のこのような説明を基礎に置くならば、量子力学が不確定性関係によって私たちの経験的な世界像にどれほど根底的な変化を要求しているのかが、たちどころに見てとれるであろう。というのも、現在では私たちは、もはや実在を完全にあます処なく規定されたものとしては定義することができないからである。ある物理系の「状態」は、量子論の言語で表現するならば、古典力学において有していたのと同様の時間的・空間的結合の形式をもはや指してはいない。古典力学では、個々の存在要素をたがいに孤立させることは可能であり、それぞれの個別的存在は、ある与えられた時間点においてある完全に規定された空間点に関連づけられ、かつその点のみに「固着」している。これに反して量子力学は、このような理解を放棄することを私たちに要求している。波動力学の意味するところでは、私たちは、一個の粒子がどの瞬間にも全空間に分布していると考えなければならない。つまり、その質量と電荷にある種の「遍在」を付与しなければならないのである。電子の明確に定められた周回軌道にかわって、無限に広がった「電荷の雲」が登場する。こうして、直観的空間の内部で電子にきっちりと限られた単一の位置を割り振る可能性は失なわれる。量子力学の本当の「パラドックス」のひとつと、量子力学によって認識論的分析が直面することになったもっとも困難な課題のひとつは、他でもない〈状態概念〉のこの意味転換のなかにあるように、私には思われる。量子力学は、因果概念の妥当性という点に関してではなく、〈この〉点に関してこそ、これまであらゆる自然記述にとって不可欠のように思われていた前提を断念することを、私たちに要求しているのである。実際、量子力学の新しい「状態概念」こそは、古典物理学から接近するすべての人たちにとって、真の躓きの石であるに違いない。通常のものさしで測るならば、それはほとんど「形容矛盾（*contradictio in adjecto*）」に導くようである。実際それは、「木製の鉄」ともいうべき観念を要求しているように見える。というのも、その状態は、私たちが〔粒子像と波動像の〕異なる言語で記述するに応じてまったく異なって評価され、その〈二つの〉言語のいずれもが、状態を一義的にかつ余すところなく規定しているとは主張できないからである。状態は、異なった観点から考察するのに応じて〈異なる設定の実験装置で観測するのに応じて〉私たちには別様に現れ、その異なる眺望をいずれ〈単一の〉絵に統合するということは不可能なのである。粒子像と波動像は併用されなければならないが、そのさい、それらはたがいに「一致」しえない、つまり実際にピタッと合わせられない。それらは、たがいに一致することもなければ、たがいに他の内に収まることもなく、重なり合っているのである。

この「重ね合わせ」の原理[*]が、ディラックによって、彼の量子力学の叙述の冒頭に据えられている。「我々は――と、彼は説明している――任意の体系の状態にたいして、その体系がはっきりと一つの状態にある場合、いつでも、それが、まったくおなじように、部分的にほかの二つの状態あるいはもっと多くの状態にあるものと見なすことができる、と考えなければならない。つまりもともとの状態は、新しい二つまたはそれ以上の状態を古典的な考え方では想像のつかぬようなやり方で〈重ね合わせた〉結果と見なさなければならない。どんな状態をとっても、それを二つまたはそれ以上の他の状態の重ね合わせの結果と考えることができ、しかも実にその重ね合わせの仕方は無数にたくさんある。逆にどんな二つまたはそれ以上の状態をとっても、それらを重ね合わせると一つの新しい状態が生ずるのである。[*]」量子力学は、原子の世界においては、たとえば、エネルギーの概念がもはやある決まったこれこれという意味を持たず、「エネルギー的には定義されない」と考えざるを得ないような状態が存在し得る、という結論を強いるものである。そしてこのことは、エネルギーに限られるのではなく、他のすべての状態量にたいしても、つまり、電子の座標〈位置〉xと運動量成分p_xのような、あるいは電場の強さと磁場の強さのような、不確定性関係によってたがいに規制されている関係にあるすべての量〈正準共役量〉にたいしても、あてはまる。したがって私たちは、ある与えられた状態において、それらの量の双方について精密に測定される値を割り振ることができないという事態を考慮に入れておかなければならないのである。この事情の特異性は、その時その時にここで得ることのできる規定が、決して単に対象のみによってではなく、私たちが選択した観測の仕方にも左右されるということを考慮するならば、より一層鮮明になるであろう。観測がなされる条件に応じて、対象が、いわば異なる「相貌」を呈するのである。測定装置の選択やその特定の使用法が異なれば、それに応じて、出来事の異なる「描像」が得られる。〈あり得る〉外観の全貌は、個別の一回きりの観測によっては明らかになり得ないし、与えられることもない。それぞれの測定装置の配置の仕方によって、たとえば光の「波動的性質」とか「粒子的性質」とかのような、現象のある特定の特徴は私たちにはいわば遮蔽され、他方の特徴だけが際立たされる。それゆえ、自然が私たちに与える回答は、単純に自然のみによって規定されているのではなく、私たちが自然に向ける問いかけの仕方および観測手段の選択に、同時に左右されるのである。光の波動的性質と粒子的性質を同時に示すことのできるような実験はない。「事物」が絶対的意味で何であるのか、つまり一連のさまざまな実験によって実現可能な観測状況とは無関係に何であるのか、このことに私たちは、もはや答えようがないのである。このような答えを強要するならば、つまり事物を全面的に規定されたものにしようとするならば、「あらゆる点で決定された本体(*ens omnimodo determinatum*)」たらしめようとするならば、ただちに著しい弁証法的転換が生ずる。絶対的に規定された対象にかわって、私たちには、いわばただその影のみが手許に残されるのである。これに反して、あらゆる観測が量子論の前提にのっとって服する経験的条件を受け容れるならば、そのときには事態はまったく逆の徴候を示す。〈絶対的な〉規定を断念することによって、物理学の認識に可能な最高度の〈相対的な〉規定があらためて回復される。というのも、ある物理系を確定するにあたって、不確定性関係において表現されている諸条件を満たすような規定要素のみを認めるならば、言い換えれば「〔ディラックの言う〕最大観測*」すなわち独立で同時的測定の可能な最大数の観測で満足するならば、それらの量を厳密に規定された関係に置くことができるからである。というわけで私たちは、ある物理的形象にたいして最大観測が行なわれたならば、その後に続く状態は、その観測によって完全に決定されるという命題を提唱することができる。そして私たちはこの命題を、原子物理学の意味で何を「ある系の状態」と見なすべきなのか、このことを表現するための公理として用いることができるのである[56]。

量子力学によってもたらされたこの概念的転換のすべては、その概念言語が「事物」と「状態」の記述のために作られたものではなく、物理〈系〉の振舞いの叙述を目的とした道具であるということを不断に心に留めているとき、そのとき初めて完全に明晰になる。量子力学において私たちは、「事物」を、これまでどおり古典力学の意味において、「巨視的」経験の意味において、語り続けても構わないけれども、とはいえ、この事物が「硬直化する」ことのないよう、つねに慎重に用心していなければならない。そういうわけで、たとえば波動力学では物質的物体は「溶解し」、以前には堅固な形象のように見えたものが、ある時刻に空間のある点から他の点へと伝播してゆく「位相差〔を持つ波動の重ね合わせ〕」に変貌する。私たちは、以前には旧来の直観の意味での〈一個の〉事物、つまりそのつど完全に規定された「状態」にありかつその「状態」が厳密に決められた仕方で変わってゆく事物を有していたところで、今では、過程の全体、つまりある波動関数に対応づけられている全体に着目しなければならない。このことによって私たちは、正確ではあるがしかし統計的性格を呈する命題を得る。現在では、決まった条件のもとである瞬間になされる観測においてあれやこれやの出来事が得られる確率は幾らか、と問われるのである。この事情をディラックは次のように定式化している。「どんな原子系でも、〔それが与えられた仕方で準備され、したがって〕*与えられた状態にあるとき観測を行なったとしても、一般にその結果は一定ではない。すなわちおなじ条件のもとに実験を何度もくりかえすとそのたびに異なった結果が得られるであろう。実験を非常に多くの回数くりかえすと、特定の結果はそれぞれ全体の回数の内の一定の割合だけ得られ、したがっていつ実験をしても特定の結果が得られる確率は一定であると言うことができる。この確率こそ理論によって計算できるものである。特別の場合にはある結果の得られる確率が1

となり、そのときには実験の結果は一定したものになる。(57)」それゆえ量子力学は、古典力学のように与えられた瞬間における個々の質点の配置の決定へと導くものではなく、ただ、電子たちの全体にたいして、そのそれぞれがある時刻にある状態に見出される確率を与えるだけなのである。

量子論の問題設定のこの前提と基礎に着目するならば、不確定性関係からしばしば引き出されてきた懐疑的結論は消失する。不確定性関係の内容が、時には、自然法則それ自身が瞬間的状態の正確な確定を妨げるような性格のものである、というように定式化されたこともある。この命題を、その状態は本当は完全に厳密かつ確定的に〈存立している（bestehen）〉のだが、自然は特殊な法則によってそれをつねに私たちの眼から覆い隠すような手段を講じているのだ、という意味に解釈するならば、それは特異な自然哲学的ないし形而上学的な謎を暗示しているように見える。(58)しかしこの形而上学的なジレンマは、むしろ論理学上のそして認識批判上のジレンマなのである。というのも、そのような「〔完全に確定された状態の〕存在（Bestand）」なるものは、認識の側からそこに到達するいかなる〈途〉もないのであれば、私たちにはそれを前提するどのような権利もないからである。たとえ不確定性関係が〈自然法則〉と呼ばれているにしても、その表現は、方法上の観点からは適切とはとても言い難い。ハイゼンベルクは、『量子論の物理的基礎』の叙述で、異なる変数の同時的知識にたいする精度の下限を「自然法則として要請し」、この要請を量子論における諸概念の批判の出発点とすることから筆を起こしている。*しかし不確定性関係は、言葉の通常の意味での自然法則と呼ぶことはできない。というのも、その意味での通常の法則は物理学的な事物と出来事にかかわるものであるが、それにひきかえ不確定性関係は、測定に関する、つまり自然〈認識〉の特定の形式に関するものだからである。それは、対象的・現実的なるものについての定言命題（kategorische Aussagen）ではなく、経験的・可能的なるものについての、物理学的に確認可能なるものについての様相命題（modale Aussagen）なのである。それゆえ不確定性関係は、あらかじめある対象を措定し、その後に、私たちの認識が決して完全にはそこに到達できないということを確認するというものではなく、私たちが観測可能なものの限界内に厳格に留まるかぎりにおいて、正当に形成することの許される対象〈概念〉についての、新しい取り決めを含むものなのである。ここでもまた私たちは、二律背反に足を掬われないためには、物理学の命題の〈タイプの違い〉を厳格に見据えていなければならない(59)。この異議にたいしては、自然そのものと「自然に関する知識」をすっきりと分離することはできないということ、両者はたがいに不可分に織りあわされているということ、このことを教えたことこそ、現代の原子物理学のもっとも重要な結果のひとつであると説明することによって、対処することができよう。そしてまさにこの結論を引き出したときには、懐疑的な結論はそれだけ一層強力に却けられることになる。というのも、アリストテレスが、本性上先なるもの（πρότερον τῇ φύσει）と我々にとって先なるもの（πρότερον πρὸς ἡμᾶς）と名づけた周知の区別は、そのとき消滅するからである。そのとき、「私たちにとって」存在しないものは、つまり物理学的認識にとっていかなる意味においても存在しないものは、自然のなかにはもはや「それ自体（an sich）」としても「存在しない」。〈規定〉のそのあり方が、私たちが自然の事物に与えることのできる「存在」にたいしてその限界を定めるのであって、それ自体で規定されている存在が、認識にたいして金輪際かなわない決まった限界を設け、存在の絶対的本質を見透し得ないようにしている、というのではないのである。

　この事実と、したがってまた不確定性関係のきわめて〈肯定的（positiv〔積極的〕）〉な意味と成果が完全に精確に明らかになるには、しばらく時間を要した。おそらくその事態は、量子論が辿った〈歴史的〉過程に負っているのであろう。不確定性関係は、古い〔前期〕量子論の描像から始まったが、しかしその描像はその関係を制限し狭めていた。点状の電子という表象はただちに放棄されたのではなくて、電子とその定常軌道についての知見が放棄されるに至ったのは、観測と測定についての原理的限界を洞察することにもとづいてであった。だがそのことによって、実は〔新旧〕二つの異なる認識批判上の〈基準系（Bezugsystem）〉が導入されたことになるが、結局のところそれら二つは、たがいに共存し併用されることは不可能であった。この二元論を克服するならば、つまり認識論上の判断や評価の厳密に統一的な尺度を設定するならば、不確定性関係に当初否定し難く付きまとっていたパラドックスの多くは、消失する。そのパラドックスが実際に指していたものは、量子論のそれまでの理解に残存していたある〈過剰〉規定以外の何ものでもない。旧来の量子論は、厳密に分析したならば測定不可能なことが判明する量についての命題を含むことによって、物理学的認識がめざすことの可能な目標を踏み越えていたのであり、この逸脱をあらためて引き戻すことが問題だったのである。そのかぎりで不確定性関係は、いかなる懐疑的な意味も含まず、純粋に批判的な意味のみを有している。古い理論の物理学的対象概念にたいして必要とされた訂正は、まさにその旧来の概念をいまだに原理的に克服していないとき、見捨てようと望み、しかも不確定性関係の提唱によってすでに見捨てている件《くだん》の立場にあらためて逆戻りしたとき、そのときにのみ、あたかも懐疑的〈断念〉であるかのように見えたのである。私たちは、このことによって生じた新しい問題状況を直視しなければならない。古典論の概念の失なわれた楽園への後戻りは、おそらくは、もはやあり得ないであろう。物理学は、新しい方法上の途を切り拓かねばならないのである。私は、この途の目的地がすでに明瞭に見えていると主張するつもりは毛頭ない。しかし、解決を〈探し求める〉べき方向は、私にははっきりと認められるように思われる。物理学と認識論は、ある存在を、それが物理学的認識の条件に悖《もと》るということをはっきりと認めながらなおかつ〈措定する〉ということを、もはやこれ以上続けることはできない。個々の電子の位置や速度や質量などのある種の概念が、私たちにとっては、もはや確かな経験的内容で満たされ得ないことが示されたならば、たとえかつてはその功績がはなはだ大きく実り豊かなものであったとしても、それらは物理学の理論体系からは排除されなければならないのである。

この要求を満たすことは、私たちの物理学的概念の一般的〈構造〉を弁えるならば、つまりすべてのこれらの概念が「可能的判断の述語」以外のものではないことを想い起こすならば、困難なことではない。この判断の正しさやその客観的内容は、つまるところ経験のみが判定し得る。この観点においては、数学的概念と物理学的概念のあいだには特徴的な連関と特徴的な対立がある。現代の数学の論理学のもっとも重要な発展のひとつは、数学においては基本概念が、もはや明示的（explizit）に定義されるのではなく、〈黙示的（implizit）〉に定義されるということにある。そこでは点や線や面は、それらが取り結ぶ諸々の関係と関わりなしに与えることの可能な規定された存在や特定の意義なるものをもはや有してはいない。これらすべての形象は、まず「在り（sein）」、事後的にようやくある関係に入り込むというのではなく、むしろその逆で、数学的概念において表現されている「存在（Sein）」を規定し、かつ完全に尽くしているのは、他でもないこの関係そのものなのである。原子や電子という概念もまた、この純粋に論理学上の観点においては、幾何学的諸概念と同レベルにある。それらはいかなる明示的な定義も許容せず、根本的にはつねに黙示的にしか定義できない。この意味では「質点」は、「観念的」で数学的な点と選ぶところはない。質点にたいしても「自体的な存在（Sein für sich）」を付与することはできないのである。質点もまた諸関係のある総括をとおして構成され、かつ、その総括に解消される。それゆえ新しい量子力学は、まず初めに明確ないくつもの実在を措定し、その後にそれらをたがいに関連づけるという方向ではなく、その逆の途を選ぶ方向に、ますますもって向かっているのである。量子力学は、ある物理学的形象の状態と力学変数を表現する特定のシンボルの設定から出発する。次いでここから、ある公理論的前提にもとづいて他の方程式を導き出し、そこから物理学的結論を引き出す。そのさい、最初は個々の場合のシンボルの正確な意味にたち入るには及ばない。考察の後の段階になって初めて、抽象的シンボルの「表示（Darstellungen）」が考慮される、つまり、いくつものシンボルを統合する規則に適合する「事物」や「性質」が追究されるのである。[60] そのさい、数学的概念と物理学的概念の区別は、もっぱらその構成の仕方のみにある。数学的概念は構成的（konstruktiv）に作ることができる。つまり私たちは、数学的概念を、私たちがそれに課する条件をとおして、つまりそれが満たすべき公理系をとおして、「創出する（erschaffen）」のである。物理学においては、この論理的公理主義のかわりに、基本概念の〈仮説的〉措定と仮説的演繹の形式が登場する。[61] 私たちは物理学の概念を、それによって現象が可能なかぎり完全で統一的に記述されるように、つまりそれによって現象が「救われる」ように、定める（ansetzen）のである。現象を救う（σῴζειν τὰ φαινόμενα）という この要求は、すでに科学的な自然学の創世紀にまでさかのぼる。[62] そのために物理学の概念のなかには、不断に新しい素材が入り込み続けるのだが、その新しい素材は、概念の内容の根こそぎの廃棄を要求するのではなく、むしろ概念にたいしてつねなる変貌の能力を、そして変化に向きあうべきことを要求しているのである。〈経験的〉諸関係の総括において黙示的に定義される概念は、不動であると同時に柔軟でなければならない。不動というのは、認識がその概念に即してある決まった〈照準点〉を持つことになるからであり、柔軟というのは、概念がつねに新たに経験に即して方向づけられ、経験によって検証され得るからである。質点という概念は、このような新たな方向づけの必要性に直面しているように思われる。この概念が自然認識を作りあげるにさいしてこれまで有していた意義は、いくら評価してもし過ぎることはない。その意義は、私たちがその歴史に即して示そうと試みてきたように、決して物理学の領域のみにあるのではなく、ほとんどそれとおなじくらいに、論理学や純粋方法上の領域にもある。しかし、質点というような概念にたいしては、事柄の本性からして、それをある物理的対象の複製と理解することは決してできないのである。それはひとつの「形式」であり、その意味や内容は、それが理論的に達成し得ることに、つまり、現象の単純にして厳密な法則に導く能力にある。しかしまたこの種の形式のいずれもが、つねになにがしかの限界を有している。したがって私たちは、それらの形式がもはや完全にカバーすることも表現することもできない経験領域がいつか見出されるという事態は、考慮に入れておかねばならない。今日この点においてもたらされるべき犠牲が、おそらくは以前のどの時期にもまして大きくかつ苛酷に見えるにしても、だからといって現代の原子物理学が、物理学の認識の依拠してきた方法上の基礎を破壊したわけではなく、むしろそれは、以前にもまして明確にその特有の性質とその特有の制約とを認識せしめるに至っているのである、と、私には思われる。

最終的考察と倫理学的結論

ここまでの私たちの考察は、純粋に物理学と認識論の範囲内でなされていた。私たちは、思弁的な余所見をしたり倫理学的な先走りをすることもなく、新しい物理学の一連の問題状況の論理学的解明という目標を脇目もふらずに追究してきた。結論の段階に来て初めて私たちは、この一連の問題が哲学的認識の全体にとって、「世界観」の全体にとって、何を意味しているのか、この問いに向きあうことにする。とはいえ物理学の基本概念についての私たちのこれまでの分析の結果を顧みるならば、この点に関して過大な期待はできないことがわかる。この分析の結果の本質的なところは、他でもない、それが私たちに方法上の自制と謙虚さを促していることにある。カントは再三にわたって、諸学の境界を侵犯することは、学問を拡大するどころかむしろ学問を不具にすることになるという原則を、私たちに厳しく諭している。この手の混淆のひとつが、量子論が「非決定論」だという説を、「意志の自由」の問題をめぐる形而上学的な思弁にストレートに結びつけようとする試みである。このようにして人は、物理学と倫理学のより高度な統一を獲得し、両者を分かつ深淵を架橋し得ると、信じるのである。だがしかし、批判的な訓練を受けた思惟にとって、この「深淵」は実際に危険なのだろうか？　ここで問題の単一化と単純化に向かうこの傾向に身を任せることが、可能なのか、許されることなのか――それとも、それぞれの問題圏域を厳密に切り離して考察し、それぞれをその特有の独自性に保つことがなによりも重要なのではないのだろうか？

〈倫理学の問題〉の本質が依拠しているのは、他でもないこの独自性である。物理学と倫理学のあいだには、両者が共通の存在の存立を前提としたうえで、その解明と解釈をたがいに競い合う、という意味での「競合」は成り立たない。倫理学とその固有の尊厳は、もしもその権威の維持とその本来の課題の達成が、科学的自然説明のなかに不備を見出し、その欠陥のなかにいわば巣喰うことによってでしかなされ得ないのだとすれば、はなから下劣と言わねばならないだろう。そんなことでは倫理学はつねに影の存在にしかなり得ず、倫理学的「自由」は、世界のなかでかろうじて黙認されたとしても、世界にたいしていかなる作用もいかなる現実的な力も、行使し得ないことになる。それは「外に向かって何ものをも動かし（bewegen）」得ないだろう。にもかかわらず道徳の問題にとっては、すべてはこの〈外に向かっての〉働き（Bewegung）にかかっているのである。道徳的自由は、単なる可能性であってはならないし、空虚な「潜在力」を意味するものではない。その意味および意義は、その現実化に、その恒常的に発展する自己実現にある。この自己実現の働きにたいしては、不確定性とか無規定性のような単なる否定的な概念では不十分で、そのためには他の肯定的な力が、つまり決定の固有の原理や固有の根拠が必要とされる。そしてその根拠は、古典論であれ量子論であれ、いずれにせよ物理学の自然説明がなされる平面上に見出すことはできない、実際それは、その平面上では一度として見掛けられたことはない。いずれの場合にも、それは他の類への移行（μετάβασις εἰς ἄλλο γένος）を必要とする。物理学上の「非決定論」をどれだけ拡大解釈したとしても、それによって私たちはここで期待され要求されている飛躍をなしで済ますことはできない。経験的出来事の内部で「厳格な自然法則」の強制を打破する、ないしは幾分なりとも弛めることが、問題なのではない。問題は、新しい〈観点〉を見出し行き渡らせること、経験的な因果性には〈還元され得〉ないが、しかし他方ではそれとは決して矛盾することもない、新しい〈規範〉を定めることにある。人間の行為は二重の〈評価〉が可能でありかつ許容されるべきである――このことこそ、倫理学が要求している唯一のものである。つまり人間の行為は、時系列における出来事としては因果的に決定されていなければならないけれども、他方、その内容と意味はその手の決定性に解消されてはならないのである。この行為の〈経過〉を認識したからといって、その行為がいかに厳密に決定されているにしても、行為を評価するべき今ひとつの規範、つまりその「権利問題（quid juris）」にたいする問い、その倫理学上の価値や尊厳にたいする問いを見失なってはならない。この価値評価の要求を、単に否定的に捉えたり正当化したりすることは許されない。それは肯定的に確保されなければならない。そこにおいては、一般的規則からのなんらかの例外を許容することが問題なのではなく、問題は、新しい規則を見出す、つまり私たちが「道徳的な」行為と称している行為が服すべき〈法則性〉の新しい形式を見出すという、はるかに真剣で困難な課題にある。

倫理学の歴史をその発端から辿るならば、すべての哲学的倫理学者が没頭し打ち込んできたのがつねにこの根本問題であったということが、見て取れるであろう。哲学上の道徳理論は、宗教上のそれのようにモラルを説くことでは満足しない。それはモラルを〈根拠づけ〉ようとするのである。しかし、この根拠づけの試み、論理的根拠（λόγον διδόναι）を与える試みをとおして、哲学的思惟はただちに「原因」の二通りの形式に直面する。この二重性は、哲学的倫理学の真の誕生の地と見なし得るプラトンの『パイドン』のある箇所に、古典的な簡潔さと明晰さで表現されている。『パイドン』においてソクラテスは次のように問うている。私がここで、刑務所において、その気になればできるのに逃げ出さないで、座して死刑判決の執行を待っている根拠は何だろうか？　私がここにいるのは、私の身体が骨と腱からなり、この骨と腱の現在の状況が、走ることをではなくただ座ることのみを可能にしているからである、と人は言うかもしれない。「そして、真に〝原因〟であるものは、これをいわずに放っておくのだ。いやそれは、ほかでもない、〝アテナイの人たちが、わたしに有罪の判決を下すほうが、〈よい〉と思ったこと、そしてそれゆえに、わたしとしても、ここに座っているほうが、〈よい〉と判断したこと、そして彼らの命ずる刑罰ならなにであれ、この地に留まってそれを受けることのほうが、〈正しい〉と判断したこと〟によるのである。そうたしかに、犬に誓ってもいい！　思うにわたしが、国の課する刑罰ならなにであれ受けるべきであるということを、逃亡し脱出することよりも、〈正しい〉ことであり、〈うつくしい〉ことであると、もしそう考えなかったとしたら、最善ということの思いなしにみちびかれて、この腱も骨も、もうとっくに、メガラかボイオティアにでもあったことではないか。……たしかにそれがもし、そういう種類のものをもつことなしには、つまりは骨とか腱とかその他わたしが持っているかぎりのものなしには、わたしがよいと思ったことをなすことはじじつできない、という主張なら、その言い方は真であろう。しかしながら、〝そのような種類のものを原因として、わたしはわたしのなしていることをなしている、しかもそのなしていることは知性によってである、しかしけっしてもっとも〈よい〉ということを、選択することによってではない〟というのは、これはもう投げやりに、ただことばをつらねた言論にすぎないのだ。なぜなら、そういう人は、〝一方では、真に原因であるものがあり、他方では、それがなくてはその原因がじっさい原因たることはできないというもの（必須条件）があり、この両者はまったく別のものである（ἄλλο μέν τί ἐστι τὸ αἴτιον τῷ ὄντι, ἄλλο δὲ ἐκεῖνο, ἄνευ οὗ τὸ αἴτιον οὐκ ἄν ποτ᾽ εἴη αἴτιον）〟と、はっきり分別できないのだからねえ。じっさい、多くの人々が、暗中に模索するような仕方で、それにまるで見当外れな名前を用いて〝原因〟と呼んでいるのは、じつは後者のもののことであると、わたしには思われるのだ。[(1)*]」ソクラテス以前の自然哲学の立場からでは純粋に物理的（physisch〔身体的〕）考察において通常「原因」と言い表されてきたものは、ソクラテスにとっては単なる機会ないし条件にすぎなくなる。そしてプラトンは、この区別を厳密化した。道徳的で自由な行為の真の「根拠」は、現在のないし直接に先行する時刻での物理的〔身体的〕状況には決して見出され得ない。真の根拠は、それとは異なる注視方向を、他の見方を、前提とする。自由に行為する者とはイデア（Idee）の世界を「考慮して」行為する者であり、自由な主体とは、このイデア観照（Ideenschau）に携わり、それによって現象つまり時間的・空間的出来事の全領域を見透して、その制約を認めることのできる者のことである。それゆえ「自由」のこの様式が制限するないし無効と宣告するものは、物理的〔身体的〕世界

〈内部〉のあれやこれやの個々の関係、すなわち個別の決定の形式ではない。のり越えられるべきもの、倫理的に「超越される」べきものは、物理的世界の〈全体〉である。プラトンによるならば、このような超越（Transzendenz）においてこそ、特殊倫理的・道徳的態度が達成されるのである。というのも「善のイデア」は「存在の彼方（ἐπέκεινα τῆς οὐσίας）」にあるからである。

しかしたとえこのプラトン的超越を拒否し、倫理学の問題にたいして純粋に自然認識の範囲内での解決を求めたとしても、その二面性はそれでも残されている。厳密な「自然主義的（naturalistisch）」倫理学の範囲内においても、「自由」と「自然必然性」の二元論は避けられない。近代哲学の内部においてこの種の自然主義的基礎づけを初めて要求し実行したのは、スピノザその人である。彼が自身の倫理学を作りあげるさいにしたがった主導的な方法上の原理は、私たちは人間の行為をもはや「国家のなかの国家」として扱ってはならないということである。ただ〈ひとつ〉の存在が、すべてを包摂する唯一の実体があるのが真であるのと同様に、出来事の〈ひとつ〉の秩序と〈ひとつ〉の法則だけがある。それゆえ目的という概念は、自然の考察から排除されるのと同様に、倫理学上の考察からも排除されなければならない。いずれの場合にも、目的という概念は「無知の隠れ家（*asylum ignorantiae*）」でしかないのである。人間の行為は、私たちが数学的な図形を評価するのと同様に、三角形や円を評価するのと同様に、評価されなければならない。偽りの擬人的なものさしに照して人間の行為を裁くことは許されない。人間の行為は、ありのままに記述され、その記述にもとづいて理解されなければならない。しかしながら、この純粋記述という方法論もまた、スピノザの体系において、自由の概念を廃棄することはなかった。スピノザ自身もまた、「他の形の原因」があり、人間の行為の考察において私たちはそこに導かれるということを承認せざるを得なかったのである。私たちは、一般的な自然法則の支配から免れられないし、また免れようとも望まない。とはいえ自然法則は、単なる身体（Körper）の運動にではなく、私たちの自覚的な行為、私たちの想像、欲望、意志等にかかわっているときには、異なる刻印を帯びる。倫理学上の法則は自然法則（Naturgesetze）ではあるけれども、それは私たちの「理性の本性（vernünftigen Natur）」にたいする法則である。「理性の本性」というこの表現は、スピノザにとっては、自然と自由の合一・宥和を表し、それこそが存在する唯一のものであり、倫理学の立場から正当にかつ有意に要求できる唯一のものなのである。自由に行為するということは、運を天にまかせて行為するとか、気儘に行為することではない。むしろそれは、私たちの理性の本質と調和した規定にしたがって行為することを言う。この理性の本質、およびそれとともに理性の特殊的優位が、普遍的なるものの認識のなかに表現されている。理性は、個別的な事物や出来事を問題とするのではなく、もっぱら全体をその形式および本質において理解することに関わる。理性の管轄する領域は、単なる実在の領域ではなく、純粋な本質（Essenz）の領域である。この本質的知（essentielles Wissen）から、道徳的な意志や行動の真のかつもっとも深い形が産み出される。「神への知的愛（*amor Dei intellectualis*）」こそが、両者をたがいに内的に結びつけるものである。全体への愛と全体への洞察に満たされている者は、想像の錯覚に左右されたりその時その時の刹那的衝動に駆られることはない。その者は、瞬間に生きることがないゆえに、実際変わりゆく瞬間に振り回されないがゆえに、「自由」である。その者は、森羅万象の規範を会得し、この規範によって、したがってまた不変で永遠の規則をとおして、みずからを律している。「自由」に行為するとは、スピノザにとってはこのような規則にしたがって行為することに他ならない。それは、あらゆる決定を免れていることではなく、純粋に理性法則そのものより生じる完全に規定され質的に卓越した決定の形をその行為において貫き通すことである。「自由に行動すること（*Libere agere*）」と「理性の導きに従って行動すること（*ex ductu rationis agere*）」とは、一個同一のものである。それ以外の自由の概念やそれ以外の道徳性の概念を探し求めることは、無駄でもあれば無益なことでもある。スピノザの体系においてもまた、人間の意志と人間の認識のこの最高のすべてを包括する形式を前にしては、すべての単に外的で個別的でしかない原因の力や強制は砕け散る。「自然のなかには、この知的愛に反対するもの、あるいはまたこれを消滅させ得るものは、如何なるものも存在しない（Nihil in natura datur quod huic amori intellectuali sit contrarium, sive quod ipsum possit tollere）*。」

カントによる倫理学の基礎づけにおいては、私たちは自由と必然性の関係についてのまったく異なった体系的定式化に直面する。カントはあらためてプラトンにたち戻っている。道徳についてのカントの理論は、彼自身が「古典的」と称したその区別、つまり「すべての対象一般の現象的存在（Phaenomenon）と可想的存在（Noumenon）への区別」に全面的に依拠している*。しかしカントにとっては、この区別が、独断論的・形而上学的意味においてではなく、「超越論的（transzendental）」意味においてなされなければならないということは、当初から確かなことであった。つまり、「感性界（Sinnenwelt）」と「悟性界（Verstandeswelt〔可想界（mundus intelligibilis）と同義〕）」が、二つのたがいに対立した絶対的な存在形式として措定されるのではなく、この対立の必然性が〈認識〉の原理から示されなければならないのである。認識の必然的相関物としてのこの対立に導くものは、実践的認識と実践的〈判断〉の特定の形式である。人間のあらゆる行為は、異なる評価基準に服することが可能でもあればまたそうならざるを得ないかぎりで、二重の存在連関に属している。それは、その時間的な出現および時間的な経過にのっとれば、なるほど原因と結果の連鎖のひとつの項、つまり、私たちが「自然（Natur）」という名で言い表しているあの連鎖（*nexus*）のひとつの項ではある。しかし人間の行為の真の意味と内容が、この自然全体の内部における規定でもって尽されるわけでは決してない。私たちの行為は、自然の国と同様に「目的の国」にも属しているのであり、目的の国の体系的統一に関連づけられ、それにのっとって判断されなければならないのである。この判断は、現象的存在すなわち「自然」にたいする見方が依拠しているものとはまったく異なる概念と規則に従っている。私たちは、自然にたいしては「経験として読み取ることができるように現象を綴る」ことで満足することができるけれども、目的の国では「可想的なるもの（Intelligible）」へ踏みださなければならないのである。ある行為が、そのどの動きにおいても時間的・空間的に条件づけられ、それゆえ自然現象として規定されることは可能である。にもかかわらず、経験的な事物や出来事の世界との連関だけがそこに刻印されているわけでは決してない。それは同時に、その行為に姿を現し、その行為にその性格と本質が顕れ出る道徳的〈主体(Subjekt)〉をも、指し示しているのである。この〈人格(Person)〉の顕現こそ、カントが「叡知的性格(intelligibler Charakter)」*という表現で言い表したものに他ならない。そしてこの表現こそは、彼にとっては自由の問題と道徳の問題の本質を総括したものである。この教説のおかげでカントは、厳格な経験的決定論者に留まりながらも、にもかかわらず、他ならぬこの経験的決定が、彼が道徳法則による決定ないし意志の純粋自律性と言い表した原理的に異なる決定の形式への途を拓くのだと、主張できたのである。カントの体系のなかでは、両者はたがいに排除しあうことなく、相互的に要求しあい条件づけあっている。もちろんその両者の関係は、ここで問題になっているのが形而上学的なアンチテーゼではなく、批判的・超越論的なアンチテーゼであるということを厳格に堅持するかぎりでのみ、理解され正当化され得る。このアンチテーゼは、私たちの経験的認識および道徳的認識のすべての条件とは無関係な絶対的存在なるものにかかわるものではない。それは単に、私たちの理論的基本概念および倫理的基本要請の立場から、私たちの現実性の観点や視界を確定するだけのものである。あらゆる理性的存在者は――と、カントは説明している――二つの立場を持っていて、そのそれぞれの立場から自分自身を観察できるし、自身の行為の法則を認識できる。「それだから理性的存在者は、〈第一に〉、感性界に属するかぎりでは自然法則にしたがっているし〈他律〉、また〈第二に〉、可想界に属するものとしては、自然にかかわりのない法則、換言すれば、経験にもとづくのではなくて理性にのみ根拠を持つような法則に服従しているのである。」「それだから悟性界〈可想界と同義〉という概念は、〈理性が自分自身を実践的と考えるために〉、現象の外に取ることを余儀なくされたひとつの〈立場〉にすぎない。そして理性が自分自身を実践的と考えることは、感性の影響だけによって人間を規定するとしたら不可能であろうが、それにもかかわらず、自分は叡智者であり、したがってまた理性によってはたらく理性的原因、換言すれば、自由に作用する原因であるという意識が人間に否認されるべきでないかぎり、やはり必然的である。(2)」

本書の研究の範囲内では、自由の概念の歴史とその体系的な意義にこれ以上詳しく立ち入ることは、不可能でもあればまた要求されてもいない。先に述べた例は、この自由の概念にまつわる問題性をもっとも深く受け止め、一貫してそれと格闘してきたすべての偉大な思想家たちは、誰一人として、普遍的な因果律を否定し自由を「原因の欠落」と同一視することによってこの問題にケリをつけるという誘惑（Versuchung）に陥ることはなかったという、ただその〈一事〉だけを示そうとしたものにすぎない。プラトンの場合でも、スピノザの場合でも、ましてやカントの場合でも、このような試み（Versuch）は見られない。彼等すべてにとって、自由は、不確定性というよりは、むしろある仕方での〈決定可能性〉を意味していた。純粋なイデア観照による決定可能性、同時に最高の存在法規でもある普遍的理性法則による決定可能性、自律つまり意志の自己法則性が表現されている純粋義務概念による決定可能性、これらこそが自由の問題が還元されるべき基本要素なのである。普遍的な自然法則の内にあるもうひとつの決定の形式は、そのさい否定されることも放棄されることもなく、むしろ前提とされている。根拠づけられるべき新しい決定の様式は、自然の法則性の廃墟の上に築かれるのではなく、むしろ自然の法則性にたいする相関物かつ補完物として並存しているのである。この理由からしてすでに、自然科学的決定論の弛緩や解体が、倫理学的基本問題の解決にとって何かを産み出し得るのか否か、またいかにしてそうあり得るのか、というような議論ははなはだいかがわしいと言える。このような由来の、そしてこのような根拠にもとづかざるを得ない「自由」なるものは、倫理学にとっては危険な贈り物（Danaergeschenk〔トロイの木馬〕）であろう。というのもそれは、倫理学に固有で積極的な意味に相反するからである。それは、倫理学がその可能性と必然性を示そうとしている件《くだん》の道徳的〈責任〉にたいして、いかなる余地をも許容しないからである。倫理学的意味での〈責任を負わせるということ（Zurechnung）〉は、どのようなものであれ、つねになんらかの仕方の〈事前の考量（Vorausberechnung）〉を前提としているのであり、その考量に制約されているのである。ただ単に因果的連鎖から逸脱しただけの、根拠なく行き当たりばったりに行なわれる行為は、空をさまよい、永続的な倫理学的主体に関連づけることも責任を負わせることもできないであろう。なにがしかの仕方で「根拠づけられた」行為のみが、みずから責任を負うことのできる行為と見なし得るのであり、私たちがその行為に与える価値は、その根拠の種類に、その根拠の質に依存しているのであって、根拠の不在にではない。それゆえ、「意志の自由」の問いを、物理学上の「非決定論」の問いと混同することはできないし、また、してはならない。倫理学にとってその根拠づけこそが問題とされる意志の自由は、独断論的な宿命論とはもちろん相容れないが、しかし、批判的に考察され展開された決定論とは決して対立しない。量子力学もまた、自然の法則性という思想を放棄したわけでは毛頭なく、むしろそれに新しい表現形式を与えたのだということを、私たちは再三にわたって示してきた。それゆえ、かりに道徳的自由という理念が、自然の法則性という思想によって脅かされているのだとしても、その理念が量子力学に助けられるということはあり得ないであろう。この問題の意味にとっては、自然現象が厳密な力学的法則によって支配されていると考えるか、それとも自然現象に単なる統計的な法則性を想定するかは、どちらでもおなじことなのである。というのも、後者の〔統計的な法則性の〕立場からでも、自然現象は十分な程度に決定されているのであり、俗に言うところの「自由」つまり無思慮で気儘勝手な自由（*liberum arbitrium indifferentiae*）なるものがそこに避難所を見出すことはできないだろうからである。物理学の立場からして、たしかに絶対的に不可能というわけではないけれども、しかし滅多にありそうにもないとされるような行為は、私たちの意志決定の領域においては、何程かの「考慮」を要する行為ではあり得ない。私たちが自分の道徳的決断のために、そのようなありそうにもないことをあてにし、決断をそれに委ねざるを得ないならば、それは惨めな状態と言わねばならない。滅多にありそうにないことは、実践的には不可能なことと同義であり、倫理学的自由が、その概念とその本来の意味からして予測可能性と相容れないのだとするならば、量子力学に残されている予測可能性の度合いは、倫理学的自由を破壊するのにまったく十分であろう。

しかし、哲学的倫理学の本質的課題のひとつは、このような対立が成り立たないのはどの点においてであり、またそれはどうしてであるか――自由はどの点において物理学での因果性に〈反する〉ことなくその固有の根拠にもとづいて自己主張することが許されるのか――他でもないこのことを示すことにある。「永続性」は物理学的なカテゴリーであるだけではなく、同時に、まったく異なった意味であるにしても、倫理学的なカテゴリーでもある。というのも、すべての真に道徳的な行為は、ある特定の道徳的「人格（Charakter）」の統一性と永続性から生じなければならないからである。すでにこのことからして、倫理学が無制約な「非決定論」に結びつき、いわばその腕のなかに身を投じようとするならば、それは倫理学にとってはなはだ不幸なことだと言うべきだろうということが導かれる。〈そのような〉立場からすると、私たちは、ある行為を、それが恣意的で意外で出鱈目であればあるほど、それだけ高く評価しなければならないということになるだろう。しかし真の道徳的判断は、まったく逆の方向に向かっている。それは、気紛れで、刻々と移り変わる「いきあたりばったり」の振舞いを評価しない。むしろそれが評価するのは、「人格（Persönlichkeit）」の基底層に発しそこに固く係留されている行為なのである。道徳的人格は、ただ単に外部から規定されるのではないということ、その決断にさいしてその時その時に移り変わる条件に翻弄されることなく自己を堅持しおのれを貫くということ、まさにこのことによって際立たされる。この持続性のゆえにこそ、私たちはそのような人格を「頼みとする（rechnen）」ことができる。つまり私たちは、彼が自己に忠実であるということ、彼はその決断を、気紛れや恣意に任せることなく自律的法則にしたがって、つまり彼自身が正しいと知りかつ認めているものにしたがって下すということ、そのことに信頼を寄せるのである。シラーは、道徳的自由についての彼の理論を基礎づけるさいに、そこで分析が行き止まり、分析がみずからの限界を認めなければならなくなる二個の究極の理論的にして倫理学的な概念があるということから、論を起こしている。一方は〈人格（Person）〉という概念であり、他方は〈状況（Zustand）〉という概念である。有限な存在者としての人間においては、両者の規定は必然的に異なり、またいつまでも異なったままであり、たがいに還元し得ない。「それゆえ人格は、それ自身の根拠でなければならない。というのも、恒久的なものが可変的なものから生じることはないからである。それだから我々は、これでまず第一に、自己自身において根拠づけられた絶対的な存在の理念、すなわち〈自由〉を有することになる。〈他方〉状況はある根拠を有さなければならない、つまりそれは結果として生じるのでなければならない。というのも、それは人格によってあるのではなく、それゆえ絶対的ではないからである。それだから我々は、第二に、すべての依存的存在ないし生成の条件、すなわち〈時間〉を有することになる。*」このことによれば因果性と自由は、存在と時間がたがいに対立しないのと同様に、対立しない。そして私たちの理論的世界の構築も道徳的世界の構築も、ともに、この両者の浸透と適切な補完に依拠しているのである。

もちろんこの補完は、両契機が単純に〈並んで〉置かれるという仕方で理解されてはならない、つまり、それらが全体の〈部分〉と考えられ、それらがたがいに足し合わされ、その足し合わせによって均質な全体を産み出す、という具合に理解されてはならない。ここで追求され要求されている綜合は、一貫して異なるものの綜合、合一不可能ではないにせよ質的に相違したものの綜合である。この不同は、どのような仕方でも克服できないし、無視することもできない。それだからこの側面からも、物理学の「因果概念」において起こるかもしれない変化が、倫理学にたいして直接的な影響を及ぼし得ないということは、明らかである。というのも、物理学が、たとえば単純な質点の概念を放棄したりあるいは厳密な予言の可能性を断念するというようなことによって、それ自身の内部でどれほどその形姿を変えたとしても、だからといって物理学的世界と倫理学的世界のあいだの原理的対立は、「自然の国」と「道徳の国」のあいだの原理的対立は、架橋し得ないからである。二つの世界は、その形式がどのような内的変化を被ったとしても、〈全体〉としてつねに変わらぬ仕方で対峙しているのである。自然と自由という問題は、自然という概念を構成している普遍的な法則を私たちが力学的法則と見るか統計的法則と捉えるかにはかかわりなく、同一であり続ける。ここで問題にしているのは、事物的・内容的区別ではなく形式的区別、あるいは正確に言い直すと、カテゴリー上の区別である。物理学的世界の構築であれ倫理学的世界の構築であれ、いずれの場合も、私たちは〈決定〉という上位概念を断念することはできない。しかしながら決定は、存在（Sein）の領域では、当為（Sollen）の領域におけるのとは異なるカテゴリーに従う。この〈両者での〉カテゴリーは、考察のまったく異なる「次元」に属するがゆえに、たがいに対立することはないし、したがってまた同一の点で交わることもあり得ない。それらは、たがいに一致することもないが、かといってたがいに妨害しあい破壊しあうこともない。同様に、それらはそれぞれに特定の存在の分野に割り振られるものではなく、つねに存在の全体を、ただしそれぞれ特定の「観点」のもとに、要求しているのである。ここに直面する方法上の問題は、「自然」と「道徳」の関係にかぎられるものでは決してない。むしろそれは、はるかに一般的な性格を持つものである。それは、意味の異なる種類の規定や解釈が対峙しているところでは、どこでもくりかえされることである。たとえば*宗教的世界について言うならば、その哲学的解釈は、出来事の宗教的理解がそれとは別の人間的ないし「自然的」理解と一致し得るのか否か、またいかにしてそうし得るのかという根本問題に再三直面する。この点において「信仰」と「知」のあいだにはたえず対立が生じてきた。信仰によれば奇跡は「信仰の最愛の子供」のように見える。ある出来事は、奇跡であることが示されたならば、つまりその内に普遍的な自然法則を破るものを含んでいたならば、それだけ一層確実に宗教的に理解され、宗教的に根拠づけられるように思われたのである。しかし近代の宗教哲学においては、ライプニッツとシュライエルマッハー以来、このような理解は本質的に転換させられた。彼等は、もはや厳密で普遍的な自然法則の妥当性に異を唱えない。それどころか彼等は、他でもないその自然の法則性に宗教的〈刻印〉を押すのであり、自然の法則性のなかに存在の「神性」の証を見て取るのである。「奇跡とは――と、シュライエルマッハーは語っている――出来事にたいする宗教的名称以外のものではない。[*]」奇跡は法則性の概念とは対立せず、むしろこの法則性そのものを宗教の土俵に上げ教団員の言葉で表現したものである。美学的「意味」もまた、同様の仕方で構成される。芸術は「自然の模倣」でもなければ、美学的理想にのっとって自然を変形することにより、自然に何かまったく違うものを押し付けることでもない。むしろそれは、新しい独立した尺度を自然にあてがうことにより、自然のなかに美を〈発見する〉ことである。聖なる場所において崇拝されている神像を、純粋に自然科学的観点から記述し自然認識の概念やカテゴリーによって表現することは、可能である。そのことによって神像は、他のすべての事物と同様に、化学的・物理学的法則にしたがう「自然の断片」となる。しかしそのような〈自然科学的〉規定のすべてをもってしても、その神像の全体としての意味には手が届かないことを、私たちは自覚している。神像の意味は、単なる自然定数の申告によっては尽されないのであり、原理的に異なる他の種類のものさしを必要とする。大理石を自然の物体としてあらゆる側面から考察し分析することはできても、そのような分析の結果によっては、その「形（Form）」や、その形の美や、ましてや、その礼拝上の意義や、宗教的崇拝の対象としてのその意味については、何ひとつ解明されることはない。それとまったく同様に、科学的自然認識が語る範囲内に私たちがかたくなに留まるならば、自由の問題に固有の内容には到達することができないのである。自由の問題においてもまた、固有の問題（Problem *sui generis*）が、つまり自然法則への単なる還元によっては解決できない固有の独立した〈タイプ〉の法則性、すなわち意志の「自律的」法則性に根拠づけられるべき問いが、扱われているのである。このことを心に留めおくならば、現代物理学において遂行された自然認識の基本概念における転換にさいしては、倫理学は、何かを恐れる必要もなければ、あるいはまた何か本質的なことを期待するべきでもないということ、また何故《なにゆえ》にそうなのかということを理解することができる。倫理学は、これまでと同様に、その固有の途を、つまり物理学が迷わせることも、かといってまた実質的に手引きすることもできない途を、探し求めなければならないであろう。スピノザの場合のように倫理学が厳格な「自然主義」に委ねられていた処においても、この関係が原理的に変わることはなかった。倫理学の問題設定の方法上の独自性は、つねにどこかの点で顕れ出るものである。それゆえに物理学の分野で「決定論」と「非決定論」の対立が最終的にどのように決着がつくにしても、倫理学の態度決定がそれによってあらかじめ指定されることはあり得ないということ、この一点は確実である。倫理学にたいしてはこの点に関して「ここがロドスだ、ここで飛べ（*Hic Rhodus, hic salta*）」という標語がつねに有効である。自由の問題にたいして倫理学は、固有の権利でもって、判断を下さなければならない。倫理学は、その問題を他の法廷に提訴することはできないし、そのもっとも特有の根本問題において何らかの予断を認めることも許されない。それゆえ自由の可能性を問う倫理学者は、その問いをもっぱら倫理学にとってのみ重要な意味において設定するかぎりで、物理学の側からはいかなる実質的な援助も期待することはできない。たとえ倫理学者にとって、謎の解決がなんらかの物理学的非決定論の形式で提供されたとしても、彼はそれを、スウェーデンのクリスティーナ女王が王座と王国を放棄したときに表明したとされる言葉「私には不必要であり不十分でもある（*non mi bisogna e non mi basta*）[3]」でもって拒否しなければならないのである。

この事情は、量子論が非決定論だという説がもたらした個々の問題をより明確に思い浮かべることによって、それだけ一層明瞭になる。実際、現代の原子物理学が古典物理学の諸概念のかわりに措いた知見や基本見解の新しい点は、いったい何処にあるのか。本質的にはそれは「なぜ」という問いがもはや以前と同様の仕方では設定されないし、またその問いの梃子は以前とおなじ点にはあてがわれないという事実にある。ボーアの理論〔一九一三年の原子模型〕では、電子の軌道は、「古典論の」条件と「量子論の」条件という二つの異なる条件によって定められる。この二条件の噛み合わせから、電子はつねにある特定の円〔一般には楕円〕にそってのみ運動可能であり、その円の半径は〔主〕量子数の二乗に、その回転周期は三乗に、それぞれ比例しているということが導かれる。さらにまた、電子はエネルギーの吸収によって内側の軌道から外側の軌道へ上がり、エネルギーの放出によって外側の軌道から内側の軌道へと落ち得るということが、示される。しかし、この二つの過程についての「なぜ（Warum）」という問いには、理論は答えない。理論は、ただその「事実（Dass）」およびその「どのように（Wie）」を決定するにすぎない。理論は、経験的事実として考察され受け容れられている過程を、ある精密に捉えることの可能な規則に濃縮する。電子はこの規則によって強いられる束縛以外の制約を受けないとか、電子にはある活動の余地がありその内部では「自由」であるとか言うことは、もちろん譬喩的な表現の仕方でしかなく、それ以上のものではない。自然法則によって限界づけられた単なる〈可能性〉としてのこの自由の意義からは、倫理学が問題とする意志および意志決定の「現実性」への途はつながっていない。電子がボーアの理論にしたがってさまざまに量子化された円〈楕円〉のあいだで行なう「選択（Auswahl）」を、その概念の倫理学的意味における「選別（Wahl）」と混同することは、単なる言葉の曖昧さに足を掬われているのである。というのも、「選別（Wahl）」は、それ自身としてさまざまな可能性があるだけではなく、それらのあいだで意識的な区別がなされ自覚的な決断が下されるときにのみ、あり得るからである。かかる働きを電子に移し入れることは、擬人観のある形式への途方もない復帰と言わざるをえない。ほかならぬ現代物理学は、これまでのどの時代にもまして厳格に「自然記述の擬人的要素からの脱却（Emanzipation von den anthropomorphen Elementen der Naturbeschreibung）」へと突き進んできたのであり、擬人観への復帰というような罪を犯すことはできないし、また、事実犯してはこなかった。現代物理学にとって、電子「というもの」は「人格的（personal）」統一にはなぞらえようはなく、むしろ現代物理学は私たちにまったく逆の方向を要求している、つまり現代物理学は電子を、言葉の通常の意味での単なる個体（Individuum）としてつまり「個別事物（Einzelding）」として、考察し扱うことさえ放棄したのである。近年の物理学は、どんな形のものであれ電子の人格化を助長するどころか、「個々の」電子の単なる同定の試み、純粋〈数的〉同一性への固執にたいしてさえ、疑問符を投げかけている。量子統計とそのさまざまな形式の理論的基礎づけが、電子のはっきり特定された「個体性」にたいする疑問にどのようにくりかえし導いてきたのかを、私たちはすでに見てきた。電子の集まりのなかの二個の電子を、古典物理学の体系において二個の質点にたいして可能と見なされたのと同様に区別し、独立した個別の存在として対置することは、〔量子論では〕もはや不可能なのである。二個の電子が、最初は遠く離れた二点AとBにあったとして、やがてそれらのあいだに空間的な出合いつまり衝突が生じ、その後にあらためて以前の状態、つまり点AとBがそれぞれ一個の電子によって占められている状態が出現したとすると、そのとき、位置Aと位置Bには始めと「同一の」電子があるのか、それとも二個の電子がその位置を交換したのか、このことを問うことは、量子論の一般的な考察と原則にのっとるならば、いかなる意味も持たない。同定のこのような形式は、到達できないばかりか、量子論の原理にのっとれば追求することさえ能わないということ、このことはますますはっきりと認められ強調されてきている。ある電子の「再認」は、古典物理学の枠組においてなされたのと同様の仕方と類似の手段では、もはや不可能なのである(4)。それゆえ、物理学的個体性すらもが疑問視されているここ〔現代物理学〕においては、私たちは、倫理学的個体からは、つまり「自律的」意志決定の主体としての「人格」からは、以前のいつの時代にもまして遠くにいる。両者の隔たりは、狭まるどころか、むしろそれだけ一層鮮明に際立たされるに至っているのである。

私たちが、もっぱら倫理学上の問題点それ自身のみに着目することによって、その問いに逆の方向から接近したとしても、否応なく同様の結論に導かれることがわかる。この問題点が私たちに要求しているものが、「自然的因果性」の特定の〈形式〉と——見掛け上ないし実質的に——対立しているというのは本当なのか、それともこの問いは、真に厳密に首尾一貫して設定するならば、この自然的因果性の〈全体〉に拡がるものではないのか。ここでは根本的には、ただひとつの結論のみが可能である。「自然」と「自由」の両立可能性〈それ自身〉を主張するか、あるいはそれ自身を否定するか、そのいずれかでなければならないのである。「決定論」を批判的意味においてではなく形而上学的意味において理解するならば、そのときにはいつでも否定に、つまり解決不可能な二律背反に導かれる。というのも、その瞬間に因果性は、物理学的〈認識〉の原理たることをやめ、独立した存在に基体化され、人間の意志が衝突し、ついには囚われざるを得なくなる形而上学的な運命（Fatum）に転ずるからである。物的強制（Müssen）への、ある種の宿命（Kismet）への、因果性のこの没批判的変形にたいしては、原理的転換によってのみ、哲学的な方向転換によってのみ、対処できる。その帰結を避けるないし和らげるために、ここで前提されている拘束の〈様式〉に何の変更も加えることのできない単なる「緩和」を試みるだけならば、それはまったく不十分である。ひとたび認識の規則を物的強制に変質させてしまったならば、因果的理解の規範を、出来事に有無を言わさずその形式を押し付けその形式をとおしていわば出来事を鎖に繋ぐところの強制に変えてしまったならば、この方法上の根本的な欠陥を事後的にどのように手直ししても、もはや手遅れである。その場合には、自然を支配している因果性を厳密に「力学的」法則の様式で考えようが、単なる「統計的」法則の様式で考えようが、いずれにせよ役に立たない。真の欠陥は他の処にあり、原理的に別の手段で取り除かなければならないのである。ひとたび自然法則の定式化のなかにこの「強制」を持ち込むならば、私たちが統計的な規則性を自然現象の基本的特徴と見なしたからといって、自然現象が古典物理学の意味で厳密に決定論的な関連をとおして結びつけられていると考えるときに比べて、その強制の厳しさや抗し難さが弱まって現れるわけではない。どちらの途を採っても、倫理学が主張する「自由」の領域には通じてはいないのである。このことを明らかにするには、この問題の歴史的展開を一瞥するだけで十分である。道徳哲学の問題と統計学の問題の最初の接触は、いわゆる「道徳統計学」においてなされた。この学科は、すでにその最初の定礎者であるケトレーによって与えられた形式において、単なる身体的な出来事と純粋に道徳的な出来事の両者の現象群が正確に同一の規則性に支配され、その規則によって完全に例外なく記述されるはずであるということを示そうとすることによって、そのあいだの境界を廃棄するという課題を自覚的に設定したのである。ケトレーによるならば、原子や原子から合成される物質的物体についての一個の物理学があるのとまったくおなじ意味において、人間社会の物理学があるとされる。出来事の裸の基体における「何であるのか」の見掛け上の対立は、和解させられるだけではなく、いずれの場合にも出来事そのものが正確に同一の〈秩序〉に適合させ（einfügen）られているという認識をとおして、完全に解消されるのである。この適合（Fügung）は、身体的現象が問題のときも精神的現象が問題のときも、物理的現象が問題のときも道徳的現象が問題のときも、同様の仕方と同等の正確さでなされ、このことによって道徳は、原理的に、これまでは物理学にかぎられていたように見える〈計算可能性〉の領域に編入される。そしてこのアプローチから引き出され、方法的に強いられる唯一の結論は、「自由」の問題が倫理学にとっても物理学におけると同様に失なわれるということ、このことでしかありえない。まさしく統計の数的法則が、純粋の〈意志（Willen）〉現象の領域においてさえ、いかなる「恣意（Willkür）」にたいする余地もないということを、説得力のある、有無を言わさない仕方で直接的に明らかにしているように思われたのである。大数の法則が、自然現象と意志現象のあいだに、そして後者の内部においては「自由な」行為と「制約された」行為のあいだに、私たちが通常引いている区別を消し去る。認識の立場からは、つまり歴史家や社会学者の立場からは、この区別は消えるにちがいない。彼〔等〕は、すべての個々の出来事と個々の存在が、その個別的な意味つまりその個別〈としての〉意義を喪失するような具合に、他のすべての個別の出来事や存在に結びつけられる原因と結果の一貫して変わることのない連鎖のみを見るのである。私たちが倫理学的な価値評価によってある一群の行為を重視しそれを優先させようとするときの、その価値評価もまた、この立場から見るならばまったくの非本質的規定に成り下がる。統計の規則は、「善」も「悪」も同様にカバーし、両者のあいだの差異については、存在の本質的差異であろうとも説明の方法論的差異であろうとも、いずれも許容しない。「犯罪は毎年おなじ数だけ発生し、そのうちのおなじ割合がおなじ刑罰を受けている〔原文フランス語〕」――と、ケトレーは語り、さらに彼は、この原理が犯罪の種類だけにではなく、犯罪が遂行されるさいの一見したところ「偶然的な」付随的事情にたいしてさえ適用される、ということを示そうとしている。ある国において毎年一定数の殺人が発生するのみならず、その遂行の仕方やそのために用いられる凶器もまた、たとえば潮の満干の運動のような物理現象の分野で規則性が認められるのと同様に、ある一定の決まった割合を示しているというのである。このような基本的見解から、自然考察と歴史考察をひとつに結合し宥和させる媒介項を、その両者がともに是認しかつ基礎においているにちがいない同一の厳密な「力学的」決定のなかに見出す「唯物論的」歴史哲学の件《くだん》の形式が展開された。ここでは統計学は、あらゆる面での真の精神的調停者となった。たとえばバックルは、著書『イングランドにおける文明化の歴史（1857）』の序文において、ケトレーの基本思想をさらに発展させて次のように述べている。出来事の規則性を冷静に観察し、先行する原因の影響下にある人間の行為は本当はつねに首尾一貫しているのだという偉大な真理を確信している者にとっては、その規則性が、最小のものにまで、見掛け上まったく重要でないものにまでも及んでいるという事実は、もはや奇異なことではないだろう。「実際、研究の進展がきわめて急速でしかも真剣であるから、私は、一世紀もたたないうちに、一連の証拠が完全なものとなり、現在では自然界の合法則的過程を認めないような哲学者に出合うことが困難なのと同様に、道徳的世界の恒常的な規則性を否定する歴史家を見出すのが困難になるであろうということを、ほとんど疑わない。……我々の行為が法則にのっとってなされているということの証明は、統計学から導き出される。統計学は、たしかにいまだ幼年期にあるものの、すでに他のすべての科学をひっくるめたもの以上に人間本性の研究に光を照らしているのである。(5)」

これらすべてのことから、量子力学の法則の統計的性格は、それ単独では、それとはまったく別様の考慮が付け加えられることがなければ、倫理学的「自由」の問いに答えられないということ、またなぜそうなのかが見て取れる。物理学が自由にできる同一の前提から、人が妥当だと認める哲学的・認識批判的方法論の規則のそれぞれに応じて、ここでまったく異なる結論を導き出すことが可能である。統計的「所与」からは、「非決定論的」見解に向かう途も、厳密な決定論および「機械論」に向かう途も、同様に辿ることができるのである。というのも、実際、統計的思考もまた、その歴史が明瞭に示しているように、その結果がどこかの地点で独断論的に「硬直化する」危険性にたいして――つまり、そこにおいて確立された認識の〈規則〉が、思考する精神にたいして彼岸にあり固有の力により構成される強制力を持つ実在として現れる、というように解釈される危険性にたいして――同様に無防備だからである。この転回がなされるならば、たちまち私たちは、自由の問題の二律背反に今いちどとらわれることになる。そしてその二律背反にたいしては、ある種の「コペルニクス的転換」をとおしてしか、対処し得ないのである。ジンメルは、歴史法則という概念の認識論的分析において、次のように語っている。「年間一万人の死亡例の内にある一定数の自殺が見出されるという事実が、社会的な法則と見なされるのだとするならば、それはまったく人を誤らせるものであろう。というのも、問題となっている自殺のそれぞれは、単に社会的また心理的な諸力の結果、ないしそれらを支配している諸法則の結果でしかなく、全体を総計すればかくかくしかじかの数の自殺が存在するということは、与えられた素材にたいするこれらの法則の作用の結果であり、それゆえ、それ自身は法則たり得ないからである。……事例を足し合わせるということは観測者が企てる綜合であって、その綜合が一定の結果をもたらすということはもちろん客観的に根拠づけられるけれども、それはただもっぱら、その結果のそれぞれの要因が客観的根拠を有するということによってであり、逆に、〔綜合の〕結果の必然的規定性から諸要因の必然的規定性を導き出そうとすることは、誤った循環論やある種の神秘的目的論を意味している。……個々の自殺者の生涯は、もちろんここに提起された〔統一体としての集団の諸関係についての〕問いにたいする素材を提供するが、それに答えるものではない。実際その問いが一般的に主張しているのは、直接的な実在のレベルにおいてではなく、より抽象的なカテゴリーを直接的な実在から産み出させしめるようなレベルにおいてだからである。ちょうどそれは、たとえば、結晶形の幾何学的記述やその観点からする結晶形の体系的分類が、個々の結晶を形成するエネルギーを問うものではないのと同様である。(6)」この基本的見解を堅持するならば、すべての因果問題における根源的錯誤（πρῶτον ψεῦδος）*は、法則自身をある種の実在と考え、それを実在にしか属することのできない述語でもって記述しようとすることにあるのがわかる。ひとたびこの混同に陥ったならば、その迷宮から脱け出る途はもはやない。力学的法則のかわりに統計的な法則性を措くことによって自由を救おうとしても、無駄な骨折りでしかない。というのも、倫理学上の問題点の承認と顕在化を妨げているのは、採用された法則の〈種類〉に依るのでは決してなく、むしろそれは、法則概念それ自身の曖昧で認識論的に不十分な把握のせいだからである。

　しかしながらそれと異なる〈間接的な〉意味においては、量子力学の問題状況を、そこから一般的な哲学的に意味のある結論を引き出すのに用いることは、もちろん可能である。新しい〈量子〉物理学が私たちに教えたことは、私たちがある意味の次元（Sinn-Dimension）から他の意味の次元へと進みゆくときに、つまり自然科学の「世界」を倫理学の「世界」や芸術の「世界」等々と取り替えるときに、つねに行なわなければならない「立場」の転換は、この移行のみに限定されるものではないという事実である。ここで私たちの面前に開かれた「眺望」が多様であることは、すでに自然科学の領域そのもののなかに、その方法上の対照物を有している。現代物理学は、シンボルの厳密に定められた〈単一の〉システムによって自然の出来事の全体を余す処なく完全に叙述し尽くすという希望を、断念しなければならなかった。現代物理学は、シンボルのさまざまな種類、図式的「説明」のさまざまな種類を、同一の出来事に適用する必要性に直面している。それは、一個同一の存在を「粒子」としてかつ「波動」として記述しなければならないのであり、その両者の描像の〈直観的〉一致が不可能であることが示されたからといって、その描像の使用を思い止まるべきではないのである。物理学的認識の基本的課題、つまり諸現象の確かな法則的秩序への統合が、二通りの記述を必要とするのであれば、直観的記述や直観的「把握」というような習慣や要求は、この根本的要請の後に追い遣られねばならないのである。自然考察においてさえ、さまざまに異なる観点のこのような「重ね合わせ」が必要とされるのであるからには、ましていわんや自然科学の問題範囲を越えるや否や——精神のすべての機能の協働に依拠しその全体をとおしてのみ到達可能な、「現実」についてのトータルな概念を獲得しようとするや否や——私たちがその手の重ね合わせにあらためて出合い、重ね合わせが有効なことを確認するということは、それだけ一層容易に理解されるであろう。

英訳版の序文

ヘンリー・マーゲナウ

エルンスト・カッシーラーは、哲学には多方面にわたり深い関心を有していたにもかかわらず、精密科学の問題にたいする関心を失うことは決してなかった。それと言うのも、彼は、彼の強みが科学の分野での見識の正確さにあることを自覚していたからである。その自覚は彼のどの著作にも読みとれるのではあるが、そのことをもっとも明瞭に示しているのは、決定論にかんする本書であり、そこでは哲学者としての彼の能力が物理学にたいする彼の関心と結びつくことによって、言うならば反転して、物理学それ自身にとって特段に興味深い著作が生み出されている。本書は、〔彼の〕亡命中に生まれた。ドイツ語で書かれているが、カッシーラーが避難所を見出したスエーデンで出版されたものである。アメリカにたいする彼の憧憬の念が強まるにつれて、彼は、本書がより広く知られることがないのを残念に思うようになり、英語に翻訳するための手筈を整え始めていた。

そのおなじころ、彼の死のわずか数か月前のことだが、彼は〔英訳版に付け加えるための〕文献目録の準備と〔本書を脱稿した〕一九三六年以降の因果問題の発展にかんする最終章〔執筆〕への協力を本論の筆者〔マーゲナウ〕に要請していたのであり、その要請は諸手を挙げて受け容れられていた。カッシーラーの死の時点で、文献目録および〔最終章の〕アウトラインはすでにできあがり、彼の賛同を得てはいたのではあるが、しかしその執筆は、不幸にも彼の祝福を得る段階にまで達していなかった。このことに鑑み、〔英訳においては〕彼の著作のテクストは手つかずに残されるべきで、因果律の問題にかんするこの新しい資料の概要は序文にもってゆくのが適切であろうと思われた。このことは、一貫してつよい関心をもってこの本の翻訳と編集を励ましてこられたカッシーラー夫人の了解を得てなされたことである。

この書のドイツ語版出版以降の二〇年間で物理学は大きく前進し、その方法論に関するある決定的な問題に関する論考は、普通に考えれば、この時点ではもはや時代遅れになっていると想像されるであろう。しかしまったくその逆であり、それには二つの理由がある。

現今の物理学上の奔流のような発見の源は、今なお、一九二〇年代に得られた輝かしい洞察のうちに見出される。それ以降に起こったことは、その当時発見された基本原理が厖大な問題に適用され成功したことであり、新しい現象や事実が夥しい手段を駆使することによって大々的に探索されたことであった。その大部分は、量子力学の原理でもってすでに説明されていたことであり、カッシーラーが記した哲学上の見解にたいするさらなる裏付けを提供したのである。いくつかの現象、とりわけ空間の微小領域や超高エネルギーにかかわる現象は、その見解の手直しを求めるかもしれない側面を提示してはいる。しかしそこからのすべての仮説的な離脱の試みは、これまでのところ、その離脱を動機づけた困難を上まわる困難をもたらしている。したがってある意味では、昨今の物理学は、量子力学の形成のうちに孕まれていた方法論上の資産の運用であり、発展であり、広範な増殖なのである。そして、かりに核分裂や核融合のようなある顕著な発展が、科学的な評価において、シュレーディンガー方程式や不確定性原理の形成よりも上位にランクされるというのであれば、それは、その成功のプラグマティックな有用性や科学外的な帰結によるものであり、その成功は、もっと深い層では、本書で論じられている基本的な見解に直接結びつけられているのである。このことが、問題がいまなお時宜を得ていることのひとつの理由である。

いまひとつの理由は、本書自身の性格にある。本書は時代に先んじていた。その主張は、科学者自身が表明したことの冗漫な反響としての、多くの哲学的注釈の類とは異なり、革命的でありラディカルであった。というのも、すべての物理学者が不確定性原理を測定過程にたいする制限的命令であるとして、それが制御不可能な誤差をもたらすことをのぞき、ニュートン力学のほとんど変わることのない発展であると語っていた時代に、カッシーラーはより深く見抜き、実在の意味における根底的な変化を捉えていた。そしてここでも、因果性についてのより広くてより包括的な見解を採ることにより、彼は、その当時猛威を振るっていた因果性をめぐる論争が、それ自体は決定的な重要性を持つものではなく、より根本的な問題の副産物であり、その問題は通常提唱されているのとは異なるやり方で解決されるべきことを示したのである。実際彼は、物理学者につぎのように語りかけている。不確定性についてのあなたたちの解釈は中途半端な譲歩である。あなたたちは、その推論において古典論のモデルを使用し続けることはできないのであり、観測にともなう誤差を永久に人間の制御し得ないものとして受け容れることによって、新しい理論と折り合わなければならない。あなたたちは、ほかでもない「物理的な系」という概念、そして「物理的な状態」という概念が変化したことを受け容れなければならない。分析のこの深いレベルにまで進むことによって、あなたたち物理学者は、大部分の哲学者が因果的記述と見なしているものを手にすることができるのである。

カッシーラーのこの提起が多くの物理学者によって無視され、奇妙でなんとなく挑発的に聞こえる他の哲学的なコメントとともに棚上げにされた原因は、おそらくは、そのラディカルな性格にあったのだろうと思われる。というのも、あの息をのむような興奮の時代には、物理学者が言っていることを誤解しているにちがいないと見られていた哲学者たちの書いたものなど、検討するような暇な物理学者はいなかったからである。しかしカッシーラーは、誤解などしてはいなかった。本書での科学の語りは堂に入ったものであり、歴史的な見通しのなかへの事実の配列は、それらを知悉し使用している人にとってさえ、啓発的である。実際、カッシーラーの発言が物理学の分野でほとんど反応を得なかったのは、不幸であったと思われる。それというのも、やがてそれが予言的であったということが示されるからである。彼の見解は二〇年もの試練に耐え、今日では、それが提起された時点にくらべてより広く認められるに至っている。

ここで、現在の著者〔マーゲナウ〕がカッシーラーの見解の支持者である、というのもその見解は現在の著者自身の以前の著述と一致しているからである、ということを記しておくのがしかるべきであろう。このことを言うにあたって私は、本書を読むことによって、そしてカッシーラー自身の親切な助言によって、激励されたのであり、そのお蔭を被っていることを、自覚している。

この序文の意図するところは二点ある。ひとつは、「因果性」そして「決定論」という言葉のカッシーラーの理解を他の現在流布しているものと比較し、その違いを明らかにしようとするものである。そしていまひとつは、本書の出版以降の発展に注目することにある。このうちのいくつかの点にはついては、筆者〔カッシーラー〕自身が関与する機会を有していたのであり、私は彼のレポーターたらんと試みる所存である。その他の点についても、説明を完全なものとするためには言及しなければならない。それらにたいしては、カッシーラーならばおそらくこう反応するであろうとの想定が語られるであろう。

何人かの著者、たとえばボルンやライヘンバッハは、因果性と決定論のあいだに微妙な区別を設けている。ボルン(1)は、決定論を「未知の状況（過去ないし未来）の予言がなされ得るような仕方で異なる時刻での出来事が諸法則によって結びつけられていること」を要請するものとして定義している。それにたいして「因果性は、あるクラスの実在Bが起こることは他のクラスの実在Aが起こることに依存しているという法則の存在を要請する。ここで〈実在（entity）〉という言葉はなんらかの物理的な対象、現象、状況、ないし出来事を意味し、Aは原因（cause）、そしてBは結果（effect）と言われる。」一般的な法則性の包括的な条件、つまり十分な知識がありさえすれば人間による予言（prediction）（ないし後言（postdiction））が可能になる条件と、私たちの経験においてある特定の事柄を結びつけるより特殊化された関連との区別が、明らかにここでは試みられている。そしてその後者が因果性と言われている。カッシーラーはそのような区別を設けない。実際、彼はそのような区別を必要としない。決定論をボルンと類似の仕方で定義することで、彼は、ほかでもない、自然の法則性が科学者に予言することを許容するこれらの出来事や状況を原因および結果と見なしているのである。予言はつねに既知の状況の形に出発点を有し、既知の状況を予言された状況に関連づける。この関連づけられた対の項の内で、時間的に先行するほうが原因であり、後のほうが結果である。「出来事」や「状況」といった緩い言葉の意味を適切に整えることで、カッシーラーは、その不格好な区別を手直しし、決定論を単純に因果的連関の普遍性を主張する理論としたのであり、こうしてその違いはなくされたのである。

因果性の意味、ないし因果性の原理について言うならば、昨今の文献では解釈があまりにも拡散しているため、そのさまざまな意味を一覧するだけでも優に一冊の書物を要するであろう。しばしば出合う見解のいくつかは、ラッセルの有益な小論文「原因の観念について」に詳述されている。[2] ここでは、私たちの関心は、因果性についてのきわめて少ないが顕著な考え方、科学者の今日の思考に支配的なように見える考え方についての論評に限定されるであろう。

第一のものは、ジェフェリーの言っているような、「正確に同様の先行事象は、正確に同様の帰結をもたらす」という、いくぶん非哲学的なものである。[3] この主張は、ジェフェリーが他の多くの人たちとともに、よろこんで打ち壊したつまらないものである。彼は言っている。「先行するもののどの二つの組も決して同一ではない。それらは少なくとも時刻や位置において、異なっていなければならない。しかしたとえ私たちが時刻や位置〔の違い〕を重要でないとしたとしても（そのことは正しいと思われるが、純粋に論理的には正当化されるものではない）先行するものは決して同一ではない。天文学が始まって以来、惑星たちが、近似的にさえその位置を再現したことはない。その原理は、ある単一の瞬間における加速度を推定する手段を私たちに与えてくれないのであり、まったく役に立たない。そのうえ、もしもそれが何らかの役に立つはずであるならば、私たちは、任意の応用にたいして、世界の全状況が以前のある瞬間のものと同一であるということを知らなければならないが、そのような条件が満たされることは、決してないのである。……」かくしてジェフェリーは、結論づけている。その原理は「それが何を意味しているのかを明確に語ることに成功した者はいないにせよ、ある意味では正しいと考えられるかもしれない。しかしまったく確かなことは、それが役に立たないということである。」

カッシーラーがこの批判に同意することは、疑いないであろう。とはいえ、この定義を受け容れることはないであろう。因果性の原理の意味を明確に語ることに成功した者はいないと言うような主張には、彼は異議を唱えるであろう。本書の一部はその作業にあてられていて、そこでは過去の言説の多くの例が論評されている。たしかに読者が簡単で手軽な定式化を求めたとしても、それは徒労に終わるであろう。カッシーラーは、すべての問題を歴史的な背景をふまえて扱うことを優先しているからである。しかし読者は、カッシーラーの意味するところを、そしてそれが観測可能な先行事象と観測可能な帰結との変わることのない結合という言葉においてではないということを、見出すであろう。強調は、観測によりもむしろ概念に、つまり知覚によりも構成に、置かれている。レンツェンは、その論考のまさに冒頭で次のように強調したときに、カッシーラーの主張のすぐ近くにきていたのである。(4)「因果性は対象の概念の領域内部での関係である。原因と結果の関係は、出来事の現実とのかかわりとは無関係に、出来事の概念に言及しているのである。経験の前科学的段階では、因果性は、観測者に対面する所与の直観的世界に帰属させられている。科学のより洗練された段階では、因果性は科学者が諸概念から構成するモデルに帰属させられなければならない。」

因果性としばしば同一視される、ないし混同される理論は、力の作用にかんする理論である。遠隔作用と接触作用の昔からの区別が存在する。そしてそれには、重力のようなある種の力は前者を表し、他方、その他の機械的な押しのようなものは後者の種類の作用の例を与えるという仮定がともなっている。ところで、何人かの古代の哲学者、有名なところではアリストテレスなどにとって、遠隔作用は因果性の法則に反する神秘的な現象のように思われたのであり、そのため因果性の法則は接触作用（*contact action*）と同一視されたのである。カッシーラーがヒュームから引用しているように、このことはヒュームの場合には、きわめて明白である。[5]「原因および結果と考えられるどのような対象も隣接している（*contiguous*）のであり、なにものも、時間と空間をとおして作用することは、その存在する時空からわずかでも離れたところでは、叶わない。それゆえわれわれは、隣接性という関係を因果性という関係にとって本質的であると見なすことができる。」

接触作用の理論は、このような初期の形式においては、しだいに脱機械論化していった現代物理学にかかわりのないものとなっていった。しかしながらそこから支流として生まれた伝播する場という概念が、その未熟な観念にとってかわり、ときに、因果性の本質的な要素として見なされている。物体は、正確にその存在する位置で作用するには及ばない。それは、ある作用因、場と呼ばれる非物質的な作用因を送り出すことができ、この場を媒介として離れた位置に遅れた時刻に効果をもたらす。これまで研究されてきた、そしてよく理解されてきたすべての物理的な場は、有限速度で伝播し、そのうちのもっとも速いものが電磁場である。したがって、ある出来事と同時に生じる遠隔地での影響なるものが、その出来事によって引き起こされることはありえないのである。

特殊相対性理論のもっとも著しい帰結は、〔真空中での〕光の〔伝播〕速度がすべての可能なエネルギーの移動〔速度〕の上限であることを明らかにしたことにある。相対性理論の初期の哲学的議論ではこの事実が大きく扱われ、アリストテレス的ヒューム的教義の見方では、場、ことに特殊相対性理論の電磁場が因果性の本質となったことは、驚くことではない。たとえばライヘンバッハは、因果的伝播のよく確立された性質を定式化するさいに、接触による作用の原理について（明らかに場を含む拡大した意味において）語っている(6)。

原因は、それがある効果を生み出す地点に達するまで、空間をとおして途切れることなく広がってゆかなければならない。機関車が運動を開始するとき、列車の個々の車両は、ただちにはそれに従わず、ある間隔をおいて動き出すであろう。機関車の牽引は、最終的に最後尾に達するまで、車輌から車輌へと伝えられなければならないのである。サーチライトが向けられたとき、光はそれが探索している対象をただちに照らし出すことはなく、その光は、その間の空間を伝播しなければならない。そしてそれがそのような高速で動かないとすれば、その光が広がってゆくために時間を要することがわかる。原因は離れた地点の対象に瞬時に作用するのではなく、点から点へと接触によって伝達されてゆくのである。

因果原理にたいするこの接触作用という見方は、近年の物理学のある特殊な発展のなかで、ある種の流行となり、そこでは「因果性の条件」という言葉が（粒子の確率分布を表す）波束の伝播速度を光速cに限界づけ、ある点でのある時刻tでの原因はその最初の点からrの距離で$t+\frac{r}{c}$以前の時刻にその効果を生み出すことがかなわないと主張する相対性の要請そのものを実質的に意味するものと受け取られたのである。

この定式化においては、因果性は特殊相対性理論の断片的な説明以上のものではなく、そのための標識として「原理」というような大層な名称を使用することを正当化するのは、困難であることがわかる。もちろんカッシーラーは、接触作用の見解を受け容れてはいないし、彼に先行する多くの哲学者によってもそれは共有されていない。カッシーラーは、（たとえば因果性のような）形而上学的原理を物理学理論の特定の側面に固定することは不適切であると見ていたラプラスとカントの伝統のなかで思考していたのである。

実際、私の見るところ、今日、――およそありそうもないことだが――影響の伝達速度が〔光速〕cを越えるというようなことが発見されたとしても、それが因果性の原理の廃棄に相当すると見なしている哲学者や科学者はほとんどいないであろうと思われる。あるいは逆に、量子論の不確定性の確立によって生じたと言われる因果性の破綻なるものが、相対論的な意味での接触による作用と矛盾しているわけでもない。それゆえ、このサマリーがまだ明らかにしていない他の解釈があるに違いないのである。

先の定義から、場は有限速度で伝播しなければならないという仮定を除き、無制限に速い作用〔の伝播〕を許容すると仮定する。そうすればそれは、因果性を、時間・空間内における異なる出来事、つまり任意の種類の科学的法則によって結びつけられている出来事のあいだの広い関連であると主張する、ある種の連続的作用の見解となる。このときには、おそらく同時的と見られる気体の圧力と体積の変化は、因果的に関連づけられることになる。同様に、空における雲の出現――太陽の陰り――地表の気温の低下――人々がコートを着る――というような出来事の連鎖に、その因果的連関は拡張される。あるいは、もっと科学的なものとしては、星からの光の放射――〔宇宙〕空間内の電磁波の伝播――金属による光の吸収――〔金属からの〕電子の放出――等である。

これらの連鎖を形成している出来事は、連続的作用の一系列を成している。私たちは、いかにして雲の出現が太陽の陰りをもたらし、そのことが今度はいかにして気温の低下を引き起こし、そのことがいかに人々を不快な気分にさせコートを羽織らせたかを、可視的なないし想定される作用因によって、正確に知る。その他の系列も同様のやり方で辿ることができる。それが結びつけている出来事は、広く異なる位置で、まったく異なる対象において生じるけれども、その詳細が理解される仕方で生じている。この理解の内にギャップがあれば、作用の連鎖における欠けた環（missing link）があれば、それには「因果的」という言葉は使えないであろう。

これらの例によって説明される因果性の意味を時間と空間における連続的作用として語ることが可能であるにせよ、この表現は、科学的な作用因によって関連づけられているということ以上のことはなにも語っていないのであり、したがって因果性を科学的理解と同語反復的に等価にするものである。連続的作用もまた、不変の系列というヒュームの理論の、その系列の要素間にそれらを連結する作用因を含めることによって改良されたひとつの改定版なのである。因果性のこの解釈は、十分に幅広くて融通性があり、おもに非物理科学において、そしてもちろん日常言語においても、広く使われている。それは法律家や生物学者の常用概念なのである。しかしそれを精密に定式化するのは困難であり、そしてその困難は、問題になっている見解が、単一の系列に結びつけられる出来事の場所や種類にたいしていかなる制限をも加えることがないという事情に主要にもとづいている。光の放射は〔太陽系から約九光年の〕シリウスにおいてなされてよく、それが地上のある光電池で吸収され、そしてその光電池は離れた地点にある機械の作用を制御することができる。唯一の仮定は、結果が原因の以前にはないということである。

物理学は、ある時期、（私たちが今、目を向けようとしている見解との差を意識することなく）連続的作用の見解を支持していたが、因果性の他の意味に、つまりカントとラプラスによって最初に明確に定式化された見方に、〔今では〕偏っている。それを記述するためには、私たちは、すべての物理の系（system）は、時間とともに変化する状態（*states*）という言葉で記述されることに、最初に着目しなければならない。たとえば熱的変化をこうむっているある物体〔よりなる系〕の状態は、その温度、その体積、その圧力を含み、これらの変数は状態変数ないし状態を定義する変数と呼ばれる。いまひとつの物理の系として変形している弾性体を考えると、これは応力とひずみによって定義される状態を有し、そしてまた、電磁場は（物理の系が物体である必要はないので、それもまた私たちの言葉の意味では物理の系である）、電場ベクトルと磁場ベクトルによって特定される状態を想定している。これらの例のすべてに共通しているのは、どのように定義されようとも、状態変数が、通常、自然法則と呼ばれているある方程式にのっとって時間的に変化するということである。それゆえ現在の状態が完全に知られたならば、将来の状態は予言可能である。与えられた系の以前の状態は、後の状態の原因と呼ばれ、後の状態は前者の結果と呼ばれる。

この意味における因果性の原理は、そのすべてが同一の物理の系を指している状態の発展を表す確定的な時間的連続体が存在することを主張している。与えられた原因と与えられた結果のあいだには、ひとつの時刻にはひとつの原因のみではあるけれども、おなじ結果にたいする無数の原因が存在している。展開する状態（*unfolding states*）の理論と私が名づけるこの見解の利点は、より大きな論理的精密さと、因果関係にたいしてそれが与える唯一性にある。空に雲が現れたときには、その原因は（前者の〔連続的作用の〕意味では）与えられた後の時刻にたいしていくつもの結果をもたらすことになり、温度を下げることはそのひとつである。しかし弾性体が応力とひずみのある分布状態にあるときには、特定の時刻におけるその効果は、単一の定まった分布である。連続的作用の見方では多くの因果的連鎖が許容されるが、展開する状態の理論では、発展の唯一のつながりのみが許されるのである。

もっとも単純な物理の系、実際それにたいして後者の形の因果理論〔展開する状態の理論〕が最初に展開された系は、運動する粒子である。その状態は位置と運動量という変数の対で定義され、その発展を支配している自然法則はニュートンの第二法則〔運動方程式〕である。後者は2階の微分方程式であり、その完全な解には二つの積分定数を必要とする。ある定められた時刻における位置と運動量がその積分定数として用いられ、したがってそれがすべての時刻の解を決定する。

因果理論における状態と法則は、つねにこれ〔つまり運動する粒子の系〕と内的な近親性を有していなければならない。状態は、法則の解を完全なものとする初期条件に必要な情報を提供するように、決定されなければならない。因果理論における状態の定義を任意に変更するにあたっては、自然法則におけるそれに対応する変化を求めなければならないということ、そして逆に、法則における変化は一般にシステムの状態の再定義を必然とするということ、このことが、この状況から導かれる。

粒子の運動にかんするニュートンの理論は、すべての因果的記述の原型である。基本的な認識論的意味において、異なる時刻の粒子の状態のあいだにそれが定めている結びつきは、因果的関係のひとつのモデルである。ニュートンの理論の、その一般的な定式化においてではなくて、特定の形での法則と状態が因果性の本質的な要素と見なされてきた。そのことは、十分に頷けることではあるが、しかし悔まれることでもあった。この誤解、あるいは少なくとも状態の硬直した同定の仕方が、量子力学はもはや因果的な理論ではないという所見をもたらすことになったのである。節目となる細目を思い起こそう。ニュートンの理論は、原子的な粒子には適用できないことが見出された。そしてシュレーディンガーがそれを新しい方程式で置き換えるのに成功した。しかしその方程式は、旧来の位置と運動量によって特定される解を有していなかった。ハイゼンベルクは、自身の不確定性原理〔の発見〕によって、これらの変数〔位置と運動量〕がもはや一般的な観測可能量としての健全さを喪失したことを見出した。というのもそれらの双方を〔同時に〕正確に知ることができないからである。このことは、それにともなう状態〔つまり位置と運動量で定義される状態〕が理論的に意味のあるものでもなければ、観測によって知ることもできないがゆえに、因果性に死をもたらすように思われたのである。

しかしシュレーディンガーの法則が、他の変数で表される状態を選ぶのか、またそのような状態と両立するのか、そしてこれらの変数が、私たちの原理のより形式的な意味において、つまり展開する状態の意味において、最終的に因果的記述を許容するのか、このことを問うてみるのは無駄ではない。そしてそのことは、実際にそうなのである。これらの変数およびその変数で定義される状態が、ニュートン〔力学〕の慣れ親しんだ立場から見たときには幾分奇妙で定義しにくいものであったということが、これらの変数と状態にとって不幸なことであったにすぎない。それらは確率なのである。

物理学における量子革命の圧力のもとでカッシーラーが主張し、因果性の維持のために吟味したのは、この最終的な主張、すなわち展開する状態という因果性の解釈なのであった。彼の結論は、本質的にはこの直前のパラグラフで示唆したものであり、それは一九三六年の段階で、それに関連した利用可能なすべての証拠を精査したのちに到達したものである。ここに述べた結論に合致するないし相反する重要な新しい証拠が過去二〇年間にもたらされたのか否か、このことを私たちはこの序文の残りの部分で考察することにしよう。

近年の二つの発展が、この問いにかかわりを有している。ひとつは、主要にド・ブロイとボームの名に結びついたもので、その主張者たちが量子論の因果的解釈と呼んだ試みであり、いまひとつは、そこにおいては時間が「逆向きに進む」ことが許容される量子電気力学のある理論であり、その著者はファインマンである。時間の進みを逆転させることによって、この〔ファインマンの〕理論は、因果的関連を混乱させたように思われ、それゆえこの文脈で考察される必要がある。最初にド・ブロイとボームの寄与を検討しよう。

量子論において中心的な役割をはたす量は、よく知られた状態関数〔波動関数〕Ψである。その意味とその振舞いは数学的側面から完全に理解される。その関数の経験的観測との関係も、経験的観測が統計的集団であると見なされるかぎりで、同様に明確である。しかし関数Ψと単一の観測の結びつきについては——結びつきがあるとした場合には——さまざまな解釈がなされている。最初に、それについてはもはや疑問の残っていない事実を述べておこう。

もっとも単純な物理の系にたいしては、Ψは位置と時刻つまりとxとt関数である。あるきまった時刻t_1にたいして$\Psi(x, t_1)$が与えられたならば、量子力学の基本方程式（その表示に応じて、シュレーディンガーのものかハイゼンベルクのもの）が、その後の任意の時刻t_2にたいする$\Psi(x, t_2)$の予言を可能にする。したがってもしもΨが、それが表している物理の系の状態を正しく記述するのであれば、カッシーラーの意味での因果性は、この新しい理論〔量子力学〕でも成り立っている。

しかし不幸なことに、Ψは旧来の〔古典〕物理学において通常状態変数と見なされてきた類のものには関係を持っていない。Ψそれ自体は、簡単に測定できるものとは何の関係も持たない。それが単純に測定可能な量に対応しているのは、$\Psi^*\Psi$の形に自乗されたときのみである。実際$\Psi(x)^*\Psi(x)$が、その系がxで指定される位置の近傍に見出される確率密度を表している。この確率そのものは、一般には単純な方程式によって自己展開することはなく、したがって、Ψのように因果法則に厳密に規制されている、というわけではない。決定的な点は、Ψにせよ$\Psi^*\Psi$にせよ、それらがいくら正確に知られたからといって、単一の観測で何が起こるのかの予言を可能とするものではない、ということにある。これらの量が語っているのは〔観測値の〕集合の分布のみである。単一の観測が因果法則によって決定されることは、もはやない。

そんなわけで、自明とも言うべき疑問が生じる。量子力学の記述は、個々の観測をより適切に扱うことができるように補足される必要のある、不完全な体系（a halfway scheme）ではないのか？　それともそれは、修正の必要がないという意味で完全なわけではないにせよ、個々の出来事を記述するためのすべての便宜を断念しているということにおいて、最終的なものであるのか？　もしも前者の問いが肯定されるのであれば、現在の量子力学の定式化には含まれてはいない隠れた変数を、つまり単一の観測をその予言能力の範囲内にもたらすであろう変数を、見出すように物理学は強いられることになる。後者の問いが肯定されるのであれば、確率〔密度〕$\Psi^*\Psi$ないしおそらくはΨそれ自体が、物理学における出来事の最終的決定因子となる。この後者の場合には、「神はサイコロ遊びをなされたまう」というアインシュタインが拒否した格率が真となる。

フォン・ノイマンが第二の問いを支持する優れた議論を提唱していて、現在では大部分の物理学者は、その議論の正しさを確信し、その見方を選んでいる。カッシーラーは、現在の証拠に較べれば完全さに劣るにせよ、彼が利用できたかぎりでの証拠にもとづいて、それを受け容れる方向にあった。この見方によれば、〔気体の〕温度が気体中の単一の粒子の運動と無関係なのと同様に、Ψは単一の出来事とは無関係なのである。しかし、気体中のひとつの粒子の運動にたいしては、それを記述するより高い〔より基本的な〕レベルの理論があるのにひきかえ、量子力学では、単一の出来事を規制する理論は存在しない。

ド・ブロイ[7]とボーム[8]は第一の異説を肯定しようと試み、単一の観測を規制することの可能な理論を探求し、現在の形式の量子論が不完全であると見なそうとしている。ド・ブロイの提案は二〇年前にさかのぼる。彼はそれが誤りであったと宣言し、現在では、ド・ブロイの初期の結果を越える先まで進めようと努力しているボームの仕事にたいして、どちらかと言うと批判的になっている。ボームの解析的には理に叶った努力は、古典物理学のハミルトン－ヤコビ方程式とシュレーディンガー方程式のあいだのよく知られた関係を巧妙に利用するものである。そこでは、〔複素数で表されている〕シュレーディンガー方程式が実方程式の対に分離され、その一方がひとつの粒子の独立した運動の決定に使用される。しかしその粒子の径路は、粒子そのものの存在に起因する風変わりな力の場によって攪乱される。古典物理学では見すごされ、量子力学において暗示されてはいるが認知されていないこの場は、個々の出来事の奇妙な振舞いの原因であり、そのため物理学者は出来事を、それについて無知であるかぎりで、統計的に扱うことを強いられることになる。

ボームは、自身の仮定を量子力学の「因果的解釈」と称している。カッシーラーの（そして他の大部分の）考えでは、これは間違った命名である。というのも以前の解釈もまた因果的だからである。唯一の違いはつぎの点にある……いま論じている〔ボームの〕理論では、力学的に考えられている系の状態変数が因果的法則に支配されているのにひきかえ、通常の〔量子力学の〕理論ではΨ関数が因果法則に従う。それゆえより適切な区別の仕方では、力学的因果性と統計的因果性というべきであろう。

因果的・力学的解釈の〔理論的な〕ステータスの評価は、容易ではない。それはすべてを古い結果に導くとともに、いくつかの新しい困難をもたらしている[9]。たしかにそれは、打ち勝つことのできない障碍に行き当っているわけではない。しかし、より単純な統計的理論ではもたらすことのできない何かをそれが達成することになるまでは、あるいはその隠れた変数のひとつが姿を現すまでは、その哲学的な意義を云々するに十分な足場は、おそらくないであろう。もしもそれが確立されることになるならば、カッシーラーの理論は、廃棄されるどころか強化されるであろう。

因果原理の大部分のバージョンでは、原因は時間的に結果に先行する。（もちろん、もしも未来が知られたならば、因果法則は、過去と現在を推論するのに援用されるにせよ）未来が過去を決定するということはない。ファインマンの理論では時間反転が生じ、通常の因果のパターンを覆すことになる。電子の理論は、適切に展開されるならば、電子が時間的に逆に動く径路を考察するように強いられる。そしてこの径路は、正常に動いている陽電子〔つまり電子の反粒子〕の径路と見なすことができるのである。その詳細は込み入っていて、ここで論ずるには及ばない。その理論は、注意深く分析するならば、カッシーラーの提唱した因果理論と完全に適合することが示される、と私は信じている[10]。

過去二〇年間、物理学の哲学の文献に、ボーアの相補性原理の文献に、際立って多くのものがもたらされてきた。その著者〔ボーア〕によって控えめに語られているように、その〔相補性〕原理は、Ψ関数によるものと個々の出来事の言葉によるものの、二通りの同等に正当化される仕方で自然を記述し得ることを主張している。前者の方法は、物理的出来事の詳細を時間と空間において生じたものとして描き出す私たちの傾向性を放棄し、経験の統計的・因果的表現を許容することを求めている。後者は、モデルにたいする私たちの欲求を助成し促進するけれども、出来事に適用されるものとしての因果性を破壊する。ボーアはこのことを、〔原子〕物理学の領域における私たちの経験の記述の根本的な特徴であると信じているのであり、彼は実在に接近する手段としては双方の方法が必要であると、確信している。

この比較的抑制のきいた言明は、分岐、つまりすべての分野に行き渡っている哲学的二元論にいたる基本的公式たりうるし、また、そのようにされてきた。それは、事実と価値のあいだの、生命にたいする科学的アプローチと芸術的アプローチのあいだの、相容れないコントラストにたいする証拠として引き合いに出されてきた。それは、十分に推し進めるならば、任意の解決し得ない困難を規範に統制し、それゆえ適切な探求を抑制するのに用いることができる。

カッシーラーは相補性を認めている（pp. 137, 258）。本書の結論部分で、〔量子〕物理学における波動と粒子の二元論は、『シンボル形式の哲学』の多くの部分が充てられている観点の多様性の一側面であると、示唆しているように思われる。それにもかかわらず彼の注意深い分析は、この〔相補性〕原理を承認するにあたっての彼の理解の度合いを示している。彼は不確定性を、単に人間の限界であるだけではなく、ほかでもない物理的実在の意味そのものにかかわるものと見なしている（p. 153）。そして彼は、因果法則を満たすものは、何であれ物理的実在を定義するものとして受け取られるべきであると主張する方向に傾いている。明らかにこのことは、物理的実在を決定するものとしての個別の出来事の重要性を減ずることであり、それは、おそらくは相補性を否定する限界にいたるまで、量子論の確率論的側面を強調するものである。いずれにせよ、本書出版後にカッシーラーが、相補性の観念の形而上学的インフレーション、および心理学や社会学の分野でしばしば見られてきた相補性の観念の非原理的な蔓延にたいしては、明確に反対してきたことを報告しておくのが然るべきであると、私は考えている。

訳者あとがきと解説

I　本書と新版の出版について

本書、エルンスト・カッシーラーの『現代物理学における決定論と非決定論——因果問題についての歴史的・体系的研究（*Determinismus und Indeterminismus in der Modernen Physik: Historische und Systematische Studien zum Kausalproblem*）』（以下『決定論と非決定論』と略記）は、最初、一九三六年にスエーデンのイエーテボリ大学で *Göteborg Högskolas Årsskrift*（イエーテボリ大学紀要）Vol. 42, Pt. 3 に公表され、翌三七年にイエーテボリの出版社 Elanders Boktryckeri Aktiebolag から出版されている。その後、以前にベルリンの Bruno Cassirer Verlag から出版された彼の『アインシュタインの相対性理論』（1921、以下『相対論』と略記[1]）と合本で、一九七二年に西ドイツはダルムシュタットの出版社 Wissenschaftliche Buchgesellschaft から *Zur Modernen Physik* の標題で出版された。以下、前者をイエーテボリ版、後者をダルムシュタット版と呼ぶ。英訳は Yale University Press から一九五六年に出版されている。なお、このほかに、直接手にすることができなかったが、一九九八年に刊行の始まった『ハンブルク版カッシーラー全集（*Ernst Cassirer Gesammelte Werke Hamburger Ausgabe*）』の第一九巻にも本書が収録されている。

これからわかるように、カッシーラーが生前に眼を通すことができたのは、イエーテボリ版だけである。そして版により若干の細かな違いがある。外面的には、イエーテボリ版と英訳版には、扉に Taine（テーヌ）の

「原因の観念を変革すること、それは人間の思考の転換である（Renouveler la notion de cause, c'est transformer la pensée humaine）」というフランス語の標語が記されているが、ダルムシュタット版にはそれがない。また、イエーテボリ版には「まえがき」のあとに全体の目次があるが、ダルムシュタット版には目次はないし、またその区分も若干異なる。イエーテボリ版では「第I部、第II部、……（Erster Teil, Zweiter Teil. ……）」そしてその下の区分が「第1章、第2章、……（Erster Kapital, Zweiter Kapital. ……）」となっているが、ダルムシュタット版では単に「I、II、……」、その下が「1、2、……」となっていて、その章立ても若干異なる。

じつは、私自身の手になる本書の邦訳が一九九四年に学術書房から出版されていた。それはダルムシュタット版に依拠したものであったが、気になる個所があり、イエーテボリ版を参照したいとその当時から思っていたのであるが、国内では見つからず果たせなかった。後になって、知人がイエーテボリ大学に行くと聞いて、お願いして同市の図書館からコピーを取ってもらうことができた。今から十数年前のことである。そして、先に述べたような違いがあることとともに、気になっていた箇所では、イエーテボリ版とくらべてダルムシュタット版が明らかに不正確であることが判明した。となると他にも異同があるかもしれず、全面的にイエーテボリ版に依拠して訳し直す必要があると思われた。そのことが、今回、新版としてこの改訳版を出すにいたった主要な事情である[2]。

新版に取り組んだ第二の理由は、次の点にある。

本書は、量子力学における認識論が中心テーマであるが、カッシーラーの量子論の理解は、一九二五～二六年に量子力学の数学的形式が生まれた後に提唱されたいわゆる「コペンハーゲン解釈」に基本的に依拠したものである。それはマックス・ボルンによる波動関数の確率解釈とヴェルナー・ハイゼンベルクによる不確定性関係を土台とし、コペンハーゲンのニールス・ボーアの提唱した相補性原理を軸として体系化された量子力学の解釈で、その後、アルバート・アインシュタイン等の批判者との討論を経て確立されていったものである。そのコペンハーゲン解釈は、電子や光子といった原子的世界の存在とその呈する現象が、一八世紀以来の近代物理学で培われてきた日常的世界の物質観で理解しうるものとは相当に異なるものであることを認めており、これまでの存在論では了解のきわめて困難な理論なのである。そのことが、量子論・量子力学の形成過程に大きく寄与したアインシュタインやシュレーディンガーやド・ブロイといった大物たちが、その解釈に納得しなかった理由である。

しかし量子力学は、そのような哲学的な問題にこだわることなく、実用主義的にその計算手法を身に着けることが可能で、またそれがきわめて説明能力の高い理論であり、それゆえ量子力学が形成された後の世代の多くの学生や研究者は、深く考えることなく量子力学を完成された理論と了解して受け容れ、計算技術としてプラグマティックに使用してきたのである。その点では、当時の私も変わりはない。

以前に本書の訳を学術書房から出すにあたって、私は拙い「訳者あとがき」に解説めいたものを書いたのではあるが、後で読み返して、やはり正確な解説のためにはコペンハーゲン解釈のより正確な理解が必要であることが痛感された。そのコペンハーゲン解釈の形成をリードしたボーアこそは、物理学者のなかで真に哲学をした、つまり借り物の哲学用語や既成の学派の理論によらず、自前の言葉と自前の理論で量子力学の哲学を語った数少ない人物の一人である。そのためボーアの理論は独特の言い回しで語られ、難解で通ってはいるが、しかし量子力学の哲学を語るのであれば、まずボーアに取り組まなければならないと思われた。もっとも、そのことは以前から考えていたことであった。

そんなわけで、学術書房からの訳書出版の後、私は、量子力学の解釈に関するボーアの原論文を正確に読む作業に向かっていった。当時、ボーアの論文のいくつかは邦訳がなされていたのであるが、それらはその方面のボーアの論文の一部にすぎず、また正直なところ、訳がかなり杜撰なものも多いことに気づいたので、思いきって自分ですべて訳出することにした。こうして一九九九年と二〇〇〇年に岩波文庫から私の編訳による『ニールス・ボーア論文集 1 因果性と相補性』『同 2 量子力学の誕生』を上梓することができた。(3) そういうこともあって、かつての学術書房の版の「訳者あとがき」を全面的に書き直したいというのが、新版出版の第二の理由である。

そして第三には、学術書房からの訳書は八〇〇部ほど印刷されたきりで終わってしまい、そのためその翻訳書はあまり知られることなく今に来ているという事情がある。

こうして、訳し直した新版の出版をみすず書房にお願いしたのであるが、快く引き受けて頂いた次第である。なお今回は、イエーテボリ版とダルムシュタット版の双方を底本にして訳し、構成はイエーテボリ版の章立てに従うことにした。また、エール大学出版局から出された英訳の冒頭に置かれていた、そしてダルムシュタット版にも末尾にその独訳が付されていた Henry Margenau による Preface を、解説を補うものとして末尾に「英訳版の序文」として置くことにした。

II　ユダヤ人カッシーラー

一八七四年にブレスラウ（現ポーランド領ブロツワフ）の裕福なユダヤ系ドイツ人商人の家庭に生まれたエルンスト・カッシーラーは、マールブルク大学においてヘルマン・コーヘンのもとで哲学を学び、一八九九年にデカルト研究で学位を取得している。その後ベルリンで認識論を中心とする研究に打ち込み、大著『近代の科学と哲学における認識問題』（1, 1906; 2, 1908　以下『認識問題』）[4] を上梓し、一九一〇年には独自の哲学的立場を体系的に展開した『実体概念と関数概念』（以下『実体と関数』）[5] を公表し、哲学者としての地位を確立した。

このように一九一〇年代初頭には哲学者としてすでに高く評価されていたカッシーラーであるが、一九〇六年に『認識問題』第1巻によりベルリンでの教授資格を得たものの、それ以降長くベルリン大学の私講師の位置に留まり、大学に正規の職を得たのはようやく一九一九年になってからであった。このことは彼がユダヤ人であったことと無関係ではない。そのことはいくつもの文献から裏づけられるが、ひとつだけ挙げておこう。「反ユダヤ主義感情が一九世紀後半のドイツの大学社会にひろく流布していた」と語るドイツの歴史学者フリッツ・リンガーの書からのものである。

ユダヤ人の私講師は偏見のある試験官から教授資格許可を得なければならなかっただけに、なみはずれて優秀であったと思われる。このハードルを越えたあとでも、助教授や教授の官職に昇進するのは格別困難であった。……一九〇九・一〇年のドイツの大学でユダヤ教を信仰する正教授は三パーセントを下回っており、改宗ユダヤ人の正教授は四パーセントであった。プロテスタントとカトリックは私講師では八一パーセント以下であったが、正教授になると九三パーセントを越えていた。ドイツで最大規模の、もっとも権威あるベルリン大学には一九〇九・一〇年に一人のユダヤ人正教授もいなかった。当時、もっとも聡明でもっとも生産的な社会学者兼哲学者の一人であったゲオルク・ジンメルは一九一四年になってやっとシュトラスブルク大学の正教授職を得たが、それは六〇歳で他界する五年前のことであった。新カント学派のうちの批判派でおそらくもっとも指導的な哲学者であり、ジンメル同様ユダヤ人であったエルンスト・カッシーラーは教授資格を得るためにディルタイの特別の支援を仰がなければならなかったが、一九一九年、四五歳になってやっと、意気盛んで進歩的な新型都市大学ハンブルクで教授職を獲得した。(6)

ワイマール共和国とともに新設されたこのハンブルク大学では、なにもかもが新しくて、そのことがカッシーラーの就職にあずかって力があったと思われる。ここで彼の主著『シンボル形式の哲学』の三部作『言語』『神話的思考』『認識の現象学』は完成された。そして一九二九年、カッシーラーはハンブルク大学の学長に就任するが「ユダヤの血筋でドイツの大学のこうした地位に就くのは、彼がはじめてであった」と言われている。(7)

しかしその時代はまた、先の大戦（第一次世界大戦）でドイツ帝国が敗北したのは背後から社会主義者とユダヤ人が刺したからであるという「匕首伝説」を武器に、ドイツ国内では右翼の反ユダヤ主義運動、そしてやはり反ユダヤ主義を掲げたナチズム（国民社会主義思想）が力を増していった時代であった。カッシーラー夫人トーニ・カッシーラーの回想『エルンスト・カッシーラーとの私の生涯』（以下『回想』）には「戦後一年で早くも私たちは個人的にドイツに台頭しつつあった反ユダヤ主義を体験した。」「一九二一年の夏、終戦後三年もたたないうちに、……〔ハンブルク〕大学で最初の国民社会主義者が現れた」とある。(8)

転換点はカッシーラーがハンブルク大学の学長に就任した一九二九年であった。この年、ソ連ではトロツキーがロシアから追われスターリンの支配体制が完成し、ドイツでは、共和国の外相として協調政策をとり戦後ドイツの国際的地位の向上に尽くしたシュトレーゼマンが死んだ。その直後にウォール街での株の暴落に始まった大恐慌が資本主義世界を震撼せしめ、ドイツではナチス（国民社会主義ドイツ労働者党）が一挙的に勢力を拡大し、ワイマール共和国の不安定な均衡が崩れ始めた。

一九三三年、ヒトラーとナチス党が権力を握ったのが三月五日、カッシーラー夫人は「〔この年の〕三月一二日、〔孫娘つまり長男ハインツの娘〕イレーヌの三回目の誕生日の翌日、私たちは故郷を離れた」と『回想』に記している。(9) 最終的に合衆国に辿りつくことになる亡命の始まりである。その年、カッシーラーは大学の一切の職務から解任されたのである。それはカッシーラーの国際的な名声がピークに達していたときであった。(10) その後カッシーラーは、オクスフォードを経由して、三五年にスエーデンに移り、そこに四一年まで滞在したのち、合衆国に亡命した。六〇歳近くになっての亡命が精神的・肉体的にどのくらい過酷なものかは、おそらく私たちの想像を越えているであろう。もちろん幸運に亡命でき外国にポストを得られたのは、ほとんどエリート知識人に限られていたのだが、いずれにせよ、研究環境に恵まれていたとは言い難い。しかしその亡命の途上でも、あるいは合衆国に渡って後も、カッシーラーの旺盛な執筆の活力は衰えることなく持続し、その国々に大きな影響を与えた。

とりわけスエーデンは心の休まる地であったようだ。夫人の『回想』には、カッシーラーがスエーデン社会に温かく迎え入れられたとき「彼は学童のように（wie ein Schulknabe）スエーデン語を学んだ」と記されている。(11) 親友ディミートリー・ガヴロンスキーの記すところでは、カッシーラーは六年間のスエーデン滞在中に高齢にもかかわらずスエーデン語を完璧にマスターし、スエーデンの歴史・哲学・文学・芸術に精通したとある。(12) 一九三九年にはスエーデン国籍を取得し、その後、アメリカ滞在中も、戦局が許せばイエーテボリに戻る意向を洩らしていたと伝えられる。(13)

一九三九年にはカッシーラーは『デカルト――学説・人格・影響』をストックホルムの出版社から上梓している。(14)

同書には論考「デカルトとスエーデン女王クリスティナ　一七世紀精神史の研究」が含まれている。これは仏語の抄訳に依拠した邦訳が工作舎から出ているが、その「訳者のあとがき」には「女王とデカルトの精神的関係を論じたのはカッシーラーの本書が初めてといってよい」とある。[15] さらにカッシーラーは、翌四〇年にスエーデン語による研究書『クリスティナ女王とデカルト』を公表している。第二次世界大戦の戦中から戦後にかけてのスエーデンの哲学界がどうであったかは知らないけれども、スエーデンの学界にも彼は大きな影響を与えたものと想像される。終焉の地アメリカについて言えば、同時期にイタリア・ファシズムから合衆国に逃れた物理学者エンリコ・フェルミの妻ローラ・フェルミが記している。

ヨーロッパ時代にすでに名を成していた高齢の移民学者で、彼がただアメリカにいるというだけでその文化の権威を高めたというグループに属する人を一人だけ挙げておこう。エルンスト・カッシーラーである。一九四一年にアメリカに来たとき彼は六七歳であった。……彼は一九四五年にニューヨークで没したため、アメリカには四年間しか住まなかったことになる。……しかし、あるアメリカ人哲学者に向かって、ヨーロッパ生まれの哲学者について話したとき、彼は即座にカッシーラーの名を挙げた。アメリカ哲学はいまなお、この偉大な人物の存在から受けた影響を感じているのである。[16]

カッシーラーがアメリカに残した足跡の大きさは、この一文から十二分に窺い知れるであろう。その後「カッシーラーの業績は英語圏とりわけ合衆国において、おそらく戦後のドイツにおいてよりは高い評価を受けた」と言われる。[17]

III　本書『決定論と非決定論』の誕生

本書『決定論と非決定論』は、この亡命の途上、スエーデンで執筆された。夫人の『回想』には書かれている。

私たちの〔スエーデン〕滞在の最初の一週間に、エルンストはグラスゴー大学法学部から名誉博士号を授与され、そしてこのとき、イエーテボリ学術ならびに文芸協会に名誉会員として迎えられた。大学の行政事務から解放されると、彼はただちに新しい仕事に入っていった。早くも一年後には彼の著作『現代物理学における決定論と非決定論』が大学の出版物に登場した。[18]

カッシーラー一家がスエーデンのイエーテボリに辿りついたのは一九三五年九月だが、翌年の三月には本書を書き上げ、それはその年の一二月に印刷にまわされている。

ところで本書は、「まえがき」にも断られているように、もともとは出版の意図のない、個人的な心覚えとして書かれたものであった。実際、原著には索引もないし（本書の索引は山本による）、そもそも完成原稿とは思えない所が散見される。一例を挙げると「不確定性関係」といったきわめて重要な学術用語にたいしてさえ、Unbestimmtheit-Relationen のほかにも Ungenauigkeit-Beziehungen や Unsicherheit-Beziehungen があてられている。このように、通常では校正の段階でなされるべき語彙の統一が図られていない。内容にもいくつか重複があり、注も付け方がかなり不揃いで、印刷のための化粧直しが施されていないばかりか、なかにはかなりひどい誤記（たとえば原注（4-16））さえある。それに文中にある多くの引用、とりわけカントからの引用には、訳注にもいくつか記しておいたように、何カ所か、原文との異同や欠落が見られる（原注は番号で、訳注は＊印で記す）。

もっとも、カッシーラーの手になる『カントの生涯と学説』においても、カントからの引用がいくつもの箇所で原文と違っていることが訳注で指摘されている。[19] 先述のカッシーラー夫人の『回想』には「彼のほとんど際限のない記憶力（seiner fast unbegrenzten Merkfähigkeit）」に触れているところがある。[20] カッシーラーが『シンボル形式の哲学』を書き上げるために入り浸りになっていたヴァールブルク文化史文庫の司書フリッツ・ザクスルもまた「カッシーラーはノートをとらなかったが、ほとんど無際限の記憶力（memory of almost unlimited capacity）を持っていた」と述懐している。[21] このように常人離れした彼の記憶力はつとに有名で、彼の死後に遺された草稿類を編纂・出版したヴィリーンは、それらの草稿について「引用するさいにカッシーラーは記憶によって行文を書き込んでいるように思われる。その結果、語句が違っていたり、省略があったりする」と記している。[22] 同様の事実は『シンボル形式の哲学』の翻訳者・木田元も指摘している。[23] おそらく本書でも、引用の多くは原典に直接当たることなく記憶に頼ってなされたと推察される（なおカントの『純粋理性批判』からの引用は、岩波文庫の篠田英雄訳と作品社の熊野純彦訳を参照させて頂いた）。

しかし、物理学者のポール・ディラックやハインリヒ・ヘルツの著書からの引用にさえ誤記や異同が見られるのであり（たとえば原注（4-44）やp. 64の訳注参照）、このことはやはり、通常は出版物として活字にされる過程でなされる原典との照合が端折られたことを伺わせる。その上、索引もないところを見れば、出版そのものも不安定な政情下で相当慌ただしくなされたのではないかと推察される。

しかしにもかかわらず本書は、カッシーラー哲学全体のなかできわめて重要な位置を占めている。実際、ガヴロンスキーによれば「カッシーラー自身、本書をもっとも重要な著作のひとつに数えている」とのことである。[24]『存命哲学者叢書』の一冊としてポール・シルプが編集した『エルンスト・カッシーラーの哲学』に寄稿されているフエリックス・カウフマンの論考「科学的知識についてのカッシーラーの理論」には、本書を「彼の科学理論のおそらくはもっとも練り上げられた労作」と評価している。[25] 本書の英訳版に付されたマーゲナウの「序文」には、カッシーラーは、本書がドイツ語で書かれスエーデンで出版されたため英語圏ではあまり知られていないことを残念がり、みずから英訳版の出版を計画していたとあるが、そのこともまた、カッシーラーにとっての本書の重要性を裏書きしている。もっともその計画は、彼の突然の死によって実現しなかった。

カッシーラーの学問上の関心はきわめて広範囲にわたっている。イギリスの物理学者スノーが『二つの文化と科学革命』で、自然科学的文化と人文科学的文化の隔絶と対立が今日ほど顕著になった時代はなく、それが正常な文化と社会の進歩を阻害していると語ったのは一九六〇年であったが、カッシーラーのシンボル形式についての講演集の「覚書」には「二つの文化というスノーの考え方を採用すると、カッシーラーはその双方に所属することになってしまう。カッシーラーは当時の数学的自然科学（およびその歴史）について専門的な知識をもつ学者であると同時に、驚くほどの博識と注目すべき美的‐文学的感受性をそなえた精神科学者でもある」と記されている(26)。

第一次大戦後の五年間だけ見ても、一九一八年には自身が編纂したカント全集（カッシーラー版カント全集）の補巻として大部な『カントの生涯と学説』を、二〇年にはフィヒテ、シェリング、ヘーゲル、ショーペンハウアーについて認識問題を中心とする哲学を論じた『認識問題 3』を公刊したカッシーラーは、翌二一年には、一方では『理念と形姿』を上梓してゲーテやシラーやクライストを論じ、他方で『相対論』を公刊し、アインシュタインの相対性理論についての議論を展開し、さらに翌年には『神話的思考における概念形成』公表している。主著『シンボル形式の哲学』の第I巻『言語』を世に問うたのはその翌年のことである。カッシーラー夫人の回想には、一九二二年のところに「この時期、エルンストは精力的に働いていた」と記されているが(27)、実際立て続けの出版であり、その旺盛な執筆のペースとともに、哲学や文学から物理学・神話学・言語学にいたるまでの探求分野の広さは驚くべきものがある。

けれども、生涯にわたって変わることなく彼の関心の中心を占めていたのは、広い意味での認識の問題であった。その問題こそは、カッシーラーの哲学者としての歩み初めから亡命の時期に至るまで書き続けられた全四巻にわたる大部な『認識問題』の歴史的・実証的研究と、他方での『実体と関数』『相対論』そして『シンボル形式の哲学』の三部作、とりわけ一九二七年に書き上げられ二九年に出版されたその第三巻『認識の現象学』（以下『現象学』）という一連の主要著作を貫く中心テーマであった。そしてその過程は、一方では『実体と関数』で概念をめぐって表明した自己の哲学思想を発展させてゆくとともに、他方ではカント哲学の時代的制約を克服してゆく過程でもあった。

本書『決定論と非決定論』は、以下に見るように、その過程の最終到達地点という意味において、カッシーラー理解におけるもっとも重要な位置を占めているのである（以下、本書からの引用は注記せずに頁数を記す）。

IV　現代物理学とカントの理性批判

カッシーラーが研究生活に入ったのは、先述のように、いわゆる新カント学派の一潮流を形成するマールブルク学派の指導者ヘルマン・コーヘンのもとであった。通常カッシーラーが新カント学派、とりわけマールブルク学派の一員に数えられる所以《ゆえん》である。コーヘンは、超越論的感性論にたいして悟性概念の役割を論じた超越論的分析論を優先させることで、カントの批判哲学を論理主義的に純化させようとしたことで知られる。カッシーラーも基本的にこの枠組を継承し、対象を人間精神が生成的に構成するものと捉える超越論的構成主義の立場に立っている。そこにある基本的な了解は『現象学』の次の一節に明瞭に示されている。

われわれが事実と呼ぶものは、いつもすでになんらかの仕方で理論によって方向づけられており、ある種の概念体系に照らして見られ、それによって潜在的に規定されているにちがいない。理論的な規定手段が単なる事実的なものにあとから付け加わるのではなく、そうした規定手段が事実的なものの定義そのもののうちに入り込んでいるのである。(28)

カッシーラーがしばしば引用する「あらゆる事実はすでに一個の理論である」というゲーテの格言(29)は、そのことを平明に表現したものであろう。いわゆる「事実の理論的負荷性」の指摘である。本書『決定論と非決定論』における「法則性が対象性の前提」（p. 27）であり「物理学における対象の存在は、もっぱらそれが服する法則のみによって規定される」（p. 62）とする立場、すなわち「事物概念にたいして法則概念を優位に置く思想」はその延長線上にある。(30)

元々「我々が物質について知るところのものは純然たる関係だけである。……しかしこれらの関係のなかには自立的で持続的な関係もあり、これによって我々に一定の対象が与えられる」というのが、カッシーラーの認めているカントの立場である（p. 219f.）。カッシーラーは、概念を人間精神が対象を能動的に関係づける機能（Funktion 関数）と捉え、この視点から『実体と関数』において関数概念の論理学を展開している。同書第1章において彼は論理学を論じているが「論理学の典型をなす二通りの形式」が、自存的実体を第一義とし関係を第二義的とする「事物概念（実体概念）」と、関係を先行させ関係によって規定される「関係概念（関数概念）」の二通りの概念構成によって区別され、それが現代科学の発展の過程で対置されるようになったとの理解から、論じている。

実体概念の観点に縛られている類概念の論理学に、いまや〈数学的関数概念〉の論理学が対置される。とはいえ論理学のこの〔後者の〕形式の適用される領域は、数学のみに限られるわけではない。それどころか問題はここで〈自然認識〉の領域にただちに介入してくる。というのも関数概念こそは、現代の自然概念がその歴史的発展の過程で形成されるさいに準拠した一般的図式と典型を含むものだからである[31]。

こうしてカッシーラーは、数学・物理学・化学のすべてにわたって事物概念から関係概念への、実体概念から関数概念への転換を跡づけ、アリストテレス以来の古典論理学を越える関係概念・関数概念の論理学を展開し、認識論上の諸問題を論じている。現代数学、物理学、化学から心理学にまでおよぶ博識に裏づけられたその議論は、すくなくとも批判主義という立場に立つかぎり、「古典」認識論としては望みうる最高の水準のひとつに数えられてよい。

自然科学の認識批判という面でのその後のカッシーラーの歩みは、カントの方法、いわゆる超越論的方法を順守しつつ、カント以降の一九世紀・二〇世紀の自然科学の事実に向きあっていくことであった。しかしそのさいもちろんその科学批判の目的は、護教論的に既存の哲学（カント哲学）に依拠して新しい科学を評定し裁断することではなく、新しい科学の事実にのっとってそれまでの哲学を更新し拡大してゆくことにあった。

ところでカントにとって「時間と空間」は認識が成立するための「感性的直観の形式」であり、その「認識の対象」は「感性的直観の対象としての物、言い換えれば、〈もの自体と区別される〉現象としての物」に限られる。[32] そのさいカントの言うその「現象」は単なる感性的所与ではなく、悟性に媒介されることによって客観的な妥当性を主張しうるところの認識の対象なのである。つまりカントにとって「対象を認識する」とは私たちの悟性によって概念的に把握すること、直観の多様に綜合的統一をもたらし対象たらしめることに他ならない。カッシーラーの表現では「ある内容を認識するということは、それを単なる所与の段階から取り上げ、それにある論理的一定性と必然性を与えることによって、それを対象に改鋳することである」ということになる（p. 165）。

そのさいカントは、認識を成立させるための「直観の形式」としての「時間と空間」、そしてまた対象を構成するこの「悟性概念」をもっぱらおのれの生きた時代、つまり一八世紀の数学的精密自然科学の理解に照応させていた。つまりそこで言われる「直観の形式」としての空間はユークリッド幾何学で表される空間であり、精密自然科学もまた端的にニュートン力学（古典力学）を指していた。なにしろ「ニュートンの数学的物理学がカントの出発点」であり、カントは「哲学的認識の究極的な基礎を、ニュートンの主著『プリンキピア』に示されている数理的自然科学の〝事実〟におくことが可能だと信じた」のである。[33] したがってカントにならえば、人間はつねにユークリッド幾何学の公理にならって世界を眺め、ニュートン力学の原理にならって対象を構成することになる。

相対性理論と量子力学は、カントのこの前提を打ち壊した。すくなくとも時代遅れにした。二〇世紀物理学は、カントがほとんど唯一種として依拠してきた「学の事実」を大きく拡大し、変様させてしまったのである。

しかし『実体と関数』はいまだにそのカントのレベルに留まっていた。カッシーラー自身、本書で語っている。

私は他のところ〈『実体と関数』〉で、この「実体論的」把握がどのように変化していったのか、実体概念が純粋の〈関数概念〉によって次第次第に駆逐され、取ってかわられていったそのプロセスの立ち入った説明を試みたことがある。その考察のさいには、私は古典物理学の発展と問題状況だけに話を限ってきた。だがしかし、それが試みられた時期までに一般相対性理論と現代の原子物理学〔すなわち量子力学〕がすでに世に問われていたならば、それはもっと簡潔にもっと的確に定式化することができたであろう。（p. 156）

同様の指摘は、本書の「まえがき」や『現象学』の最終部にも見られる。この点では『実体と関数』と同年に公表されたおなじコーヘン門下のパウル・ナトルプの『精密科学の論理学的基礎』が最終章でローレンツ、アインシュタイン、ミンコフスキーの研究に言及し、特殊相対性理論に触れているのに比べても、ずいぶんと慎重である。しかし相対論と量子論の登場を踏まえた本書では、カントの超越論的認識論について、明確に指摘されている。

カントはこの〈経験の構成〉原理の体系を完全に描き出すことができると信じた。その企図のために彼は、一方では古典論理学に、他方では古典力学に依拠した。彼は、カテゴリーを判断表の範例にのっとって定めたのと同様に、綜合的原則をニュートンの運動法則を手本として……規定した。……カントによれば、すべての真の自然科学は、ある純粋な〔つまり「経験の助けを借りずにアプリオリに認識できる」〕部分を必要としているのであり、方法上の観点からは、この純粋な部分を選り出しそれを隅々まで明らかにし、「そのことによって理性がそれ自身で何をなし得るのか、そしてその能力はどこで経験的原理の助けを必要とし始めるのかを正確に限定できるようにする」ことが不可欠の義務なのである。今日では私たちは、この「純粋な部分」がカントによって設定された課題を達成し得ないことを、また何故にそうなのかを、知っている。カントは、古典合理論が「端的に理性的な」と見なした自然認識のある特定の形式に、あまりにも窮屈に囚われていたのである。カントにとっては、すべての「合理性」が、一方ではユークリッド幾何学の公理によって、他方ではニュートンの自然理論の公理によって定められているある特定の範囲内に限られていることは、揺るぎなき事実であった。（p. 88f.）

とりわけカントの語った「時間と空間という直観形式」への関連づけについては、「他ならぬこの図式こそは、一方では非ユークリッド幾何学の発見により、他方では特殊および一般相対性理論の結果によって、その普遍的意義を失った」ものであると明言されている（p. 199）。このようなカント主義の限界の克服を踏まえなければ、相対性理論は超越論的哲学の枠組では、少なくともそれまでと同様のやり方では捉えられなかったのである。この事実は、質量分布が空間の計量を規定する一般相対性理論ではとりわけ明瞭になった。「相対性理論の提起した新しい科学上の問題は、批判哲学の再吟味を促していた」のである。[34] かくしてカッシーラーは、ようやく一九二一年の『相対論』で議論を相対論にまで拡張した。

しかしその時点でカッシーラーの視野にあるのは、一九〇五年からほぼ十年間に形成された特殊および一般相対性理論におおむね限られ、量子論については一九一三年のボーア理論に始まる前期量子論にさえ眼を向けていない。ところで相対性理論は古典力学の時間・空間概念を大きく変更したけれども、それは、物理学的に見るならば、むしろ古典論の完成と精密化であり、古典物理学における物質とその状態の概念や動力学の原理そのものを本質的に変更することはなかった。言うならば変化は超越論的感性論の領域に限られていたのであり、そのかぎりで古典論の言葉で過不足なく語ることが可能であった。

しかし量子力学は、動力学の原理と形式に決定的な変化をもたらしただけではなく、光や電子という実在の概念をも根本的に変えてしまった。その変革の肝は、要素的作用量子（elementar Wirkungsquantum）の発見、すなわち座標と運動量の積または時間とエネルギーの積の次元をもつ量（作用量）には最小単位、通常「プランク定数」と言われる定数hがあるという発見にある。ここに

$$h=6.63\times10^{-34}\mathrm{Kg}\cdot\mathrm{m}^{2}\mathrm{s}^{-1}$$

で、これが量子現象の究極に離散性をもたらした。この作用量子を無視できる世界が古典物理学の支配する私たちの日常世界で、通常マクロ（巨視的）世界と呼ばれる。他方これを無視できない世界が、量子力学の支配する電子や原子の世界でミクロ（微視的）世界と呼ばれる。ミクロ世界では、たとえば物体の位置と運動量を同時に任意の精度で測定することができないという不確定性関係が支配し、古典論と同様の形での現象の記述は不可能になる。カッシーラーが本書でたびたび言及し引用している「量子仮説の導入は、相対性理論の場合のような古典論の手直しではなく、古典論の破砕を意味している」というマックス・プランクの言葉（pp. 2, 129, 195）、あるいは「相対論は古典論〔古典物理学〕の自然な完成」であるのにたいして、量子論は「自然現象記述の基盤の根こそぎの改訂をもたらした」というニールス・ボーアの指摘が[35]、物理学のサイドから見たその激甚な変化を表明している。そのことは当然、哲学にもストレートに波及する。哲学者・廣松渉が語っているように「量子力学がもたらした自然観の変貌は、相対性理論に由るそれより遥かに深甚である。それは物質観や法則観の次元においてのみならず、認識論の場面においても近代的既成観念を震撼させずにはおかなかった」のである[36]。

一九二九年の『現象学』では、カッシーラーは「一九世紀物理学」を「像やモデルの物理学」から「原理の物理学」への発展と特徴づけ、相対性理論に代表される二〇世紀初頭の物理学もその延長線上に見ている[37]。他方で量子論について言うならば、そこで語られているテーマは過渡期の理論としての前期量子論にかぎられ、プランクやゾンマーフェルトやボーアへの言及はあるが、それもごく簡単で、量子力学形成の立役者ハイゼンベルクやシュレーディンガーやディラックへの論及はない。つまり変革の本丸には踏みこんでいないのである。

カッシーラーが量子力学に本格的に取り組んだのは、その後の数年間のこと、その解釈をめぐる議論が一応の結論に達した一九三〇年代になってと考えられる。こうして本書、三六年の『決定論と非決定論』は、『実体と関数』において数学と古典物理学・化学の認識批判、とりわけその概念形成の問題を扱い、『相対論』で特殊および一般相対性理論を論じたカッシーラーが、残しておいた、それゆえ懸案ともいうべき量子力学と原子物理学および統計物理学にはじめて取り組んだものである。まことに「満を持して」の課題であった。

V 〈シンボル形式の哲学〉とカント批判

このようにして誕生した『決定論と非決定論』は、ある意味では『実体と関数』の議論、とりわけそこでの物理学における概念形成の分析をより一層明瞭に展開するものではあるにしても、しかし同時に、それは『実体と関数』の議論を乗り越えてゆくものでもある。実際それは、前著の単なる延長線上にあるのではないし、もちろん、単なる補完物でもない。

先述のようにカッシーラーは『相対論』と『決定論と非決定論』のあいだに、主著『シンボル形式の哲学』を書き上げていた。それゆえ本書『決定論と非決定論』は端的にカッシーラー哲学とも言うべき独自の哲学を確立した後に、あらためてその更新された立場から、おのれの出発点でありかつ生涯の中心的課題でもある精密自然科学の問題を捉え直したはずのものであると言える。そのため、古典物理学から現代物理学すなわち統計物理学と量子力学にいたるまでの認識論上の諸問題がより高い、より広い立場から論じられていると考えられる(38)。

率直なところ、本書はカッシーラーの博識のゆえに、議論が多岐にわたり拡散しがちで、議論の軸や焦点がどこにあるのかが読み取りにくい面もあるのだが、枝葉を端折って整理すれば、大筋、以下のようになるであろう。

そもそもカントの時代的制約は、ニュートン力学への固執だけにあるのではない。『純粋理性批判』では、すべての経験は時空の純粋直観の形式で捉えられ、対象の認識とは直観の内にある感性の多様を悟性概念によって綜合的に統一するものとされているが、そのさいにカントの言うように、その直観の形式が幾何学の公理によって与えられ、悟性概念が精密科学の概念に照応させられているのであれば、結局、人間にとっての経験世界はアプリオリに科学的な存在の構造を持つものとなる。要するに、カントにあって認識とは端的に科学であった。そのカントの理性主義的な限界は、たとえ幾何学の公理が非ユークリッドのものに取りかえられ、精密科学がニュートン力学から量子力学に書きかえられても、本質的には変わらない。しかしそのような立論は、一九世紀以降の民俗学や文化人類学による未開社会の研究や、あるいは児童心理学の研究に照らせば、およそ非現実的な仮構でしかない。

そしてこの限界性を克服したものこそ、彼がワイマール時代に書きあげた『シンボル形式の哲学』なのであった。その第1巻『言語』の序文には、「全体としての精神生活の内には、科学的概念の体系となって現れ働いているこうした知的綜合という形式とならんで、もっと別の形態化の様式もある。これらの形態化作用もまた、ある種の〈客観化〉の様式だと言ってよい」とある。(39) 人間は、科学的世界を形成する以前に、言語や神話や芸術や宗教を産み出してきたのであり、それに応じてなにがしかの分節化され組織された経験を生きてきたのである。

このように『シンボル形式の哲学』では、科学的認識だけではなく、言語や神話の形成をふくむ人間の精神的活動のすべてが「世界の客観化」として捉えられている。こうして「科学的世界像の形態化の内にだけではなく〈自然的世界像〉つまり知覚と直観の世界像の形態化の内にもすでに、まぎれもなく理論的な形式の諸要因とそうした形式へと向かう動機とがひそんでいることを証示しようと試みることによって、〈理論〉という基本的概念そのものを拡張することになった」のである。(40) 神話的意識や言語形成は、悟性的認識（科学）にならぶ世界の理解の形式、言うならば広義の〈認識〉であり、それらはそれぞれに空間性の固有のあり方を有し、異なる形式において経験の多様を統合し、それぞれの仕方で世界の客観化を推進するものであり、それぞれに独自の法則性をもって展開する傾向性を示している。

精神の真の根本的機能はすべて、単に模写するだけではなく、根源的に像を形成する力を内蔵するという決定的な特徴を有している。……このことは、認識にとってとおなじく芸術にも当てはまり、宗教にも神話にもあてはまる。これらはすべて、それぞれ独自の像＝世界の内に生きているのであるが、この像＝世界は経験的所与の単なる反映ではなく、むしろ認識・芸術・宗教・神話がそれぞれにある自発的原理にしたがって産出するものなのである。このようにしてそのそれぞれが独自のシンボル的形象を創造するのである。(41)

このダイナミズムをシンボル形成という観点から把握したものが「シンボル形式の哲学」は、認識はいかにして可能かというカントの問題意識を継承しつつ、「人間精神が宇宙を全体として把握しようとして、思考し、判断し、認識し、理解する、さらには感得するというような形式のすべて[42]」に、つまり広義の〈認識〉あるいは一般に「文化」のすべてに批判哲学の方法を適用することにより、カントを乗り越える試みなのである。そのさい、狭義の認識つまり精密自然科学において対象を構成した数学的関数概念は、この広義の〈認識〉においては、シンボル概念として捉え直される。そして「精密科学の世界は、この〔シンボル形式の〕哲学にとって、客観化の過程の端緒というよりは、むしろその終局として現れてくる」のである[43]。

もちろん旧来の認識論をこのような広い観点に置くことにより、つまりこの〈広義〉の認識のうちに近代精密科学を位置づけ直すことにより、狭義の認識論自体も相対化され、より広い立場から捉え直されることになる。

いまや概念的、〈論証的〉認識の層の下に、言語と神話の分析が明るみに出したそれとは異なる精神の諸相が据えられ、その基礎とされる。そして、この下部構造へたえず眼を向けそれを顧慮しながら、科学という〈上部構造〉の独自性と組織と構築法を規定しようと試みることになる。こうして『シンボル形式の哲学』は、精密な認識のつくりあげた世界像をふたたびおのれの問題圏に引き入れることになるのだが、いまや以前とは異なった方法でこの世界像に接近し、それに応じてそれをある異なった視角から眺めるのである[44]。

狭義の認識すなわち科学についてカッシーラーがカントを克服したのは『相対論』から『シンボル形式の哲学』にかけてであった[45]。

そしてカントのとらわれていた、近代科学のカテゴリーのみで経験の対象が構成されるという理性主義的偏向と、その近代科学をもっぱらニュートン物理学のみに求めるという時代的制約の、両面での限界を克服した立場から、あらためて現代物理学の世界認識に取り組んだのが本書『決定論と非決定論』なのである。その意味においても、本書はカッシーラー哲学の全貌を知るうえで不可欠であり、またその点に本書がカッシーラー哲学全体のなかで有する重要性もある。

VI　批判哲学と因果問題

本書でカッシーラーは、かつての『実体と関数』の主題は〈概念形成〉の問題であるが、本書のテーマは「本質的には物理学における〈判断形成〉の問題」であると断わっている（p. 41）。したがって本書は因果問題というヒュームとカント以来の認識論の核心的問題に直面することになる。事実、本書は『実体と関数』にくらべてカントへのこだわりは大きく、カントへの論及もはるかに多い。

カントは『プロレゴメナ』で「原因の概念が示唆しているのは、事物に属する条件ではなく、経験のみに属する条件にすぎない」と因果の問題に関する基本的立場を明言している[46]。批判哲学では、事物や事態を「原因と結果」として結びつける因果律は、私たちが事物や事態を認識するにあたっての主観的カテゴリーにすぎないのである。カッシーラー自身も本書で「因果性は、対象に関するものというよりは、ただもっぱら対象についての私たちの認識一般にかかわる超越論的命題としてのみ理解しうるのである。それは事物についての直接的命題ではなく、事物の経験的認識についての命題、すなわち経験についての命題と捉えられなければならない」とくりかえし語ることによって（p. 76f., 同 pp. 26, 37, 71, 135, 151, 195 参照）、あらためて批判哲学の基本的立場を確認している。カッシーラーの見るところでは「『純粋理性批判』において与えられている因果概念のさまざまな説明のうちで、おそらくもっとも正確でもっとも満足のゆくものは、この概念が意味しているのは〈一定の経験概念の形成にたいする指示〉以外のものではないという説明である」（p. 151）ということになる。

一九三〇年、カッシーラーは講演「形式と技術」において、「因果概念は、諸表象に対象を与えることを初めて可能にする綜合のあの根源的形式のひとつである。それは経験の可能性の制約であると同時に、経験の対象の可能性の制約でもある」と語っている。[47] 堅苦しく言えば、そういうことだろう。

ところで因果原理を習慣に帰着させたヒュームを批判するにあたって、カントが『純粋理性批判』で因果原理を純粋悟性のカテゴリーとして「演繹」したことはよく知られている。この点について本書でカッシーラーは、カントがその因果原理の演繹にさいして「問題を経験的認識すなわち〈経験の形式〉に向けることをせず、あらためて経験的事物と出来事に向けた」ことの不十分性を指摘している（p. 73）。すでに『認識問題 2』でカッシーラーは、基本的立場を「自然科学において問題になるのは、現象の〈実体的原因〉ではなく、その法則的継起と秩序だけだと言うことは、ケプラーやガリレイの時代以来一般に承認された原則である」と語っているとおりである。[48]

本書でのカッシーラーの因果原理をめぐる議論は、一方では量子力学が提起した問題への批判哲学からの回答あるいは了解でもあれば、同時にカントを継承しつつその不十分性の克服をも念頭においたものでもあった。

さて本書の表現に依拠するならば、「因果律は言葉の通常の意味における〈自然法則〉では決してなく」（p. 71）、「因果性の要請」は「法則性という一般的な要請によって表現される」（p. 147）ということになる。

因果性についてのこの理解は、「タイプ理論」ないし「タイプの階層構造」という表現でもって本書で展開されている、物理学理論の構造的理解によって支えられている。カッシーラーは、物理学の各種の命題を「測定命題」「法則命題」「原理命題」の「タイプ」に、あるいは「階層」に区分する。「第一階の命題」としての「測定命題」は感覚与件を定量的な測定値として表したもので個別的であり、「第二階の命題」としての「法則命題」はその複数個の「測定命題」を法則に総括したもので一般的であり、そして「第三階の命題」としての「原理命題」はエネルギー保存原理のように、それらの諸法則を統合し、諸法則を生成するところの原理の表現を指し、その意味で普遍的なのである。それらの三つの「タイプ」は、単純な上下関係ではないにしても、階層構造を有している。その階層間の関係については、詳しくは本文を見ていただきたい。[49]

ここでは、自然の合法則的認識の可能性にたいする要請としての一般的因果律がそれらの三つの階層のさらに上位にあること、すなわち「原理命題が普遍的だとしても、原理命題と因果律自体のあいだの区別はやはり厳然として残されている」(p. 70) ことの確認を踏まえて、カッシーラーの説を見てみよう。

私たちが測定命題から法則命題に、そして法則命題から原理命題にと進んだ後には、私たちはそれ以上いかなる歩みをなし得るのか、自然認識についていかなる新しい知見を期待し得るのか？　この問いに関して私は、一見したところおそらくは逆説的に見えるであろう回答を与えたいと思う。すなわち、実際には〈何も残っていない〉、と。自然科学の認識過程と認識構造の記述にたいして、原理的に新しい要素が付け加えられることはない。因果律が意味しているものは……内容において新しいのではなく、もっぱら方法においてのみ新しい理解なのである。……因果律は、それまでに獲得されていたものを裏書きするだけであり、いわばそれらを認識批判的に確認するのである。……観測データの精密な測定命題への変換、測定結果の関数的方程式への総括、そして普遍的原理によるこれらの方程式の体系的統合、この一連の過程がいつか〈終結する〉ということは、因果律によっては主張されない。因果律が要求し、それが公理的に前提としているものは、ただ単に、その終結が〈探し求め〉られてよいし、また求められねばならないということ、自然の諸現象は前述の過程をとおした秩序づけの可能性を原理的に拒まないし、またそれに背馳するものでもないということ、このことだけである。(p. 73f.)

結局のところ「より普遍的な法則の不断の〈追究〉は、私たちの思惟の根本的特徴であり統制的原則なのである。私たちが因果法則と名づけるものは、他ならぬこの統制的原則のことであり、それに尽きている。この意味において、因果法則はアプリオリに与えられたひとつの超越論的法則なのである」ということになる (p. 76)。

VII　量子力学と因果問題

物理学の世界では、因果律は通常これとは相当に異なるレベルで、狭く法則内容の数学的構成の問題として語られている。

古典力学（ニュートン力学）の場合、話は単純である。たとえば江沢洋の『現代物理学』には、力学における因果律の典型的表現として次のようにある（太字の強調は原文ママ）。

> 物体の一時刻の「位置と速度」をあわせて、その時刻の物体の（力学的）状態とよぶ。物体の現在の状態を知れば、それから将来のどんな時刻の状態も予言できるということ……これを**因果律**という。[50]

ニュートン力学では力$\boldsymbol{F}$の作用を受けている質点（質量m）の運動について、状態はその位置$\boldsymbol{r}=(x, y, z)$とその速度$\boldsymbol{v}=(v_x, v_y, v_z)$（または運動量$m\boldsymbol{v}$）で指定され、それらは運動方程式

$$m\frac{d^2}{dt^2}\boldsymbol{r}=\boldsymbol{F}$$

または、おなじことだが連立微分方程式

$$\frac{d\boldsymbol{r}}{dt}=\boldsymbol{v},\qquad m\frac{d\boldsymbol{v}}{dt}=\boldsymbol{F}$$

に支配されている。この前者が時間tについて2階の、後者が1階の微分方程式ゆえ、いずれの場合も$t=0$での

状態つまり位置 $\boldsymbol{r}(0)$ と速度 $\boldsymbol{v}(0)$ が与えられれば、その後のすべての時刻にたいしてそれぞれの値、したがって状態は決定される。質点が多数の質点の集合になっても、本質的には変わらない。物理学者が理解している古典力学の状態概念と因果律はこれで尽くされている。

他方、量子力学では、着目する系の数学的な意味での状態は、シュレーディンガー方程式の解として与えられる波動関数 $\Psi(x, y, z, t)$（別名、状態ベクトル）で記述される。そのシュレーディンガー方程式もやはり時間 t についての1階の微分方程式ゆえ、数学的には古典力学での議論とまったく同様に、初期状態 $\Psi(x, y, z, 0)$ が与えられれば、その後の任意の時刻の波動関数が、したがって状態が得られる。上述の江沢の書に（1次元の議論で）「任意の一時刻 $t=t_0$ においてすべての x にわたる波動関数 $\Psi(x, t_0)$ の値を与えれば、以後の $\Psi(x, t)$ は波動方程式により一意に定まる」とあるとおりである。[51] 量子力学の多くの教科書では、この事実が量子力学における因果律と語られている。たとえばフォン・ノイマンの『量子力学の数学的基礎』には「のちの状態 $\Psi(t)$ は $\Psi(0)$ から因果的に計算される」とあり、同様にJ・J・サクライの教科書『現代の量子力学』には「シュレーディンガーの波動力学は、完全に因果律にかなう理論である。あるポテンシャルのもとでの波動関数の時間的発展は、系が乱されずにいるかぎり、古典力学の場合とおなじように決定論的である」とある。[52]

しかし波動関数 $\Psi(x, y, z, t)$ それ自体は観測可能量ではない。かりにその系が一個の電子よりなるとした場合、波動関数は時刻 t にその位置を観測したさいに指定の位置にその電子が見出される確率を与えるものである。より正確に言うと、状態が $\Psi(x, y, z, t)$ で表されている電子を時刻 $t=t_1$ に $z=z_1$ の位置にある蛍光スクリーンに当てて輝点を作らせてその位置を観測する場合、電子がそのスクリーン上の微小領域 $x \sim x+\Delta x, y \sim y+\Delta y$ に見出される（輝点を作る）確率が $|\Psi(x, y, z_1, t_1)|^2\Delta x\Delta y$ で与えられるだけで、その観測以前に電子がどこに存在したのかを問うことは意味を持たないし、そもそも観測以前に電子が空間のどこか一点に局在していたと言うことすらできない。もちろん観測の瞬間に電子がスクリーン上のどこに輝点を作るかをあらかじめ予測することもできない。そしてその電子がスクリーン上のどこかの一点に輝点を作った瞬間に、空間的に広がっていた波動関数はその一点に収縮す

る。これが波動関数の確率解釈である。

量子力学で因果性が成り立たないと通常言われているのは、根本的には、波動関数のこの確率解釈により古典力学的法則性にかわって統計的法則性が導入されたこと、その結果、観測により波動が予測不可能なかたちで収縮し、測定のさいの電子の位置の決定論的で一義的な予測ができないことによる。

フォン・ノイマンはその過程を「不連続で非因果的な、瞬間的に作用する実験または観測」と形容し、そのことをもって「要素的過程にかんするわれわれの経験に調和した唯一の知られている理論である量子力学は、因果性に矛盾しており」、「〔われわれは〕量子力学の統計的命題を自然法則の真の形と認め、因果性の原理を放棄する」と記している。同様にディラックが『量子力学』で「われわれは因果律の考えを改めなければならなくなる」と語っているのも、観測による波束のこの予測不可能な収縮を指している。すなわち「〔量子力学において〕因果律があてはまるのはかき乱されることのない系だけである。小さな系であると、それを観測すると著しくかき乱されてしまうために、観測の結果のあいだ因果的な結びつきを見つけることはまったく期待できない」のである。[53]

しかし量子力学では、波動関数の確率解釈を提唱したマックス・ボルン自身が認めているように「確率それ自体」は、「量子論の形式をとおして厳密に決定されている」(p. 138)、つまり確率密度が $|\Psi(x, y, z, t)|^2$ により与えられているのである。それゆえ「因果性の要請」を「法則性という一般的な要請によって表されること」と考えるカッシーラーの立場では、「因果原理は、厳密な〈法則〉の提唱でもって十二分に満足する。観測可能な出来事を数学的言語で捉え、数学的言語で厳密に記述できたならば、因果律のなかに含まれている〈自然の理解可能性〉という件《くだん》の要請は、そのことによって満たされる」(p. 226) のであり、確率論的命題であっても、その確率が「量子論の形式をとおして厳密に決定されている」かぎりにおいて、一般的因果律の範疇に含められることになる。

したがって量子力学においても、カッシーラーの言う意味では、因果性が破綻したとは認められない。そもそもカッシーラーにとって、因果律は現象の経過についての命題ではない。

Ⅷ　コペンハーゲン解釈と因果律

波動関数についての上記の解釈――確率解釈――は、基本的にボーアやハイゼンベルクやボルンが主張する「コペンハーゲン解釈」と言われているものの骨子で、現在大部分の物理学者が受け容れている。言うならば「正統派」の解釈である。これにたいして、統計的法則は実用上はそれなりに有効ではあるにしても、あくまで現象論であり、現実にはいまだに見出されてはいないけれどもメタ・レベルの決定論的な力学法則が存在し、それによって電子の運動は一意的に決定されているにちがいないと考えるのが、アインシュタインたちであった。一九四四年になっても、アインシュタインはボルンへの書簡で「量子論が初期の頃大成功を収めましたが、だからと言って、基本的にはサイコロを振るようなゲームを信ずるわけにはまいりません」と記していたのである(54)。

一九三〇年代に、量子論の形成に関与した物理学者たちのあいだで論争の的になっていたこの決定的な問題にたいして、カッシーラーは、「量子論の諸法則の統計的性格もまた、否定的な面だけで捉えてはならない」(p. 222)、「私たちは、統計的法則を物理学的命題に固有の基本的なタイプとして承認する用意がなければならないし、その覚悟がなければならない」(p. 143)と明言することで、コペンハーゲン解釈に与する立場を表明している。そして実際に、カッシーラーが量子力学を論ずるにあたって主要に依拠しているのは、とりわけボーアの解釈である。それゆえ、ボーアの議論をすこし丁寧に見ておくことにしよう。なおカッシーラーは、一九三五年までの文献にあたって本書を書き上げたのであるから、ここでは量子力学をめぐるその後の議論には立ち入らない。というのも、この解説は量子力学の解説ではなく、誕生から十年間の量子力学に向き合って形成されたカッシーラーの哲学思想の解説だからである。

ボーアは一九二九年の講演「原子論と自然記述の諸原理」で、古典物理学――ニュートン力学――について、次のように記している。

太陽系の記述では、これまで力学はあのように大きな勝利をおさめ、従来の物理学において因果性の要求が満たされていることの典型的な例を与えてきたのです。実際、惑星のある瞬間の位置と運動についての知識から、そのあとの任意の時刻でのその位置と運動をいくらでも正確に計算できるように見えます。[55]

古典力学の因果性の理解としては、前節に述べたものと完全に一致している。そして初期状態での位置と速度が与えられれば、その後のそれぞれの値はすべて決定されるという古典力学の事実を、ボーアは再三にわたって「時間・空間的記述と因果性の要求の統合が古典力学を特徴づけている」と表現している。[56]

量子力学誕生の直後、コペンハーゲン解釈を最初に全面展開した一九二七年のイタリアのコモでのボーアの講演「量子仮説と原子理論の最近の発展」には「量子仮説のために、原子的過程にたいしては、因果的でかつ時間・空間的な記述を断念しなければならない」とあり、次のように語られている。

私たちは、量子論のまさに本質により、時間・空間的な記述と因果性の探求という、その統合が古典論を特徴づけていた契機を、そのそれぞれが観測の可能性と定義の可能性の理想化を象徴している、経験内容の記述の相互補完的ではあるがたがいに排他的な特徴とみなさざるを得なくなる。[57]

量子力学では「時間・空間的な記述」と「因果的な記述」は背反的なのである。そのことの意味をボーアは、一九二九年の「作用量子と自然の記述」で、より詳しく説明している。

〈量子力学では〉個体を時間と空間に座標づけるどのような試みも、かならず因果的連鎖の断絶をもたらすことになる。というのもそのような試みには、〈不確定性関係により〉観測に用いられる物差しや時計とその個体とのあいだの無視し得ないエネルギーと運動量の交換がつきまとい、しかも測定装置がその目的を全うすれば、まさにこの交換量を見積もることが不可能になるからである。逆に個体の動力学的な振舞いについて、エネルギーと運動量の厳密な保存にもとづいて一義的に導き出されるいかなる結論も、その推移を時間・空間的に追跡することの完全な断念を必然的とする。(58)

このボーアの所説を検討するにさきだって、次のことに注意しておこう。

ボーアはしばしば「すべての原子的過程の単一不可分性（英 Individuality　独 Individualität）」について語っている。(59) たとえば原子内で電子が異なる準位に移る遷移は単一不可分な過程で、それゆえ遷移の途中の電子の状態を問うことなどは意味を持たない。「単一不可分性」は、そのような原子内部の自然現象だけではない。量子力学は不完全ではないかと指摘した一九三五年のアインシュタイン、ローゼン、ポドロスキー共著論文に応えたボーアの同年の論文では、後で詳しく触れる電子回折の実験、つまり電子線が複数のスリットを持つ衝立を通って蛍光スクリーンあるいは感光フィルムに達したときに観測される実験のような人為的に創り出された現象も、「古典物理学にはまったく異質な単一不可分という特徴」を示していると書かれている。(60)

したがってボーアの言っている「時間・空間的記述」とは、単にシュレーディンガー方程式に支配された波動関数の時間・空間内の伝播だけではなく、ある与えられた観測装置のもとでの初期状態の設定から検出装置による最後の観測までの全体を指している。それは一連の「単一不可分」の過程なのであり、因果性はその全体についてのみ語りうるものであり、そのうちのある部分だけを取り出して論じることはできない。それゆえ、スクリーン上で電子の位置が特定される直前までの波動関数が因果性を示しているというような先に見た議論、すなわち波動関数の時間的発展は「系が乱されずにいるかぎり、決定論的である」というサクライの主張や、「閉じた系では因果律が成り立つ」というディラックのコメントは、ボーアには無意味なのである。

さて、上述のようにボーアは、古典論では時間・空間的記述と因果的記述が統合されていたが、量子論ではその二つが両立しなくなったと言っているのだが、その場合の「因果的記述」とは何を指しているのか。一九二七年の講演では「エネルギー保存則に含意されている因果性の要求」と語られ、三〇年の講演にも「エネルギー保存の使用は……因果性の維持を意味しています。時間・空間的な座標づけと動力学的保存則は、従来の因果性の二つの相補的側面であり」とある。ボーアにあっては、エネルギーと運動量の保存は端的に因果性を表すものであった[61]。

具体的に言うならば、スリットをとおした光の回折と干渉の実験すなわちヤングの実験は時間・空間的記述であり、他方、自由な電子による光（X線）の散乱すなわちコンプトン効果、あるいは金属に光（紫外線）をあてたときに電子が放出される光電効果は、エネルギーと運動量の保存する因果的記述を指している。コンプトン効果では、光子と電子の衝突のさいの時刻や位置は完全に不定で、それゆえ不確定性原理に抵触することなくエネルギーと運動量が正確に決定され、そのため散乱前にそれらの値が与えられたならば散乱後のそれらの値が正確に決定される。ボーアはこのことをもって、因果律が成り立っていると見なしているようである。この点についてはカッシーラーも、「エネルギーと運動量の保存法則」は「典型的で純然たる〈因果律〉と見なされる」のであり、「コンプトン効果の理論が、他ならぬこの因果的思考をまごうことなく利用している」と語り、ボーアの言葉づかいに同意している（p. 147, 同 p. 138 参照）。

しかしその後のボーアは、量子論における因果性の否定に大きく傾いている。一九三四年の論文で、

> ただもっぱら直観性と因果性という私たちの従来の要求を意識的に断念することによってのみ、プランクの〈作用量子の〉発見を原子の構成要素についての私たちの知識にもとづいた元素の諸性質の説明に役立てることができたのである。……〈量子論では〉いかなる観測もかならずや現象の推移に干渉することになり、そのために私たちは、因果的な記述様式のための基盤を奪われている[62]。

と語ったボーアは、先述の一九三五年の論文では次のように明確に言い切っている。

作用量子の存在に由来する測定手段と対象のあいだの相互作用の有限性の必然的な結果として、私たちは、因果性という古典的理想を最後決定的に放棄し、物理的実在の問題にたいする私たちの見解を根底から改めざるを得ないのである(63)。

このように量子力学の理解においてはほぼ一致している物理学者のあいだでも、あるいは一人の学者でも時期により、因果性をめぐって異同や変転を示している。そのことは、つまるところ因果性を何と理解するのかについて共通の了解がないことに由来する。カッシーラー自身、哲学者の目で見て「古典物理学の範囲内においてさえ、そこ〈研究者のあいだ〉で用いられている因果概念を一義的に決める統一的〈言語使用法〉を確定するのは困難である。個々の研究者が因果概念に与えてきた説明は、テンデンバラバラである」と認めている(p. 74)。古典物理学でそうなら、量子力学では輪をかけて不統一と言える。それゆえ「量子力学の因果問題」という形で一般的に問題を設定してさまざまな学者たちの語りを拾い上げていっても、かえって混乱するだけであまり役に立たない。

むしろより重要なことは、ボーアがおなじ光にたいして、一方では時間・空間的記述としてヤングの実験、つまりスリットを通過した光の干渉実験を挙げ、他方では動力学的・因果的記述としてコンプトン効果、すなわち電子による光（X線）の散乱を並列的に挙げていることである。このように同一の光が、前者の実験では波動（光波）としてふるまい、後者の実験では粒子（光子）として扱われている。振動数と波長で特徴づけられ空間的に広がり、したがって干渉を示す光の波が、しかし物質とのエネルギー交換のさいには、エネルギーと運動量を持つ局所化された粒子のようにふるまうのである。この二重性は電子についても、あるいは一般の素粒子についても言える。このように、実験によっては波動として現れ、また別の実験によっては粒子として現れる光（一般には物質粒子）の本性は何であるのか、量子論が提起した本質的な問題はこの点に集約されている。

IX　ボーアと相補性原理

この点についても、カッシーラーは主要にボーア、そしてハイゼンベルクに依拠しているので、彼らの語りを見てゆくことにしよう。

量子力学においては、観測による対象への影響は、原理的にゼロにし得ないのであるが、それと同時に、量子力学において、観測を離れて電子や光がどういう状態にあるのかを、そしてその本性が何であるのかを議論することは意味を持たない。ボーアが一九二七年に語ったように「自由空間における輻射〔光〕とか孤立した物質粒子というのは……抽象物なのであって、量子論上のその性質は、他の系との相互作用をとおしてはじめて定義可能になり観測可能になるのだということは、忘れてはならない」のである。[64] そしてハイゼンベルクは一九三四年の講演で「出来事がいかなる観測にも無関係に、空間と時間において客観的に経過するという信仰」を放棄するべきことを強調している。[65] したがって、たとえば原子内部で電子が太陽系における惑星のように原子核のまわりを周回しているというような描像は意味を持たない。この点についてはカッシーラー自身も、批判哲学の立場から「現象の観測と分節化によって明らかにされるものの他には、私たちにとって〈自然の内部〉は存在しない」と語り（p. 162）、さらに「〈孤立した〉対象に関しての時間的・空間的記述はもはやあり得ず、すべての陳述は対象と観測者ないし観測装置との相互作用にかかわるもの」（p. 170）であるとハイゼンベルクの主張をくりかえし、そのことで、ボーアたちとおなじ立場を表明している（p. 170, p. 153f. 参照）。

実験の仕方によっては、つまり何を観測するかに応じて、光が波動の性質を示したり粒子の性質を示したりするという不可解な事態は、量子力学の本質に由来することなのである。このことは、光のみの特異性ではなく、物質粒子一般にあてはまることであり、電子にたいしてもまったく同様のことが言える。一九三一年の講演「時空の連続性と原子物理学」でボーアは語っている。

電子線が、二つのスリットすなわち細孔をもつ衝立を通過して蛍光スクリーンまで達し検出される実験を考える。装置全体が固定されていれば、スクリーン上に干渉縞すなわち「電子が到達することのできない黒い線」が現れる。ただしその場合、個々の電子はどちらのスリットを通ったかはわからない。

粒子としての電子の径路がわかるように、つまり電子がどちらのスリットを通過したかが判別できるようにするには、スクリーンを可動にしておけばよい。その場合は、原理的には右のスリットを通過した電子と左のスリットを通過した電子で運動量のスクリーンに平行な成分が異なり、スクリーンの動きで、それぞれの電子がどちらのスリットから来たかを判別しうる。「しかし」とボーアは続けている。

> 肝要なことは、電子の到達以前と以後のスクリーンの運動量が測定されて、そのやってきた電子がどちらの細孔〔スリット〕からきたのかが十分な精度で決定されたとしたならば、そのときには〔不確定性原理により〕あらためてスクリーンの位置の不確定をもたらすことになり、そのため黒い線〔干渉縞〕がどこに生じるのかという問題を決定する可能性が奪われてしまうことになる。……私たちは、これまでの考察の結果をつぎのように述べることができる。スクリーン上に干渉縞が得られるようにすること（固定スクリーン）と、それぞれの電子がどちらの孔を通過したのかを決定しうるようにすること（可動スクリーン）の、いずれの設定を選ぶかは自由であるが、干渉をとる場合、電子の径路についてなにかを確かめることはまったく期待できない。……干渉実験の設定は、現象全体をそれ以上分析することが不可能であるという意味において、電子が二つの孔のどちらを通過したのかについて云々することを無意味にするのである。[66]

電子が波動の性質を有することは、金属結晶による電子線の散乱により、すでに一九二〇年代には知られていたが、この電子回折の実験は、ボーアがこれを語った三一年にはまったくの思考実験であった。しかし現在では技術の進歩で実現可能になっていて、ボーアの推測と主張は確かめられている。

とくに著しいことに、固定スクリーンによる干渉実験では、電子線が十分に弱くて二つ以上の電子が衝立のスリットを同時に通過することはない場合でも、長時間にわたる実験ではスクリーン上の輝点の集合が干渉縞を示すことが確かめられている。つまり、常識的にはきわめて不可解であるにせよ、たった一個の電子がスリットを通過する場合でも、どちらのスリットを通過したかを判別できない実験では、その一個の電子はまさに「広がりを持った波動」として「両方のスリットを通過して」スクリーンに到達し、自分自身で干渉しているのである。[67]

この点は、光でも同様である。発光とは光源の原子から、量子論では光子が、古典論では継続時間が有限の波連が、放出されることである。光の干渉装置は、単一光源からの光を二つの経路に分けて後あらためて重ね合わせるという構造を持つ。そのさいいくつもの光源原子からいくつもの光子（波連）が放出されたとしても、それらは位相がバラバラであるから、異なる光子（波連）と重なっても干渉しない。干渉するのは、ひとつの光子（波連）が二つの径路を通過したのち、あらためて自身の片割れと重ね合わさる場合のみである。つまり光子でも、それぞれの光子が二つの径路をとおってのちに自分自身で干渉しているのである。

この単一の電子の波が二つのスリットを通過する現象のように、ミクロ世界の現象はマクロ世界の常識とは大きくかけ離れている。ボーアはこの講演で「量子論においては、私たちは、きわめて深部にあるために直観的把握の不可能な、ないし、運動の用語をもちいた旧来の記述によっては説明の不可能な、そのようなある自然法則を表現しようとしているのである」と結論づけている。[68]

結局のところ、電子や光の本性を問うには、具体的な実験を必要とし、どのような設定の実験で何を観測したのかと無関係には答えられない。「光それ自体」「電子それ自体」が何であるのかは、答えられないのである。カッシーラーも受け容れているように「〔原子的現象では〕自然が私たちに与える回答は、単純に自然のみによって規定されているのではなく、私たちが自然に向ける問いかけの仕方および観測手段の選択に、同時に左右される。……〝事物〟が絶対的意味で何であるのか、つまり一連のさまざまな実験によって実現可能な観測状況とは無関係に何であるのか、このことに私たちは、もはや答えようがない」のである（p. 230）。人為的に設定された実験と観測によって生み出される現象の全体をボーアが単一不可分と見たことの重要性は、ここにある。ところが問題は、そのための実験装置そのものがマクロ世界のもの、すなわち古典物理学の原理で作動するものであり、それゆえ「実験的素材の解釈は本質的に古典論の諸概念に依拠している」ことにある。[69]

すべての経験は、究極的には、作用量子を無視する古典論の諸概念でもって表現されなければならないというのは、物理学の観測の本質に属することである。したがって、原子的な量のどのような測定によっても、そこで得ることのできる結果が固有の限界に支配されているというのは、古典論の諸概念の適用が限られているということの避けられない結果なのである。[70]

光の場合の、一方での干渉実験、他方での散乱の実験でそれぞれ明らかにされた事実を記述するための、あるいは光や電子の回折・干渉実験で、途中の径路を判別しない場合と判別する場合の振舞いの違いを記述するための「波動性」と「粒子性」という表現は、本来はマクロな対象にたいするものでしかない。つまり元々は古典物理学の光や電子の属性を表すためのものであった「波動」とか「粒子」というような用語は、ミクロ世界にたいしてはどちらもがそれぞれ不十分で一面的であり、そのどちらが正しいかではなく、それらは「併用して初めて古典論の記述様式の自然な一般化を与えることになる相互補完的な描像」と考えなければならない。[71] ミクロ世界の対象にたいしては、その相互補完的な両者を併用することによってはじめて光や電子の本性が捉えられ、記述されるというのが、ボーアの相補性原理（Komplementaritätprinzip）である。

X　カッシーラーの議論

カッシーラーは、先に述べた因果律の超越論的理解の立場から、量子力学にともなって発生した因果性の危機という問題のひとつひとつを丁寧に点検し解明した後に、次のようにまとめている。

量子力学によってもたらされた「因果性の危機」は、たしかに存続しているし、はなはだ由々しいことではある。とはいえそれは、純粋因果〈概念〉の危機ではなくて、「直観の危機」なのである。それは、因果概念をこれまでどおりの仕方で「純粋時間」の直観に関連づけ、そこにおいて「図式化する」ことがもはや許されないということを示しているのである。(p. 196)

そしてこの理解を踏まえて、ボーアの相補性に言及する。

ボーアは、因果概念そのものの妥当性を決して否定していない。……ボーアが退けたのは、現象の因果的記述を古典論の意味において直接に時間的・空間的記述に結びつけ、後者といわば融合させることがいまだに可能である、という見解だけである。〔因果的記述と時間的・空間的記述の〕両者はたがいに補完し合っているが、しかし両者を同時に併用し、言うならば〈単一の〉像にまとめあげることはできない。量子論の本質にのっとるならば、私たちは、時間的・空間的記述と因果性の要求が、経験内容の記述の〈相補的(komplementär)〉ではあるがたがいに排他的な特性であり、観測の可能性ないし定義の可能性のそれぞれの理想化を象徴する(symbolisieren)ものである、という理解で満足しなければならない。(p. 136f.)

カッシーラーが本書で行なっている量子力学の諸問題の開明は、基本線では現在の大多数の物理学者の認めるところであろう。物理学プロパーの問題に関しても、カッシーラーの論及は、細部については異論もあるかもしれないが、量子力学が成立してからわずか十年の一九三六年までに書かれたことを考慮するならば、概して的確である。いずれにせよカッシーラーの見るところ、量子力学においてより重要な問題は因果律の問題ではない。すなわち

「量子力学の本当の困難は、それが根底的な〝非決定論〟を導入したということ、それが私たちに〈因果概念〉の放棄を要求しているということ、そのことにあるのではない。」「量子力学によってもたらされたこの概念的転換のすべては、その概念言語が〝事物〟と〝状態〟の記述のために作られたものではなく、物理〈系〉の振舞いの記述を目的とした道具であるということを不断に心に留めているとき、そのとき初めて完全に明晰になる」(pp. 225, 231)。この理解を踏まえてカッシーラーは、本書で結論的に語っている。

量子力学が認識論に提起した本質的問題は、別の処にある。それは、第一義的には、「原因」と「結果」のカテゴリーにあるのではなく、「事物」と「性質」の、「実体」と「偶有性」のカテゴリーにかかわる。ここで私たちは、因果概念の場合とは比べものにならないくらい決定的な変更を実行し、はるかに根底的に「考え直さ」なければならないと思われる。……ある物理系の「状態」は、量子論の言語で表現するならば、古典力学において有していたのと同様の時間的・空間的結合の形式をもはや指してはいない。……量子力学の本当の「パラドックス」のひとつと、量子力学によって認識論的分析が直面することになったもっとも困難な課題のひとつは、他でもない〈状態概念〉のこの意味転換のなかにあるように、私には思われる。量子力学は、因果概念の妥当性という点に関してではなく、〈この〉点に関してこそ、これまであらゆる自然記述にとって不可欠のように思われていた前提を断念することを、私たちに要求しているのである。……というのも、その状態は、私たちが〔粒子像と波動像の〕異なる言語で記述するに応じてまったく異なって評価され、その〔二つの〕言語のいずれもが、状態を一義的にかつ余すところなく規定しているとは主張できないからである。状態は、異なった観点から考察するのに応じて〔異なる設定の実験装置で観測するのに応じて〕、私たちには別様に現れ、その異なる眺望をいずれ〈単一の〉絵に統合するということは不可能なのである（p. 226ff.）

そしてこの時点でカッシーラーはカントから自覚的にわかれてゆく。カントの超越論的感性論は、非ユークリッド幾何学と相対性理論の出現で、すくなくとももとのままの形では、すでにその意義を失っていた。にもかかわらず『相対論』でカッシーラーは、そのカントの超越論的感性論をかなり無理して救助しようとしていたのである。[72] その真の克服は『シンボル形式の哲学』で言語形成や神話意識に見られる時間・空間把握の分析をとおして初めて達成されたのであり、量子力学がその判断を悟性的認識のレベルで最終的に確認し、裏づけることになる。『シンボル形式の哲学』第三部『現象学』の結論部には「われわれが対象と呼ぶものは、もはや特定の時間的・空間的述語をそなえた図式可能な〈なにか〉ではなく、純粋思惟のみによって捉えられる統一点となる」とある。カッシーラーはすでに相対性理論をめぐって認めている。

私たちは、単にその概念の純粋感性的図式への関連づけに、「時間と空間という直観形式」への関連づけに満足することはできないのである。というのも、他ならぬこの図式こそは、一方では非ユークリッド幾何学の発見により、他方では特殊および一般相対性理論の結果によって、その普遍的意義を失なってしまったものだからである。それゆえもはや超越論的論理学は、カントの場合にそうであったような仕方では、超越論的感性論とは結びつけられない。いうならば超越論的論理学は、超越論的感性論に義務を負っていないのである。(p. 199)

それでも相対性理論では実際にはまだ時間・空間的直観に囚われていたこの発展は、物理学が「感性的感覚の制限のみならず、直観や幾何学的・力学的〈表示〉の制限からますます自己を解放すること」によって初めて可能となるのである。[73] それは量子力学において達成された。量子力学は、認識のこのレベルによりよく適合し、したがってこの過程をより一層推し進め、より一層完全なものにしたと言ってよい、というのが量子力学にたいするカッシーラーの評価である。

そしてカッシーラーの見るところ、このことこそが、認識にとって真に実り豊かなシンボル的方法を要求しているのである。本書執筆にとりかかる以前に擱筆した『現象学』には、一七世紀の力学的自然観から一八世紀の電気力学的自然観への発展をふまえて「近代科学は、厳密な意味でシンボル的になると決心することによって初めて、真に体系的になったということは明らかになる。近代科学が事物との類似性を見失えば見失うほど、近代科学にとっては存在や出来事の法則性がいっそうはっきり見えてくるのであり、つまりはいっそう明瞭にまた捉えやすくなるのである」とある。そのさい「シンボルが客観的意味を得るのは、その背後にあってそれらのシンボルが模写するとされる超越的客観によってではなく、それらのシンボルの働き、つまりそれらシンボルにおいて遂行される客観化の機能によってである」とされる[74]。そして量子力学がその方向への動きを決定的に進めたと言うのがカッシラーの判断である。「量子論の因果問題」を論じた本書第4部の結論では書かれている。

　量子論が私たちに教えることのできるもの、また教えるであろうもののすべては、原子物理学の諸現象に適用される諸法則の正確な概念的表現を、粒子像と波動像の両者が相提携して提供できるように、私たちが双方の像のあいだに純粋の「シンボル的対応」を設定し得るための規則に尽きているのである。(p. 183)

そして第5部では「我々が物質について知ることのすべては純然たる諸関係の総括である」というカントのテーゼを、量子論は「より一層先鋭にした」と認め(p. 220)、ほとんど全体の結びに近い位置で、あらためて確認している。

　現代物理学は、シンボルの厳密に定められた〈単一の〉システムによって自然の出来事の全体を余す処なく完全に叙述し尽くすという希望を、断念しなければならなかった。現代物理学は、シンボルのさまざまな種類、図式的「説明」のさまざまな種類を、同一の出来事に適用する必要性に直面している。それは、一個同一の存在を「粒子」としてかつ「波動」として記述しなければならないのであり、その両者の描像の〈直観的〉一致

が不可能であることが示されたからといって、その像の使用を思い止まるべきではないのである。(p. 258)

カッシーラーはボーアの相補性理論を哲学的に了解したのである。

ボーアは一九二七年のコモの講演で、生まれたばかりの量子力学(行列力学)を「シンボル的な方法の近年の発展」と語り、三〇年のファラデー講演でも、それを「ハイゼンベルクのシンボリズム」「量子力学のシンボリズム」と呼び、さらに「シュレーディンガーの波動関数のシンボル的側面」に触れている[79]。量子力学では位置や運動量といった観測可能量が、ハイゼンベルクの行列、あるいはディラックのq数やシュレーディンガーの微分演算子で表されるかぎり、それらはすでに直観とのかかわりを絶たれているのである。残念ながら『現象学』では前期量子論までしか論じられていないが、その時点で量子力学をも視野にいれていれば、ボーアのこの論考に言及していたと思われる。

こうしてカッシーラーは、本書第5部の末尾で総括的な結論に到達する。

新しい量子力学は、まず初めに明確ないくつもの実在を措定し、その後にそれらをたがいに関連づけるという方向ではなく、その逆の途を選ぶ方向に、ますますもって向かっている、量子力学は、ある物理学的形象の状態と力学変数を表現する特定のシンボルの設定から出発する。次いでここから、ある公理論的前提にもとづいて他の方程式を導き出し、そこから物理学的結論を引き出す。そのさい、最初は個々の場合のシンボルの正確な意味に立ち入るには及ばない。考察の後の段階になって初めて、抽象的シンボルの「表示」が考慮される。つまり、いくつものシンボルを統合する規則に適合する「事物」や「性質」が追究されるのである。(p. 235)

本書擱筆の後、カッシーラーは生涯にわたる著作となった『認識問題』第4巻をスエーデンで書き上げた。それは原稿のままスエーデンに残され、歿後に出版されたが、そこでは現代物理学が次のように総括されている。

〈直観性への要求の断念〉なしには、〈現代物理学は〉原子物理学を築き上げることはできなかったのである。実際このことによって量子力学は、認識論上の観点から見て、古典論とはまったく異なる性格を獲得した。それは新しいシンボル的方法の形成を要求したのである。

そして『シンボル形式の哲学』の英訳にかわるものとして、カッシーラーが最晩年の一九四四年にみずから英語で執筆した『人間』には、量子力学が、ある意味でピュタゴラスの理想の復活であるが「はるかに抽象的でシンボル的な言語」の導入を必要としたこと、そして実際に「ハイゼンベルクが彼の説を提唱したとき、彼は新たな形式の代数的シンボルを用いた」が、量子力学の進歩がその数学的言語の柔軟性と弾力性に負っていると記されている。同書で量子力学に触れられているのは、この二箇所である。最新の物理学が、このようにより抽象的なシンボルを用いたことによって特徴づけられている(76)。

カッシーラーは、先の引用の後に続けている。

　量子物理学の最新の革命的成果をもたらした物理学思想の発展は、通常考えられているよりもはるかに連続的になされていることがわかる。物理学は、もしもその古典的体系の土俵上ですでに始まっていた認識概念の転換によって能力を与えられ鼓舞されていなかったならば、直接的直観の習慣にこれほどまで対立する結論を選びとることはほとんどありえなかったであろう(77)。

カッシーラーにとって二〇世紀の量子力学は、なるほど古典物理学の物の見方の根底的な転換をもたらすものであるものの、しかし認識批判的に見るならば、すでに一八・一九世紀に進められていた、そして彼が『実体と関数』や『相対論』で明らかにした関係概念・関数概念の論理学への移行という、古典物理学の概念形成や判断形成の内にすでに孕まれていた傾向性を全面的に開示し、その方向性をさらに推し進めるものと考えられたのである。

以上のように『相対論』『シンボル形式の哲学』そして『決定論と非決定論』へと書き進むなかで、カッシーラーはカントの時代的制約を克服し、マールブルク学派を乗り越えていった。この点は本書「まえがき」において、みずから認めているところである。

XI　量子力学と自由の問題

ところで、狭義の認識論から〈シンボル形式の哲学〉へと発展してゆくカッシーラーのこの問題意識の展開の底流には、ひとつには自然科学とりわけ数理科学の認識を偏重したそれまでの行き方への反省があったと考えられるが、それとともに、第一次世界大戦によるヨーロッパの危機という時代背景のなかで生まれたカッシーラーの問題意識のいまひとつの転換があったことを無視することはできない。帝国主義プロイセンの滔々たる排外主義の流れ、そして帝国敗北後のナチズムの登場を目の当たりにしたとき、悟性だけが人間を動かすものではないし、科学や法だけが人間を作るものでもなく、情動や神話が人間文化に占める位置は現代でも無視しえないのではないか、このことをカッシーラーは痛感したにちがいない。カッシーラーが『シンボル形式の哲学』執筆に励んでいたこの一九二〇年代は、ヒトラーが反ユダヤ主義を公然と掲げてアリアン人種の優越と世界支配という神話を喧伝し、夥しい政治的儀式をつうじて勢力を伸ばしていた時代であった。

歴史的に見ても、神話は客観的精神の諸領域と緊密な関係を結んでいる。言語や法や科学や哲学も、一度は神話の胎内に生まれたものである。いまや私たちは、知の起源を神話的世界像のうちに求めなければならないのである。このようにカッシーラーは一九二五年の『神話的思考』の序文で語っているが、この『シンボル形式の哲学』の着想は、一九一七年のある日、彼がベルリン市内の路面電車に乗ったときに浮かんだと伝えられている。[78]

一九二九年、カッシーラーは『シンボル形式の哲学』全三巻を完成し、春にスイスのダヴォスで行なわれた国際高等教育課程のセミナーで、ハイデガーと相まみえている。ハイデガーもまた二年前に大著『存在と時間』を書き上げたばかりであった。もとより議論は純哲学上のものであったが、「二〇世紀のもっとも興味深い対決のひとつ」と言われているこの会見[79]にたいして、ハイデガーに率いられて討論の席につらなったエマニュエル・レヴィナスは「一九二九年のこの会談は思想のひとつの絶頂でした」と記している。[80]他方で、カッシーラー・サイドで参加したヘンドリック・ポスの回想では、明るく穏やかなアポロン的カッシーラーと陰気で重苦しい農民的ハイデガーの対決こそ「ドイツ哲学がのめり込んでいった悲劇的転落を象徴するものであった」とある。[81]

そしてその四年後、一九三三年、ヒトラーが権力を握ったとき、カッシーラーはハンブルク大学の一切の職務を解かれ、二度と帰らぬ亡命の途につき、他方、ハイデガーはその年、ナチス（国民社会主義ドイツ労働者党）に忠誠を誓ってフライブルク大学の学長に就任した。その対照は著しい。ハイデガーに学び、のちに日本に亡命したカール・レーヴィットは、このハイデガーの学長就任を「ひとつの事件」と言っている。レーヴィットによれば「ハイデガーの気分と考え方」は「実質的にナチズムのそれの一部」であった。[82]

ダヴォスでの討論に随行したカッシーラー夫人は「四年後にハイデガーが最初の国民社会主義者の学長になったとき、私は驚くよりもむしろ背筋が寒くなった。というのもハイデガーの偉大な才能は紛れもない事実であり、彼は他の同調者の誰よりも危険であった。私には彼のクソ真面目（tödlicher Ernst）とユーモアの完全な欠如（völlige Humorlosigkeit）が最も憂慮すべきものであった」と回想している。[83]

カッシーラーが合衆国で最後の知力を傾注して書き上げ、没後に出版された『国家の神話』では、「人間の主たる特性のひとつをその被投性（Geworfenheit）に見るような理論は、人間の文化生活の建設や再建に積極的に寄与する望みをすべて断念してしまっている。そのような哲学はみずからの根本的な理論的・倫理的な理想を放棄している。かくして、それは政治指導者たちの手中における従順な道具として使用されうるであろう」[84]とハイデガーが評されている。

もとよりここでハイデガー哲学を云々するつもりもないし、第一、私にはそのような能力もそれだけの力量もないが、いずれにせよ元々はどちらかというと保守的なリベラリストであったカッシーラーは、一九二九年以降、とりわけ一九三三年に亡命生活に入って後、否応なくナチズムに向き合う必要に迫られていたのである。そのことをヴィリーンは「一九三三年以降、カッシーラーの哲学は規範的な性質のものへと傾向を変え、哲学は社会にたいする関係においてどのような立場にあるかということに関心を集中していた」と表現している(85)。遺稿『国家の神話』には「神話的思惟は、現代の若干の政治的制度において、明らかに、合理的思惟にたいして優位を占め、それは束の間の激しい闘争の後に、明白な決定的な勝利を獲得したかのようであった」という状況認識に始まっている。ナチズムにたいするカッシーラーの回答である。そして現代の政治神話を「非常に老練で巧妙な技師によって作り出された人工品である」と認め「新しい神話の技術を発展させることは、二〇世紀つまり巨大な技術の時代において初めてなされたのであった」と見抜いている(86)。没年の一九四四年に書き遺した草稿に、書かれている。

われわれがここ〔ナチス支配下のドイツ〕に見出すのは、人類史上最大のパラドックスのひとつである。ここでは神話は、ある意味で完全に「合理化」されたものなのである。神話は、その内容においては非合理的であり続けるが、その目指すところはきわめて明瞭かつ意識的である。二〇世紀は技術の世紀である。しかもその技術的な諸方法は、理論的および実践的活動のあらゆる分野へと適用される。ひとつの新しい技術的手段——つまり政治的神話の技術——の発明とその巧妙な利用は、ドイツにおける国民社会主義運動〔ナチズム〕の勝利を決定づけた(87)。

しかし彼は、つまるところ非合理的神話の社会支配は「客観化の発展」という彼の合理的図式にあてはまらない〈逆行現象〉としてしか捉えきれず、「私は、後の世代がわれわれの政治的体系の多くを、現代の天文学者が占星術の書物を、あるいは現代の化学者が錬金術の論文を研究するのとおなじような感情で、回顧するであろうことを疑わない」という合理的期待を表明するしかできなかった。[88]

『国家の神話』の最終章における「この政治的神話にたいする闘争において、われわれを助けるために、哲学は一体何をなしうるであろうか。……政治的神話を破壊するのは、哲学の力には余ることである。……しかし哲学はわれわれに貴重な寄与をすることができる。それはわれわれに敵を理解させうるのである」[89]という結びは、あまりにも控えめであるが、ともあれ彼が生涯の最後に哲学に与えた課題であった。カッシーラーは、ナチスの敗北を見ることなく、一九四五年の四月一三日に生涯を終えた。ヒトラーの死ぬ一七日前であった。あとひと月生き延びてナチズムの敗北を見たならば、この結論のトーンは変わっていたかもしれない。

本書末尾の「最終的考察と倫理学的結論」に見られる「自由の問題」についての議論には、それまでの議論にてらしていささか場違いな印象を持つ読者も少なくないであろう。しかし一九二三年にプランクは「因果法則と意志の自由」と題する講演を行ない、その冒頭に「このテーマは、自然および精神の世界のすべての営みの中に、ある厳密な法則が支配することを確信しながらも、そのことと自己の道徳的尊厳の意識とを調和させたいという、およそ真剣に思索する人間なら、誰しもが抱いてきた切望とともに、古いテーマである」と表明している。[90]そしてボーアの一九二九年の講演録「原子論と自然記述の諸原理」にもまた「因果律の原理の妥当性についての蒸し返された議論と自由意思をめぐる昔から連綿とつづいている議論のあいだの特異な平行関係」とある。[91]亡命地オクスフォードでの一九四九年のボルンの講義録『原因と偶然の自然哲学』の最終章「形而上学的結論」にも書かれている。

古代以来、哲学者はいかにして意志が因果律と調和させることができるだろうかと悩んできた。そして自然についてのニュートンの決定論的理論が驚くほどの成功を収めた後は、この問題がなおいっそう先鋭化したように思われた。それゆえに非決定論的な量子論の出現は自然の法則と衝突することなしに心の自律の可能性を開くものとして歓迎された。[92]

正直なところ私には正確にはわからないのであるが、人間の意志の自由と物理学的決定論の相克というようなことが、国家の盛衰の歴史と歴史的決定論の問題として、西欧では、とりわけ第一次大戦後のワイマール・ドイツでは、一部で論じられていたようである。物理学者で科学雑誌の編集者でもあるデイヴィッド・リンドリーの書には、「物理学が因果性なしで済ませようという動きが一九一八年以降のドイツに突如として芽生え」たと主張する科学史家ポール・フォアマンの説として書かれている。

第一次大戦でのドイツの崩壊は、過去に対するはなはだしい幻滅を生むことになった。そのなかにはビスマルク流の政策や厳格に構成された社会のみならず、科学に起源をもつ決定論と秩序を重んずる精神そのものも含まれていた。従来の様式への反発から一種のロマン主義が生まれ、機械よりも自然が、理性よりも情熱が、論理よりも偶然性がもてはやされた。もしも歴史が科学とおなじように決定論的であり、ドイツの没落はその決定論の帰結であったのなら、ドイツにとって差し迫って必要とされていたのは、決定論とはちがう種類の歴史だったことは間違いない。したがって、科学者たちもまた、信用を落とした過去のもろもろと結びついていると見なされるのを避けて新たな知的風潮に迎合するために、おなじように決定論を放棄して、偶然性、確率、不確定性の旗印を掲げて前進したのである(93)。

フォアマンの原論文は見ていないが、もちろん額面どおりには受け取れない。しかしまったく根も葉もないわけではないだろう。大戦後の疲弊したヨーロッパ、とくに敗北したドイツの一部にそのような気分があったのだろう。当時の状況を、そのころのベストセラーであったオスヴァルト・シュペングラーの『西洋の没落』に触れて、カッシーラーは『国家の神話』で表明している。

私には、シュペングラーの成功の原因は、この著書の内容というよりも、むしろ表題にあるように思われる。

『西洋の没落』というその表題が、シュペングラーの読者たちの想像力に火をつけた電気火花であった。この著書は一九一八年の七月、第一次世界大戦の終わりに出版された。この時期には、ほとんどの人とはいわないまでも、多くの人々が、すこぶる讃美されていた西洋文明の現状のなかに、何か腐敗したものがあるということに気づいていた。(94)

ワイマール共和国の行き詰まりの背後に潜むものが、それとなく人々に感じられていたのである。歴史がドイツの没落を決定づけているように見えるなかで、それまでの科学に起源を持つように思われていた決定論への反発が、量子力学の不確定性や非決定論に救いを求めたということかもしれない。実際にもこの時期、不確定性原理や波束の収縮等の量子力学特有の一見奇妙に見える現象を、横滑りにさせ人間社会の現象に準《なぞら》える通俗的な解釈が横行していたようである。ゴーロ・マンの回想には「一九三三年のある夏の日の午後、……小説家アルノルト・ツヴァイクは私に言った。ハイゼンベルクの〈不確定性原理〉は因果律概念を破壊してしまった、と。これはただもの知りぶって言っただけのことである。微小体物理学での発見は、人間の営みには何の意味もない」というエピソードが記されているが、(95)この手の一知半解の議論が知識人や大衆を問わず当時しばしば交わされていたと想像される。こういう状況のなかで、本書『決定論と非決定論』の最終部は書かれたのである。

自由をめぐるこの論考は、「カッシーラーの〈スエーデン到着から合衆国で死ぬまでの〉生涯の最後の十年間をつうじて続いている主題は、社会と自由の概念にたいする哲学の関係なのである」とヴィリーンが言うところの、(96)亡命とともに始まったカッシーラーの新しい問題意識の最初の表明であったと考えられる。同様にナチス・ドイツから亡命したボルンが、前述の『原因と偶然の自然哲学』の末尾に、カッシーラーの本書の最終章の「自由の問題」の議論を高く評価していることだけを記しておこう。(97)

ガヴロンスキーの記すところでは、本書執筆の後「カッシーラーの研究の重心は社会科学の問題に移った」とある。(98)カッシーラーが『人文科学の論理』を書いたのは一九四二年である。だとするならば、全体としてややまとまりのない印象を与える本書は、『実体と関数』に始まり『シンボル形式の哲学』に結実し、そして『国家の神話』に終わる、カッシーラーの生涯の哲学的問題意識のすべての要素の結節点に位置するものと言えるかもしれない。

＊

最後に、印刷の過程をふくめて本書の出版に力を尽くしていただいたみすず書房の守田省吾氏とスタッフの皆様に御礼申し上げます。なお、文中、敬称は省略させていただきました。またいくつかの著書からの引用にさいして、若干の使用漢字を本文に合わせて訂正させていただきました。御了解下さい。

エルンスト・カッシーラー
現代物理学における決定論と非決定論
因果問題についての歴史的・体系的研究
改訳新版
山本義隆訳

2019年 1 月16日 第 1 刷発行

発行所 株式会社 みすず書房
〒113-0033 東京都文京区本郷 2 丁目 20-7
電話 03-3814-0131(営業) 03-3815-9181(編集)
www.msz.co.jp

本文・口絵組版 キャップス
本文・口絵印刷所 理想社
扉・表紙・カバー印刷所 リヒトプランニング
製本所 誠製本
装丁 安藤剛史

ISBN 978-4-622-08736-6
[げんだいぶつりがくにおけるけっていろんとひけっていろん]
落丁・乱丁本はお取替えいたします

著者略歴

（Ernst Cassirer, 1874-1945）

ドイツの哲学者．旧ドイツ領ブレスラウ（現ポーランド領ヴロツワフ）に生まれる．ヘルマン・コーエンの下でカント哲学を学び，マールブルク学派の一人に数えあげられるが，近代認識論史の大著である『近代の哲学と科学における認識問題』（1-3巻，1906-20，4巻，1950〔邦訳『認識問題』全4巻・5冊〕）や『実体概念と関数概念』（1910）で独自の立場を確立．ベルリン大学私講師をへて1919年新設ハンブルク大学教授に着任．さらに『シンボル形式の哲学』（1923-29）で言語・神話・宗教・芸術などを包括する文化哲学の体系をつくりあげた．1933年，ナチスの支配と同時に亡命を余儀なくされ，オクスフォードからスウェーデンをへて，1941年以後アメリカで活躍する．1945年4月，ニューヨークで歿．著書は他に『自由と形式』（1916）『カントの生涯と学説』（1918）『ルネサンス哲学における個と宇宙』（1927）『啓蒙主義の哲学』（1932）『現代物理学における決定論と非決定論』（1936，本書）『人間』（1945）『国家と神話』（1946）などがあり，その多くが邦訳されている．『ライプニッツ哲学著作集』（1904-5）『カント著作集』（1912-22）の編纂でも知られる．

訳者略歴

山本義隆〈やまもと・よしたか〉 1941年，大阪に生まれる．1964年東京大学理学部物理学科卒業．同大学大学院博士課程中退．現在 学校法人駿台予備学校勤務．著書『知性の叛乱』（前衛社，1969）『重力と力学的世界——古典としての古典力学』（現代数学社，1981）『熱学思想の史的展開——熱とエントロピー』（現代数学社，1987，新版，ちくま学芸文庫，全3巻，2008-2009）『古典力学の形成——ニュートンからラグランジュへ』（日本評論社，1997）『解析力学』全2巻（共著，朝倉書店，1998）『磁力と重力の発見』全3巻（みすず書房，2003，パピルス賞・毎日出版文化賞・大佛次郎賞受賞，韓国語訳，2005，英語訳 *The Pull of History: Human Understanding of Magnetism and Gravity*, World Scientific, 2018）『一六世紀文化革命』全2巻（みすず書房，2007，韓国語訳，2010）『福島の原発事故をめぐって——いくつか学び考えたこと』（みすず書房，2011，韓国語訳，2011）『世界の見方の転換』全3巻（みすず書房，2014）『幾何光学の正準理論』（数学書房，2014）『私の1960年代』（金曜日，2015）『近代日本一五〇年——科学技術総力戦体制の破綻』（岩波新書，2018）『小数と対数の発見』（日本評論社，2018）ほか．編訳書『ニールス・ボーア論文集（1）因果性と相補性』『ニールス・ボーア論文集（2）量子力学の誕生』（岩波文庫，1999-2000）『物理学者ランダウ——スターリン体制への叛逆』（共編訳，みすず書房，2004）．訳書 カッシーラー『アインシュタインの相対性理論』（河出書房新社，1976，改訂版，1996）『実体概念と関数概念』（みすず書房，1979）『認識問題（4）ヘーゲルの死から現代まで』（共訳，みすず書房，1996）ほか．

人名索引

あ 行

アインシュタイン（Albert Einstein） 82, 89f., 131, 142
「光の発生と変換に関するひとつの発見法的見地」 131
アナクサゴラス（Anaxagoras） 48
アブラハム（Max Abraham） 157
アボガドロ（Amedeo Avogadro） 176
アリストテレス（Aristotelēs） 120f., 125, 134, 148, 156, 160, 174, 191, 216, 224, 233
アルキメデス（Archimēdēs） 56
ウィルソン（Charles Wilson） 219
ウエーバー（Ernst Heinrich Weber） →フェヒナー
ヴント（Wilhelm Wundt） 212
『物理学の公理と因果原理にたいするその関係』 212
エクスナー（Franz Exner） 95, 97-99, 101-107
『自然科学の物理学的基礎についての講義』 95
エディントン（Arthur Eddington） 2, 142, 144
『物理学的世界の本質』 2
エリス（Leslie Ellis） 110
エーレンフェスト（Paul Ehrenfest） 133
オイラー（Leonhrd Euler） 59, 63, 69
オストヴァルト（Friedrich Wilhelm Ostwald） 138, 168f., 182
『自然哲学講義』 168
オッカム（William Occam） 68

か 行

カヴァリエリ（Francesco Bonaventura Cavalieri） 204
ガウス（Carl Friedrich Gauss） 59, 63, 69
ガッサンディ（Pierre Gassendi） 174
カッシーラー（Ernst Cassirer）
『アインシュタインの相対性理論』 2, 4
『実体概念と関数概念』 1, 3
ガリレイ（Galileo Galilei） 5, 19f., 23, 38, 48, 51, 56, 58, 69, 81, 98-101, 106, 113, 128, 131, 174, 185, 204
『二大世界体系についての対話〔天文対話〕』 20
カールグレーン（Bernhard Kargren） 5
カルノー（Sadi Carnot） 90f.
「火の動力についての考察」 90
カント（Immanuel Kant） 4f., 16, 24-32, 35, 72f., 84, 88, 96f., 123-25, 127, 135, 186, 193f., 199, 215, 219, 227, 237, 243-45
『自然科学の形而上学的原理』 88
『純粋理性批判』 27, 32, 34, 151, 194, 227
『天界の一般自然史と理論』 127
『プロレゴメナ』 27
カントール（Georg Cantor） 111, 203f.
ギブズ（Josiah Willard Gibbs） 92
キルヒホッフ（Gustav Robert Kirchhoff） 38
クラウジウス（Rudolf Julius Emmanuel Clausius） 91
クラーク（Samuel Clarke） 68
クリスティーナ女王（die Königin Kristina） 251
クロネッカー（Leopold Kronecker） 204
クーロン（Charles Augustin de Coulomb） 43
ゲイ＝リュサック（Joseph Louis Gay-Lussac） 48, 53, 105
ケインズ（John Maynard Keynes） 109f.

『確率論』 109
ゲーテ（Johann Wolfgang von Goethe） 58, 104, 164, 201, 208
ケトレー（Lambert Adolphe Jacques Quételet） 254-56
ケプラー（Johannes Kepler） 19f., 23, 36, 38, 48, 81f., 131, 159, 204
ケルヴィン卿（Lord Kelvin） 178
コペルニクス（Nicolaus Copernicus） 20, 81f.
コーヘン（Hermann Cohen） 4f.
『純粋認識の論理学』 5
コンプトン（Arthur Holly Compton） 139, 146f., 154

さ　行

シェークスピア（William Shakespear） 7
『ハムレット』 7
シュタール（Georg Ernest Stahl） 176
シュトラインツ（Heinrich Streintz） 150
シュライエルマッハー（Friedrich Daniel Ernst Schleiermacher） 249
シュリック（Moritz Schlick） 54, 227
ジュール（James Prescott Joule） 57
シュレーディンガー（Erwin Schrödinger） 56, 61f., 95, 134, 136, 139f., 162f., 198, 208, 219, 222
ショーペンハウアー（Arthur Schopenhauer） 216
シラー（Johann Christopf Friedrich Schiller） 2, 247
ジンメル（Georg Simmel） 257
ステヴィン（Simon Stevin） 56
スピノザ（Baruch de Spinoza） 10, 241f., 245, 251
スペンサー（Herbert Spencer） 41
『心理学原理』 41
スモルコフスキー（M. von Smoluchowski） 126
ゼノン（Zēnōn） 173
ソクラテス（Sōkratēs） 239f.
ゾンマーフェルト（Arnord Sommerfeld） 131, 161, 219
『原子構造とスペクトル線』 131

た　行

ダーウィン（Charles Robert Darwin） 109
ダランベール（Jean le Rond d'Alembert） 57, 192f.
『力学論』 193
ツェルメロ（Ernst Zermelo） 95
ディラック（Paul Adrian Maurice Dirac） 152, 226, 229-31
ディリクレ（Gustav Peter Lejeune Dirichlet） 59
デカルト（René Descartes） 19, 23, 48, 186-89, 192, 211
『精神指導の規則』 186
『哲学原理』 188
『方法叙説』 186
デデキント（Julius Wilhelm Richard Dedekind） 203f.
デ・フォルダー（Burchard de Volder） 207
デモクリトス（Dēmokritos） 166, 173, 181
デュ・ボア＝レーモン（Emil Du Bois-Reymond） 9-16, 75, 77, 179
『自然認識の限界について』 8
デュ・ボア＝レーモン（Paul Du Bois-Reymond） 14
『精密科学における認識の基礎について』 14
デュロン（Pierre Louis Dulong） 95
ド・ブロイ（Louis Victor de Broglie） 147, 217, 221
トムソン（Joseph John Thomson） 168, 178
トムソン（William Thomson） →ケルヴィン卿
ドルトン（John Dalton） 176

な　行

ナトルプ（Paul Natorp） 4f., 227
「カントとマールブルク学派」 4
『精密科学の哲学的基礎』 5
ニュートン（Isaac Newton） 5, 10, 38, 43, 88-90, 101, 127, 131, 149f., 192, 200, 204f.
『自然哲学の数学的諸原理〔プリンキピア〕』 10, 43

ネルンスト（Walther Hermann Nernst） 8, 49
「自然法則の妥当領域について」 8
ノイマン（Carl Neumann） 150

は 行

ハイゼンベルク（Werner Karl Heisenberg） 49, 137, 143-47, 150-54, 170, 208
『量子論の物理的基礎』 232
パース（Charles Sanders Peirce） 109
「偶然と論理」 109
バックル（Henry Thomas Buckle） 256
『イングランドにおける文明化の歴史』 256
ハミルトン（William Rowan Hamilton） 59, 63, 69
バルマー（Johan Jacob Balmer） 144, 159, 161, 211
パルメニデス（Parmenidēs） 45
パンルヴェ（Paul Painlevé） 53
ピュタゴラス（Pythagoras） 204
ヒューム（David Hume） 22-26, 28-31, 35, 37, 50, 73, 88, 117
ヒルベルト（David Hilbert） 46, 55, 83, 133
ピロラウス（Philolaos） 201
ファラデー（Michael Faraday） 169, 201, 213
ファン・デル・ワールス（Johannes Diderik van der Waals） 103
ファント・ホフ（Jacobus van't Hoff） 177
フェヒナー（Gustav Theodor Fechner） 41
フェルマー（Pierre de Fermat） 59, 61, 63
フォン・クリース（Johan von Kries） 117, 126
フォン・ミーゼス（Richard von Mises） 112f., 115
フーシェ（Simon Foucher） 191
プティ（Alexis Petit） →デュロン
ブラウン（Robert Brown） 95, 168
プラトン（Platōn） 202, 239-41, 245
『パイドン』 239
『法律』 202
プランク（Max Plank） 2, 61, 79, 82, 95f., 104, 129f., 136, 139, 147, 151, 205f.
『熱輻射論』 130
フーリエ（Jean Baptiste Joseph Fourier） 49, 81
『熱の解析的理論』 49
ベーコン（Francis Bacon） 58, 65, 78
ペツォルト（Joseph Petzoldt） 69
ヘラクレイトス（Hērakleitos） 53
ヘルツ（Heinrich Rudolph Hertz） 56, 64, 69, 80f., 155, 213, 222
『力学原理』 213
ベルヌイ（Jakob Bernouilli） 115
ヘルム（Georg Helm） 168
ヘルムホルツ（Hermann von Helmholtz） 5, 38, 57, 60f., 63f., 75-77, 79, 147, 155, 169
「最小作用の原理の物理学的意義について」 60, 64
『生理光学』 155
「単周期系の力学の研究」 60
『知覚における事実』 76
『力の保存について』 75
ヘロン（Hērōn） 59, 63
ボーア（Niels Bohr） 131-34, 137, 143, 159-61, 178, 181, 206, 211, 251f.
ポアソン（Siméon-Denis Poisson） 62, 115
『判決の確率についての研究』 115
ポアンカレ（Henri Poincaré） 115
ホイヘンス（Christiaan Huygens） 38, 48, 175, 177, 200
ボイル（Robert Boyle） 48, 53, 103, 176
『懐疑的な化学者』 176
ホッブズ（Thomas Hobbes） 185f.
ボルツマン（Ludwig Eduard Boltzmann） 92-95, 126, 167, 169, 209f.
「自然界において原子論が不可欠であることについて」 210
『力学原理講義』 210
ボルン（Max Born） 137f., 152, 221

ま 行

マイヤー（Robert Mayer） 38, 57-59, 168
マクローリン（Colin Maclaurin） 192
マックスウェル（James Clerk Maxwell） 5, 49, 53-56, 80f., 163, 201
『物質と運動』 55

マッハ（Ernst Mach）　38, 57f., 69-71, 84, 100, 150, 154f., 167, 170
『仕事保存の原理と歴史』　57
マリオット（Edme Mariotte）　48, 53, 100
ミリカン（Robert Andrews Millikan）　131
ミル（John Stuart Mill）　50-52, 65, 99
モウペルチュイ（Pierre-Louis Moreau de Maupertuis）　59f., 63
モーリッツ（Manfred Moritz）　6

や　行

ヤコビ（Carl Gustav Jacob Jacobi）　59
ヤコブソン（Malte Jacobsson）　5
ユークリッド（Euclid）　85, 89, 199
ヨルダン（Pascual Jordan）　137, 152

ら　行

ライプニッツ（Gottfried Wilhelm von Leibniz）　18-23, 26, 34, 48, 54, 59, 63, 68f., 80, 111, 114, 122f., 125, 150, 186, 189-92, 196f., 200, 205, 207, 211, 223f., 249
『ニゾリウスの哲学的文体についての論考』　114
ライヘンバッハ（Hans Reichenbach）　115f.
ラウエ（Max von Laue）　171, 216, 218
ラヴォワジエ（Antoine-Laurent Lavoisier）　57, 176
ラグランジュ（Joseph Louis Lagrange）　49, 57, 59f., 63, 131, 192f.
『解析力学』　60, 63, 192f.
ラザフォード（Ernest Rutherford）　178
ラスヴィッツ（Kurd Lasswitz）　175
ラッセル（Bertrand Russell）　39, 52
ラプラス（Pierre-Simon Laplace）　7-10, 13, 15-17, 32-34, 75, 79, 108, 135
『確率の解析的理論』　7
『天体力学』　10
ランゲ（Ludwig Lange）　150
ランジュヴァン（Paul Langevin）　218
リッツ（Walter Rits）　161
リード（Thomas Reid）　117
リープマン（Otto Liebmann）　10
リーマン（Georg Friedrich Berhhard Riemann）　85
リュードベリ（Johannes Robert Rydberg）　161
ロシュミット（Joseph Loschmidt）　95, 171
ロック（John Locke）　216
ロッツェ（Rudolf Hermann Lotze）　164
『論理学』　164
ローレンツ（Hendrik Antoon Lorentz）　157

わ　行

ワイヤーシュトラス（Karl Weierstraas）　204
ワイル（Hermann Wyle）　156f., 203, 223
「物質とは何か？」　156

事項索引

あ 行

アプリオリ　26f., 72, 76, 88f., 102, 151；——な概念　37；——な確率　108；——な時間規定　193；——な綜合的判断　124；——な綜合的命題　88；——な途　65
アボガドロの規則　177
アリストテレス学派　69, 174
アリストテレス自然学　166, 174
アルキメデスの点　143, 161
α線, α粒子　178, 219

意志　242, 250, 252, 254；——決定　246, 252f.；——現象　255；——の自己法則性　245；——の自由　237, 246；——の純粋自律性　244；神の——　123
意識　10, 13, 188；——の世界　9；——の本質と起源　10；——の領域　13
位相波　221
イデア　181；——観照　240, 245；——の世界　240；善の——　241
因果概念　8, 12, 22f., 25, 30f., 35, 37, 74f., 79, 125, 137f., 153, 175, 193-96, 199f., 201, 225, 248；——とエネルギー概念, ——と連続概念　195；——の意義や根拠　12；——の危機　12；——の経験的使用　193；——の普遍性と必然性　25；古典物理学の——　201
因果関係　24, 30-32, 126, 149
因果原理　23-26, 35, 123f., 135, 146f., 149, 196, 198, 226；——と連続性原理　193；——の演繹　73；古典物理学の——　8, 77；普遍的——　53
因果図式の改造　90
因果性　21, 24, 27-29, 31, 71, 75, 77, 79f., 119, 137, 140, 147, 193-95, 199, 214, 254；——と確率　126；——と連続性　195；——のカテゴリー　193, 199；——の可能性　25；——の危機　196, 199；——の原像　23；——の原則　37；——の厳密な概念 (Leibniz)　21；——の原理　135；——の純粋概念　193：——の図式　126；——の要求　12；——の要請 (Leibniz による)　19, 21；——の連鎖　22；宇宙的な——　120；自然的——　253；物理学的——　53, 247；魔術的な——　119
因果的含意　224
因果的記述, 思考, 推論, 説明, 認識, 把握, 判断　30, 33f., 69, 78, 119, 137, 138, 148, 152
因果的衝動　119
因果的連鎖　21, 31, 78, 246
因果という表象　24；——の発生　29
因果法則　26, 72, 74, 76f., 135, 137f., 150；ライプニッツの与えた——　18；量子力学の——　152, 226
因果問題　8, 10, 12, 33, 35, 75f.；——における根源的錯誤　258；物理学の——　39；——の分析　30
因果律　26-28, 38, 68, 70f., 73f., 77, 80, 124, 137f., 146-48, 151f., 194, 226, 245；——の厳密な定式化　146；批判的——　195
陰極線（β線）　163, 177, 219f.

運動　173, 204, 207, 213；——現象　156, 204；——の現実性　173；——法則

88, 133, 207；── 方程式　49, 83, 94, 144
運動量　144, 149, 151, 229；──（の）保存（則）　94, 125, 139, 147, 175；角 ── 144

叡知的性格（Kant）　244
X線　208；──回折　171
H定理（Boltzmannの）　95
エネルギー　129f., 139, 144, 217, 221, 229；──一元論　96, 138, 168f., 209；運動──　46, 63；──概念　138f., 168；──形態　138；──原理，保存，保存則　57, 60, 63f., 70, 92-94, 125, 138f., 147, 175；──散逸　92；──準位　161；──中心　217；──等分配側　95；──と時間　216；──と振動数　147, 206；──の原子的性質　169；──分布（熱輻射のスペクトルの）　129；原子の──　160；輻射の──　169；ポテンシャル・──　46, 63；力学的──　64；離散的──　218
エピキュロスの神々　106
エレア学派　173
遠隔力　200f.
エントロピー　91；──法則　92f.

オッカムの剃刀　68

か　行

懐疑論（Hume）　22, 26, 29
解析の精神　192
概念形成　201；経験的な──の原理　28；形而上学的──　32；集合論の──　39；数学的──　201；哲学的──　201；独断論的──　32f.；物理学の──，物理学的──　17, 38, 41, 104, 142, 145；量子力学の──　15
ガウスの原理　63
化学　172, 176f., 179, 200, 206；──結合　168；──構造式　177；──式　177；──当量　169；──のすべての事実　176；立体──　177
可逆過程と非可逆過程　91, 96, 107
可逆サイクル　91
可逆性の反論（Loschmidt）　95
確率　105, 109, 116f., 138-40, 222, 231；アプリオリな──　108；──概念　108, 126；──関数　115-17；──計算　105, 111f., 117；──命題　108, 110-12, 125, 139；──論　108f., 112f., 115；──論理学　112；主観的──理論　109；物理学的──　110
確率法則　92f., 110f., 115-17, 126f.；──の決定可能性　111, 116；──の権利問題　110；数学的──　126
隠れた質　176, 200
仮言的判断　51；仮言的主張　99
重ね合わせの原理　229
仮象の問題　105
仮説的；──演繹　101, 235；──推論　148；──的措定　235
仮想界（悟性界）　244
仮想原理，仮想変位の原理　56f., 192
可想的存在，仮想的対象　34, 243
可想的なるもの　243
カテゴリー　34, 72, 88, 118, 124, 141, 199, 226, 247, 249f., 257；──表　193；──論　187
可能的経験の対象　26
可能的諸世界　122
貨幣通貨制度　142
神への知的愛　242
ガリレイの（落下）公式　98, 100
感覚の世界　40, 42, 47, 83, 223
関係　235；──概念　159
関数　43, 180, 205；──的依存性　226；──的関連　162, 177, 226；──的規定性　198；──的把握（自然現象の）　177；──の連続性　205；──論的観点　158；命題──　83；理論──　83
関数概念　48, 156；──の導入（Leibnizによる）　205
慣性　61, 129；一般化された──の法則　61；──原理　68, 150：──座標系　150；──時間尺度　150；──質量

90；——の法則　69, 88, 113, 149f.
感性界と悟性界（Kant）　243
観測可能(性)　149, 151, 153, 161, 164；——の原理（Leibniz）　54, 150
観測者　143, 153, 170
観測手段，観測装置　145, 170
カントの学説　27
カントの批判的転換　24
観念の関係　23
観念論　116, 167；——哲学　185

機械論〔力学論〕　11, 29, 169, 185-87, 257；——的自然観　155f., 169, 174, 182, 185f., 212；——的自然体系（Descartesの）　188；——的世界観　156, 185f.；——的説明　23；——的体系（Leibnizの）　189：——的な自然把握　11, 23；——的物理学　185
幾何学　188f., 193；解析——　188f.；——の基礎づけ　75
記号　155；——言語　156；——体系　76, 155
技術の時代　78
擬人観　78, 141, 252
奇跡　68, 249f.
基体　14, 212, 156f.；——化　14, 141, 172, 220, 254
気体　46, 103f.；——イオン　168；現実——　104；理想——　48, 104
気体(分子)運動論　92-94, 98, 106, 114, 125, 171
基底状態　161
帰納　50f., 56, 101, 114；——原理　116f.；——推論　50f., 77；——的決定可能性　116；——と演繹の関係　114；——の5つの基本法則（Mill）　50；——の基準　50；——の根拠　50；——法（Bacon的）　58；——論理　51；——論理学（Millの）　50；単なる枚挙による——　101
基の概念，基型の概念　177
客観；——化　28；——主義　170；——的現実性　158, 228；——的実在性　28；——的真理　28；——的推論　24；——的世界　10, 154；——的な知識　163；——的（な）法則　118, 120, 163；——的必然性　72；——的命題　159
客観性　71, 171f., 212；物理学的——　172
q数（Diracの）　152
嚮導波　221
行列　144, 162, 218；——計算　162, 214；——の対角要素　218；——力学（BornとJordanの）　152；——力学（Heisenbergの）　218
極限値公理　115
巨視的現象　151
虚焦点　34
霧箱（Wilsonの）　219
均質性原理（Leibniz）　211
近日点移動（水星の）　90
近接，近接性　31, 200；——作用力　201
金本位制　142, 144
禁令　133

空気抵抗　100f.
偶然　105, 118, 121, 125f.；——概念　126；——性と必然性　121, 123, 127；——的真理　122f.；——的なもの　111, 120, 122-24；——の法則性　118；——のメカニズム　125
屈折の法則　100
クラウジウスの公式，法則　91
クーロンの公式　43
群速度　221

慧眼（公式に内在する）　49；——（原子仮説の）　170
経験　26f., 33, 40, 66f., 71, 101, 135f., 165f., 227, 236；——概念　37, 151f.；——的概念　28, 37；——的思惟の公準（Kant）　73；——的事物　73；——的真理　180；——的世界　82, 122, 150；——的対象（物理学における）　158；——的な世界像　228；——的な知　158, 162；——的認識　66f., 71, 73, 123, 135, 145, 166, 244；——的法則　72f.；——的命題　124；——的理論　89；——という試金石

33；――と理論　87；――の圧力　90；――の過程　67；――の可能性　28, 214；――の可能性の条件　116, 124；――の関連　215；――の形式　26, 73, 89；――の条件　71；――の対象　26, 71, 110, 214；――の分析　67；――の類推（Kant）　27, 73；――判断　27, 40, 66；――法則　72, 116；物理学的――　15, 137
経験論　40, 50, 65, 75, 227；――的傾向　57；独断論的――　67；批判的――　165
形式　45, 48f., 88, 236；経験の――　26, 73, 89；――への衝動　58；自然現象の――　76；自然認識の――　141；純粋――　141；動的な――　90；物理学的な知の――　83
形而上学　27, 33, 121, 123, 165；――的決定論　34f.；――的数学主義（Leibniz）　19；――的認識　22；――的命題　71；――的問題設定　77；合理論的――　26
芸術　250
形相　121；――因　121
ゲイ＝リュサックの公式，法則　53, 103
計量場　61
結果　72, 78　→原因と結果もみよ
結合法　111
結合律　→リッツの結合律
決定論　29, 138, 141, 212, 251, 253, 257；形而上学的――　34f.；自然科学的――　245；批判的――　28, 33, 35, 71；ライプニッツの――　19-22；量子論的――　145
ケプラーの法則　160
原因　18, 26, 30f., 76, 119f., 124, 126, 149, 151, 213, 240；運動――　213；叡知的――　205；――（という）概念　26, 72, 200；――についての魔術的・神話的形式　120；――の欠落　245；――の二通りの形式　239；真の――　149f.；他の形の――（Spinoza）　241；力学的――　127
原因と結果　20f., 23, 31, 71, 75, 150, 200；――の概念規定　75；――のカテゴリー　221, 226；――の図式　194；――の連鎖　243, 255
言語，言語シンボル　14；――の魔力　14；事物の――　32；シンボル的――　32
原子　各所；――価　177；――概念　166-68, 171-73, 176, 182；――概念批判（Mach）　167；――核　140, 178；――仮説　170f., 191；――質量　178；――的構造　169；――というシステム　160；――内部　162, 170, 178；――熱（比熱）　95, 144；――の安定性　132, 160, 206；――の実在性　167-70, 174；――の存在　173, 176, 180f.；――の直観的描像　177；――番号　161；物質的――　9
原子構造　159, 179；――理論（Bohr の）　160, 206
原子物理学　8, 74, 102, 132, 142f., 151, 155f., 165, 169, 183, 214f., 222f.
原子模型　178, 180；――（Thomson の）　178；――（Bohr の）　131, 134, 161, 181, 251；――の持つ力　178
現象　20f.；――世界　21；――的実体　220；――的存在　243；――の客観化　28；――論　170；――を救う　236；集団的――　106
原子論　169, 173-77, 182, 190f., 205, 209-11；運動学的――　175；ギリシャの――　120；――批判（Aristotelēsの）　120；――批判（Ostwald の）　169；――（Huygens の）　175；古代（の）――　173-75, 181
元素（化学的）　160f., 168, 176, 181, 208
現代物理学　15, 82, 89, 142, 196, 198
元要素　160
原理　58, 64-68, 70f., 149, 160, 175；形而上学的――　60；――命題　64, 66, 70, 73, 77, 83-85, 131, 140, 163；物理学の（諸）――　59, 66；力学の――　60；量子――　164

行為　78, 238f., 241, 244；――の法則　244；道徳的な――　239, 247；人間の――　241, 256

光学　55；――原理　61；――の法則　62；光線――　61；波動――　61
光子，光量子　131, 139, 147, 223, 225
後成説　87
光線　100, 219；――の運動　62；――の反射と屈折の法則　59
構想力　29
光電効果　131, 139, 220
光波　154
公理　85, 89, 115；極限値――　115；――化　83；――論　235；古典力学の――　212f.
合理論　223, 227；――的形而上学　26；古典――　17, 19, 88
心の中で捉える（Galilei）　113
悟性　各所；神の――　19, 123；――界（Kant）　243f.；――の経験的使用　28；有限なる――と無限なる――　19；論証的――と直観的――　16, 33
個体化　216, 222, 225；――の原理　216
個体性（物理学的）　217, 223, 253
古典解析学　197
古典電気力学　→電気力学
古典物理学　各所；――の因果原理　8, 77；――の思考様式　129
古典力学　各所；――の限界　130；――の実在概念　211；――の体系　91f., 107, 132；――の土台　49；――の方程式　92
古典論理学　88, 112, 116, 227
コペルニクス的転換（認識における）　105, 257
コペルニクスの体系，の仮説　20, 81
固有関数，固有振動，固有状態　134, 218, 225
固有値　134
コレクティヴ　106, 112f., 140　→統計集団もみよ
コンプトン効果，反跳　139, 146f., 154

さ　行

再起性の反論（Zermelo）　95
最小拘束　63
最小作用の原理　59f., 69, 83
最善の原理（Leibniz）　122
最大観測　230
座標系；――の概念　192；――の定義　85
作用　59, 141；――原理　59-62, 69；――のシステム　213；――の伝播　200；――法則　214
作用量子（Planckの）　140, 214；要素的――　95, 130, 144, 146, 206

時間・空間的記述　137, 170, 181, 196
時空連続体　61, 157
刺激閾と弁別閾　41
事実　45, 67, 70, 87, 164；――の論理　10；物理学の学的――　38
システム概念　159
システム命題　220
自然　各所；――（物理学的な言語使用における）　141；――現象の全体性　207；――主義　251；――哲学　47, 78, 240；――淘汰　109；――と自由　253；――と道徳　249；――の安定性　175；――の技術的支配　79；――の傾向性　92；――のさいころ遊び　141；――の法則性　245f., 249；――必然性　241
自然科学　各所；――思想　96；――的思惟　11f., 50, 91, 96；――的認識　9, 11f., 17, 62, 68, 135, 152；――の原理論　81；――の認識理論　49；真の――　88；数学的――　20；精密――　113
自然数の体系，実数の体系　203
自然認識　各所；――の形式　88, 141；――の統一性　198；――の普遍的原則　71；精密――　20；デュ・ボア゠レーモンの――　11
自然法則　各所；――の厳密な定式化　53；――の根本的性格　93；――の出生の地　65；――の真の確証　80；――の妥当領域　80；――の単純性　81；超越論的――　27；特殊な――　70, 135；普遍的に妥当する――　149
実験　52, 104, 146；思考――　17
実在　12, 23, 194, 227；客観的――　22, 28, 170, 212；経験的対象の――　227；――

概念　153, 211；——概念（Leibniz の）18f.；——性（原子の）　169f., 174, 180；——論　170；実体的——　155；事物の——　28；電子や光子の——　223；物理学的——　12, 43, 153, 163
実証主義　69, 79, 87, 116, 167
実数の集合，実数の連続体　203f.
実体　156f., 211, 226；延長を持つ——　211；現象的——　220；——化　14, 220；——概念　156, 159, 175, 201；——性（原子の）　159,（電子の）　21；——図式　48；——的解釈　219；——のカテゴリー　199；——の存在　21；——の同一性　21f.；——理論　201；単純——（Leibniz）20f., 23, 26；ライプニッツにとっての——　21
実体論　156, 180；——的思考　159；——的な理解　157；——的把握　156
質点　13, 16, 43, 207, 217f., 222, 235f.；——の運動　15, 43, 62；——の概念　186；——力学　64, 94, 208, 218
実無限　191
質料　121；——因　121
質量　13, 23, 129, 157, 228；——概念の定義　213；——粒子　213, 221；電子の——　177, 220；見掛けの——　177
事物　25f., 30, 119, 135, 159, 165, 168, 187, 195, 213, 226f., 230f., 235；経験的——　28, 72f.；自然の——　233；——一般　26；——概念　159, 167, 172；——図式　48；——の形而上学的本質　37；——の現実性　227；——の現実的存在　27, 72；——の根拠　28；——の実在　28；——の本質（Aristoteles）　121；絶対的——　71；日常的経験の——　30
思惟　各所；自然科学的——　50, 96；——の規則　187；——の強制　72；——の自省　164；；数学的——　19, 205：物理学の——　47, 50；論理学的——　50
自由　108, 240f., 245f., 248f., 252, 254, 258；意志の——　237, 246；——と必然性　241, 243；——な行為　240, 242, 255；——な主体　240；——の概念, ——という概念　241, 245；——の可能性　251；——の問題　250f., 255, 257；道徳的——　238, 246f.；倫理学的——　238, 256
周期表（元素の）　161
宗教　78；——的世界　249；——的理解　249；——哲学　249
集計的普遍性　117
集合　51, 65, 84；——形成　39
集合論　39, 203；——の概念形成　39；——の基礎づけ　203；——の原理的危機　203；——のパラドックス　39
自由数学　111
充足理由律　22, 28, 69, 122f.；非——　110
重力　61, 129；——場　44；——法則　32；——法則, ——理論（Newton の）　43, 101, 127；——理論（Einstein の）　89f.
重力質量と慣性質量の同等性　90
主観 - 客観問題　154
主観主義　170
主観的原則　97
主観的世界　154
宿命　18, 34, 254
順序の概念（Leibniz）　111
順序の原理（Leibniz）　189
純粋形式（時間の）　193
状況の概念　248
常識　30, 33, 116, 154；——哲学　117
状態　137, 161, 215, 228f., 231f.；基底——　161；純粋——（量子力学における）　153；——概念（量子力学の）　228；——方程式（気体の, Van der Waals の）　103；初期——　94；無秩序な——　94
衝突　18, 23, 175, 253；——（の）法則　125, 147, 189, 191, 201；弾性——　23
逍遥学派　174
初期条件　16, 79, 94, 126
自律　245
人格　244, 247f., 253；——の概念　248；道徳的——　247
新カント学派　4, 10
信仰　78, 249
振動子（Planck）のエネルギー　130, 139
振動数　146, 160, 162, 208, 211, 218, 221；

——条件（Bohrの） 133, 161；——とエネルギーの関係 147, 206
真の現実 9
シンボル 13f., 18, 143, 208, 235, 258；言語—— 14；思考—— 170；——形成 14；——的言語 32；——的対応 183；——的な性格 43, 143, 155, 161；——的認識 13；——の表示 235；像—— 14
真理 122, 164；客観的—— 108；偶然的——と必然的—— 122；経験的—— 180；事実の——と永遠の—— 189；事実の——と理性の—— 68；——の概念 123；——の試金石 81；——の標識 180
心理主義 116
神話 14, 119；——的思惟 119f.；——的世界（像） 118；——的説明 120

水素，水素原子 144, 161, 211
数 201f., 206；——概念 188, 201, 203f.；——の本質 201；——論 201, 204；——連続体 203；離散—— 204-06, 208, 214
数学 各所；古代—— 192；自由—— 111；一九世紀—— 196；純粋—— 111f.；——が陥った原理的危機 39, 203；——思想（ピュタゴラス学派の） 202；——思想（Leibniz） 20；——的解析 196, 202；——的自然科学 20, 124；——的自然考察 186；——的思惟 19, 205；——的認識 19f.；——的・物理学的認識 191；——という普遍的記号言語 177；——と自然の同一視 19；——と物理学の綜合 154；——の論理学（現代の） 235；普遍—— 186
数学的概念と物理学的概念の区別 235
図解的説明 170
スコラ学，スコラ主義 168
図式 148, 172, 193, 199；因果性の—— 126；感性的説明—— 175；原因と結果の—— 194；事物——と実体—— 48；純粋感性的—— 199；推論—— 148；数学的—— 137, 216；——化 193f., 196；——的説明 258
スペクトル（線） 131f., 162, 179, 206, 214, 221；水素原子の—— 144, 161；熱輻射の—— 129
凡てのものの種子（Anaxagoras） 48

正準共役量 217
精神；——的現実 13；——的なるもの 11；——の世界・意識の世界 9；——の領域 13；人間の——と神の—— 20；無限の—— 12
静電引力と静電斥力 43
正方配列（Heisenbergの） 152, 162, 218
精密自然科学 81, 113, 189
生理学 57
静力学 56, 192；——と動力学 57, 192
世界公式 45；ラプラスの—— 7f., 10, 15, 18, 32, 77
世界線 61
世界の調和（Keplerの） 20；——（ピュタゴラス学派の） 202
絶対 66：——運動 150；——空間 55, 150；——空間（Leibnizの批判） 150；——時間 55；——的な位置 163；——的な規定 230；——的な時間・空間規定 163；——的な世界 23；——的な知識 163
ゼノンの議論 173
先験性 25
全体と部分 223f.

像，像シンボル，像的なるもの，像的要素 14, 181-83, 209, 230；——の魔力 14
綜合的定義 112
綜合的命題 28, 88
相互的組み合わせの原理 86
想像力 23, 29, 191
相対運動 150
相対性 165
相対性理論，相対論 1, 129；一般—— 2, 61, 85, 90, 129, 150, 156f., 199；特殊—— 2, 199

相対的；——な規定　230；——な世界　21；——な知識　16, 55
相対頻度　111, 113, 117
相補性　137
測地線　61
測定概念　42
測定装置　16, 41, 47, 67, 143, 153, 230
測定命題　40f., 44f., 50-52, 55, 65-67, 70, 73, 86, 104, 136, 140, 153, 164, 181
素朴実在論　154, 157
存在　22, 46, 48, 62, 162, 173, 187, 190f., 222, 233, 235, 249；現実的——　27f.；原子の——　175；現象的——　243；自然の事物に与えうる——　233；思惟と——　19；——の究極の根拠　20；——の原像, ——の原型　19；——の本当の謎　9；——の領域　249；——法則　214；物質的——　10；物理学での——　158f.；物理的——　212
存在論　26；——上の判断　187；——的構造（世界の）　128；——的法則　126

た　行

対応原理　132, 198, 211
対象概念　12, 71, 157, 164f., 167, 171, 211；物理学的——　157, 167, 234
対象性　27, 71f., 158, 165, 211, 215；——と法則性　211
代数, 代数学　193, 208
大数の法則　115, 117, 255
タイプ　39f., 51, 83；——の階層構造　39, 136；——の区別　85；——の違い　233；——理論　39, 52, 84
楕円軌道（惑星の）　90
多様なるものの継起　194
ダランベールの原理　193
単純性　81f., 84-86, 192；自然法則の——　81；——（原子の）　159；——の原理　82f.
単純な性質（Descartes）　187
弾性論　79
断熱仮説, 断熱不変性の原理, 断熱不変量　133
力　13, 25, 31, 43；原子間に働く——　168；始原的な——（Leibniz）　21f.；——のシステム　160；——のための知（Bacon）　78；派生的な——（Leibniz）　21f.；魔術的で悪魔的な——　119；魔術的で恣意的な——　120
超越　66, 241；——的な法則　16；——的な問題　11；プラトン的——　241
超越論的　26, 29, 243；——感性論　199；——自然法則　27；——なテーゼ　29；——なるもの　26；——認識　26；——分析　26；——弁証論　32；——法則　76；——命題　71；——論理学　32, 199
調和振動子　95
直観　34, 200f., 203, 205；感性的・空間的——　225；空間や時間の——　203；純粋——　193；純粋時間の——　196；——的空間　195, 215, 217, 228；——的悟性　16, 33；——的時間　195；——的な知識　16；——的連続体　203；——と思惟のあいだの葛藤　201, 203, 208；——の危機　196；——の形式（時間と空間という）　199

釣り合い　57, 193；——の法則　57

定常軌道　161f., 215, 233
定常（エネルギー）状態　133f., 160, 217f.
デカルト主義者　192
デカルトの哲学　187
哲学　各所；ギリシャ（の）——　120, 202；近代——　121；近代の宗教——　249；古代——　121；古代の自然——　47；自然——　121, 172；自然科学の——　50；デカルトの——　187；——と自然科学　19；——と物理学　154f.；——の真理概念　201；道徳——　254；唯物論的歴史——　256；ライプニッツ——　189
デモクリトスの体系　166, 173
デュロン－プティの法則　95
電荷　157, 177, 206, 220, 228；——の雲　217, 219, 228；——の不可分割性　220；

電子の――　54, 217, 144, 219f., 222
電気　56, 169, 177；――分解　169, 177
電気力学　55, 61, 92, 130-32, 172, 177-79, 181；――の体系　132
電子　各所；――数と原子番号　161；――と光子の相互作用　147；――にたいする量子論の見方　214f.；――の位置　145f., 151, 162, 215, 222, 229, 234；――の運動量　146, 151, 222, 229；――の軌道　161, 178, 211, 251；――の径路　219；――の実在（性）　162, 215, 223；――の実体性　213；――の速度　146, 153, 215, 234；――の電荷と質量　54, 144, 177, 217, 219f., 222, 234；――の同定の試み　252f.；――の粒子的性格　217
電磁気学現象　43
電子論（Lorentz と Abraham の）　157
電場と磁場，電磁場　44, 46, 48, 104, 151, 201, 220, 229
電場の法則　201
天文学　7, 20, 79；ニュートンの――　89

当為の領域　249
統計　106f., 113, 225, 255；――学　254, 256；――的解釈　222；――的計数　225；――的考察方法　106；――的性格(量子力学の)　222, 231, 256；――的命題　138, 140, 222；――的予言（量子力学の）　139, 223；――力学　92, 126f.；量子――　225, 252
統計集団　106, 140, 222　→コレクティヴもみよ
同形性（存在と出来事における）　197
統計的な規則性　106, 254, 258
統計的法則，統計的命題　94, 97f., 102, 104f., 108, 113-15, 141-43, 222, 249, 254
統制的原則　76, 96
道徳　238, 249, 255；――的決断　246；――的現象　255；――的行為　239；――的自由　238, 246f.；――的主体　244；――的人格　247；――的世界　248, 256；――的責任　245；――的認識　244；――的判断　247；――哲学　254；――統計学　254；――の国　248；――の問題　244；――法則　244；――理論（哲学上の）　239
動物熱　57
動力学　57, 59, 62, 68, 192, 204, 222；ガリレイの――　174, 185
当量　176
独断論的宿命論　246
ド・ブロイの関係（運動量と波長のあいだの）　147
ド・ブロイ波　221

な　行

内含　224

二元的性質（波動性と粒子性の）　219
二元論　93, 97, 102, 131, 155, 183, 211, 233
ニュートン；――主義者　75, 192；――の自然理論　89；――の重力理論　127；――の体系　90；――の天文学　89；――力学　127
二律背反　105, 124, 233, 254, 257
認識　各所；科学的――　13, 30；機械論的な――　11；経験的――　16, 135, 244；経験的・因果的――　34；自然科学的――　9, 11f., 17, 40, 62, 66, 68, 135, 152；自然――　各所；真の――　11；シンボル的――　13；数学的――　19f.；哲学的――　66, 68, 237；道徳的――　244；――(Descartes にとっての)　186；――過程と――構造(自然科学の)　73；――原理　123；――構造　54；――の形　26；――の基本形式　122；――の試金石(Leibniz)　189；――批判　4, 41, 118, 121, 147, 161, 166；――批判的分析　73；――理論（自然科学上の）　12；物理学的――　各所
認識論　10, 15, 38, 50, 66, 68, 102, 108, 164, 171, 196, 226；経験的――　135；自然科学的――　155；批判的――　87；物理学と――　154, 234, 237, 277

熱　49, 91；動物――　57；――の運動論　49；――の仕事能力　91；――輻射　129-31；――平衡　130
熱伝導　49, 81, 92；――係数　94
熱力学　61, 130, 179；――第一法則　138；――第二法則　90f., 94-97, 107f.

は　行

場　43f., 128, 213；――の所産　44；――の物理学　181, 201；――の方程式（Maxwell）　80；――の理論　43, 46, 128, 157, 213
配位空間　217
倍数比例の法則（Dalton）　176
発見法的観点　64
波動　62, 130, 209, 217, 221, 226, 258；――関数　134, 231；――現象　61；――方程式（Schrödinger の）　152, 208
波動力学　56, 134, 163, 208, 217f., 221, 228, 231；――の統計的解釈　222
ハミルトンの原理　60f., 140
ハミルトンの公式　63
パラドックス（不確定性関係に付随する）　234；――（量子力学の本当の）　228
バルマー系列　144, 159, 211；――の公式　161
犯罪　255
判断表　88

非可逆過程　97
光　56, 59, 63, 130-32, 146, 221, 230；――と電気〔電磁波〕　56；――の電磁理論　132；――の伝播速度　56, 144；――の波動的性質と粒子的性質　230；――の放射　161f., 206
非可逆過程，非可逆性　91, 95
非決定性　145, 237
非決定論　108, 138f., 142, 225, 238, 246f., 251；物理学的――　251
比電荷（電子の）　220
必然　121；――性　93, 120f., 127；――的なもの　111, 120, 122
比熱　94, 131, 144
批判主義　227
批判的；――研究（Kant の）　35；――転換（Kant の）　24；――認識論　87；――分析　71, 77, 157, 166；――法則概念　172；――理論　195
微分可能性　196
微分方程式　205, 209f.；――（古典物理学の）　91, 214；――（Schrödingerの）　134, 218；――（d'Alembert の原理から導かれる）　193；――（量子力学の）　153；（電磁気学の）偏――　49
非ユークリッド幾何学　85, 199
ピュタゴラス学派　120, 201f., 206
ピュタゴラス的理論　205
ヒュームの（心理学的）分析　24, 26, 37

フェヒナー－ウエーバーの法則　41
フェルマーの（光学）原理　56, 61
不確定性　136f., 143, 148, 153, 238, 245；――関係　135-37, 145-48, 150-53, 157, 163f., 179, 215-17, 226, 228f., 230, 232-34
不可知論　156, 180
輻射　95, 132f., 208, 221；熱――　130f.；――のエネルギー　169；――場　95, 130；――法則（Planck の）　134, 144, 169, 205
不尽なるもの　202
物化　14, 172
物　質　43f., 53, 61f., 155f., 177, 181, 211；――（Kant の説）　219；――の概念　168；――の原子的性質　168；――の実体論的理論　43, 177；――の電気的構成　181；――の波動論（ド・ブロイ）　217
物理学　各所；巨視的――　106, 132, 145；精密――　51, 56f.；哲学と――　154f.；人間社会の――　255；場の――　181；微視的――　145；――上の存在　45；――的仮説　126；――的現実　167；――的（な）思惟　47, 65, 81, 197；――的実在　12, 163, 165；――的真理　44；――的世界（像）　42, 47, 59, 96, 136, 248f.；――的存在　163；――的認識　各所；――的判断　40；――と幾何学

188；――と認識論　154, 234, 237；――と無限小解析　193；――と倫理学　237f.；――における判断形成　41, 43；――の因果問題　39；――の概念形成　38, 41, 43, 104, 142, 145；――の学的事実　38；――の原理　59, 66；――の原理（唯名論的で合理論的な）　186；――の原理論　93；――の最新の発展　61；――の至上の法則　61；――の実験　52；――の主要な分野　179；――の真理価値　143;――の全体系の頂点　61;――の測定命題　44；――の体系　39, 44f.；――の認識過程　55;――の方法論　35；――の命題　40, 143, 233；――の問題設定　107；――の理論体系　78；――の歴史　38, 149, 162, 199；力学的――　201
普遍概念；心理学的――　29；物理学的――　29
普遍学(Descartes の)　186,（Leibniz の）　224
不変式論　165
普遍数学　186
普遍（的自然）定数　144, 171
不変なるもの　139, 199
ブラウン運動　95, 168
プランク定数　→作用量子，要素的
プランクの関係（エネルギーと振動数のあいだの）　147
フーリエの公式，フーリエの基礎方程式　49
フロギストン理論　176
分解的方法と合成的方法　100
分光学　172, 179
分散的方法（Bacon の）　58
分子　167；――数　171
分配的不変性（Leibniz）　114, 117

ヘラクレイトス的流れ　53
変分原理　83

ボイル－マリオットの公式，の法則　53, 103
放射性系列　140
放射性崩壊　140, 220
法則　各所；客観的――　118：経験的――72；社会的な――　257；心理的・身体的――　41；物理学の至上の――　61；――概念　42, 54, 84, 93, 103, 157-59, 171f., 258；――的秩序　76；法則論的――　126
法則性　27, 76, 79, 93, 99, 105, 125-27, 136, 147, 158, 171, 194f., 197f., 211, 239, 246, 249f.；偶然の――　118；――一般　127
法則命題　48, 50-53, 55, 66, 70, 73f., 77, 83, 85f., 104, 115, 131, 140, 153, 163, 181
本源的概念　188

ま　行

魔術的　119；――支配　14；――な因果性　119；――なるもの　14；――認識　14
マックスウェル；――の魔物　93；――の理論　80；――方程式（電気力学の）　92
マリオットの法則　100
マールブルク学派　4f.

無限小解析　190, 192f., 204；――の基礎づけ（Leibniz）　196；ライプニッツによる――　189
無限小と無限大　191
無限の精神　12
矛盾律　123
無理数　202；――の定義（Dedekind）　203；――の発見（Pythagoras による）　204

目的　241；――因　121；――の国　243
目的論；――的原理　122；――的考察　127；――的な仮定　211
モデル　170, 172；直観的――　162
モナド　21
モラル　239

や　行

唯心論　11, 186
唯物論　11, 169, 185；科学的――　169；――論争　11
唯物論的・機械論的思惟　11
唯名論　170
有限なる悟性と無限なる悟性　19

誘電率定数　104
ユークリッド幾何学　85, 89

陽子　144, 217, 219, 222
様相的原則（Kant）　73
予言，予測　77-80, 247；統計的——　139
四次元世界座標　61

ら　行

ライプニッツの体系　21, 190
ラヴォワジエ理論（燃焼についての）　57
落下法則（Galilei の）　101
ラプラス；——の（世界）公式　8, 10, 15, 17, 32-34, 77, 135；——の魔　7-9, 13, 15f., 33；——の理想　79

力学　53, 55-57, 60f. 69, 92, 113, 172, 179；質点——　64, 94, 208；世界——　43；——現象　43；——の（基本）原理　60, 175；流体——　79
力学的法則　93f., 97-99, 102, 108, 112, 114, 127, 142f., 246, 249, 254, 257f.
力学法則　60, 93f., 130, 141
力線　157, 213
力本説　186
理性の関心（Kant）　97, 102
理性の本性（Spinoza）　242
理性批判　96, 164
理想化　100, 113
理想気体　48, 53
理想的事例　100
立体求積法　204
リッツの結合律　161
リーマン幾何学　85
粒子（像）と波動（像）　183, 209, 219, 226, 228f., 258
粒子的性質（電子の）　217
粒子力学　216
流体力学，流体静力学・流体動力学　32, 79
流率法　192
理由を与える原理（Leibniz）　123
リュードベリ定数　161
量子　131；——化　133f., 211；——仮説　129-31, 160, 178, 196；——化の規則　134, 206；——原理　131, 164, 190；——条件　134；——数　132, 251；——統計　225, 252；——法則　131
量子力学　各所；——とエネルギー・運動量保存　139；——とエネルギー原理　138；——と決定性　152；——の一般的定式化　163；——の因果法則　152, 226；——の形成（Heisenberg による）　221；——の功績　178；——の出発点（Heisenberg による）　49；——の状態概念　228；——の手続き　144；——の統計的解釈　137；——の統計的性格　222；——の統計的予言　139；——の発展　103, 143；——のパラドックス　228；——の非決定論　139；——の本当の困難　225；——の問題状況　258；——の問題設定　232
量子論　各所；——が辿った歴史的過程　233；——的決定論　145；——と因果原理　135；——とエネルギー・運動量保存　147；——の一般原理　226；——の一般的問題　181；——の考え方　139；——の今日的問題　201；——の世界像　131；——の問題設定　135, 232；——の問題点　167
理論と経験の関係（実証主義での）　87
倫理学　各所；自然主義的——　241；哲学的——　239, 247；物理学と——　237f.；——的自由　238, 246f., 256；——的主体　246；——的世界　248f.；——の基礎づけ（Kant）　243；——の問題　238；——の歴史　239

類推原理，類推推論　197

歴史法則　257
錬金術　176
連想のメカニズム　29
連続；——概念　189, 193, 195；——関数　205, 208；——的な空間　200f.；——変数　208；——法則　205；——律　190f.；——量　202, 204, 208, 211

連続性　191, 194f., 205, 208, 211；関数の——　205；——のカテゴリー　199；——原理　189, 207, 211；——原理（Leibniz）　189-91, 197, 207；——と離散性　207f.；——の法則　194
連続体　203；実数の——　204；数——203；直観的——　203；——仮説　67

ロシュミット数　171
ロープ〔に吊るした水桶〕の実験　150
論証的悟性　16, 33
論理学　15, 78, 111, 122, 148, 177, 186, 189, 203, 224, 236；確率——　112；仮象の——　32；学校——　97, 103；古典——88, 116, 227；古典物理学の——　197；純粋——　203；真理の——　32；数理——　39；超越論的——　32, 199；伝統的——　148；発見の——　78；ミルの——　50；——的認識　164；——と認識論　15；——の新しい分野（Leibniz）111；——の世界　258

わ 行

惑星運動の法則　159

原　注

（〔　〕内は訳者の補い）

第１部　歴史的・予備的考察

（1）　Nernst, *Naturwissenschaften*, Bd. 10, 1922, S. 492 を見ていただきたい．

（2）　Otto Liebmann, *Zur Analysis der Wirklichkeit*, 2. Aufl. Strassburg 1880, S. 205.

（3）　Emil du Bois-Reymond, *Über die Grenzen des Naturerkennens*, Reden, Erste Folge, Lpz. 1886, S. 114〔『自然認識の限界について・宇宙の七つの謎』（坂田徳男訳，岩波文庫）p. 39〕.

（4）　より詳細な基礎づけについては，拙稿 “Sprache und Mythos”（*Studien der Bibl. Warburg* VI）, Leipzig 1924〔カッシーラー『言語と神話』（岡三郎・岡富美子訳，国文社）〕，および，拙著 *Philosophie der symbolischen Formen*, Bd. I-III, Berlin 1923ff.〔カッシーラー『シンボル形式の哲学（1）-（4）』木田元・生松敬三・村岡晋一訳，岩波文庫〕を参照していただきたい．

（5）　Paul du Bois-Reymond, *Über die Grundlagen der Erkenntnis in den exakten Wissenschaften*〔原注ではどちらの版でも書名はなく a. a. O（前掲書）とあるがこれは誤り〕, Tübingen 1890, Abschn. VIII.

（6）　v. Mises, “Über das naturwissenschaftliche Weltbild der Gegenwart,” *Naturwissenschaften*, Bd. 18, 1930, S. 892.

（7）　私自身この証明を，「古典物理学」の立場から，拙著 *Substanzbegriff und Funktionsbegriff*, Berlin 1910 で行なおうと試みた．とくに S. 162ff. および，S. 219ff. を参照していただきたい〔カッシーラー『実体概念と関数概念』（山本義隆訳，みすず書房）p. 142ff. および p. 189ff.〕.

（8）　Leibniz, “Von dem Verhängnisse,” *Hauptschriften*, ed. Cassirer-Buchenau, Bd. II, S. 129.

（9）　Kepler, *Mysterium Cosmographicum*, 第２版（1621）へのケプラーの自注，*Opera*, ed. Frisch, I, 136.〔*Johannes Kepler Gesammelte Werke*, Bd. 8, S. 62.〕

（10）　Galilei, *Dialogo supra i due massimi sistemi del mondo*, Ediz. nationale VII, 129〔『天文対話』（青木靖三訳，岩波文庫）（上）p. 159f.〕ガリレイにたいする告訴のさいに大きな役割を担った，歴史的にも重要なこの点について，より詳しくは拙稿 “Individuum und Kosmos in der Philosophie der Renaissance,” *Studien der Bibl. Warburg*, X, S. 171f.〔カッシーラー『個と宇宙』（薗田坦訳，名古屋大学出版会）p. 204〕参照．

（11）　この点についてはライプニッツとデ・フォルダーの往復書簡，とくに Leibniz 書

簡1704年1月21日，*Philosoph. Schriften* (Gerhardt) II, S. 261ff., *Hauptschriften* (Ausg. Cassirer) II, S. 334ff.〔『ライプニッツ著作集（9）後期哲学』（佐々木能章訳，工作舎）p. 109ff., 引用は p. 115〕参照.

（12） Leibniz の Arnauld 宛書簡，「私は，強調点しか違わないけれども，真に一個の存在ではないものは，もはや一個の存在ではないというこの自同律を公理と考えます.」*Philosoph. Schriften* (Gerhardt) II, S. 97. *Hauptschriften* (Cassirer-Buchenau) II, S. 223 参照〔『ライプニッツ著作集（8）前期哲学』（竹田篤司訳，工作舎）p. 330〕.

（13） Hume, *Treatise of human Nature*, Book I, Part III, Sect. VIII〔『人性論（1）』（大槻春彦訳，岩波文庫）p. 170〕.

（14） Kant, *Krit. d. r. Vernunft*, 2. Aufl., S. 252 (Ausg. Cassirer III, 186)〔『純粋理性批判』（篠田英雄訳，岩波文庫）上 p. 282. 訳文は，以下の引用を含め，厳密には篠田訳にはとらわれていない〕.

（15） Kant, *Prolegomena*, §27〔『プロレゴメナ』（篠田英雄訳，岩波文庫）p. 125〕参照.

（16） *Krit. d. r. Vernunft*, 2. Aufl., S. 25 (Ausg. Cassirer III, 49)〔岩波文庫，上 p. 79〕.

（17） Kant, *Ibid.*, S. 263f. (*ibid.*, III, 193f.)〔同，上 p. 292f.〕.

（18） *Ibid.*, S. 523 (*ibid.*, III, 352)〔同，中 p. 172〕.

（19） *Ibid.*, 1. Aufl., S. 100 (*ibid.*, III, 613)〔同，下 p. 151〕.

（20） ここで意図していることは，カントの因果性の理論の完全に歴史的な分析についてではない．ここでは，昨今の議論に照して重要なひとつの契機のみが強調されるであろう．他方，前者の課題については，以前の著書，*Das Erkenntnisproblem*, Bd. II〔『認識問題 2』全2巻（須田朗・宮武昭・村岡晋一訳，みすず書房)〕，および *Kants Leben und Lehre*, Berlin 1918〔『カントの生涯と学説』（門脇卓爾・高橋昭二・浜田義文監修，みすず書房)〕を参照していただきたい.

（21） Hume, *Treatise of human Nature*, Book I, Pt. III, Sect. II〔岩波文庫（1）p. 128f.〕.

（22） *Krit. d. r. Vernunft*, 2. Aufl., S. 88 (Ausg. Cassirer III, 88)〔岩波文庫，上 p. 135〕.

（23） 「制限（Restriktion)」および「現実化（Realisation)」については，とくに *ibid.*, S. 185 (*ibid.*, III, S. 146f.)〔同，上 p. 221f.〕参照.

（24） *Ibid.*, S. 311 (*ibid.*, IV, 222)〔同，上 p. 334〕.

（25） *Ibid.*, S. 672 (*ibid.*, III, 441)〔同，中 p. 306f.〕.

（26） *Ibid.*, S. 621 (*ibid.*, III, 410)〔同，中 p. 260〕.

第2部　古典物理学の因果原理

（1） ラッセルの〈タイプ理論〉については，*Principia Mathematica*, Cambridge 1910, I, p. 39f., 168ff.〔『プリンキピア・マテマティカ序論』（岡本賢吾・戸田山和久・加地大介訳，哲学書房）p. 128ff.〕および *Introduction to Mathematical Philosophy*, 2. ed., London 1920, p. 135ff.〔『数理哲学序説』（平野智治訳，岩波文庫）p. 177ff.〕を，また，「異なる層に属すること（Sphärenfremdheit)」および「層の混同（Sphärenvermengung)」の概念については，Carnap, *Der logische Aufbau der Welt*, Berlin 1928, §

29, 30 を参照していただきたい．

(2)　この〔自然科学の概念形成の〕問題については，拙著 *Substanzbegriff und Funktionsbegriff*〔注 1-7〕，Kap. IV における以前の論述を参照していただきたい．この主題についての最近の文献のうちでは，とくに R. Carnap の著書 *Physikalische Begriffsbildung*, Karlsruhe 1926, および H. Weyl の説明, *Philosophie der Mathematik und Naturwissenschaft* (*Handbuch der Philosophie*) 1926, S. 106ff.〔『数学と自然科学の哲学』（菅原正夫・下村寅太郎・森繁雄訳，岩波書店）p. 159ff.〕を挙げておく．

(3)　Spencer, *Principles of Psychology*, London 1870, I, § 164.

(4)　より詳しくは O. Wiener, *Die Erweiterung der Sinne*, Leipzig 1900, および E. Mach, *Erkenntnis und Irrtum*, Lpz. 1905, S. 144f. 参照.

(5)　Eddington の用いた表現，彼の著書 *The Nature of the physical World* の序文，独訳版, Braunschweig 1931, S. 6ff.〔原典，Cambridge University Press, p. xvi〕参照.

(6)　物質の実体理論から場の理論へのこの移行については，H. Weyl が彼の論文 “Was ist Materie? Zwei Aufsätze zur Naturphilosophie,” Berlin 1924 で行なっている，歴史的観点からも体系的観点からも同様に啓発的な説明を参照していただきたい〔本論文は “Mathematische Analyse des Raumproblem” と合本になって Wissenschaftliche Buchgesellschaft (1963) より出されている〕.

(7)　Weyl, *ibid.*, S. 42f. 参照〔「ヒルベルトの言葉……」を含め，「場の理論においては……表される」まで，すべて Weyl からの引用〕.

(8)　Anaxagoras (Diels 46, B.), Fragm. 6 und 8〔『初期ギリシア哲学者断片集』（山本光雄訳，岩波書店）p. 66〕.

(9)　より詳しくは，Max Dessoir 編，*Lehrbuch der Philosophie*, I, 59ff. にあるギリシャ哲学についての私〔カッシーラー〕の説明を見ていただきたい．

(10)　Fourier の熱理論の内容とその歴史的発展については Mach, *Die Prinzipien der Wärmelehre*, Leipzig 1896, S. 82ff.〔『熱学の諸原理』（高田誠二訳・解説，東海大学出版会）p. 83ff.〕を見ていただきたい．また Auerbach, *Entwicklungsgeschichte der modernen Physik*, Berlin 1923, S. 92ff. 参照.

(11)　Nernst, “Zum Gültigkeitsbereich der Naturgesetze,” *Naturwissenschaften*, Bd. 10, 1922, S. 489.

(12)　J. S. Mill, *A System of Logic, Ratiocinative and Inductive*, Book III, Ch. III, 7th ed., London 1868, p. 342f.〔『論理学体系 (3)』（大関将一・小林篤郎訳，春秋社）p. 46〕.

(13)　Galilei, *Opere*, ed. Albèri, XII. 513.

(14)　この点については，たとえば Carnap, *Der logische Aufbau der Welt*, §37 参照.

(15)　Maxwell, *Substanz und Bewegung*, Art. XIX, 独訳版，Braunschweig 1881, S. 14f.〔原典 Matter and Motion, 1877 (1925 reprint 版), p. 12〕，Painlevé, “Mécanique,” 論文集 *De la méthode dans les sciences*, Paris (Alcan) 1909 所収，p. 371sq.

(16)　Schlick, “Die Kausalität in der gegenwärtigen Physik,” *Naturwissenschaften* Bd. 19, 1931, S. 148 参照.

(17)　この原理については，後述，p. 149 以下を見ていただきたい．

(18) 帰納と因果性についての一般理論にとっての「マックスウェルの原理」の意義については，私はすでに以前に指摘しておいた．*Substanzbegriff und Funktionsbegriff*, 1910. S. 330ff.〔邦訳（注 1-7）p. 290ff.〕．しかし私の見るところでは，その主題についての昨今の議論では，その原理の重要性が十分に認められてもいないし，評価されてもいない．この点では，ケインズだけが例外のようである．彼は著書『確率論』で帰納の問題を論ずるにあたって，マックスウェルの基本思想をあらためて取り上げている．彼は，「自然の斉一性の原理」のなかに，時間と空間における位置の単なる区別はいかなる因果的規定根拠をも含み得ないことの，すなわち「時間と空間における〈単なる〉位置は，決定要因として他のいかなる性質にも影響を及ぼすことはあり得ない」ということの，方法上の信念の表現以外のものを認めていない．「ある瞬間について真なることの一般化は，それにたいして空間と時間内の位置〈だけ〉しか異ならない他の瞬間についても真でなければならない．」Keynes, *A Treatise on Probability*, London 1921, p. 255f. 参照〔『ケインズ全集　第 8 巻　確率論』（佐藤隆三訳，東洋経済新報社）p. 296f.. 訳文はこれにはよらない〕．

(19) A. Voss, “Die Prinzipien der rationalen Mechanik,” *Enzyklop. d. Math. Wissensch.* IV, 1, S. 57.

(20) Mayer の Griesinger 宛 1844 年 6 月 16 日付書簡；*Schriften u. Briefe*, Weyrauch 編, Stuttg. 1893, S. 213 参照のこと．

(21) L. Königsberger, *Helmholtz*, Braunschweig 1902, I. 87.

(22) Mach, *Prinzipien d. Wärmelehre*, S. 252, 248〔邦訳（注 2-10）pp. 252, 248〕.

(23) Goethe, *Zur Farbenlehre, Histor. Teil*, Weimar Ausg., Abt. II, Bd. 3, S. 236, 246f.〔『色彩論――色彩学の歴史』（菊池栄一訳，岩波文庫）pp. 147, 156〕.

(24) Mayer の Griesinger 宛 1842 年 12 月 5・6 日付書簡；*Schriften u. Briefe*, Weyrauch 編, S. 194.

(25) この論文は，断片として残されているもので，ライプニッツ自身によっては公表されなかったものであり，現在では Gerhardt 編，*Leibniz' Mathematischen Schriften*, 2. Abteil., Bd. II, S. 281ff. に見出される．

(26) とくに，ケーニヒ〔ハーグの教授〕が 1751 年に公表し，その公表によって〔最小作用の原理の発見の先取権をめぐる〕モウペルチュイおよびベルリン・アカデミーとの周知の論争がもたらされた〔ライプニッツの〕書簡を参照のこと．この書簡が本物だということについては，Helmholtz の論述，“Zur Geschichite des Prinzips der kleinsten Aktion,” 1887, *Wiss. Abhandl.* III, 249ff. 参照．さらにまた，Couturat, *La Logique de Leibniz*, Paris 1901, note XVI, p. 577sq. を見よ．その書簡は，実際には，ケーニヒが信じたようにバーゼルの数学者ヘルマンに宛てたものではなく，ヴァリニョンとの交換書簡に属している．この点についてより詳しくは，Gerhardt, *Sitzungsberichte der Akad. d. Wiss. zu Berlin*, 1898 年 6 月 23 日，および私が編集した *Leibniz' Hauptschriften, Philos. Bibl.* Bd. 108, II, 24 を見ていただきたい．

(27) モウペルチュイの定式化は，最初は 1744 年にパリ・アカデミーにおいて発表され，のちにベルリン・アカデミーの論文集と彼の “Essai de Cosmologie”（*Oeuvres*,

Lyon 1756, I, p. 3sq.）において論じられている．これらについてより詳しくは，拙著 *Das Erkenntnisproblem*, 2. Aufl., II, S. 424ff.〔邦訳（注 1-20）2, p. 28ff.〕を参照していただきたい．

(28) ラグランジュの導出については Helmholtz, a. a. O., *Wiss. Abbadl.* III, 257ff. を見ていただきたい．

(29) Lagrange, *Mécanique analytique*, Seconde Partie, Sect. première-17（*Oeuvres*, ed. Serret, Paris 1888, XI, 261f.）〔Albert Blanchard 1965 版，p. 229. また，この部分の邦訳はフィールツ『力学の発展史』（喜多秀次・田村松平訳，みすず書房）の付録に収録されている．p. 154f.〕.

(30) この講演は Helmholtz の生前には印刷されることがなく，また彼の *Wissenschftl. Abhandlungen* にも収録されていない．それは後になって，Harnack により彼のベルリン・アカデミーの歴史〔*Geschichite der Königlich preussischen Akademie der Wissenschaft*, 1900〕の第 2 巻で公にされた（その S. 287 参照）.

(31) Helmholtz, "Die physikal. Bedeutung des Prinzips der kleinsten Wirkung," *Wissenschftl. Abhandlungen*, Lpz. 1895, III. 210.

(32) Planck, *Kultur der Gegenwart*, 1915；現在では *Physikalische Rundblicke*, Lpz. 1922, S. 117f. 所収〔『現代物理学の思想（上）』（田中加夫・浜田貞時・河井徳治訳，法律文化社）所収，p. 139〕.

(33) Planck, "Die Stellung der neueren Physik zur mechanischen Naturanschauung (1910)," *Physikalische Rundblicke*, S. 58〔同上，p. 86〕.

(34) Einstein, "Die Grundlage der allgemeinen Relativitätstheorie (1916)," §15〔『アインシュタイン選集（2）』（内山龍雄訳，共立出版）所収「一般相対性理論の基礎」〕参照.

(35) より詳しくは，Schrödinger, *Vier Vorlesungen über Wellenmechanik*, Berlin 1928, Erste Vorles., および de Broglie, *Einführung in die Wellenmechanik*, Lpz. 1929, Kap. 3〔原典 *Introduction à l'étude de la mécanique ondulatoire* (Paris, 1929)，邦訳『波動力学』（渡辺慧訳，岩波書店）〕.

(36) Planck, *Physikalische Rundblicke*, S. 114 参照〔邦訳（注 2-32）p. 135. プランクが引いているポアソンの言葉の出典は *Traité de mécanique* (Paris 1835) seconde partie, § 573 より．ただし使っている用語からして，プランクは独訳版 *Lehrebuch der Mechanik*, 2. Theil (Berlin 1836) を見たものと思われる〕.

(37) Euler, "Harmonie entre les principes généraux de repos et de mouvement de M. de Maupertuis," *Berliner Akademie* 1751.

(38) より詳しくは最小作用の原理の歴史についての Helmholtz の講演（Harnack によるもの〔注 2-30〕II, 293）にあり．

(39) Helmholtz, *Wiss. Abhandl.* III, 203ff.

(40) この契機とその認識論上の意義については，とくに Adolf Kneser がその論文 "Das Prinzip der kleinsten Wirkung von Leibniz bis zur Gegenwart"（R. Hönigswald 編，*Wissensch. Grundfragen*, IX とくに S. 29f.）で指摘している．

(41) Heinrich Hertz, *Prinzipien der Mechanik*, S. 20〔『力学原理』(上川友好訳，東海大学出版会）p. 35. ただし原文の einer Entdeckung bedürfte die Erkenntnis, das... が上川訳では「発見には，……認識が必要であった」とあるが，einer Entdeckung は目的格，die Erkenntnis が主格であるから，それは誤訳で，「……認識には，ひとつの発見を必要とした」としなければいけない〕.

(42) F. Bacon, "Redargutio philosophiarum"（*Works* ed. Ellis & Spedding III. 581).

(43) Mill, *System of Logic*, B. II, Ch. 3, §3 (I, 207f.)〔『論理学体系（2)』(大関将一訳，春秋社）p. 62〕.

(44) Clarke との往復書簡，第 3 書簡，§17, *Hauptschriften* (Ausg, Cassirer) I, 139; また第 4 書簡，§45 (*Hauptschr*. I, 152) 参照〔『ライプニッツ著作集（9)』(米山優・佐々木能章訳，工作舎）pp. 291, 310,『ライプニッツ論文集』(薗田義道訳，日清堂）pp. 66, 87〕; さらにまた *Hauptschr*, II, 218, 281 および Hartsoeker 宛 1711 年 2 月 6 日付書簡 *Philos. Schriften* (Gerhardt) III, 518 を見ていただきたい．慣性の法則を普遍的な因果律の直接的な系と見なし，それを因果律から導き出す試みは，その後にもくりかえしなされた．この点については，たとえば Schopenhauer, *Über die vierfache Wurzel des Satzes vom zureichenden Grunde* および Apelt, *Theorie der Induktion* (1854) S. 60f., 93ff. を参照していただきたい．

(45) より詳しくは Emil Wohlwill, "Die Entdeckng des Beharrungsgesetzes," *Zeitschr. f. Völkerpsychol.*, XIV u. XV (1883-84) 参照.

(46) Hertz は，「最小束縛の原理」という Gauss によるその原理の命名に関連して次のように書き記している．「たしかにその手の暗示（Seitenblick）は殊のほか人を魅するものであり，ガウス自身，彼の美しい……発見に関連して嬉々としてそのことを強調しているが，その喜びは，あながち不当とはいえない．しかしながらそれでも我々は，その魅力が神秘的なものとの戯れにすぎないことを認めなければならず，我々自身は，その種のなかば暗黙のほのめかしによって世界の謎を解くことができるなどとは，真面目には信じないのである.」*Prinzipien der Mechanik*, S. 38〔邦訳（注 2-41）p. 48〕.

(47) Petzold, *Maxima, Minima und Oekonomie*, Altenburg 1891, S. 12ff.

(48) Mach, *Die Mechanik in ihrer Entwicklung*, Kap. 3〔『マッハ力学』(伏見譲訳，講談社）p. 354f.,『マッハ力学史　下』(岩野秀明訳，ちくま学芸文庫）p. 146〕.

(49) Mach, "Die ökonomische Natur der physikal. Forschung," *Populärwissensch. Vorlesungen*, 2. Aufl., 1892, S. 221〔『認識の分析』廣松渉・加藤尚武編訳，法政大学出版局）p. 41〕.

(50) Kant, *Krit. d. r. Vern.*, 2. Aufl. S. 167 (Cassirer, III, 136)〔岩波文庫（上）p. 207〕.

(51) *Ibid.*, S. 273 (*ibid.*, II, 199)〔同，p. 301〕.

(52) 因果性は一個の「法則」であるというよりは，むしろ，法則を語るための一個の「観点」であるという見解に関しては，私は R. Hönigswald に同意する．彼の論文 "Kausalität und Physik," *Sitzungsber. der Akad. der Wiss. in Berlin*, Phys.-math. Klasse, 1933, XVII, S. 568ff. 参照．このことから，普遍的因果律は物理学の客観的〈理論

内容（Lehrgehalts)〉の記述には入り込む必要はないということ，実際それはその中に入り込むことができないということが，明らかにされる．しかしこの事情は，だからといって因果律が実りなきものであるとか，なくても構わないものであるというような――しばしば見掛けられる――結論を導くのに役立つものではない．「決定論」の問題についての議論でエディントンは，現代物理学は最終的に決定論を見捨て始めたということの証明として，ディラックの『量子力学』のような著作では「因果原理」がもはやどこにも特殊な公理としては言及されていない，ということを挙げている（Eddington, *New Pathways in Science*, Cambridge, 1935, p. 81）．しかしこの議論は，明らかに根拠が薄弱である．というのも，上述の方法上の事情からして，古典物理学の思考世界の内部でさえも，通常，因果律が特定の「定理」として，物理学の「学説」の一部として〈明示的に〉現れることはないからである．このように因果律は，現代物理学の記述においてのみならず，ニュートンやオイラーやダランベールやラグランジュによる旧来の「古典物理学の」体系においても，やはり姿を見せないのである．

(53)　Königsberger, *Helmholtz*, II, 246 参照.

(54)　Helmholtz, “Die Tatsachen in der Wahrnehmung（1878),” *Vorträge und Reden*, 4. Aufl., Braunschweig 1896, II, S. 240ff.. *Handbuch der Physiolog. Optik*, 2. Aufl., 1896, II. S. 5911ff. をも参照のこと．

(55)　Schlick, “Die Kausalität in der gegenwärtigen Physik,” *Naturwissenschaften* Bd. 19, 1931, S. 150f. を見よ．

(56)　Bacon, *Novum Organum*, Lib. II, Aphor. IV〔原注では，どちらの版でも *Novum Organon* と誤記されている．邦訳『世界の大思想（6）ベーコン』（河出書房新社）所収『ノヴム・オルガヌム』（服部英次郎訳）p. 297〕.

(57)　Bacon, *Cogitata et Visa, Opera omnia*, Lips. 1694, fol. 593.

(58)　Helmholtz, *Über die Erhaltung der Kraft, Vortragszyklus* 1862, *Vorträge u. Reden*, I, 191.

(59)　この点については Ph. Frank の説明，*Das Kausalgesetz und seine Grenzen*, Wien 1932, S. 41ff. を見よ．

(60)　Planck, “Die Kausalität in der Nature,” *Wege zur physikal. Erkenntnis*, Leipzig 1933, S. 236〔『現代物理学の思想（下)』（田中加夫・浜田貞時・福島正彦・河井徳治訳，法律文化社）p. 98〕．因果法則それ自体と「その適用可能性の標識」とは区別されなければならないということは，最近になって，Grete Hermann, *Die naturphilosophischen Grundlagen der Quantenmechanik*, Berlin 1935, S. 50ff. によっても強調されている．しかしそこでは――私には不当に見えるけれども――少なくとも〈古典〉物理学の領域にたいしては，「因果性」と「予測可能性」はまだ完全に一致していて，量子論が初めて両者を分離する認識論上の必然性を示したのだと，仮定されている（a. a. O., S. 11ff. 参照)．

(61)　Hertz, “Über die Beziehungen zwischen Licht und Elektrizität,” *Ges. Werke*, I. 344.

(62)　前述，p. 49 を見よ．

(63)　この観点は，たとえば Schlick によって主張されている．a. a. O., *Naturwissensch.*,

Bd. 19, 1931, S. 148.

(64) Kepler, *Mysterium Cosmographicum* (1596), Cap. I; *Opera* (ed. Frisch), I, 113〔*Johannes Kepler Gesammelte Werke*, Bd. 1, S. 16,『宇宙の神秘』(大槻真一郎・岸本良彦訳，工作舎) p. 50〕.

(65) 現代の研究者のなかでは，とくにヘルマン・ワイルが，「単純性」の要求の意義を強調している.「自然が厳密な法則で支配されているという主張は，それが数学的に単純な法則によって支配されているという主張を付け加えなければ，まったくの無内容である. ……この単純性という作業原理は検証によく耐えていることを認めなければならない. 驚くべきことは，自然法則が存在するということではなく，分析がさらに進み，その細部がより精密化されるに応じて，現象が還元される要素がより洗練され，基本的関係は――当初予測されていたよりも複雑になることはなく――より単純化され，しかも現実の出来事をより精密に記述することである.」Weyl, *The Open World*, New Haven 1932, p. 40f.

(66) Hilbert, "Axiomatisches Denken," *Mathematische Annalen*, 1917, S. 415〔『世界の名著 (66) 現代の科学 II』(中央公論社所収，「公理的思考」静間良次訳) p. 206〕.

(67) 「理論関数 (doctrinal functions)」の理論については，とくに Cassius J. Keyser, *Mathematical Philosophy*, New York 1922, Lecture III を参照していただきたい.

(68) Mach, *Die Geschichite und die Wurzel des Satzes von der Erhaltung der Arbeit*, S. 31.

(69) Mach, "Über Umbildung und Anpassung im naturwissenschaftlichen Denken," *Popul. Wiss. Vorlesungen*, S. 237ff. 参照のこと.

(70) 「単純性」の要求は，物理学の〈公理的〉部分に関連づけることもできるし，さもなければ現象と物理学〔理論〕との対応づけに，したがって物理学の〈記述的〉部分に関連づけることもできるということについては，とくに R. Carnap, "Über die Aufgabe der Physik," *Kant Studien*, Bd. 28, 1923, S. 90ff. が適切に論じている.

第 3 部　因果性と確率

(1) Kant, *Krit, d. r. Vern.*, 2. Aufl., S. 790 (Cassirer III, 514)〔岩波文庫 (下) p. 60〕.

(2) Kant, *Metaphys. Anfangsgründe der Naturwiss.*; *Werke* (Ausg. Cassirer), IV, 371〔『カント全集　第 10 巻』(理想社，高峯一愚訳) p. 198〕.

(3) Einstein, *Über die spezielle und allgemeine Relativitätstheorie*, §19〔『わが相対性理論』(金子務訳，白揚社)〕.

(4) Boltzmann, *Vorlesungen über Gastheorie*, §9, Teil I, Leipzig 1896, S. 60.

(5) このことに関してより詳しくは，Boltzmann の論文 "Statistische Mechanik," *Populäre Schriften*, Lpz. 1905, S. 345ff., および Max v. Laue の論文 "Statistische Physik," *Handwörterb. der Naturwissenschaften*, 2. Aufl., IX. S. 537ff. を見ていただきたい.

(6) Boltzmann, *Vorlesungen über Gastheorie*, II, §87, S. 251ff. 参照.

(7) その詳しい内容については，私たちの一般的な問題にとっては本質的ではないのでここでは立ち入ることはしない. その点にたいしては，Max v. Laue の "Statistische

Physik"（注 3-5）の簡潔で包括的な記述を挙げておこう.

(8)　シュレーディンガーのこのチューリヒ就任講義の講義録は，後に *Naturwissenschaften*, Bd. 17, September 1929 に掲載された．また現在では，論文集 *Science and the human Temperament*, London 1935, p. 107ff. に英訳で収録されている.

(9)　Planck, *Wege zur physikal. Erkenntnis*, Leipzig 1933, S. 15〔「物理学的世界像の統一」，注 2-32, p. 51 または注 2-66, p. 110〕.

(10)　Kant, *Krit. d. r. Vern.*, 2. Aufl., S. 682f. (Ausg. Cassirer III, 448)〔岩波文庫（中）p. 316-326〕．また *Kritik der Urteilskraft*, Einleitung V (Ausg. Cassirer V, 251)〔『判断力批判（上）』（篠田英雄訳，岩波文庫)〕参照.

(11)　Exner, *Vorles. über die physikalischen Grundlagen der Naturwissenschaften*, Wien 1919, 86. u. 87 Vorles., S. 647ff..

(12)　Galilei の Carcaville 宛書簡（*Opere*, Albéri）VII, 156f.「私は，仮定にもとづき（*ex suppositione*)，静止状態から動き始め，加速され，速度を時間に正比例して増加させてゆく，一点に向かう運動を想定し，このような運動から私は，多くの現象を争う余地なく証明しました．ついで私は，これらの現象の正しさが自然にある落下物体において見出されるということが経験により示されたならば，私たちは，それが私によって定義され仮定された運動と同一のものであるということを，間違いなく断定できると，付け加えます．そうでなかったとしても，私の仮定にもとづく私の証明は，その効力と確かさを失なうものではありません．それは，螺旋についてアルキメデスによって証明された結論が，自然にはそのような螺旋運動を行なう物体が見出されないからといって，傷がつくことが決してないのと同様であります.」

(13)　Mach, *Erkenntnis und Irrtum*, S. 189.

(14)　前述，p. 84 参照.

(15)　Kant, *Krit. d. r. Vern.*〔岩波文庫（中）pp. 314, 317〕，前述，p. 96f. 参照.

(16)　「古典的な」確率の定義の批判については，とくに R. v. Mises, *Wahrscheinlichkeit, Statistik und Wahrheit*, Wien 1928, S. 61ff. 参照.

(17)　Kaila, "Die Prinzipien der Wahrscheinlichkeitslogik" (*Annales Univers, Fennicae Aboensis*, Turku 1926), S. 32f. からの引用.

(18)　Keynes, *A Treatise on Probability*, London 1921, S. 4ff.〔『ケインズ全集　第 8 巻　確率論』（注 2-18)，p. 4，引用中〔……〕以下は p. 6．訳文はこれによらない〕.

(19)　最近の文献のなかでは，このような理解はたとえばシュトゥンプによって主張されている．Stumpf の論文 "Über den Begriff der mathematischen Wahrscheinlichkeit," *Sitzungsberichte der Königlich Bayerischen Akad. der Wissensch.*, Philos. -histor. Klasse 1892 参照.

(20)　Ellis, "On the Foundations of the Theory of Probabilities," 1842 (Keynes, a. a. O., p. 85 からの引用)．「非充足理由律」の批判については，とくに v. Kries, *Die Prinzipien der Wahrscheinlichkeitsrechnung*, Freiburg i./B. 1886, および *Logik*, Tübingen 1916, S. 595ff. 参照.

(21)　Smoluchowski, "Über den Begriff des Zufalls und den Ursprung der Wahrscheinlich-

keitsgesetze in der Physik," *Naturwissenschaften*, Bd. 6, 1918, S. 253ff..

(22) 他ならぬこの根拠からして私には，統計的命題においては，対象の判断ないし現実の判断（Gegenstands- oder Sachverhalts-Urteil）のかわりに，対象に「ついての」単なる主観的ないし「反省的」意見（Meinung）だけが見られるという命題は，成り立たないように思われる．実際，たとえばFritz Medicusは，「ごく最近の物理学は，自由の観念の哲学的理解にとってどのような意義を有しているのか」を確定しようと試みたその著書 *Die Freiheit des Willens und ihre Grenzen*（1925）において，統計的思考は「主観的反省の織り合わされたもの」以外のものではないと説いている．すなわち「統計は，すべてを，それによっては何ものも対象として捉えられていないにもかかわらず，対象として扱う．そのなかにはいかなる〈現実〉認識もない．統計的法則は，単なる反省によって限られた抽象の範囲内につねに留まっている．統計的判断は「客観的」には妥当しない，つまり，対象的実在については妥当しない．それが妥当するのは思考上の操作によって創り出された形象についてのみである．（a. a. O., S. 98f.）」もしもこの結論が正しいのだとすれば，統計の一切の〈自然科学的〉使用は根拠をなくするように，私には思われる．というのも，自然科学的使用は，その主張にたいして「客観的妥当性」をつねに要求しなければならないからである．

(23) これについてはReichenbach, "Kausalität und Wahrscheinlichkeit," *Erkenntnis* 1, 1930/31, S. 158ff. を参照してもらいたい．

(24) ライプニッツが，20歳のときに，論文"De arte combinatoria (1666)"で次のように語っているのは，ほとんど，気体運動論および統計物理学の予言のように響く．「この結合によって，幾何学が無数の新しい定理でもって豊かにされるばかりではない．これは（大きなものが，原子あるいは分子と呼ぼうとも，ともかくも小さなものから構成されるのであれば）自然の秘密に分け入る唯一の方法なのである．」（*Opera philosophica*, ed. J. E. Erdmann, Berlin, S. 19）〔この論文は『ライプニッツ著作集（9）』（工作舎）に抄訳が収録されているが，該当部分は訳出されていない〕．

(25) このことにかんしてはv. Mises, *Wahrscheinlichkeit, Statistik und Wahrheit*, とくにS. 30ff. を参照のこと．

(26) v. Mises, *ibid.*, S. 8ff., 16ff., 111f., またとくに"Über kausale und statistische Gesetzmässigkeit in der Physik," *Erkenntnis*, 1, 1930/31, S. 189ff. を参照のこと．

(27) 前述，注3-12参照．

(28) Leibniz, *Philos. Schriften* (Gerhardt) IV, 160ff. を参照のこと．現代論理学では，単なる集計的普遍性と分配的普遍性の厳密な区別は，とくにフッサールにより強調されている．「A一般（*das A*）という形式とすべてのA（*alle A*）という形式は同義ではない．この両者の相違は「単に文法的な」〔……〕相違ではない．それらは本質的な意味の相違を表現する〈論理的に〉異なる形式である．」Husserl, *Logische Untersuchungen*, II, S. 148〔『論理学研究2』（立松弘孝・松井良和・赤松宏訳，みすず書房）p. 166〕．

(29) そういうわけで，たとえばKarl Popperは「極限値公理」を「再現可能な規則性

の効果を決して偶然事の累積として説明しないという方法論的決定」で置き換えようとしている. *Logik der Forschung*, S. 128ff.〔『科学的発見の論理（上）』（大内義一・森博訳, 恒星社厚生閣）p. 194ff. 引用は p. 249〕.

（30） Reichenbach, "Philosophische Kritik der Wahrscheinlichkeitsrechnung" および "Die physikalischen Voraussetzungen der Wahrscheinlichkeitsrechnung," *Naturwissenschaften*, Bd. 8, 1920, S. 46ff., 146ff. を参照のこと. また "Wahrscheinlichkeitslogik," *Sitzungsber. der Berliner Akad.*, Phisik. -math. Klasse, 1932, S. 476ff. を見よ.

（31） *Der Begriff der Wahrscheinlichkeit für die mathematische Darstellung der Wirklichkeit*, I-D., Erlangen 1916, S. 26, 45ff., 61ff..

（32） Reichenbach, "Kausalität und Wahrscheinlichkeit," *Erkenntnis* 1, 1930/31; S. 169ff., 187 を見よ.

（33） Hume, *Enquiry concerning human Understanding*, IV, part 2（また因果律の「思惟の強制」からの導出にたいするカントの不同意については, 前述, p. 72 を参照）.

（34） v. Kries, *Logik*, S. 409, 426.

（35） この点についてより詳しくは, 拙著 *Philosophie der symbolischen Formen*, Bd. II（*Das mythische Denken*〔注 1-4〕）を, また Lévy-Bruhl, *La Mentalité primitive* による豊富な素材を参照していただきたい.

（36）「すべての推論には二つの主要な原理がある. すなわち矛盾律と……理由を与える原理〔充足理由律〕であり, 後者はすべての真理には理由を与えることができるということであり, 一般には, 何事も原因がなければ生じないと言われている. この〔後者の〕原理は, 代数学と幾何学ではなくても困らないが, 力学と自然学では必要とされる.」Leibniz, *Philosophische Schriften* (Gerhardt) VII, 309.

（37） Kant, *Krit. d. r. Ver.* 2. Aufl. S. 764 (Cassirer III, 499)〔岩波文庫（下）p. 37〕.

（38） Smoluchowski, "Über den Begriff des Zufalls und den Ursprung der Wahrscheinlichkeitsgesetze in der Physik," *Naturwissensch.*, Bd. 6, 1918, S. 253ff. を参照のこと.「偶然のメカニズム」のさまざまな種類については v. Mises, a. a. O., S. 142ff. 参照.

（39） Boltzmann, "Statistische Mechanik," a. a. O., S. 361.

（40） v. Kries, *Logik*, S. 623ff. 参照.

（41） Newton, *Philosophiae naturalis principia mathematica*, Lib. 3, Scholium Generale (ed. Le Seur et Jacquier, Genevae 1742, III, 672f.)〔『世界の名著（26）ニュートン』（河辺六男訳, 中央公論社）「第 3 篇, 一般的注解」. ただし, ニュートンはここで, このような内容のことを語っているが, 正確にこの表現に一致する文言は『プリンキピア』のなかにはない〕.

第 4 部 量子論の因果問題

（1） Planck, "Physikalische Gsetzlichkeit (1926)," *Wege zur physikalischen Erkenntnis*, S. 169f.〔邦訳（注 2-60）p. 24〕.

（2） Planck, *Vorlesungen über die Theorie der Wärmestrahlung*, 3. Aufl., Leipzig 1919, S. 148.

(3) Planck の「第 2 理論」〔“Eine neue Strahlungshypothese,” *Verhandlungen der Deutschen Physikalischen Gesellschaft*, 13（1911）S. 13〕については，Arthur March, *Theorie der Strahlung und der Quanten*, Leipzig 1919, Abschn. 2, Kap. 3 参照．

(4) より詳しくは Sommerfeld, *Atombau und Spektrallinien*, 4. Aufl., 1924, S. 42ff..

(5) Bohr, “Atomtheorie und Mechanik（1925），” *Atomtheorie und Naturbeschreibung*, Berlin 1931 所収，S. 24〔元々は *Die Naturwissenschaften*, Bd. 14, 1926 に掲載されたもの．邦訳「原子論と力学」『量子力学の誕生』（山本義隆訳，岩波文庫）所収，p. 23,『世界大思想全集—社会・宗教・科学（35）』（河出書房新社）所収，「原子論と自然記述」，菅井準一・天野清・藤村淳訳，p. 265，および『原子理論と自然記述』（井上健訳，みすず書房）p. 46. ただし井上訳は英語版 *Atomic Theory and the Description of Nature*（1934, Cambridge）からの訳で，少し差異がある．

(6) ボーアの対応原理の形成と歴史にたいしては，H. A. Kramers の簡潔で包括的な叙述 “Das Korrespondenzprinzip und der Schalenbau der Atome,” *Naturwiss.* Bd. 11, 1923, S. 550ff. を挙げておこう．また Kramers und Holst, *The Atom and the Bohr Theory of its Structure*, London 1923, p. 139ff. を参照のこと．

(7) より詳しくは，Paul Ehrenfest, “Adiabatische Transformationen in der Quantentheorie und ihre Behandlung durch Niels Bohr,” *Naturwiss.* Bd. 11, 1923, S. 543ff. の叙述を参照のこと．

(8) Schrödinger, *Vier Vorlesungen über Wellenmechanik*, Berlin 1928, Erste Vorlesung を参照のこと．

(9) この点については，たとえば de Broglie, *Einführung in die Wellenmechanik*, Lpz. 1929, Kap. 17〔原典（注 2-35）p. 247，邦訳 p. 294〕．

(10) Schrödinger, “The Low of Chance,” *Science and the human Temperament*, p. 40ff. 参照．

(11) Bohr, “Das Quantenpostulat und die neuere Entwicklung der Atomistik（1927），” *Atomtheorie und Naturbeschreibung*, Berlin 1931, S. 34ff., および，この論集への 1929 年の序文，S. 10ff.〔「量子仮説と原子理論の最近の発展」『因果性と相補性』（山本義隆訳，岩波文庫）p. 21f., 注 4-5，菅井他訳，p. 273ff., 246ff., 井上訳，p. 65, 9ff.〕．

(12) Heisenberg, *Zeitschrift für Physik*, Bd. 43, 1927, S. 197; 後述，p. 146 参照〔Darmstadt 版では，Unten S. 255f. とあるが，これは Unten S. 267f. の誤り．Göteborg 版に依拠して訂正〕．

(13) Heisenberg, *Die physikalischen Prinzipien der Quantentheorie*, Leipzig 1930, S. 47ff.〔『量子論の物理的基礎』（玉木英彦・遠藤眞二・小出昭一郎訳，みすず書房）p. 57f.〕．

(14) Born, “Quantenmechanik und Statistik,” *Naturwiss.*, Bd. 15, 1927, S. 240ff.; Born und Jordan, *Elementare Quantenmechanik*, Berlin 1929, Kap. 6 参照．

(15) Ostwald, *Vorles. über Naturphilosophie*, Leipzig 1902, S. 296.

(16) エネルギー保存則も運動量保存則も，原子的な個別過程では成り立たないこともあり得，それゆえそれらは統計的にのみ，つまり多くの数の原子的個別過程の全体にのみ妥当すると見なされるという，とくにボーアによって表明された推測は，実験的検証に耐えられなかった．この問題の現在での状況については Bohr and

Dirac, *Nature* 137, 1936, p. 298 and 344 参照〔最後の処はどちらの版でも，また英訳でも，このようになっているが，これは誤り．そもそも Dirac と Bohr の共著論文は存在せず，正しくは，Dirac, *Nature*. 137（1936）p. 289 および Bohr, *Nature*, 138（1937）p. 25 であると考えられる．*Nature*, 137（1936）p. 344 は Bohr の論文ではあるが，原子核に関する論文で，エネルギー保存についてのものではない〕．

（17）　Schrödinger, *Naturwissenschaften*, Bd. 23, 1935, S. 807ff.〔邦訳（注2-66）所収，「量子力学の現状」井上健訳，p. 367ff.〕．

（18）　この点については Hugo Bergmann, *Der Kampf um das Kausalgesetz in der jüngsten Physik*, Braunschweig 1929, S. 55 参照．

（19）　1927 年に Dirac はブリュッセルで「ある瞬間に自然は選択をする（la nature fait un choix）」と語っている（P. Langevin, *La notion de corpuscules et d'atomes*, Paris 1934, p. 33）．〔1927 年のソルヴェイ会議での Born と Heisenberg のレポートにたいするコメントで，Dirac は，波動関数が $\psi=\sum c_n\psi_n$ の状態にあるシステムが観測によって状態 ψ_n に移ることを 'On peut dire que la nature choisit celui des ψ_n qui convient（自然は然るべき ψ_n を選択すると，われわれは語ることができる）' と表現している．Cassirer の引用と Langevin の回想はこれを指していると思われる．*Rapports et discussion du cinquième Conseil de Physique de l'Institut International de Physique Solvay, 1927, Bruxelles*, Gauthie-Villers, 1928, p. 262〕．

（20）　Eddington, *New Pathways in Science*, p. 83f..

（21）　Heisenberg, ノーベル賞講演；*Die moderne Atomtheorie*（1933 年のストックホルムにおけるノーベル賞受賞講演集），Lpz. 1934〔『自然科学的世界像』（田村松平訳，みすず書房）および『ノーベル賞講演　物理学 5』（中村誠太郎・小沼通二編，講談社）所収「量子力学の発展」〕．

（22）　Heisenberg, "Über den anschaulichen Inhalt der quantentheoretischen Kinematik und Mechanik," *Zeitschr. f. Physik*, Bd. 43, 1927, S. 197〔邦訳（注 2-66 所収）「量子論的な運動学および力学の直観的内容について」河辺六男訳，p. 354〕．

（23）　前述，p. 75 以下参照．

（24）　この点についてより詳しくは，たとえば Frenkel, *Einführung in die Wellenmechanik*, Berlin 1929, Kap. 1, §4 参照．

（25）　Aristoteles, *Analyt. priora* II, 2〔『アリストテレス全集（1）』（岩波書店）所収『分析論前書』井上忠訳，p. 336〕．

（26）　Newton, *Philosophiae naturalis principia mathematica*, Lib. 3〔邦訳（注 3-41）p. 415, 引用では sint が sunt と誤記されている〕．

（27）　Leibniz の Clarke との往復書簡，第 5 書簡，§52, *Hauptschriften*（Ausg. Cassirer）I, 188〔邦訳（注 2-44）〕参照．より詳しくは，拙著 *Zur Einsteinschen Relativitätstheorie*, 1921, S. 37〔カッシーラー『アインシュタインの相対性理論』（山本義隆訳，河出書房新社）p. 52〕を参照していただきたい．

（28）　*Nouvelles lettres et opuscules inédits*, ed. Foucher de Careil, Paris 1857.「誰にも知覚できない存在や非存在はあり得ないというヘルクラネウムの例の議論（Herculinum

illud argumentum, quod ea omnia quae sintne an non sint a nemine percipi potest, nihil sunt)」〔ヘルクラネウムは，古代にヴェスヴィオス火山の噴火のさいにポンペイとともに完全に埋もれ，中世をつうじて伝説としてのみ言い伝えられた都市で，1748年にその遺跡が偶然発見されるまでは，その実在が疑われていた．もちろん，ライプニッツの生前には，未発見で，ここでは「誰も実際に見たことのないもの」という意味で使われているのではないかと考えられる〕．

(29) この定義の試みの認識論上の意義については，拙著 *Substunzbegriff und Funktionsbegriff* (1910), S. 230ff.〔邦訳（注1-7）p. 199ff.〕参照．

(30) Einstein, "Die Grundlagen der allgemeinen Relativitätstheorie (1916)," §2〔邦訳（注2-34）p. 60ff.〕．

(31) Planck, "Das Weltbild der neuen Physik (1929)," *Wege zur phys. Erkenntnin*, S. 199f.〔邦訳（注2-60）p. 55〕．

(32) Kant, *Krit. d. r. Vern.*, 2 . Aufl., S. 357 (Ausg. Cassirer, III, 249)〔岩波文庫（中）p. 19〕．

(33) Heisenberg, *Die physikalischen Prinzipien der Quantentheorie*, S. 45〔邦訳（注4-13）p. 54〕．

(34) Heisenberg, *ibid.*, S. 49〔同，p. 58〕，*Wandlungen in den Grundlagen der Naturwissenschaft*, S. 13ff.〔『自然科学的世界像』（注4-21）所収「精密自然科学の基礎の最近における諸変革」p. 11，本文中の引用はここから〕参照．また Heisenberg の論文 "Prinzipielle Fragen der modernen Physik" (*Neuere Fortschritte in den exakten Wissenschaften*, Leipzig u Wien 1936, S. 91ff.)〔邦訳，同上所収「現代物理学の原理的諸問題」〕を見よ．

(35) Helmholtz, *Handbuch der physiolog. Optik*, 2. Aufl., 1896, S. 947ff..

(36) Cassirer, *Substanzbegriff und Funktionsbegriff*, 1910〔邦訳，注1-7〕，とくに Kap. IV を参照していただきたい．

(37) Weyl, 前掲論文〔注2-6〕S. 17f., 41ff. 参照．

(38) このアナロジーは，たとえば Sommerfeld の著書，*Atombau und Spektrallinien*, Kap. 2, §4 では文字通りに実現されている．

(39) Bohr, "Atomtheorie und Mechanik (1925)," a. a. O., S. 19f.〔邦訳（注4-5）山本訳，p. 16f., 菅井他訳 p. 261f., 井上訳 p. 40〕．

(40) *Ibid.*, S. 23〔同上，p. 22, p. 264, p. 45〕．

(41) Schrödinger, "Conceptual Models in Physics" (a. a. O.〔注4-10〕，S. 123) ―― ここでは，この規定が「物理学的」対象に限定されるものでは決してなく，「日常的経験」の「事物」にたいしてもまったく同様に妥当するということを指摘しておかなければならない．というのも，後者もまた，実証主義の多くの潮流が想定しているように「直接的に与えられている」わけではなく，法則的統合の結果，つまり「論理的構成」の産物だからである．現代の論理学者のなかではラッセルが，この事態をもっとも厳密に定式化している．知覚の事物 (Wahrnehmungsding) は，彼によれば決して「固い」感覚所与 (hard data) ではなく，むしろ分析を必要とするし，また分析を受け容れる．ラッセルによれば，事物概念は「集合概念」(「視点

(aspect) の集合」) であり，それらはあらためて「法則概念」に還元される．「物とは物理学の法則に従う視点の系列である」(Russell, *Our Knowledge of the external World*, Lecture III).

(42)　Lotze, *Logik*, 2. Aufl., Leipzig 1880, S. 492f., 525.

(43)　「物理学的研究の循環」については，Edgar Wind の卓越した説明 *Das Experiment und die Metaphysik*, Tübingen 1934 を参照のこと．もちろん私は，Wind がこの循環から物理学と形而上学との関係にたいして引き出した体系的な結論には，同意することはできない．

(44)　Cassirer, *Substanzbegriff und Funktionsbegriff*, 1910, S. 403f., 356f.〔邦訳（注 1-7）pp. 353f., 311f.〕．この観点はまったく一般的な認識論上の考察に依拠したものであり，またその証明の素材はもっぱら「古典物理学」から採られたものであるが，それを，今日では，たとえばディラックが『量子力学』で提唱しているような，現代理論物理学のプログラムと比較していただきたい．すなわち「自然界の基本法則を定式化するためには，変換理論を必要とする．この世界の重要な事柄は，この変換にたいして不変な量……として現れる．……変換理論は，まず相対論に，そして後に量子論に適用され，盛んに用いられるようになったが，これが理論物理学の新しい手続きの核心である．」Dirac, *Prinzipien der Quantenmechanik*〔独訳版，カッシーラーの引用では冒頭部分 ‘Um die Grundgesetze der Natur zu formulieren’ とあるが，カッシーラーの依拠したディラックの書（独訳版）では ‘Um diese Gesetze zu formulieren’ とある．ほかにも同様の箇所があるが，カッシーラーはディラックの書まで暗記で引用していたのか？〕, Leipzig 1930, S. V〔原典 *Principles of Quantum Mechanics*, I-st ed. まえがき〕.

(45)　Mach, *Analyse der Empfindungen*, 2. Aufl., S. 207〔『感覚の分析』（須藤吾之助・廣松渉訳，法政大学出版局）p. 254〕.

(46)　Boltzmann, *Vorlesungen über Gastheorie* I, S. 9. 同様の議論は現代の物理学の認識論においても見出される．エディントンは次のように語っている．「電子が仮説的であるのは，星が仮説的であるのと同じであり，それ以上でも以下でもない．我々が物理学的世界とそれを構成している実在の現実性を論ずるときには，巨視的実在と微視的実在を区別する理由はない．それらはひとつの全体として扱われなければならない．もしも物理学的世界が推論（inference）だとすれば，星も電子も推論上のもの（inferential）であり，もしも物理学的世界が実在する（exist）ならば，星も電子も現実的（real）である．」Eddington, *New Pathways in Science*, p. 21.

(47)　Ostwald, *Vorlesungen über Naturphilosophie* (1902), S. 163f..

(48)　Helm, *Die Energetik nach ihrer geschichitlichen Entwicklung*, Leipzig 1898, S. 366.

(49)　Helm, *Die Lehre von der Energie*, Leipzig 1887, S. 56.

(50)　Ostwald, *Die Überwindung des wissenschaftlichen Materialismus*, Leipzig 1895, S. 12f..

(51)　Ostwald, *Grundriss der allgemeinen Chemie*, 4. Aufl., Leipzig 1909.

(52)　Boltzmann, “Ein Wort der Mathematik an die Energetik,” (*Wiedemanns Annalen*, 57, 1896; *Popul. Schriften*, S. 104ff.) を参照のこと．

(53) Helmholtz, "On the modern Development of Faraday's Conception of Electricity," Faraday Lecture, 1881, *Wiss. Abhandl* 3, 69.

(54) たとえば Schrödinger, *Conceptual Models in Physics*「ボーア理論のおかげで私たちが達成できた〈測りしれない〉進歩にもかかわらず，私は，ボーア模型が長らくのあいだ成功したということが，このような問題についての私たちの理論的デリカシーの感覚を鈍らせたことを残念に思います．私たちはあらためてその感覚を研ぎ澄ますことをためらってはなりません．」を参照のこと．

(55) Heisenberg, "Kausalgesetz und Quantenmechanik (1930)," *Erkenntnis* II (1931), S. 182.

(56) たとえば Baeumker が行なっている．*Das Problem der Materie in der griechischen Philosophie*, Münster 1890, S. 87 を見ていただきたい；また E. Zeller, *Philosophie der Griechen*, 5. Aufl. Teil 1, 2. Hälfte, S. 854 を参照のこと；以下については，*Lehrbuch der Philosophie*, hg. von M. Dessoir, I, 55ff. 所収のギリシャの原子論についての私の論文を参照していただきたい．

(57) 原子論の発生について，アリストテレスが語っているところを参照していただきたい；*De generat. et corrupt.* 8, 324, b35〔『アリストテレス全集（4）』（岩波書店）「生成消滅論」戸塚七郎訳〕．

(58) より詳しくは，とりわけ Kurd Lasswitz, *Geschichte der Atomistik vom Mittelalter bis Newton*, Hamburg u. Leipzig 1890 参照．

(59) Lasswitz, a. a. O., II, 369f..

(60) Lavoisier, *Traité élémentaire de Chimie*, P. I, chap. 13〔『化学のはじめ』（田中豊助・原田紀子訳，内田老鶴圃新社）p. 82,『化学原論』（柴田和子訳，朝日出版社）p. 80〕．

(61) この発展を〈認識論上の〉観点のもとで記述しようとする私〔カッシーラー〕の試みは，拙著 *Substanzbegriff und Funktionsbegriff*, Kap IV, S. 270ff.〔邦訳（注 1-7）p. 233ff.〕にある．

(62) J. J. Thomson, *The Corpuscular Theory of Matter*, London 1907, Chap. 6 and 7, p. 103ff. 参照．

(63) より詳しくは，Bohr, *Drei Aufsätze über Spektren und Atombau*, 2. Aufl., Braunschweig 1924 参照．

(64) Simplicius, *De coelo*, 133 a 18 (Zeller, a. a. O., S. 889)〔『ソクラテス以前哲学者断片集　第IV分冊』内山勝利他訳（岩波書店，1998）第 68 章（A）37〕．

(65) Bohr, "Atomtheorie und Mechanik (1925)," a. a. O., S. 22〔邦訳（注 4-5）山本訳 p. 20，菅井他訳 p. 264，井上訳 p. 44〕．

(66) Ostwald, *Die Überwindung des wissenschaftl. Materialismus*, S. 22.

(67) このプログラムは Heisenberg により *Physikalische Prinzipien der Quantentheorie* (1930)〔邦訳，注 4-13〕において実行された．

(68) この点については，たとえば Frenkel, *Einführung in die Wellenmechanik*, Kap. 1, §9 参照．

第5部　因果性と連続性

(1)　Leibniz, *Philos. Schriften* (Gerhardt) VII, 265 参照.

(2)　Descartes, *Regulae* 第6規則「この命題は……方法の主要な秘密を含んでいる…….というのもこの命題は，哲学者たちがすべての事物を彼らの範疇へと分類したように，すべてのものが存在のある類に関連しているかぎりにおいて，ではなくして，〔……〕ある事物が他の事物から認識されるかぎりにおいて，すべての事物がある種の系列に配列されうることを教えているからである.」〔『デカルト著作集4』（白水社）所収『精神指導の規則』（大出晃・有働勤吉訳）p. 33〕.

(3)　Descartes, *Discours*『方法序説　第2部』「第二の準則は，私が検討するむずかしい問題のひとつひとつを，できるだけ多くの，しかもいっそううまく解決するために要求されるだけの小部分に分けること.」(Adam-Tannéry, VI, 18)〔『デカルト著作集1』所収『方法序説』（三宅徳嘉・小池建男訳）p. 26〕.

(4)　ファルツ伯長女エリザベート宛1643年5月21日付け書簡（*Correspondance*, éd. Adam Tannéry, III. 665）〔『デカルト著作集3』所収『書簡集』（竹田篤司訳）p. 290〕.

(5)　*Les Principes de la philosophie*, franz. Ausg., 4e partie, art. 203 (Adam-Tannéry, IX, 321)〔『デカルト著作集3』所収『哲学原理』（三輪正・本多英太郎訳）p. 156f., 訳はCassirerの引いている独訳からではなく，このフランス語版にたいする邦訳を使った．独訳は語感が少し異なるので，独訳からの直訳は訳注に記しておく〕.

(6)　とくに Leibniz, *Mathematische Schriften*, hg. von Gerahrd VI, 129ff., *Hauptschriften* (Cassirer), I, 84ff. 参照.“Animadversion in partem generalem Principiorum Cartesianorum” (Gerh. IV, 375)「我々の著者によって与えられた運動の個別の法則に立ち入るに先立って，私が通常，連続律と呼んでいる一般的な判断基準，すなわちそれにのっとって個々の法則を審査することのできる試金石（Lydius lapis）を与えておこう.」

(7)「私が以前から物理学における発見の原理（*principe d'invention en physique*）と呼んでいた，そして何らかの与えられた規則が巧くゆくかどうかを試験するところの連続律（la loi de la continuité)」*Mathemat. Schriften* (Gerhardt) IV, 105.

(8)　この点については，原子論をめぐるライプニッツのホイヘンスとの書簡を参照のこと．*Hauptschriften* (Cassirer) II, 35ff..

(9)「原子というのは，我々の想像力の弱さの産物です．というのも，想像力はともすれば休みたがり，それゆえ分割や分析を早々とお終いにしてしまうからです．自然はそうではなく，自然は，無限大から無限小へと繋がっています．原子は，想像力だけを満足させますけれども，より高度な理性とは衝突します.」Hartsoeker宛書簡，1710年10月30日，*Philos. Schr.* (Gerhardt) III, 507.

(10)　*Philos. Schr.* (Gerhardt) I. 416.

(11)　Kant, *Krit. d. r. Vern.*, erste Aufl., S. 189 (Ausg. Cassirer III, 630)〔岩波文庫（下）p.

235〕.

(12) この点については，Hans Hahn の記述（*Krise und Neuaufbau in den exakten Wissenschaften*, 5 Vorträge, Leipzig und Wien 1933, S. 41ff.）参照.

(13) ペランは原子についての有名な著書で次のように書いている.「我々は，液体中にただようすべての微細粒子を揺り動かすブラウン運動を顕微鏡で観察したとしても，依然として経験的現実の内に留まっている．その軌道の接線を定めるためには，我々は，二つのきわめて近接した相続く瞬間におけるその粒子の位置を繋ぐ直線の方向にたいする極限を，少なくとも近似的に見出さなければならない．ところが実験が可能であるかぎりで，この二つの瞬間を分かつ持続を減少させていっても，この方向は激変するのである．それゆえ，囚われのない観察者にこの研究が示唆していることは，ここでも，導関数を持たない関数であり，接線を決して有さない曲線なのである.」Perrin, *Les Atomes* (2 éd., Paris) 1913, p. ix〔『原子』（玉虫文一訳，岩波文庫）p. 245. 訳文はこれにはよらない〕.

(14) Leibniz の Clarke との往復書簡，第 5 書簡，§3 u. 4, *Philos. Schriften* (Gerhardt) VII, 394 ; *Hauptschriften* (Ausg. Cassirer) I, 173〔邦訳（注 2-44），米山・佐々木訳，p. 342，薗田訳，p. 119〕.

(15) Leibniz の Varignon 宛書簡，*Math. Schriften* (Gerhardt) IV, 937.

(16) ライプニッツはこの要求を明示的に措き，この要求が彼の体系において完全に満たされているということを，彼の体系の本質的に優れているひとつの点だと見なしている．彼はクリスチャン・ヴォルフ宛に次のように書いている.「私の見るところ，数が多くとも少なくとも，眼に見えるものでも見えないものでも，すべてのものは均質の本質でどこでも同一の仕方で生起しており，ただ大きさや完全さの度合いが異なっているにすぎないのです（Apud me magna uniformitate naturae omnia ubique in magnis et parvis, visibilibus et invisibilibus, eodem modo fiunt soloque gradu magnitudinis et perfectionis variant).」*Briefwechsel zwischen Leibniz und Christ. Wolff*, hg. von Gerhardt, Halle 1860, S. 44. この表明と現代の物理学者の次の言葉を比べることができる.「現実に問題なのは，決定論の危機では決してなくて，我々が新しい分野を表現するために使用しようと試みる機械論の危機なのである．実際，我々は，巨視的世界には首尾よく用いられ，そこでの使用のために創り出され多くの世代にわたって引き継がれてきた観念や概念が，微視的世界では不十分なことを認めるのである．このことは私にははるかに興味深いことである.」Paul Langevin, *La notion de corpuscules et d'atomes*, Paris 1934, p. 35.

(17) Schrödinger, "Über die Anwendwarkeit der Geometrie im Kleinen," *Naturwissenschaften*, Bd. 22, 1934, S. 519.

(18) 「暗黒の王国（Le royaume des ténébres)」，Leibniz の Clarke との往復書簡，第 5 書簡，§43, *Hauptschriften* (Ausg. Cassirer) I, 208〔邦訳（注 2-44），米山・佐々木訳，p. 384，薗田訳，p. 161〕――とくに論文 "Antibarbarus Physicus," *Philos. Schriften* (Gerhardt) VII, 337ff. 参照.

(19) Huyghens の Leibniz 宛 1690 年 11 月 18 日付書簡，*Math. Schriften* (Gerhardt) II,

57.

(20)　前述，p. 156 参照.

(21)　Goethe, “Der Kammerberg bei Eger,” *Naturwissenschaftliche Schriften* (Weimarer Ausg.) Bd. IX, 91〔『ゲーテ全集（14）』（潮出版社）所収『地質学』（永野藤夫訳, p. 254〕.

(22)　Pilolaos, *Fragm.* 11 (Diels 32 B 11)〔邦訳（注 2-8）p. 85〕.

(23)　Plato,『法律』, 7. Buch, 819 D〔『プラトン全集 13』（森進一・池田美恵・加藤彰俊訳，岩波書店）p. 453〕.

(24)　「無理数」の問題にたいするギリシャ思想の態度については，ここではこれ以上立ち入ることはできない．この問題にたいしては，二つの傑出した仕事を挙げておく．Otto Toeplitz, “Mathematik und Antike,” *Die Antike*, I, 1925, S. 175ff., および Heinrich Scholz, “Warum haben die Griechen die Irrationalzahlen nicht aufgebaut?,” *Kant-Studien*, 33, 1928, S. 35ff..

(25)　とくに Dedekind, *Was sind und was sollen die Zahlen?* Braunschweig 1887〔『数について』（河野伊三郎訳），岩波文庫〕を参照していただきたい.

(26)　Weyl, *Das Kontinuum, Kritische Untersuchungen über die Grundlagen der Analysis*, Leipzig 1918, S. 16, 69.

(27)　Leibniz, “Réponse aux réflexions de Bayle,” *Philos. Schriften* (Gerhardt) IV, S. 568f., *Hauptschriften* (Cassirer) II, S. 402f. 参照.

(28)　Planck, “Die Bohr'sche Atomtheorie,” *Naturwissenschaften*, Bd. 11 (Niels Bohr 特集号) 1923, S. 536ff..

(29)　Leibniz の de Volder 宛書簡，1699 年 3 月 24 日，*Philos. Schriften* (Gerhardt) II, 168. *Hauptschriften* (Cassirer) II, 288〔この書簡は『ライプニッツ著作集（9）』（工作舎）に抄訳が収録されているけれども，該当部分は訳出されていない〕.

(30)　この点についてより詳しくは，Schrödinger, *Abhandlungen zur Wellenmechanik*, Lpz. 1928, Abh. I 参照〔『シュレーディンガー選集（1）波動力学論文集』（田中正・南政次訳，共立出版）第一論文，とくに p. 70 参照〕.

(31)　これについては論文集 *L'orientation actuelle des sciences*, Paris (Alcan) 1930 所収 Langevin, “L'orientation actuelle de la Physique” および Perrin, “La Chimie physique” の説明を参照していただきたい.

(32)　Boltzmann, *Annalen der Physik und Chemie*, N. F., Bd. 60, 後に *Populäre Schriften*, S. 141ff に収録〔『世界の名著（65）近代の科学 I』所収（河辺六男訳）p. 423〕.

(33)　例外は Hoenigswald の論文 “Zum Begriff des Atoms,” *Festschrift für Paul Natorp*, Berlin 1924, S. 178ff. であり，それはボルツマン論文の認識論上の意義を強調している.

(34)　より詳しくは Sommerfeld, *Atombau und Spektrallinien*, 4. Aufl., S. 105ff, 328ff. を参照していただきたい.

(35)　Descartes, *Meditationes de prima philosophia* II〔『デカルト著作集 2』（白水社）所収『省察』（所雄章訳）p. 44f.〕.

(36) Wundt, *Die physikalische Axiome und ihre Beziehung zum Kausalprinzip*, S. 126.

(37) Hertz, *Prinzipien der Mechanik*, S. 54〔邦訳（2-41）p. 59〕.

(38) Kant, *Krit. d. r. Vern.*, 2. Aufl., S. 521 (Cassirer, III, 350)〔岩波文庫（中）p. 170〕.

(39) Laue, "Über Heisenbergs Unbstimmtheitsbeziehungen und ihre erkenntnistheoretische Bedeutung," *Naturwissenschaften*, Bd. 22, 1934, S. 441.

(40) Locke, *Essay conc. human Understanding*, Bk. II, Ch. 27, §3〔『人間悟性論』(加藤卯一郎訳)，岩波文庫（上）p. 304f.〕.

(41) *Naturwissenschaften*, Bd. 22, 1934, S. 439ff. にあるラウエとシュレーディンガーの説明および M. v. Laue, "Materie und Raumerfüllung," *Scientia*, Dezember 1933, S. 402ff., Langevin, *La notion de corpuscules et d'atomes*, p. 35sq. を参照のこと．

(42) Sommerfeld, *Atombau und Spektrallinien: Wellenmechanischer Ergänzungsband*, Braunschweig 1929, Kap. I, §8, S. 98.

(43) Kant, *Krit. d. r. Vern.*, 2. Aufl., S. 321〔次の段落の引用〕, 341〔ここの引用〕(Cassirer, III, 227, 239)〔岩波文庫（上）p. 343（次の段落の引用）p. 359f.（ここの引用)〕.

(44) Sommerfeld, a. a. O. (*Hauptband*), S. 7.

(45) より詳しくはde Broglie, *Einf. in die Wellenmechanik*,〔邦訳（2-35)〕Kap. V, §4〔該当する内容なし，Kap. XV, §4 の誤りか〕，Kap IX, §5 参照.

(46) より詳しくは Born und Jordan, *Elementare Quantenmechanik*, Kap. I, §3 によるハイゼンベルクの運動学の記述を参照のこと．

(47) Born, *Zeitschrift für Physik*, Bd. 38, 1926; さらに *Naturwissenschaften*, Bd. 15, 1927, S. 240 を参照のこと．――異なる電子をたがいに区別し，それらにそれぞれ独立した「個体性」を付与することの不可能性は，新しい量子論の発展過程で，なによりも「パウリの排他原理」に関連した考察によって明るみに引き出された．パウリの排他原理を，もっぱら量子論の構築においてそれが有していた〈方法的〉意義から考察するならば，それと，ライプニッツによって「不可識別者同一の原理 (*principium identitatis indiscernibilium*)」の名で哲学に導入された件の一般的原理とのあいだには特異な類似性が認められる．この〔ライプニッツの〕原理は，そのすべての〈規定要素〉に至るまでたがいに完全に一致し，それゆえ「たんなる数」以外では区別されないような二個の対象は存在し得ないということを意味している．「数だけ (*solo numero*)」がたがいに区別されるような諸事物は存在しない．すべての真の違いは，むしろ，質的な違い，対象を構成する徴表や条件における区別として定義可能でなければならない (Leibniz の Clarke との往復書簡；第 4 書簡，§4，第 5 書簡，§5および6等)．パウリの原理は，いわば量子論における「不可識別者同一の原理」である．それは原子の内部のそれぞれの電子を，諸条件のある組み合せによって，すなわち，各電子に割り当てられその軌道を完全に決定する 4 個の「量子数」によって，特徴づける．そしてさらにそれは，この特徴づけに関しては区別のつけられない電子は〈単一の〉物理学的存在だと見なされるべしという要請を語るのである．一個の原子のなかには，これらの 4 個の量子数のすべてを共有する二個の電子は存在しない．二個の電子を取り替えることによって得られる二組の量子数の系

は〈一個の〉状態を表しているのである．

(48)　Weyl, *Gruppentheorie und Quantenmechanik*, 2. Aufl., S. 66〔『群論と量子力学』(山内恭彦訳，裳華房) p. 71〕.

(49)　Leibniz, *Nouv. Essais*, L. IV, Kap. 17, §8〔『人間知性新論』(米山優訳，みすず書房) p. 503ff.〕――「含むものと含まれるもの」の理論についてより詳しくは，Couturat, *La Logique de Leibniz*, Paris 1901, p. 303sq. を見よ――ライプニッツのこの提起は，現代の哲学では，まずはじめにフッサールによってあらためて取り上げられ押し拡げられた．Husserl の「部分と全体の純粋形式のための考察」*Log. Untersuchungen* II, 254ff.〔『論理学研究 3』(立松弘孝・松井良和訳，みすず書房) p. 49ff.〕参照.

(50)　この点については，とくに Weyl, *Gruppentheorie und Quantenmechanik*, 2. Aufl., S. 88〔邦訳 (注 5-48) p. 87〕，および *The Open World*, p. 55ff. による詳しい説明を参照していただきたい．

(51)　古典統計 (ボルツマン統計) のボース－アインシュタイン統計およびフェルミ－ディラック統計との相違については，Jordan, *Statistische Mechanik auf quantentheoretischer Grundlage*, Braunschweig 1933, Kap. 3 を見よ．

(52)　Dirac, *Die Prinzipien der Quantenmechanik*, deutsche Übers. von W. Bloch, Leipzig 1930, S. 2〔原典，*The Principles of Quantum Mechanics*, 1st ed. p. 2, 第 2 版以降にはこの一文は見られない〕.

(53)　Kant, *Krit. d. r. Vern.*, 2. Aufl.; S. 600f. (III, 397ff.)〔岩波文庫 (中) p. 240f.〕.

(54)　Natorp, *Die logischen Grundlagen der exakten Wissenschaften*, Leipzig 1910, S. 341ff.

(55)　Schlick, *Allgemeine Erkenntnislehre*, 2. Aufl., Berlin 1925, S. 172ff..

(56)　Dirac, a. a. O., §3 u. 4 参照．量子力学の新しい「状態概念」と重ね合わせの原理については，とくに Arthur March, *Einführung in die moderne Atomphysik*, Lpz. 1933, Kap. 3, §15 参照.

(57)　Dirac, a. a. O., §3〔原典，1st ed. p. 10, 邦訳『量子力学』(朝永振一郎・玉木英彦・木庭二郎・大塚益比古訳，みすず書房，ただし第 3 版の訳) p. 17. 訳は Cassirer の引いている独訳からではなく，英語原典から訳した．引用文中〔　〕内は，Dirac の原文とその独訳にはあるが，Cassirer の引用の独文にはない〕.

(58)　精密物理学の範囲内でも，量子力学における「非決定性」のこのような解釈がつねに避けられるとは限らないということについては，〔物理学者〕W. ネルンストの奇妙な発言に示されている．ネルンストは，現代物理学がある〈神学的な〉理解に接近している，つまり，いまや物理学と神学のあいだに「これまではほとんど予見されなかった類似性」が認められ得る，と考えているのである．実際，神学は，世界の推移は神の意志と御心によって完全に決定されているのだけれども，他方，人間精神には，この決定をその詳細にいたるまで見通すことが許されていない，とつねに主張していたのではないのか．Nernst, *Naturwissenschaften*, Bd. 10, 1922, S. 495 参照.

(59)　前述，p. 39 以下参照.

(60)　このような扱いは，とりわけディラックによる量子力学の記述に顕著である．

(61)　前述，p. 99 以下参照．

(62)　Pierre Duhem が 著 書 *Σώζειν τὰ φαινόμενα　Essai sur la notion de Théorie physique de Platon à Galilée*, Paris 1908 に収集した豊富な歴史的素材を参照していただきたい〔標題のギリシャ語部分は「現象を救う」の意味〕．

最終的考察と倫理学的結論

（1）　Plato, *Phaidon*, 98 C ff.; Kassner 独訳，S. 78f.（『プラトン全集 1』（松永雄二訳，岩波書店）p. 287f., 訳は Cassirer の引いている独訳からではなく，この邦訳を使った．独訳からの直訳は訳注に記しておく〕．

（2）　Kant, *Grundleg. zur Metaphys. der Sitten*, 3. Abschn.（IV, 318）〔『道徳形而上学原論』（篠田英雄訳，岩波文庫）pp. 155, 167〕．

（3）　Leibniz, *Theodicée*:「時たま現れるこのような神秘の説明にたいして，スエーデンの女王が手放した王冠のメダルを刻んだ次の文句，“私には不必要であり不十分でもある”を引くことができる．」*Phil. Schriften*（Gerhardt）VI, 81〔『ライプニッツ著作集（6）宗教哲学』「弁神論」（佐々木能章訳，工作舎）p. 90〕．

（4）　この点にかんしては，たとえば Jordan, a. a. O.〔注 5-51〕，Kap. 3. S. 86ff. 参照（また前述，p. 221 以下を見よ）．

（5）　Buckle, *Gesch. der Zivilisation in England*, deutsche Ausg. von Arnold Ruge, Lpz. u. Heidelb. 1881, I, S. 29f..

（6）　Simmel, *Die Probleme der Geschichtsphilosophie*, 2. Aufl., 1905, S. 104f.〔『ジンメル著作集（1）歴史哲学の諸問題』（生松敬三・亀井利夫訳，白水社）p. 175ff.〕．

訳　注

まえがき

p.2　Planck, *Wege zur physikalischen Erkenntnis*, S. 170, 邦訳『現代物理学の思想（下）』（注2-60）p. 23. Planck の原語では ein fremdartiger bedrohlicher Sprenkörper（異質で危険な爆薬）. 後述 p. 129 参照.

p.2　*Xenien von Schiller und Goethe*, Nr. 181 より. Cassirer「心理学と哲学」（1932）「一世紀半前, ロマン主義的な自然哲学の時代に, 観念論的な哲学が自然科学の形成に直接的に介入しようとしたのですが, その際シラーは有名なエピグラムにおいて, この介入, 干渉に対する警告を発しました. 汝らの間には敵対関係こそがふさわしい. まだ同盟は早すぎる. 別々の探求においてこそ, はじめて真理は知られる.」『シンボル・技術・言語』篠本芳夫・高野敏行訳（法政大学出版局, 1999）p. 233.

p.3　Eddington, *The Nature of the physical World* (Cambridge University Press, 1927) p. 211.

第１部　歴史的・予備的考察

p.10　E. du Bois-Reymond『自然認識の限界について』（岩波文庫）pp. 30, 60,「単一の事実であり, 単一の大きな真理にすぎない」はダランベール『百科全書序文』（桑原武夫編訳, 岩波文庫）p. 45 よりの引用.

p.11　通常「機械論的世界像」とひと括りにされているものの内にあっても, 物体は不活性で直接的接触による運動の受け渡し以外には相互作用をしないというデカルト以来のものと, 万有引力のような遠隔作用を認めるニュートン以来, カントからヘルムホルツまでのものとは, 厳密には区別されるべきものである. 訳者は以前からこの前者を「機械論的世界像」, 後者を「力学的世界像」と区別してきた. 本書は一方で, デカルトの理論を「機械論的（mechanistisch）」と表し, 他方で「カントに関して言うならば, 彼は物質を引力と斥力に還元することによって機械論（Mechanismus）を力本説（Dynamismus）に作り変えた」と語り, その区別を認めているが（p. 186, p. 200 参照）, しかしそのいずれをも「機械論的世界像」に括っているので, 箇所によってそれをこのように「機械論的〔力学的〕世界像」と訳した. なお本書では dynamisch（力学的）は「統計的」に対立する概念としても使われている（p. 87ff.）.

p.20 Leibniz, de L'Hospitl 宛書簡, 1694 Nov. 27, Ma metaphysique est toute mathematique, *Math. Schriften* (Gerhardt) II, S. 258.

p.25 Kant『プロレゴメナ』(岩波文庫) p. 125.

p.26 Kant『純粋理性批判』B. 371, (岩波文庫) 中 p. 33, 『プロレゴメナ』§30, 岩波文庫 p. 129.

p.28 Cassirer の引用では「reine (純粋の)」になっているが, Kant の原文では「seine (その)」であり, 訳は原文にあわせた. 引用の誤りではなく, 浄書か植字のさいのミスではないかと考えられる.

p.29 原語は Einbildungskraft. カントの場合「構想力」, ヒュームの場合「想像力」と訳した.

p.31 Kant『純粋理性批判』B. 237, (岩波文庫) 中 p. 269.

p.33 Kant『純粋理性批判』第 1 版序文, AVIII, (岩波文庫) 上 p. 13f.

p.34 引用の前から Kant の原文では'Aber als dann ist das〔Noumenon〕nicht ein besonderer intelligibler Gegenstand für unseren Verstand, sondern ein Verstand, für den es gehörte, ist selbst ein Problema.' となっている, 他方 Cassirer の文では 'Wir gewinnen keinen besonderen "intelligiblen Gegenstand," sondern, "ein Verstand, vor den ein solcher Gegenstand gehörte, ist selbst ein Problema."' となっている. 訳は Cassirer の引用から.

第 2 部　古典物理学の因果原理

p.37 Kant『純粋理性批判』B. 357, (岩波文庫) 中, p. 19.

p.45 Goethe『箴言と省察』(岩崎英二郎・関楠生訳, 潮出版社『ゲーテ全集 (13)』所収) p. 276.

p.45 『初期ギリシア哲学者断片集』(山本光雄編訳, 岩波書店) p. 42.

p.50 たとえば近藤洋逸・好並英次『論理学概論』(岩波書店) 参照.

p.53 Maxwell, *Matter and Motion* (London, 1925) p. 25.

p.55 *Ibid.*, p. 12.

p.55 Hilbert, "Axiomatisches Denken," *Mathematische Annalen* 1918 (『公理的思考』静間良次訳, 中央公論社『世界の名著 (66) 現代の科学 II』所収, p. 197).

p.61 正確には「シュレーディンガーが, ……フェルマーの幾何学的光線光学から物理的波動光学への移行にパラレルに, 粒子力学から新しい波動力学への移行を遂行した」とすべきである. これも浄書か植字のミスではないかと考えられる.

p.64 Hertz の原文では wichtige (重要な), Cassirer の引用では, どちらの版でも richtige (正当な). 訳は Hertz の原文に合わせた.

p.68 たとえば『人間知性新論』(米山優訳, みすず書房) p. 377, 同 (谷川多佳子・福島清紀・岡部英男訳, 工作舎『ライプニッツ著作集 (5)』所収) p. 151f., 『モナドロジー』§33 等参照.

p.80 『モナドロジー』§22, 『理性に基づく恩寵の原理』(米山優訳, 工作舎『ライプニッツ著作集 (9)』所収) p. 253, 『人間知性新論』(みすず書房) p. 11 等.

p.82　Einstein, "Motive des Forschens," *Zur Max Plancks Sechzigsten Geburtstag* (Karlsruhe, 1918), S. 31.

p.84　Kant『純粋理性批判』第 1 版の用語,（岩波文庫）下, p. 160 等.

第 3 部　因果性と確率

p.90　「作用と反作用が釣り合う」という表現は, とくに譬喩的な意味でしばしば見られるが, 物理学的な意味での「作用」「反作用」の概念の誤用にもとづく.

p.95　低温ではエネルギー等分配則が成り立たないため, 物質の比熱についても, デュロン－プティの法則は限られた温度範囲でしかあてはまらない.

p.97　Cassirer の引用では「Erklärungen（説明)」になっているが, Kant の原文では「Erscheinungen（現象)」であり, 訳は Kant の原文に合わせた.

p.100　Cassirer『実体概念と関数概念』(山本義隆訳, みすず書房) pp. 193, 297, および, 同書の訳注 (4-43), 同『哲学と精密科学』(大庭健訳, 紀伊國屋書店) p. 156 参照.

p.104　原注 (2-23).

p.104　Planck, *Wege zur physikalischen Erkenntnis*, S. 163,『現代物理学の思想（下)』(法律文化社) p. 16f..

p.113　Galilei『新科学対話』第 4 日, この点については, Cassirer『実体概念と関数概念』につけた訳注 (4-49) 参照.

p.114　Leibniz の collectivus と distributivus の訳語の区別については,『ライプニッツ著作集 (1)』(澤田昭聿訳, 工作舎) p. 313, 注 14 参照.

p.114　Göteborg 版では 'adminicula rationis', Darmstadt 版では 'adminicula rations'. Göteborg 版が正しい.

p.117　Reid, *Inquiry into the Human Mind* (2nd ed., Edinburgh, 1765) Ch., 2, Sec. 6.

p.120　『初期ギリシア哲学者断片集』(山本光雄編訳, 岩波書店) 17-169 (ハ) p. 74.

p.121　Darmstadt 版ではギリシャ語のスペルが間違っている.

p.122　Leibniz『モナドロジー』§29-33,『形而上学叙説』§12, Aiton『ライプニッツの普遍計画』(渡辺正雄・原純夫・佐藤文男訳, 工作舎) p. 193 参照.

p.122　『モナドロジー』§53-55.

p.123　『モナドロジー』§46.

p.123　Kant『純粋理性批判』第 2 版序文, BVIII.

第 4 部　量子論の因果問題

p.130　Planck, "Eine neue Strahlungshypothese," *Verhandlungen der Deutschen Physikalischen Gesellschaft* 13 (1911) p. 138-148.

p.131　Einstein, "Über einen die Erzeugung und Verwandlung des Lichtes betreffenden heuristischen Geschichtspunkt," *Annalen der Physik*, Bd. 17 (1905) 掲載論文の標題. 光量

子論の事実上の出発点となった論文．ここで「光の変換」とは，光が物質に吸収されて後，波長の異なる光として再放出されることを言う．

p.133　Aristoteles『分析論前書』第 2 巻・第 2 章（53b）の用語．

p.136　Planck, “Die Kausalität in der Natur (1932),” *Wege zur physikalischen Erkenntnis* (Lpz., 1933) S. 242（邦訳，原注 2-60，p. 104）．

p.140　原文は $\pi h\nu$ 等となっているが，h はすべて $\hbar=h/2\pi$ の誤りゆえ $\hbar$ で置きかえた．また原文では数列が $3\pi\hbar\nu$ から始まっているので，$\pi\hbar\nu$ を補った．

p.145　Cassirer『シンボル形式の哲学 (4)』「現代の物理学は，自然にあって真に〈客観的なもの〉はどこにあるかという問いに対して，それを確定することで自分の研究が終わることになる〈普遍的定数〉を名指し，他方で，この普遍的定数から個別的定数へ，つまり特殊な物 − 定数へと下ってゆく道を辿ってみせる以外に答えるすべを知らない．物理学者の体系の頂点にあるのは，真空中の光速や基本的な作用量子のようなある種の不変量であり，これらの量は，個別の観察者の立場に左右されないことが立証されている以上，単なる〈主観的な〉制約をいっさいまぬがれているのである．」（木田元訳，岩波文庫）p. 309f..

p.146　引用中のこの括弧内は Heisenberg の原文にはない．Cassirer による挿入．また原文では $\Delta x \cdot \Delta mv \geqq h$ とあったが，Cassirer は h を $\hbar$ の記号に使っているようなので $\hbar$ に改めた．ただしこれも $\Delta x \cdot \Delta mv \geqq \hbar/2=h/4\pi$ が正しい．

p.147　Heisenberg『量子論の物理的基礎』原注（4-13）p. 57.

p.150　Newton『世界の名著 26 自然哲学の数学的諸原理』河辺六男訳（中央公論社，1971）p. 69f..

p.152　「正方配列 (das quadratische Schema)」は「行列」と同義であるが，Heisenberg の用いた言葉ではなく，またその後に定着した学術用語でもない．Heisenberg が古典論から書き換えによって得た量子論的物理量を特徴づけるために Born と Jordan が論文 “Zur Quantenmechanik,” *Z. für Phys.* Bd. 34 (1925) で用いた表現．「〔Heisenberg の掛算規則では〕いわゆる行列と呼ばれる正方配列が，古典論では時間の関数として与えられている物理量を表現する．」訳語は van der Waerden 編 *Source of Quantum Mechanics* (Dover) の英訳 square array に倣った．ボーアは 1926 年の *Die Naturwissenschaften* に掲載したドイツ語の論文「原子論と力学」で，それを quadratische Form（正方形式）と記し，前年の *Nature* 116 に掲載したその英語版では matrix（行列）を用いている．『ニールス・ボーア論文集 2 量子力学の誕生』山本義隆編訳（岩波文庫，2000）p. 41 参照．なお Cassirer は，引いている文献から判断すると，この語を Born und Jordan, *Elementare Quantenmechanik*（原注 4-14）の S. 17 から得たものと思われる．

p.152　原文はどちらの版でも ‘Diracsche Zahlen’ となっているが，とうぜん ‘Diracsche *q*-Zahlen’ の誤植であり「ディラックの q 数」と訳した．量子状態に作用する演算子である．

p.153　Weyl が『群論と量子力学』で用いた言葉．邦訳（山内恭彦訳，裳華房）p. 73f. 参照．単一の波動関数で表される状態，あるいは v. Neumann の導入した密度行列

で表せば，密度行列のある一つの対角成分のみが 1 で，その他のすべての成分が零で表すことのできる状態である．しかしここでハイゼンベルクが言っているのは，同時に測定可能なすべての観測可能量（オブザーバブル）の固有状態（完全な系）のことである．

p.153　「不確定性関係」にたいするドイツ語は，他の所ではほぼすべてハイゼンベルク自身の用いた 'Unbestimmtheits-Relationen' が使われているが，ここでは 'Ungenauigkeits-Beziehungen' とある．しかし特に意味を違えているとは考えられず，おなじ訳語をあてた．p. 170 の訳注参照．

p.157　質量がすべて電磁的な起源によるという考え方は，いまでは受け入れられていないし，一般相対性理論でも主張されない．

p.160　Darmstadt 版では Lichtquelle（光源），Göteborg 版では Lichtwellen（光波）で，Göteborg 版が正しい．

p.161　Sommerfeld, *Atombau und Spektrallinien*, 3. Aufl., Kap. 4, Sec. 1, S. 248（Braunschweig, 1922）．ただしこの一文は 1931 年以降の版では削除されている．

p.169　正確には「要素的作用量子に振動数を掛けたもの」．

p.170　「不確定性関係」にここでは 'Unsicherheits-Beziehungen' が使われている．

p.174　もちろん，Kant『プロレゴメナ』の標題，『およそ学として現われ得るかぎりの将来の形而上学のためのプロレゴメナ』のもじり．

p.176　原文ではどちらの版でも Chemista Scepticus（1767）．英訳では *Sceptical Chymist*（1667）となっている．正しい英語の標題は *The Sceptical Chymist* で，初版は 1661 年にロンドンで，第 2 版は 1680 年にオクスフォードで出版されている．

p.176　「反応」の原語は，独語ではどちらの版でも Analyse，英訳では chemical reaction，Lavoisier の原典では opérationes. 原典に倣って英訳を採った．

p.178　α 線は不安定な原子核（放射性原子核）から放出される高速のヘリウム原子核．

第 5 部　因果性と連続性

p.186　Descartes『精神指導の規則』「規則 1」（邦訳，原注 5-2，p. 11）．

p.189　Cassirer 引用の独文からの直訳を以下に記す．「感性的には知覚できない物質の微小部分についての知識を私がどのようにして得るに至ったかと，問う人もいるかもしれないであろう．これにたいする私の答えは次のとおりである．まず私は物質的事物に関してわれわれの悟性の中にあり得るあらゆる明晰判明な概念を考察し，そしてかような概念として，他ならぬ形，大きさ，運動と，そしてこれら三者がたがいに作用し合うときにしたがう規則とだけを見出した．この規則が幾何学および機械学の原理であるので，私は，人間が自然について持ち得るすべての認識はこれらのものだけから引き出されなければならないと判断した．というのは，感覚的事物について私たちが作ることのできる他のすべての概念は混乱し曖昧であって，こうした物事の真の認識を促進するどころか，むしろ認識を妨げかねないからである．これにつづいて私は，ただ小さいがために直接的には知覚できないさまざまな物体

の形，大きさ，運動のあいだに見出される主要な相違のすべてを検討し，それらがたがいに作用することによって，どんな知覚可能な効果が生じ得るのかを考察した．次いで，実際にそうした効果を自然のなかに見出したので，私は，その効果はおなじ仕方で生じた〈かもしれない〉と考えた．しかしその後，かような効果を生じ得る原因として自然全体にわたって他のいかなる原因も発見できないと思われたとき，それらの効果が間違いなく以上のように生じているとの結論を引き出したのである．」

p.189　Leibniz, de Volder 宛書簡，1699, Mar. 24,「私が用いる基本律は，いかなる移行も飛躍によって生ずることはない，というものです．」『ライプニッツ著作集（9）』（佐々木能章訳，工作舎）p. 62,「自然は飛躍しないというのは，私の大原則の一つであり，最大限に確証されたものの一つである．」『人間悟性新論』（みすず書房）p. 13，また Leibniz, Malebranche 宛書簡，1687 年 7 月『文芸国通信』掲載書簡『ライプニッツ著作集（8）』（工作舎）p. 35 参照．

p.189　『モナドロジー』§29-46,『人間知性新論』IV-2,『形而上学叙説』13 参照．

p.192　Maclaurin, *A Treatise of Fluixion*,（Edinburgh, 1742）Vol., 2, p. 298.

p.192　この点については，異論も多い．拙著『古典力学の形成――ニュートンからラグランジュへ』（日本評論社）3 の §1 と §4 およびそこでの引用文献を参照していただきたい．

p.192　「通常，しかしきわめて不適切に綜合的と呼ばれている古代の幾何学的方法」Lagrange, "Sur l'attraction des spheroides elliptique," *Oeuvres* III, p. 619.

p.193　「古典物理学」は 20 世紀の「量子物理学」との対比で言われている言葉で，実際は 17 世紀以降に形成された物理学．

p.194　Kant『純粋理性批判』B. 184f.,（岩波文庫）上 p. 221.

p.194　Darmstadt 版では Sukzession．スペルはこちらが正しい．

p.195　Kant『純粋理性批判』B. 254,（岩波文庫）上 p. 284.

p.198　原文ではどちらの版でも「相補性原理（Komplementaritätsprinzip）」となっているが，ここは意味から考えて「対応原理（Korrespondenzprinzip）」の誤りと判断される．この判断は，本書と同時期になされた講義「文化の哲学としての批判的観念論」にほとんどおなじ内容とおなじ表現の一節があることからも，裏づけられる（カッシーラー『象徴・神話・文化』（神野慧一郎他訳，ミネルヴァ書房）所収，p. 90）．

p.203　原文はどちらの版でも Konzidenz となっているが，もちろん Koinzidenz の誤植であろう．

p.206　「魔法の公式（magische Formel）」．Weyl が『群論と量子力学』で用いた言葉，邦訳（山内恭彦訳，裳華房）p. 41.

p.206　ピロラウス『初期ギリシア哲学者断片集』（岩波書店）18-190 p. 83.

p.207　原語は diskutiert werden で，現代ドイツ語の diskutieren には「議論する」の意味しかないが，記されているラテン語原文では discutiuntur（discutio の受動態）．ラテン語の discutio には「打ち砕く」の意味しかない．ここでは後の説明も顧慮して

訳はラテン語原文に合わせた．英訳は discussed.

p.215　引用符でくくってあるのは，『純粋理性批判』B. 610「可能的経験の関連（Kontext einer möglicher Erfahrung）において与えられる以外には，我々に対象が与えられることはない」からの転用と思われる．

p.216　Schopenhauer『意志と表象としての世界』第 2 巻・第 23 章（理想社，磯野忠正訳，I, p. 243）．

p.217　アリストテレス『分析論後書』，第 1 巻・第 4 章（73b），第 31 章（87b）の用語．

p.217　Individualität は, Darmstadt 版ではイタリック体になっている．なお, Individualität（独）, individuality（英）はラテン語の動詞 divido（分離する，切り離す）を接頭詞 in で否定して名詞化したものを語源とし，「分けられないもの」を指す．ボーアはこの言葉を一連の測定過程に使っているので，そこでは「単一不可分性」と訳した．他方，カッシーラーの本文では要素にたいして使っているので「個体性」と訳した．

p.218　原文はどちらの版でも Wellenoptik とあるが，Wellenmechanik の誤りと考えられる．

p.220　Kant『純粋理性批判』B. 321（岩波文庫）上 p. 343.

p.221　「位相波」という用語は，現在では使われないが de Broglie が最初の論文 "Quanta et lumière," *Comptes Rendus*, t. 177, 1923, p. 549 で導入したものである．彼の初めの解釈では，「ドブロイ波」は，波長と振動数，したがって位相のみが意味を持ち，振幅は考慮されていなかったことに由来するものと考えられる．後に de Broglie 自身，次のように語っている．「1923 年に遡る波動力学に関する私の元々の研究において，私は，すべての粒子の運動に波の伝播が付随していることを確信していた．後に波動力学の ϕ 波となった古典光学の連続波が物理的実在を表しているとは，私には思えなかった．その位相のみが粒子の運動に直接に関係し深い意味を持つように思われたのであり，私がはじめに粒子に付随した波を〈位相波〉と呼んだのはこの理由からである．不幸なことにこの名称はその後忘れられていった．」*New Perspectives in Physics*（1962 英訳，Basic Book, p. 109）．また，本文に書かれている「嚮導波」の理論とその困難は，次のことを指す．1928 年の時点での de Broglie の考え方では，粒子自体は点状の実体で，その位置と運動量は，古典力学と同様に各瞬間に正確に決定されるが，それには「嚮導波（l'onde-pilote）」が随伴し，その波動の強度（振幅の 2 乗）がその粒子が可能な運動のうちのいずれを現実に採るのかの確率を決定するというものである．その困難は，任意の時刻での粒子の位置と速度が $t=0$ での位置と速度だけでは決まらず，$t=0$ での存在確率にも左右されることにある．いわば粒子の運動の古典論的決定性と波動の確率解釈とを両立させようとしたものであり，Bohr たちコペンハーゲン学派の解釈は，前者を放棄し後者だけを残したといえる．de Broglie『波動力学』邦訳（原注 2-35）p. 164f. 参照．

p.225　対応は逆で，電子の波動関数が反対称的，光子の波動関数が対称的である．なお，このパラグラフは Cassirer の原文どおりに直訳すると物理学的にそぐわない部分が若干あり，少々意訳しておいた．

p.229　「この重ね合わせの原理（Diese Prinzip der Überlagerung）」は，前段の「それら

は……重なり合っている（Sie überlagern sich）」を受けているようだが，前段の「波動像と粒子像の重なり（併用）」とここでの「重ね合わせ」は，意味が異なる．

p.229　Dirac, *The Principles of Quantum Mechanics*, 1st ed. p. 8. なお，Cassirerの引用では，どちらの版でも最後に und zwar auf unendlich verschiedene Arten というその前のセンテンスの末尾がくりかえされているが，これはDiracの原文にはなく，Diracの書の独訳にもなく，引用のさいの思い違いか印刷のミスと思われるので，訳さなかった．なお，この部分，Diracの初版と2版以降で少し異なっている．訳はCassirerの引いている独訳からではなく，3版の朝永他訳を参考に英語初版から訳した．

p.230　Dirac，上掲書，p. 14.

p.231　この部分，Dirac，上掲書，およびその独訳にはあるが，Cassirerの引用にはない．

p.232　Heisenberg, *Die physikalischen Prinzipien der Quantentheorie*, S. 3, 邦訳（注4-13）p. 9.

最終的考察と倫理学的結論

p.240　Cassirer引用の独文からの直訳を以下に記す．なお，Cassirerの引用では以下の部分からすべて引用符にくくられている．「わたしがここで，刑務所において，その気になればできるのに逃げ出そうとしないで，座して死刑判決の執行を待っている根拠は何だろうか？　わたしがここにいるのは，わたしの身体が骨と腱からなり，この骨と腱の現在の状況が，走ることをではなく，ただ座ることのみを可能にしているからである，と人は言おうとするだろうか．それはしかし，真に本来の「原因」であるものを見過ごすことを意味しよう．アテナイの人たちが，わたしに有罪の判決を下すのがよいと思ったこと，そして他でもない唯一それゆえに，わたしソクラテスとしても，ここに座って待つのがもっともよいと判断したこと，そして彼らがわたしに命ずる刑罰を甘受することが正しいと判断したこと，これが本来の原因なのである．そう，たしかに犬に誓ってもいい！　というのも，逃亡し脱出することよりも，国がわたしに課する刑罰ならなにであれ受けるべきであるということを，より正しいことでありより貴いことであると，もしわたしにそう思えなかったとしたら，このわたしの骨も腱も，もうとうの昔に，メガラかボイオティアにでもあったことであろう．……わたしは，わたしの肢体を持つことなしには，つまりは骨とか腱とかその他わたしが持っているかぎりのものなしには，わたしの思ったことをなすことはできないだろう，と人が主張するなら，それはたしかに尤もなことであろう．しかしながら，そのような種類のものを原因として，わたしはわたしのなしていることをなしている，しかもそのなしていることは，知性によってであるのであるが，しかしわたしにとってもっともよいことを，わたしが選択しているからというわけではないと語る人がいれば，その人は軽率であり浅薄である．なぜなら，それは本来の原因と，この原因がそれなしには原因たりえないところの現象とが区別できないということを言っているに過ぎないのだから．じっさいここで多くの人々は，まったく不適切にも個々の現象を原因と混同することによって，まるで

暗闇のなかを手探りでうろつくようなものである.」

p.243　Spinoza『エチカ』. この段落の引用は，順に第 3 部序，第 1 部付録，第 4 部定理 36，第 5 部定理 32 以下，第 4 部定理 24，30，第 5 部定理 37.

p.243　Kant『純粋理性批判』B. 306,（岩波文庫）上 p. 329f..

p.244　Kant『純粋理性批判』B. 566ff.,（岩波文庫）中 p. 211ff..

p.248　Schiller『人間の美的教育について』第 11 書簡，小栗孝則訳，法政大学出版局，p. 75，および，新関良三訳（『シラー全集（2)』冨山房）所収，p. 265.

p.249　「たとえば（z. B.)」が Göteborg 版ではゲシュペルト体になっているように見えるが，印刷のミスとして採らなかった.

p.250　Schleiermacher『宗教論』(佐野勝也・石井次郎訳，岩波文庫）p. 102，なお Leibniz の奇跡観については，『形而上学叙説』§7, 16 等参照.

p.252　Planck, "Die Einheit des physikalischen Weltbildes（1908)," *Wege zur physikalische Erkenntnis*（1933), S. 8（邦訳，原注 2-32, p. 44).

p.258　直訳すれば「第 1 の偽」. アリストテレス『分析論前書』第 2 巻第 18 章，66a16.

英訳版の序文／訳者あとがきと解説・注

英訳版の序文

(1) Max Born, *Natural Philosophy of Cause and Chance*, Oxford 1949〔『原因と偶然の自然哲学』鈴木良治訳（みすず書房，1984）p. 9〕.

(2) Bertrand Russell, "On the Notion of Cause, with Applications to the Free Will Problem," reprinted in Feigl and Brodbeck, *Readings in the Philosophy of Science*, New York, Appleton-Century-Crofts 1953, pp. 387-407.

(3) H. Jeffreys, *Theory of Probability*, Oxford 1939.

(4) V. F. Lenzen, *Causality in Natural Science*, Springfield, Ill., Charles C. Thomas 1954.

(5) D. Hume, *A Treatise of Human Nature*, Bk. 1〔『人間本性論』木曾好能訳，法政大学出版局，『人性論』大槻春彦訳，岩波文庫〕.

(6) H. Reichenbach, *The Rise of Scientific Philosophy*, University of California Press 1951〔『科学哲学の形成』市井三郎訳（みすず書房，1954）p. 179f.〕.

(7) L. de Broglie, *Le Physique quantique restera-t-elle indeterministe?* Paris, Gauthier-Villars 1953.

(8) D. Bohm, in the *Physical Review*, 85 (1952), 166, 180.

(9) たとえばH. Margenau, "Advantages and Disadvantages of Various Interpretations of the Quantum Theory," *Physics Today*, 7 (1954), 6, および *Journal of the Washington Academy of Sciences*, 44 (1954), p. 265 参照.

(10) H. Margenau, "Can Time Flow Backwards?" *Philosophy of Science*, 21 (1954), 79.

訳者あとがきと解説

(1) E. Cassirer, *Zur Einsteinschen Relativitätstheorie*『アインシュタインの相対性理論』山本義隆訳（河出書房新社，1981）.

(2) Göteborg 版は現在ではインターネットで全文を見ることができる．このことはみすず書房の守田省吾氏に教わった．

(3)　以下，引用にさいしては『論文集』1,『論文集』2 でページ指定.

(4)　E. Cassirer, *Das Erkenntnisproblem in der Philosophie und Wissenschaft der neueren Zeit*『認識問題 1』『同 2-1』『同 2-2』須田朗・宮武昭・村岡晋一訳（みすず書房，2010, 2000, 2003).

(5)　E. Cassirer, *Substanzbegriff und Funktionsbegriff*『実体概念と関数概念』山本義隆訳（みすず書房，1979).

(6)　F. K. Ringer『読書人の没落――世紀末から第三帝国までのドイツ知識人』西村稔訳（名古屋大学出版会，1991）p. 90. この時代にドイツの大学がユダヤ人の受け入れを拒んでいた事実については，他にも C. Jungnickel & R. McCormmach, *Intellectual Mastery of Nature*, Vol. 2 (1986), p. 286; P. Gay『ドイツの中のユダヤ』河内恵子訳（思索社，1987）pp. 141, 204; M. Eckert『原子理論の社会史』金子正嗣訳（海鳴社，2012）p. 31f. 等参照. なお，1929 年にカッシーラーがトレルチュの後任としてベルリン大学教授に推されたとき，学内の反ユダヤ勢力に妨害されその話がつぶれたことの顚末については，V. Farias『ハイデガーとナチズム』山本尤訳（名古屋大学出版会，1990）p. 108 参照. カッシーラーとディルタイの関係については，E. W. Orth「カッシーラーとディルタイ」嶋田洋一郎訳『思想』（岩波書店）No. 906. 1999 年 12 月号参照.

(7)　J. M. Krois「序論」E. Cassirer『シンボル・技術・言語』篠木芳夫・高野敏行訳（法政大学出版局，1999）所収，p. 1.

(8)　T. Cassirer, *Mein Leben mit Ernst Cassirer: Erinnerungen von Toni Cassirer* (Gerstenberg Verlag, 1981, 元々は 1950 年に自費出版されたもの). pp. 130, 133. この部分の邦訳は『みすず』No. 347, 1990 Feb. にあり.

(9)　T. Cassirer, 前掲書，p. 191.

(10)　H. J.Poss, 'Recollections of Ernst Cassirer,' in *The Philosophy of Ernst Cassirer*, ed. by A. Schilpp (Open Court Publishing Company, 1949, 以下 *PhEC* と略記) p. 69.

(11)　T. Cassirer, 前掲書，p. 246.

(12)　D. Gawronsky, 'Ernst Cassirer: His Life and his Work' in Schilpp ed. *PhEC*, p. 31.

(13)　馬原潤二『エルンスト・カッシーラーの哲学と政治　文化の形成と〈啓蒙〉の行方』（風行社，2011）p. 217.

(14)　E. Cassirer, *Descartes: Lehre・Persönlichkeit・Wirkung* (Bermann Fischer Verlag, 1939).

(15)　E. Cassirer『デカルト，コルネーユ，スウェーデン女王クリスティナ』朝倉剛・羽賀賢二訳（工作舎，2000）p. 185.

(16)　L. Fermi『亡命の現代史 2』（掛川トミ子・野水瑞穂訳，みすず書房）p. 196f.

(17)　E. W. Orth「はしがき」E. Cassirer，前掲書（注 7）p. iv..

(18)　T. Cassirer, 前掲書，p. 247.

(19)　E. Cassirer『カントの生涯と学説』門脇卓爾・高橋昭二・浜田義文監修（みすず書房，1986). 若干の例として 6 章の訳注（48)（49)（52)（55）等.

(20)　T. Cassirer, 前掲書，p. 181.

(21)　F. Saxl, 'Ernst Cassirer' in Schilpp ed. *PhEC*, p. 50.

(22) E. Cassirer『象徴・神話・文化』D. P. Verene 編，神野慧一郎・薗田坦・中才敏郎・米沢穂積訳（ミネルヴァ書房，1985）編者序文，p. 3.
(23) E. Cassirer『シンボル形式の哲学』は，岩波文庫では（一）が第一巻『言語』生松敬三・木田元訳（1989），（二）が第二巻『神話的思考』木田元訳（1991），（三）が第三巻『認識の現象学（上）』村岡晋一・木田元訳（1994），（四）が第三巻『認識の現象学（下）』（以下『現象学』）木田元訳（1997）．ここでは『現象学』下 p. 88 の訳注.
(24) D. Gawronsky, 前掲論文（注 12）p. 29.
(25) F. Kaufmann, 'Cassirer's Theory of Scientific Knowledge,' in Schillp ed. *PhEC*, p. 194.
(26) E. W. Orth「シンボル形式の哲学というカッシーラーの考え方——批判的覚書」，E. Cassirer, 前掲書（注 7）所収 p. 239.
(27) T. Cassirer, 前掲書 p. 137.
(28) E. Cassirer『現象学』下 p. 244.
(29) E. Cassirer『実体と関数』p. 282,『現象学』上 p. 63, 下 p. 244, 本書『決定論と非決定論』pp. 45, 164 等.
(30) 本書『決定論と非決定論』からの引用等は , 注記せず本文中に頁を記入する．この段落の最後の引用は E. Cassirer『現象学』上 p. 11 より.
(31) E. Cassirer『実体と関数』p. 24.
(32) I. Kant『純粋理性批判』BXXVI.
(33) E. Cassirer『認識問題 3』，須田朗・宮武昭・村岡晋一訳（みすず書房，2013）. p. 56, 同『相対論』p. 12.
(34) E. Cassirer『相対論』p. 15.
(35) Bohr「原子論と力学」『論文集』2, p. 12,「作用量子と自然の記述」『論文集』1, p. 65.
(36) 廣松渉『事的世界観への前哨』（勁草書房，1975）p. 177.
(37) E. Cassirer『現象学』下 p. 337.
(38) 1921 年の『相対論』もまた，『実体と関数』の続編と言うよりは『シンボル形式の哲学』の序章と見るべきものである．この点については，私はその「訳者解説・力学的世界像の超克と〈象徴形式の哲学〉」に書き記しておいたので，参照していただきたい.
(39) E. Cassirer『言語』p. 27f., 同『人間——この象徴を操るもの』宮城音弥訳（岩波書店，1953）p. 301 参照.
(40) E. Cassirer『現象学』上 p. 7f..
(41) E. Cassirer『言語』p. 28.
(42) E. Cassirer「文化の哲学としての批判的観念論」，前掲書（注 22），p. 77-110，引用箇所は p. 84.
(43) E. Cassirer『現象学』下 p. 316.
(44) E. Cassirer，同上，上 p. 8.
(45) この点について詳しくは『相対論』訳者解説を見ていただきたい.

(46)　I. Kant『プロレゴメナ』篠田英雄訳（岩波文庫，1977）p. 129.
(47)　E. Cassirer「形式と技術」，E. Cassirer, 前掲書（注 7）所収 p. 102.
(48)　E. Cassirer『認識問題 2-1』p. 327.
(49)　本書第 2 部，第 1，2，3 章参照.
(50)　江沢洋『現代物理学』（朝倉書店，1995）p. 41.
(51)　江沢洋，同上，p. 294f.
(52)　J. von Neumann『量子力学の数学的基礎』井上健・広重徹・恒藤俊彦訳（みすず書房，1957）p. 167, J. J. Sakurai『現代の量子力学（上）』1989，桜井明夫訳（吉岡書店）p. 149. 同様の記述は，メシア『量子力学 I』小出昭一郎，田村二郎訳（東京図書，1971）p. 131, 江沢洋『初等量子力学（I）』（裳華房，2002）p. 83f., シュポルスキー『原子物理学 1』増補改新版，玉木英彦・細谷資明・井田幸次郎・松平升訳（東京図書，1966）p. 454, B. d'Espagnat『量子力学と観測の問題』亀井理訳（ダイヤモンド社，1971）p. 26 その他に見られる.
(53)　von Neumann 同上，pp. 280, 262, 169, Dirac『量子力学』第 4 版，朝永振一郎・玉木英彦・木庭二郎・大塚益比古・伊藤大介訳（岩波書店，p. 1968）p. 5. この一節は 1935 年の第 2 版より変わらない.
(54)　Einstein, 1944 年 11 月 3 日付 Max Born 宛書簡 . M. Born『原因と偶然の自然哲学』鈴木良治訳（みすず書房，1984）p. 119 より.『ボルン　アインシュタイン往復書簡集』西義之・井上修一・横谷文孝訳（三修社，1976）p. 261 参照.
(55)　Bohr「原子論と自然記述の諸原理」『論文集』2, p. 81.
(56)　Bohr「量子仮説と原子理論の最近の発展」『論文集』1, p. 21f. 同 pp. 59, 65 等参照.
(57)　Bohr, 同上，p. 20f.
(58)　Bohr「作用量子と自然の記述」『論文集』1, p. 71.
(59)　Bohr, 前掲論文（注 56）p. 20, 同「マックスウェルと現代理論物理学」『論文集』1, p. 80 参照.
(60)　Bohr「物理的実在の量子力学的記述は完全と考えうるのか？」『論文集』1, p. 106. この Bohr の 1935 年の論文は同年の Einstein, Podolsky & Rosen のおなじ表題の論文（通称 EPR 論文）にたいする Bohr の回答であり，この応酬は量子力学のコペンハーゲン解釈の深化に大きな役割を果し，物理学的には重要な位置を占めているが，本書では特にそのことに注目していないので，ここではそれ以上詳しく立ち入ることはしない.
(61)　Bohr, 前掲論文（注 56）p. 51，同「化学と原子構造の量子論」『論文集』2, p. 150. なお F. Selleri『量子力学論争』櫻山義夫訳（共立出版株式会社，1986）p. 83f. 参照.
(62)　Bohr「原子論と自然記述の諸原理」『論文集』2, pp. 84,92.
(63)　Bohr, 前掲論文（注 60）p. 104.
(64)　Bohr, 前掲論文（注 56）p. 24.
(65)　Heisenberg「精密自然科学の基礎の最近における諸変革」『自然科学的世界像』田村松平訳（みすず書房，1979）p. 5. アインシュタインやその他の批判者がこだ

わったひとつの点は，ここにある．

(66) Bohr「時空の連続性と原子物理学」『論文集』1 p. 89f.. 光にたいしても同様の議論が可能である．朝永振一郎『光子の裁判』(弘文堂，1965,『朝永振一郎著作集 8』所収) 参照.

(67) 江沢洋『初等量子力学（Ⅰ）』(注 52) p. 72ff., 外村彰『量子力学を見る　電子線ホログラフィーの挑戦』(岩波書店，1995) pp. 47-63.

(68) Bohr「時空の連続性と原子物理学」『論文集』1, p. 97.

(69) Bohr, 前掲論文 (注 56) p. 19. 同，前掲論文 (注 59) p. 82 参照.

(70) Bohr, 前掲論文 (注 58) p. 68.

(71) Bohr, 前掲論文 (注 56) p. 24.

(72) 「一時期のカッシーラーが『アインシュタインの相対性理論』(1921 年) で展開したごとき護教論には無理な点もあるにせよ……」(廣松渉『相対性理論の哲学』日本ブリタニカ p. 30)．この点については，『相対論』に付した私の解説「力学的世界像の超克と〈象徴形式の哲学〉」を見ていただきたい．

(73) E. Cassirer『現象学』下 pp. 357, 343.

(74) E. Cassirer, 同上，下 pp. 323, 266.

(75) Bohr, 前掲論文 (注 56) p. 25, 同，前掲論文 (注 61) pp. 138, 153, 140. なお，岩波文庫の訳では，私は 'symbol' を「記号」と訳した．

(76) E. Cassirer, 前掲書 (注 39) pp. 309f., 316.

(77) E. Cassirer『認識問題 4』山本義隆・村岡晋一訳 (みすず書房，1996) p. 141f.

(78) Gawronsky, 前掲論文 (注 12)，p. 25.

(79) D. P. Verene「カッシーラー，エルンスト」『20 世紀思想家事典』(誠信書房，2001) より．

(80) 合田正人『レヴィナスの思想』(弘文堂，1988) p. 64 より．

(81) H. J. Pos, 前掲論文 (注 10) p. 69. このダヴォス討論の全文は，「カッシーラー対ハイデガー，ダヴォス討論　一九二九」岩尾龍太郎訳・解説『みすず』No. 326, 1988 Mar. にあり．このダヴォス討論については，さらに平井正・岩村行雄・木村靖二著『ワイマール文化』(有斐閣，1987) pp. 169-171，後藤嘉也「ハイデガー」，野家啓一編集『哲学の歴史 10 危機の時代の哲学 20 世紀 Ⅰ』(中央公論新社，2008) 所収，p. 334f. 等参照.

(82) K. Löwith『ナチズムと私の生活 仙台からの告発』秋間実訳 (法政大学出版局，1990) pp. 54, 67.

(83) T. Cassirer, 前掲書，p. 183, 邦訳『みすず』No. 356, 1990 Nov., p. 56.

(84) E. Cassirer『国家の神話』宮田光雄訳 (創文社，1960) p. 388.

(85) Verene 編著，前掲書 (注 22)「序章」p. 27.

(86) E. Cassirer, 前掲書 (注 84) pp. 1, 373f..

(87) Verene 編著，前掲書 (注 22) p. 285.

(88) E. Cassirer, 前掲書 (注 84) p. 390.

(89) E. Cassirer, 同上，p. 391f..

(90)　Planck「因果法則と意志の自由」,『現代物理学の思想　上』田中加夫・浜田貞時・河井徳治訳（法律文化社, 1971）所収, p. 189.

(91)　Bohr「原子論と自然記述の諸原理」『論文集』2, p. 94.

(92)　M. Born『原因と偶然の自然哲学』鈴木良治訳（みすず書房, 1984）p. 123.

(93)　D. Lindley『そして世界に不確定性がもたらされた』坂本芳久訳（早川書房, 2007）p. 205 参照.

(94)　E. Cassirer, 前掲書（注 84）p. 383.

(95)　G. Mann『ドイツの青春 2』林部圭一・岩切千代子・岩切正介訳（みすず書房, 1993）p. 268.

(96)　Verene 編著, 前掲書（注 22）「序章」p. 37.

(97)　M. Born, 前掲書, p. 210f..

(98)　Gawronsky, 前掲論文（注 12）p. 233.